발효식품대전(大全)

정 동 효 편저

중 국

영하회족자치구
우루무치
신강위구르자치구
감숙성
내몽고자치구
후허트시
흑룡강성
하얼빈
길림성
장춘
연길
심양
하북성
요녕성
북경
대련
천진
연태
위해
태원
석가장
제남
은천
서녕
청해성
난주
서안
산서성
산동성
서장자치구
정주
강소성
섬서성
하남성
합비
남경
상해
사천성
무한
안휘성
항주
라싸
성도
호북성
중경
남창
절강성
장사
강서성
복주
귀주성
호남성
운남성
귀양
복건성
대만
곤명
광서장족자치구
광동성
광주
심천
남녕
마카오
홍콩
해남성

일 본

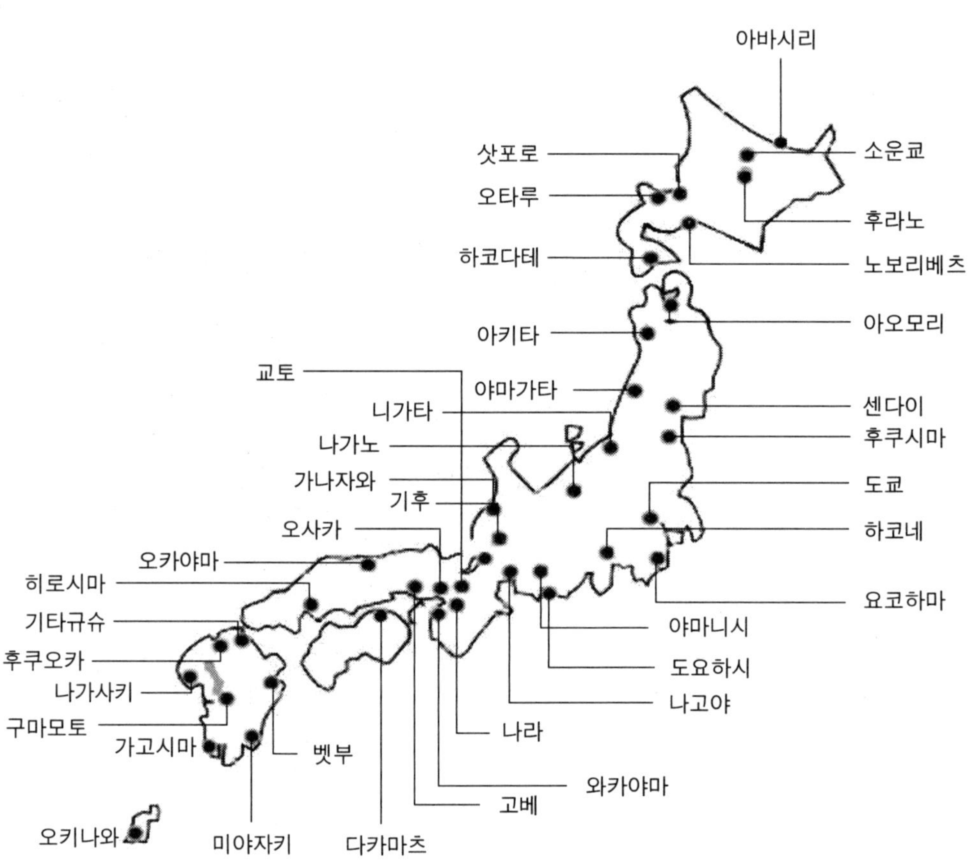
아바시리
삿포로
소운쿄
오타루
후라노
하코다테
노보리베츠
아오모리
아키타
교토
야마가타
센다이
니가타
후쿠시마
나가노
가나자와
도쿄
기후
오사카
하코네
오카야마
히로시마
요코하마
기타큐슈
야마니시
후쿠오카
도요하시
나가사키
나고야
구마모토
나라
가고시마
벳부
와카야마
고베
오키나와
미야자키
다카마츠

머리말

해안을 끼고 있는 한국, 일본, 중국, 필리핀, 인도네시아, 말레이시아, 베트남, 태국, 인도의 각 나라에서 다습한 대기로 곰팡이의 번식이 잘 된다. 그로 인하여 곡물에 곰팡이를 번식시킨 누룩과 메주를 만들어 이를 이용한 식품이 각국마다 전통발효식품으로 발전되어 왔다.

최근 한국의 전통발효식품인 김치, 막걸리가 세계적으로 큰 인기를 모으고 있다. 따라서 『세계김치연구소』, 『한국전통주진흥협회』의 설립으로 기초연구를 하고 있다. 참으로 다행한 일로 여기며 많은 연구 성과를 올릴 것으로 믿고 한식의 세계화로 식문화국가로서 자리매김이 되었으면 한다.

편자는 유럽에서 발전되어온 축산물 발효식품, 세계적으로 발전되어온 주류 발효식품, 역사가 오래인 중국의 대두발효식품 그리고 기초연구가 잘 된 일본의 장류 발효식품, 채소발효식품, 수산물 발효식품 등 50여 종을 선정하여 『발효식품대전』으로 편집하였다.

외국의 전통발효식품을 잘 이해하고 한국의 전통발효식품의 발전의 기회가 되었으면 다시없는 영광으로 생각하겠다.

이 책을 편집하면서 많은 질정을 감수할 생각으로 출간하게 되었음을 밝혀두는 바이다. 끝으로 이 책의 출판을 맡아주신 유한문화사와 천승배 사장님 그리고 직원 여러분께 깊은 감사를 드리는 바이다.

2012년 5월

편자 정동효

차 례

제 1 장 축산물 발효식품 / 11

제 2 장 농산물 발효식품(대두발효식품) / 47

제 3 장 주류 발효식품 / 73

제 5 장 초산 발효식품 / 251

제 6 장 채소 발효식품 / 273

제 7 장 수산물 발효식품 / 287

부 록 / 373

부록표 / 427

제 1 장

축산물 발효식품

1. 치 즈

[치즈의 역사]

인류가 가축을 사양하기 시작한 것은 약 1만 년 전부터이고, 젖의 이용은 이후일 것이다. 치즈(cheese)가 언제 탄생한 것인가는 밝혀지지 않았으나 젖의 가공에 관한 기록으로서 남아 있는 최고의 것은 기원전 4000년경에 고대 이집트의 벽화에서 버터의 제조법이 그려져 있고, 치즈도 만들어졌을 것으로 생각된다.

이후 기원전 3000년경 인도에서 만든 『베타의 찬가』, 기원전 2000년경의 바빌로니아의 기록에 치즈가 기재되어 있고 그리고 고대 그리스, 로마의 시대가 되어 호메로스의 『오뎃세이아』, 『구약성서』를 위시하여 치즈를 기재한 많은 기록이 남아 있다. 로마제정시대로 되면서 치즈는 중요한 산업으로 되고 치즈의 제조법이 상세히 기록되어 그 후 수도원이나 농민들이 종종의 치즈가 개발되어 19세기 후반에는 유명한 치즈가 거의 출현되었다.

[치즈의 정의]

20세기 초에 processed cheese가 개발되고 그때까지 치즈라고 부르든 것은 natural cheese라고 부르게 되었고, 오늘날 치즈는 대별하면 natural cheese와 processed cheese로 분류하고 있다. 세계에는 800여 종 이상의 natural cheese가 있으나 우리나라 농수산식품부의 「유와 유제품의 성분 규격 등에 관한 법률」에서는 <부록 1>과 같이 정의되고 있다.

국제적으로는 국련의 식량농업기구(FAO)와 세계보건기구(WHO)의 합동식품규격위원회(CODEX)가 치즈의 일반 국제규격 중에서 아래와 같이 정의하고 있다.

프레시(fresh) 또는 숙성된 고형 또는 반고형의 제품으로

(1) 레닛 또는 기타 적당한 응고제의 작용으로 젖, 탈지유, 부분탈지유, 크림, 훼이크림, 버터밀크 또는 이들의 어떤 혼합물도 이것을 응고시켜 그 분리되는 훼이

를 부분적으로 유출시켜 만들거나 또는

(2) 젖 내지 젖에서 얻어지는 원료를 사용하여 응고를 일으키는 가공기술로서 (1)에 규정하는 제품과 같은 과학적, 물리적, 관능적인 특성을 가지는 제품을 만드는 것이다.

[치즈의 종류]

Natural cheese는 생산지, 원료로 되는 젖의 종류, 숙성의 특질, 크기, 모양의 차이에 따라 종종의 명칭이 붙어 있어 그 종류는 800종류 이상이나 된다고 한다. 이와 같이 다종류의 치즈로 분류한다는 것은 어려우며, 여러 가지 분류법이 이루어지고 있다. 이들 중에서 일반적으로 사용되고 있는 굳기와 숙성법을 조합한 분류와 대표적인 치즈를 표 1-1에 나타내었다

[치즈의 기본 제조공정]

그림 1-1에 치즈제조의 기본공정을 나타내었다. 우유는 유산균이 생산하는 유산 혹은 응유효소의 작용에 의하여 그 중요 단백질인 카세인이 응집하여 응고한다. 이 응유를 절단하여 훼이(whey)를 분리시키고 커드를 얻는다. 이것을 형(틀)에 담아

표 1-1. 치즈의 분류와 대표적인 치즈

치즈 타입	숙 성 법	대표적인 치즈
연 질	비숙성	Cottage, Cream
	곰팡이 숙성	Comembert, Brie
반연질	세균 숙성	Port du salute
	세균 · 표면숙성 곰팡이 숙성	Limburger, Blue, Roquefort
경 질	세균 숙성	Chedder, Goada
	세균 숙성 Cheese eye 있다.	Gruyere, Emmental
초경질	세균 숙성	Parmesan

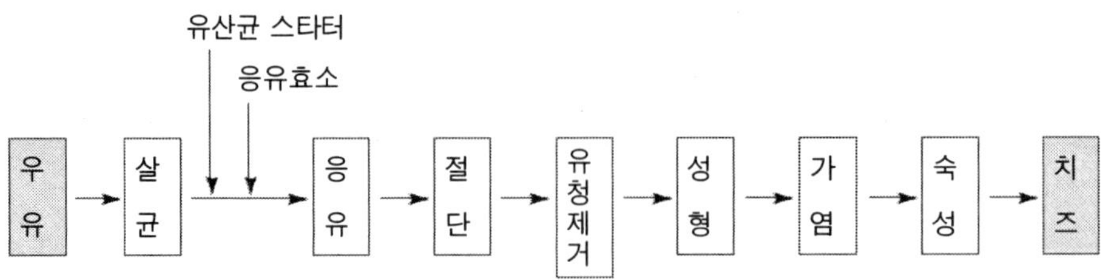

그림 1-1. 치즈의 기본 제조공정

성형시킨 것을 생치즈(green cheese)라고 부르며, 대부분의 치즈는 이것을 일정의 온도와 습도의 곳에 두어 숙성시킨 것이다.

훼이 양은 치즈의 종류에 따라 다르나 원료유의 85% 전후로 된 치즈가 많다. 그 수분은 90% 이상으로 lactose, 훼이 단백질, 염류 등 우유 중의 수용성분의 약 80%가 이행한다. Green cheese에는 우유단백질인 카세인이 여기에 결합하고 있는 칼슘 그리고 카세인 응고물에 포함되는 지방의 대부분이 이행한다. 즉 치즈는 완전식품이라 하는 우유에서 수분과 수용성분이 제거된 우유의 농축물이고, 우유 한 병(200 mℓ)이 치즈 약 20 g에 상당된다는 것이다.

[치즈제조용 미생물]

1) 스타터의 미생물

치즈제조용 스타터(starter) 미생물로서 사용되고 있는 미생물을 표 1-2에 나타내었다. 이들의 미생물 중 유산균은 모든 치즈의 제조에 사용되고 단일 균주로서 혹은 산 생성 균주와 방향 생성 균주와를 조합한 혼합균주 스타터로서 사용하고 있다. 스타터의 유산균의 기능은 유산을 생성하고 응유 형성 그리고 그 후의 커드에서 수분 배제를 촉진하는 것과 동시에 치즈의 풍미성분을 생성하는 것이다. 특히 숙성시키는 치즈에 있어서는 스타터 유산균의 단백질 분해작용이 풍미와 조직의 형성에 중요하다.

2) 스타터 유산균의 단백질 분해작용

숙성치즈의 풍미성분, 여기에 저분자 펩타이드와 아미노산의 생성에 스타터 유산

표 1-2. Cheese starter의 주요 미생물

균 종 명	용 도
Lactococcus lactis subsp. *lactis* (구명 : *Lactococcus lactis*)	치즈용 스타터로서 일반적으로 사용된다.
Lactococcus lactis subsp. *cremoris* (구명 : *Streptococcus cremoris*)	치즈용 스타터로서 일반적으로 사용된다.
Lactococcus lactis subsp. *lactis* (구명 : *Streptococcus diastilactis*)	방향 생산용으로 사용된다.
Streptococcus thermophilus	Emmental, Parmesan 등과 고온 쿠킹지즈에 사용된다.
Lactobacillus helveticus	Emmental, Parmesan 등과 고온 쿠킹지즈에 사용된다.
Lactobacillus delbrueckii subsp. *bulgaricus* (구명 : *Lactobacillus bulgaricus*)	Emmental, Parmesan 등과 고온 쿠킹지즈에 사용된다.
Leuconostoc mesenteroids subsp. *cremoris* (구명 : *Leuconostoc citrovorum*)	방향 생산용으로 사용된다.
Propionobaterium freudenreichii	Emmental, Gruyere 등의 치즈아이 형성 치즈에 사용된다.
Penicillium caseicolum, P. camemberti	Camenbert, Brie 등의 흰곰팡이 치즈에 사용된다.
Penicillium roqueforti	Blue cheese, Roquefort 치즈 등의 푸른곰팡이치즈에 사용된다.

균이 중요한 역할을 하고 있는 사실에서 그 단백질 분해효소에 대하여는 옛날부터 많은 연구가 이루어졌다. 1980년대 후반부터 1990년대에 단백질의 분석방법, 효소의 분리 정제방법 등이 급속하게 진보되어 유산균의 단백질 분해효소가 정제되어 이들의 상세한 특성이 밝혀지게 되었다. 특히 치즈용 스타터 유산균으로서 중요한 *Lactococcus lactis*에 있어서 단백질 분해효소의 생화학·유전학 수준의 해명이 발전되고 있다.

*Lactococcus lactis*는 proteinase(endopeptidase이나 유산균의 단백질 분해효소에 관한 연구에서는 가세인을 직접 분해하는 효소를 propteinase라고 부른다), endopeptidase 그리고 각종의 aminopeptidase 등의 exopeptidase를 생산한다. Proteinase

에는 P1 type과 PⅢ type의 두 종류가 있고, 아미노산 수준에서 98%가 공통이다. 그러나 기질 특이성이 다르고 전자는 β- 그리고 κ-casein도 분해할 수가 있고, 이들의 proteinase에 의하여 생성되는 고분자 펩타이드는 endopeptidase에 의하여 보다 저분자화 되어 각종 exopeptidase에 의하여 아미노산이 생성된다. 이들의 단백질 분해효소는 막에 결합 혹은 균체 내에 존재하므로 치즈 중에서 균체의 자기소화에 의하여 균체 외로 용출되어 단백질의 분해를 한다.

[응유효소]

1) 응유효소의 종류

응유효소에는 옛날부터 송아지 레닛(rennet : 주성분은 응유효소 chymosin)이 사용되고 있으나 최근에는 그 공급이 부족하여 각종 미생물 레닛이 개발되고 있다. 또 최근에는 유전자 재조합 기술로 생산된 chymosin이 판매되어 구미에서는 그 사용량이 증가되고 있다.

현재 실용화되고 있는 대표적인 미생물 레닛은 *Rhizomucor(Mucor) pusillus Rhizomucor(Mucor) miehei*에서 생산되고 있다. 송아지 레닛은 포유중의 송아지의 제4위를 식염수에 침지하여 추출한 것으로 그 주성분은 키모신(chymosin)이다. Chymosin(EC 3.4.23.4)은 기질 특이성이 높은 단백질 분해효소이고 κ-casein의 Phe 105-Met 106결합을 절단한다. 그 결과 casein miclle은 불안정으로 되어 칼슘과 결합하여 응집한다.

표 1-3. 응유효소의 종류

종 류	효소명	소 재
동물성	Chymosin Pepsin	송아지의 제4위 돼지·소의 위
식물성	Ficin Papain	무화과나무의 수액, 과즙 파파이야 과실
미생물	Rennise Speren	*Mucor pusillus, M. miehei* *Endothia. parasitica*
유전자 조작	Chymosin	대장균 clone

2) 응유효소의 단백질 분해작용

치즈의 제조에 있어서 응유 형성에 사용되는 응유효소는 일부가 치즈 중에 이행하여 숙성중의 단백질 분해과정에서 중요한 역할을 하고 있다. 더욱이 일반적으로 사용되는 절단반응만이 아니고 카세인의 각 성분을 분해하는 작용을 가진다. 이 2차적인 반응속도는 아주 느리고 전항 기재의 절단반응의 100분의 1 정도이나 치즈 숙성중의 단백질에 있어서 중요하다.

[치즈숙성과 성분 변화]

우유 중의 중요 성분은 유지방(3.6%), 유단백질(3.2%) 그리고 탄수화물(4.6%)이다. 또 단백질의 주성분은 카세인과 훼이 단백질이고 우유 중의 함량은 전자가 약 2.3%, 후자가 약 0.5%이다. 우유를 응고시켜 훼이를 제거하면 탄수화물과 훼이 단백질의 대부분은 훼이 중에 이행하므로 치즈의 주된 구성성분은 카세인과 지방이다.

치즈에는 Cottage cheese, Cream cheese 등과 같이 숙성하지 않는 치즈도 있으나 대부분은 수개월 이상 숙성시킨다. 치즈의 숙성 중에 생기는 주요한 변화는 유단백질(카세인), 지방 그리고 lactose의 분해이고, 이들은 효소 혹은 미생물의 작용에 의하여 이루어지고 완숙치즈 특유의 풍미와 조직이 형성된다.

1) 유단백질(카세인)의 변화

유단백질은 종종의 단백질 분해효소가 관여하는 복잡한 반응이라는 것과 치즈의 풍미 그리고 조직향성과 밀접한 계가 있다는 사실에서 치즈 숙성에 생기는 더욱 중요한 변화는 옛날부터 많은 연구가 이루어졌다. 치즈숙성 중의 단백질은 그림 1-2에 나타낸 것과 같이 진행된다.

치즈단백질의 주성분은 카세인이고 또 카세인 분자의 펩타이드 결합이 치즈 중의 proteinase(endopeptidase)에 의하여 절단되어 고분자의 펩타이드가 생성된다. 이것은 스타터 유산균의 endopeptidase에 의하여 다시 저분자의 펩타이드로 분해하고 이어서 유산균의 exopeptidase에 의한 분해는 1차분해, 계속 이어져 아미노산까지의 분해는 2차분해라고 한다. 치즈단백질의 분해도는 치즈 중의 총 질소에 대한 수용성 질소(pH 4.4, 산가용성 질소)의 비율로 표시한다.

완숙된 Gouda cheese(숙성 4개월)에서는 치즈 중의 총 질소 약 30%가 수용성의 질소로 분해하여 있고, 이 분해산물 중 약 80%가 저분자의 질소화합물인 펩타이드, 아미노산으로 되어 있다.

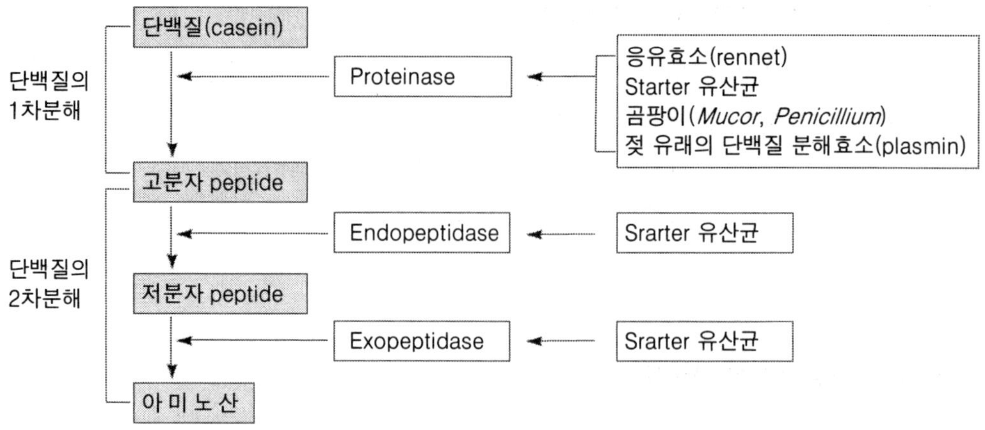

그림 1-2. 치즈 숙성 중에 있어서 단백질의 분해

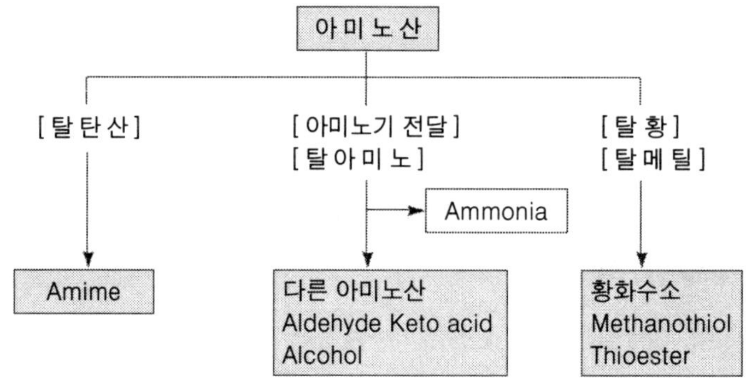

그림 1-3. 치즈 중에 있어서 아미노산의 대사

Camembert cheese와 같이 곰팡이(*Penicillium camemberti*, *Pen. caseicolum* 등)를 사용한 치즈에서는 단백질의 분해는 빠르고 숙성 20일 정도로 총 질소의 약 30%가 수용성 질소로 분해한다. 생성된 아미노산 일부는 스타터의 유산균, 기타의 미생물에 의하여 그림 1-3에 나타낸 반응으로 각종의 방향물질로 대사된다. 또 펩타이드 중에도 맛을 기지는 것이 있고, 특히 치즈의 고미는 고미 펩타이드에 기인하는 것이 많다.

2) 지방의 변화

치즈지방은 스타터의 유산균, 응유효소 레닛, 원료유 등에서 유래된다. 치즈 중의 지방분해효소에 의하여 가수분해하여 유리지방산이 생성된다. 낙산, 카프론산(caproic acid), 카프린산(capric acid) 등의 저분자의 휘발성 유리지방산은 치즈의 풍미를 구성하는 불가결의 성분이고, 이들의 양적 균형에 의하여 각 치즈에 특유한 풍미를 형성한다.

Parmesan cheese나 Romano cheese와 같이 샤프한 지방산의 풍미를 특징으로 하는 치즈에서는 조제의 레닛(협잡하는 지방분해효소 양이 많다) 혹은 포유동물의 전위(前胃) esterase(지방분해효소: 저분자의 지방산을 유리한다)를 사용하여 유리지방산을 생성한다. *Penicillium roquerforti*를 사용하는 blue cheese에는 그 지방분해력에 의하여 다량의 유리지방산이 생성되어 이것이 β-산화를 받아 β-keto acid로 되고 다시 산화되어 methyl ketone으로 된다. 이것이 blue cheese 특유의 풍미를 형성하는 주요한 성분으로 되어 있다.

또 저분자의 지방산의 초산(acetic acid), 프로피온산(propionic acid) 등은 대사과정에서 형성되어 이들도 치즈의 풍미형성에 있어서 중요한 성분으로 된다.

3) Lactose의 변화

원료 중의 lactose의 대부분은 훼이로 이행하기 때문에 green cheese 중의 lactose 양은 1% 이하이다. 이것은 스타터의 유산균에 의하여 자화되어 숙성 2주간 이내에 소실되고 만다. 생성물은 주로 유산이나 초산, 프로피온산, 낙산 등도 생성된다. 또 lactose 대사의 중간물질로서 pyruvic acid를 경유하여 diacetyl, acetadehyde, acetoin 등의 방향물질을 생성한다. 이들 치즈는 특히 숙성하지 않는 cottage cheese, cream cheese 등의 중요한 풍미성분이다.

4) 각종 성분의 변화

앞 3항에서 설명한 것과 같이 치즈 숙성 중에는 여러 가지 생화학적 변화가 일어나고 있으며, 이들을 정리하면 그림 1-4, 1-5와 같다. 이들 반응은 치즈의 물리학적 인자(수분, pH, 수중 식염농도 등) 그리고 생화학적 인자(스타터로서의 사용하는 미생물의 종류, 응유효소 레닛의 종류와 그 정제도, 원료유의 살균조건에 따라 달라지는 유래의 효소 등)에 의하여 제어되어 각각의 치즈에 특유의 풍미가 형성된다.

유 당
단백질(casein)
지 방
구 연 산
Pyruvic acid
Peptide
고미 peptide
정미 peptide
Ethanol
Diacetyl
acetaldehyde
Acetoin
유 산
아미노산
케 토 산
지 방 산
휘발성 carbonyl
화합물
Propionic acid
Acetic acid
Amine
Ammonia
Aldehyde
Alcohol
휘발성 carbonyl
화합물
휘발성 황화합물
황화수소
지방산 에스테르

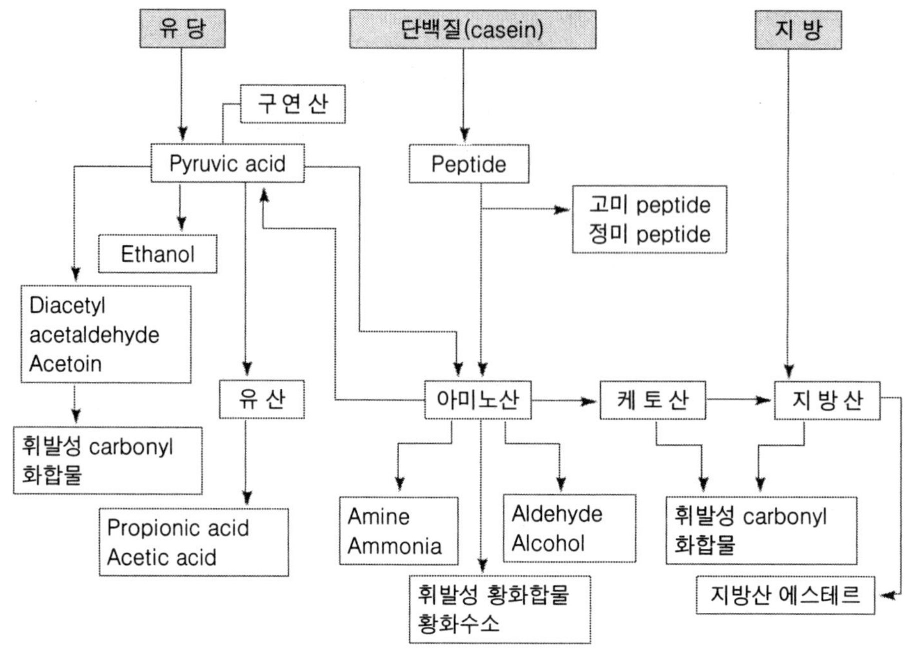

그림 1-4. 치즈 숙성 중에 있어서 풍미성분의 생성

굵은 선 네모: 그린 치즈의 성분, 가는 선 네모: 중간생성물,
이중선 네모: 풍미성분

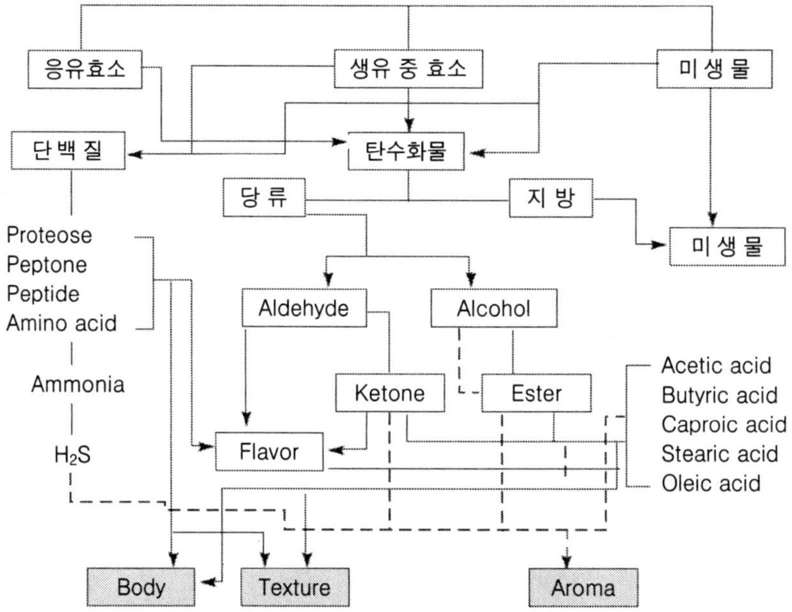

응유효소
생유 중 효소
미 생 물
단 백 질
탄수화물
당 류
지 방
미 생 물
Proteose
Peptone
Peptide
Amino acid
Ammonia
H_2S
Aldehyde
Alcohol
Ketone
Ester
Flavor
Acetic acid
Butyric acid
Caproic acid
Stearic acid
Oleic acid
Body
Texture
Aroma

그림 1-5. 숙성 중의 치즈의 주요 성분의 변화

2. 발효버터와 샤워크림

[개 요]

버터는 인류가 아주 옛날부터 식용해온 식품의 하나로서 젖의 가공에 관한 기록으로서 남아 있는 최고의 것은 기원 전 4000년경의 고대 이집트의 벽화에 버터의 제조법이 그려져 있다. 버터는 '젖을 churning 한다.'라는 간단한 공정으로 만들 수 있으므로 아시아, 유럽으로 전해지고 유지식품으로서 발전되어 왔다.

발효버터(cultured butter)는 버터용 원료의 크림을 유산균으로 발효시켜 제조한 것이고 산미와 방향을 가진다. 유럽제국의 버터는 거의가 발효버터로 최근에는 일본에서도 제과용으로 그 수요가 증가되고 있다. 샤워크림(sour cream)은 지방율 10~20%의 크림에 유산균 스타터를 가하여 발효시킨 것으로 야채샐러드의 드레싱, 케이크의 필링 티프 등의 재료 혹은 스튜, 보르시치(Borshch : 고기, 채소 따위를 넣은 러시아식 수프) 등의 요리소재로서 사용하고 있다.

[발효버터의 제조방법]

유산균 스타터(스타터 유산균의 탈지유 배양물)를 첨가하여 원료크림(지방율 35% 전후)을 발효시키는 이외에 발효버터의 제조방법은 버터와 거의 같은 방법이다. 그 제조공정을 그림 1-6에 나타내었다.

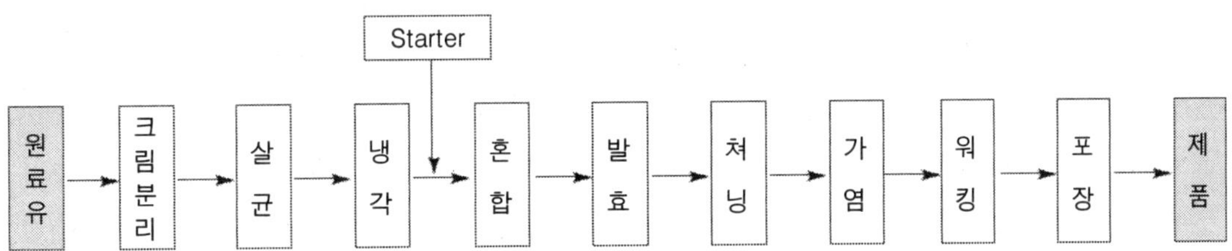

그림 1-6. 발효버터의 제조공정

원료크림의 발효는 적당량(2～8%)의 유산균 스타터를 가하고 크림의 산도가 약 0.2～0.3%로 될 때까지 10℃ 정도에서 하룻밤 둔다. 이 방법에는 churning(크림을 churn에 넣어서 교반하여 크림 중의 지방구를 입상으로 집합시켜 버터 알갱이를 형성하는 조작) 할 때 유산균에 의하여 생성된 풍미성분의 상당부분이 버터밀크에 이행하게 된다.

이 때문에 직접 버터에 유산과 스타터의 유산균 배양물을 고루 섞이도록 이기는 NIZO법(네덜란드의 낙농과학연구소에서 개발한 것으로 이 이름이 붙었다)에 의한 방법과 이것을 개량한 스타터의 유산균 배양물의 농축물과 유산을 이겨 섞이도록 하는 방법, 그리고 스타터 유산균 배양물의 증류물(starter distillate)과 유산을 직접 버터에 골고루 섞이도록 이기는 방법 등이 개발되어 있다. 샤워크림은 지방율 10～20%의 크림을 살균, 균질화 한 후에 유산균 스타터를 가하여 산도가 0.6% 정도 될 때까지 발효시킨 것이다. 스타터의 유산균은 발효버터와 동일하다

[발효버터의 스타터 유산균]

발효버터의 제조에는 아래와 같은 유산균이 스타터로서 사용되고 있다.

① *Lactococcus lactis* subsp. *lactis* (구명 : *Streptococcus lactis*)
② *L. lactis* subsp. *cremoris* (구명 : *Streptococcus cremoris*)
③ 구연산 자화성 *L. lactis* subsp. *lactis* (구명 : *Streptococcus diacetilactis*)
④ *Leuconostoc mesenteroides* subsp. *cremoris* (구명 : *Leuconostoc citrovolum*)

①, ②는 주로 유산의 생성을 위하여 ③, ④는 주로 방향 생성을 위하여 사용된다. 이들의 스타터 유산균은 보통 산 생성균과 방향 생성균과를 조합시켜 사용한다. 단독 사용의 경우에는 산 생성력이 강하고 구연산 분해능을 가지는 *S. diacetilactis*를 사용하는 수가 많다.

[발효버터의 방향 생성]

그림 1-7에 스타터 유산균에 의한 방향물질의 생성을 나타내었다. 크림에 유산균 스타터를 첨가하여 발효시키면 *Lactococcus lactis* subsp. *lactis* 그리고 *Lactococcus lactis* subsp cremoris의 호모(homo) 발효유산균은 유당을 분해하여 유산과 소량의 부산물(알코올, 초산, acetoin, diacetyl 등)의 방향물질을 생성한다. 방향 생성균인 *S. diacetilactis*와 *Leuc. mensenteroides* subsp *cremoris*는 주로 구연산에서 acetoin, diacety 등의 방향물질을 생성한다.

(1) Lactose에서 유산의 생성

Lact. lactis subsp *lactis*, *Lact. lactis* subsp. *cremoris* 그리고 *S. diacetilactis*는 크림 중의 유당을 자화하여 Embden-Meyerhof Parnas의 해당계에 의하여 생성한다.

(2) Lactose에서 방향물질(acetoin, diacetyl)의 생성

S. diacetilactis 그리고 *Leuc. mesenteroides* subsp *cremoris*는 당의 대사에서 생성되는 pyruvic acid에서 α-acetolactic acid를 경유하여 acetoin, diacetyl를 생성한다.

(3) 구연산에서 방향물질(acetoin, diacetyl)의 생성

S. diacetilactis 그리고 *Leuc. mesenteroides* subsp. *cremoris*는 구연산 분해능을

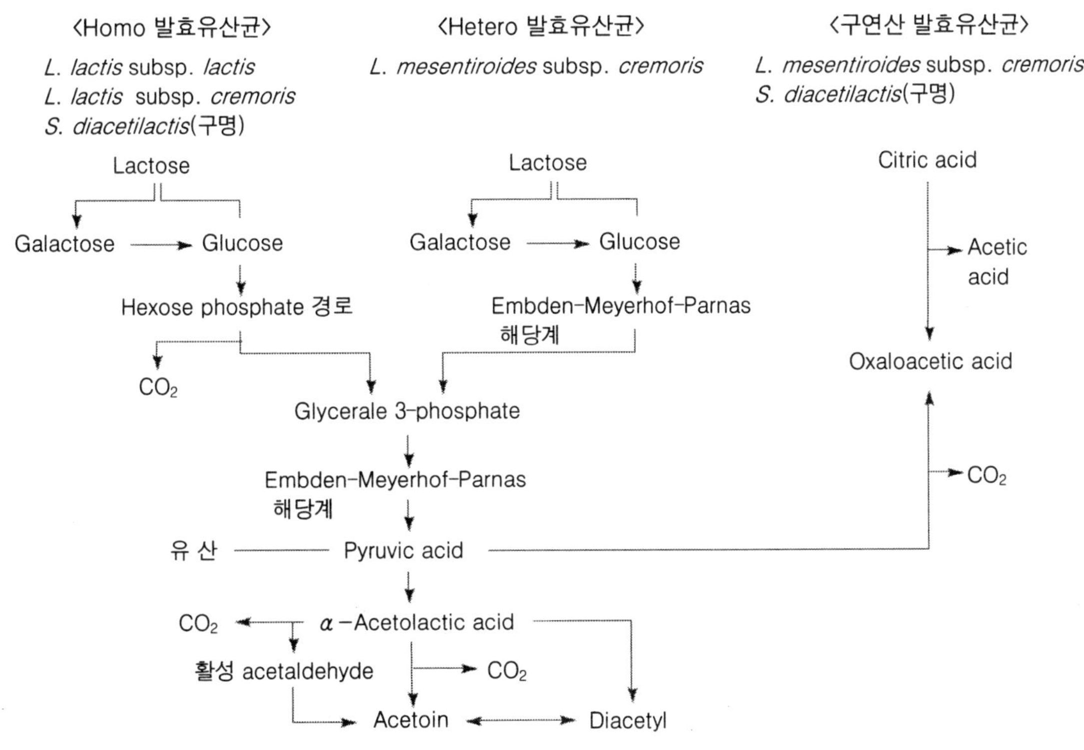

그림 1-7. 스타터 유산균에 의한 방향물질 생성

가지며, 구연산은 oxaolacetic acid를 거쳐 pyruvic acid로 전환한다. 이 피루브산은 전항과 마찬가지로 α-acetolactic acid를 경유하여 acetoin과 diacetyl로 전환한다.

3. 발효유

[개 요]

발효유(fermented milk)란 소를 주로 한 유제류 초식성 가축의 젖을 유산균을 주로 하는 미생물로 발효시킨 식품이다. 수천 년 전부터 세계 각지의 목축 문화권에서 각종의 전통적 발효유가 이용되어 왔으나 20세기에 이르러 공업제품으로서 여러 나라에서 생산·소비하게 되었다. 발효의 과정에서 균체의 증식과 더불어 젖 중의 유당(lactose)에서 유산이 생성되어 젖 단백질이 분리되어 펩타이드나 유리아미노산이 증가된다. 발효유의 건강효과는 옛날부터 전래되어 왔으며, 최근에는 과학적으로 증명되고 있다.

[발효유의 제조방법]

착유 후의 젖을 수 시간에서 수일간 정치 혹은 교반하여 만든다. 이 사이에 인위적으로 접종하거나 또는 환경 중에서 이행되는 유산균을 주로 하는 미생물의 작용에 의하여 발효가 진행된다. 세계 각지에 많은 전통적 발효유가 존재하고 있으며, 각지의 자연환경에 따라 다종다양한 축종(畜種), 다종다양한 도구, 가공법을 사용하여 발효유를 만들고 있다. 또 전통적 발효유나 장내 균총(flora)에서 분리된 유산균을 사용하여 근대 공업제품으로서도 각종의 발효 유제품이 제조되고 있다.

1) 전통적 발효유

발효유는 목축문화 중에서 태어났다. 인류에 있어서 중요한 식량의 하나인 젖을 주된 식품으로서 소비하는 목축문화는 유라시아 대륙 중앙부의 동서로 연장되는 건조지대인 몽골, 중앙아시아, 서아시아, 북아프리카나 유럽을 중심으로 하여 발달되었다. 일반적으로는 소, 양, 면양 젖을 짜서 이용한 것이 많으나 티베트 고원에서는 야크, 몽골과 코카사스에서는 말, 남아시아에서는 스이큐, 중근동·북아프리카에서는 낙타의 젖을 이용하고 있다.

이들에 함유되는 풍부한 단백질, 당류, 비타민, 무기질 등이 인류의 생명을 키웠다. 목축문화의 성립은 기원전 1만년에서 5천년 경에 이루어진 이들 동물의 가축화를 기반으로 하였다. 농경과의 관련에 있어서 강약은 있으나 이들 동물, 식물을 이용하는 기술을 손에 넣음으로써 지금까지 채취에 의존하는 방법에 비하여 비약적으로 다량의 식량을 확보할 수 있게 되었다.

한편 영양가가 높은 젖 중에는 미생물의 번식이 빠르게 일어나 부패되기 쉽다. 이것을 방지하기 위하여 세계 각지에서 정치・교반・가열 등의 가공법을 조합시킨 각종의 가공기술을 체계적으로 사용하여 보존성을 높이는 제품이 만들어져 왔다. 많은 경우에 그 과정에서 미생물의 증식이 일어나나 미생물의 지식이 없었으므로 경험에 기초하여 가공공정을 규정하는 것으로 미생물을 제어하였다. 최종 제품으로서는 많은 것이 만들어지나 젖 단백질을 중심으로 한 치즈 같은 제품, 버터오일을 중심으로 한 제품 등 착유기 이외의 계절용의 보존을 목적으로 한 것이 많았다.

세계 각지에서 수백이나 달하는 많은 종류의 특유의 발효유가 전통적으로 만들어져 소비되어 왔다. 그 대표적인 것으로는 흑해 주변 토르코나 불가리아의 요구르트(yoghurt)나 키셀 믈리야코(Kiesel mliako), 카스피해 주변 코카스 지역의 케퍼(kefir) 그리고 마쓴(mazum) 등 중앙아시아 지역 가자후나 몽골의 쿠미스(kumiss, koumiss), 아이라그(airag), 타라그(tarag)나 쥬키(jookii), 남아시아 지역 인도의 다히(dahi), 랏시(lassi), 중근동제국의 레벤(leben), 중앙아프리카 동부 케니아 그리고 탄자니아의 마지와라라(maziwa la la), 북유럽의 롱 밀크(long milk)나 빌리(villi) 등이 열거된다.

이들의 발효기술은 이들 사이에서 세부로는 달라 있어도 기본적인 부분에서는 공통되고 있다. 젖을 가죽자루, 대나무 통, 요탄, 나무통 등 그 토지에서 입수 가능한 용기에 넣어 자연 발효시키거나 발효유를 계속 증식하여 시게 하였다. 그것은 원래의 젖보다 보존・가공・식용에 알맞았다.

발효유의 제조방법으로는 착즙한 젖을 그대로 정치하여 두는 방법은 여러 지역에서 볼 수 있다. 예로서 내몽골에서는 착즙한 젖을 그대로 하룻밤 방치하여 표면에 뜬 발효 크림층 쥬쓰헤와 하부의 저지방 발효유 에드슨 수(eedsun suu)로 나눈다. 쥬쓰헤는 그 후 가열하여 버터오일 분을 모은 샤르 토스(sar tos)에, 에드슨 수(eedsun suu)는 가열하여 유청을 분리하여 카세인을 굳혀 일종의 산 응고치즈 호로드(xuruud)로 가공한다.

인도네시아에서는 수이 규 젖을 죽통에 넣어 바나나 잎으로 뚜껑을 하여 정치 발효시킨 다히(dahi)를 만든다. 이들 발효에는 동물의 유방 표면이나 식물 표면에서 젖 중으로 혼입한 미생물에 의하여 발효가 일어난다. 가열처리한 젖에 전회의 발효유 일부를 가하여 발효시키는 방법도 널리 행해지고 있다.

이와 같이 계대된 스타터 중에는 입상의 구조를 가지는 동유럽의 케퍼(kefir) 등이 있다. 또 교반하면서 발효를 시키면 발효 중의 지방구의 파괴(churning)가 일어나 버터 같은 제품과 발효유가 얻어진다. 내몽골에서는 젖을 목통이나 가죽자루에 넣어 교반 봉으로 수천 회 교반하여 발효시켜 분리한 버터 입 아이라킹톡스와 발효유 아이라그(airag)를 얻는다. 마찬가지로 교반도구는 남아시아, 중근동, 유럽에서도 널리 사용되고 있다.

교반 봉을 사용하지 않고 젖을 가죽자루에 넣어서 흔드는 방법도 널리 이루어지고 있다. 동아프리카에서는 그 용기로서 요탄이 사용되고 있다. 마유주는 교반발효로 만들어지나 지방이나 카세인 함량이 적으므로 단백질 응고나 지방 분리는 인정되지 않는다.

2) 근대 공업제품

20세기 초두에 근대 공업제품으로서 발효유가 이용되게 되었다. 여기에 공헌한 것이 메치니코프(Metchnikoff)의 불로장수설이다. 즉 『불가리아 지방에 장수자가 많은 것은 전통 발효유인 요구르트를 많이 소비하기 때문이고 요구르트 중의 유산균이 장내에서 유해균을 억제하여 장내부패를 방지하므로 노화를 억제한다.』라는 것이다.

이 사실에서 발효의 주체를 하는 미생물을 분리하여 근대 공업제품으로서의 요구르트가 확립되어 세계로 확대되었다. 그 후 유산균과 장내 균총(flora)의 세균학이 진보하여 요구르트 중의 유산균은 장내에 장착하고 있는 유산균과는 별종이라는 것이 판명되었다. 그래서 장내 유래의 유산균을 이용한 각종 발효유가 개발되었다.

장내 유산균으로서는 우세한 *Lactobacillus acidophilus*(애시도필루스)를 이용한 애시도필러스 밀크(acidophillus milk)나 비피더스(*Bifidobaterium*)를 이용한 발효유 등이 구미・일본에서도 장관에서 분리된 *L. casei*를 이용한 유산균 음료가 개발되었다. 또 최근에는 *Bifidobactrium*이나 *L. acidophilus*를 요구르트 스타터나 기타 유산균 등을 조합시킨 발효유가 많이 시판되고 있다.

대부분의 제품은 순수배양 분리한 균을 단독 혹은 조합시킨 스타터를 우유에 첨가하여 발효시킨다. 보통은 단독 균주의 mother starter를 소규모로 계속 이식한다. 배지로서는 탈지유 혹은 여기에 유산균의 생육인자 보급을 위하여 소량의 효모엑기스, 펩타이드 등을 가한 것을 사용한다. 그 과정에서 복수의 균을 동시에 함유하는 혼합스타터로서 사용하는 경우도 있다. 이들을 최종적으로 발효시키기 위하여 젖에 첨가하여 발효시킨다. 최근에는 이들의 균을 미리부터 고밀도로 조제한 스타터가 동결 혹은 동결건조 분말로서 공급되는 경우도 있다. 이들의 스타터는 1단계의 스케일 업 또는 직접 최종발효에 첨가하여 사용한다.

제품으로서는 다종의 것이 생산, 판매되고 있다. 원료로서는 젖만을 사용하는 플레인 타입이나 감미료, 과즙, 과육, 비타민, 안정제, 향료 등을 사용한 기호성이나 영양가를 높인 타입도 많다. 보통의 제법으로서는 우유 탈지유 혹은 환원분유를 살균, 균질화, 냉각한 후 스타터를 참가하여 발효를 한다. 이 경우 미리부터 감미료, 향료 기타의 조성물을 젖에 혼합하여 두는 경우도 있다.

발효공정은 대용량 탱크 내에서 행하나 작은 용량의 최종 제품용기에 충전하고서 행하는 경우도 있다. 탱크에서 발효된 경우에는 발효 종료 후에 가벼운 교반으로 카세인 커드를 유동성으로 하여 용기에 충전한 스타터 타입 그리고 균질화하여 액상으로 한 드링크 타입의 제품도 있다. 이들의 제품에는 과육 등을 첨가한 것도 많다. 스타터 첨가 후에 용기에 충전하고 나서 발효하는 세트타입에서는 한천 등의 안정제를 첨가하여 표면의 미끄러운 비교적 강한 겔을 형성한 제품이 많고, 일본에서 많이 소비되고 있다. 그리고 일본에서는 발효유에 감미를 가한 젖 성분함량이 낮은 유산균 음료도 널리 소비되고 있다. 이 중에는 가열 살균된 제품도 있다.

한국에서는 이들의 발효유 그리고 유산균 음료의 규격이나 기준은 농림수산식품부의 축산물의 가공기준 및 성분규격에 규정되어 있다(부록 1 참고).

[발효유에 관계되는 미생물]

많은 종류의 발효유에서 이용되고 있는 미생불의 종류는 여러 가지가 있으나 발효유의 기본적 성질을 만드는 주체는 유산균이다. 유산균은 분류학상의 명은 아니고 다음과 같은 성질을 나타내는 유산을 다량으로 생성하는 세균의 관용명이다. 즉 그람의 양성으로 catalase 음성, 포도당에서 50% 이상의 유산을 생성한다. 내생포자를 생성하지 않는다. 운동성은 없고 형상은 간균 또는 구균 등이다. 구래의 형태나 생리학적 성상에 기초한 분류법에서는 간균의 *Lactobacillus*속, homo 발효유산구균의 *Streptococcus*속, *Pediococcus*속, hetero 발효유산구균인 *Leuconostoc*속이 그 주요 균 속이다.

균체의 화학성분, 유전자의 해석에 기초하여 여기에 속하는 균종에서 새롭게 *Carnobacterium*속, *Lactococcus*속, *Enterococcus*속 등의 독립된 속으로 인정되고 있다. *Bifidobacterium*속은 유산의 생성량이 50%에 이르지 못하고 또 계통분류에서는 이들 균과는 크게 달라 방사선 균의 일종이나 역사적으로는 *Lactobacillus*속으로서 취급되는 것도 있고 유산균의 일부로서 보는 경우도 있다.

발효유 중의 미생물을 검출하여 생균수를 측정하는데 적당한 배지를 사용할 필요가 있다. 일본에서 발효유의 생균수 측정의 공전법으로는 BCP(bromocresol purple)를 가한 plate count agar가 사용되고 있다. 이 외에 유산균 연구용에는 MRP(Man-Rogosa-Sharpe) 배지, Briggs 배지, GYP(glucose, yeast extract, peptone) 배지 등이 사주 사용된다.

복잡한 균총을 가지는 제품 중의 비교적 균수가 적은 균이나 특별한 성질을 가지는 균을 검출하는 데는 선택배지가 필요하게 된다. 예로서, 케퍼(kefir) 입자의 다당류를 생산하는 신종 유산균으로서는 *Lactobacillus kefiranofaciens*가 발견되나 이 유산균은 배지에 포도주를 가하여 분리배양에 성공하였다. 발효유 제조에 널리 사용되고 있는 유산균 스타터를 표 1-4에 나타내었다.

1) 전통 발효유

자연계에 존재하는 미생물을 일정의 전승된 방법으로 이용하고 있고, 본질적으로 복잡한 균총으로 되어 있다. 많은 제품이 유산균, 효모, 초산균, 경우에 따라서는 곰팡이 등의 미생물을 함유하고 있다.

표 1-4. 발효유 제조에 사용되는 유산균

속 명	종 명
Streptococcus	*St. lactis* subsp *lactis* *St. lactis* subsp *cremoris* *St. salivarius* subsp *thermophilus*
Leuconostoc	*Leu. mesenteroides* subsp *cremoris*
Lactobacillus	*L. delbrueckii* subsp *bulgaricus* *L. delbrueckii* subsp *lactis* *L. casei* subsp *casei* *L. acidophilus* *L. juguruti*
Bifidobacterium	*Bif. bifidum* subsp *pennsylvanicum* *Bif. longum* subsp *longum*

세계 각지에 있는 다종의 발효유에 대하여 미생물학적 검토는 충분히 이루어져 있는 것은 아니다. 또 동일 종의 발효유라도 만들어지는 지역 또는 가정, 그리고 만들기 위해서는 변동도 있으므로 현 단계에서는 각 발효유에 관여하는 미생물을 일반적으로 특징을 지울 수 없다. 아래의 미생물이 각종 발효유에서 비교적 고빈도로 검출되고 있다. 유산균을 균형과 당의 발효형식에서 그룹으로 나누는 관용적 방법에 따라 기재하면 다음과 같다.

유산균 간균으로서는 호모(homo) 유산발효 간균(호모 발효유산 간균)으로는 *Lactobacillus delbrueckii* subsp. *bulgarcus*, *L helveticus*, *L. plantarum*, *L. casei*, *L. kefir*, *L. curvatus* 등이, 헤테로(hetero) 유산발효 간균(헤테로 발효유산 간균)으로는 *L. brevis*, *L. fermentum*, *L. buchneri* 등이 검출되고 있다.

호모(homo) 발효유산 구균으로서는 *Streptococcus thermophilus*, *Lactococcus lactis* 등의 유제품에 많이 발견된 균만이 아니고 *Enterococcus faecalis*와 같은 장내 균도 자주 보인다. 헤테로(hetero) 발효유산 구균으로서는 *Leuconostoc*속이 보인다. 효모는 lactose 자화성의 *Kluyveromyces marxianus* 만이 아니고 lactose를 이용할 수 없는 *Saccharomyse cerevisiae* 등도 빈번히 보인다.

초산균 *Acetobacter aceti*나 핀란드의 윌리라는 점성발효유와 같이 *Georiticum candidum*이라는 곰팡이가 보이는 경우도 있다. 이들 미생물은 발효유의 주된 성질을 만드는 데 관여하는 유산균으로 부수적으로 공존하고 있으나 발효유 제조에서의 역할이 명확하지 않고 존재하지 않아도 유사한 제품이 되는 미생물도 있다. 전자에 속하는 균은 근대적 공업제품을 제조하는 데 이용된다.

2) 근대 공업제품

대표적인 제품인 요구르트는 전통적 제품 중 주된 발효균으로서 분리된 *Lactobacillus delbrueckii* subsp. *bulgaricus*와 *Streptococcus thermophilus*의 2종류가 사용되고 있다. 나라에 따라서는 요구르트의 명칭은 이 2종류만을 사용하는 것으로 한정되는 경우도 있으나 일본에서는 공정의 규정에 만족하는 발효유 일반 호칭으로서 사용하고 있다. 또 산생성력이 강한 *L. helveticus*(*L. jugurti*)가 이용되는 경우도 있다. 메치니코프(Metchikoff)의 불로장수설이 근본이 된 요구르트 스타터는 그 후 연구로 장관에 정착하고 있는 유산균과는 별종이라는 것이 밝혀져 장관 유래의 유산균을 이용하는 것이 시도하게 되었다.

1920년에는 *L. acidophilus*를 이용한 reform jogurt나 acidophilus milk가 1960년대가 되어 다시 사람 장관 내 우세 균인 *Bifidobcterium*속을 사용한 제품이 개발되

었다. 현재에도 사람 장관 내에서의 정착성 향상이나 정장효과를 목적으로 하여 장관 유래의 *L. acidophlus*, *L. gasseri*, *L. casei*, *L. rhamnosus*, *L. reuteri* 등의 유산균이나 유산 생성력이 강한 균과 조합하여 사용하는 경우도 있다. 이들 유산균은 probiotics(활생균)라고 한다.

우수한 성질의 유산균을 얻는 방법으로서는 자연 생태계 중에서의 선택이 거의 대부분이나 자외선이나 화학물질을 사용하여 돌연변이의 빈도를 높이는 방법도 사용되는 경우도 있다. 유전공학적 방법이나 재조합기술은 거의 실용화에 가까운 단계까지 진전되어 모델적 재조합체를 얻고 있다. 생균의 식품미생물 재조합체를 취득하는 데는 안전성 확보법의 과학적 그리고 사회적 확립이 금후의 과제로 남아 있다.

[발효유의 내용]

발효유에 있어서 유산발효 중에는 젖 중에 존재하는 lactose를 유산균이 유산으로 변환하는 반응을 위시한 많은 변화가 일어난나. 그 결과로서 생성되는 변화를 받은 젖 성분이나 미생물의 대사산물의 혼합계가 발효유이다. 이 과정으로 유산균이나 기타 공존하는 미생물은 생육에 필요한 에너지나 영양소를 획득한다.

유산의 생성은 유산균에 의한 것이 주이지만 발효유 중의 미생물 균총에 따라 유산균 이외의 미생물에 의한 유산생성도 몇 가지가 알려져 있다. 유산발효 형식은 유산 균종에 따라 다르다. Lactose는 protone 공수송계나 lactose 수송 ATPase계로 그대로 들어가나 phosphoenolpyruvic acid 의존성 phosphotransferase(PEP : PTS) 계로 인산화 되어 균체 내로 취입하게 된다. 취입된 lactose는 glucose와 galactose로 분해한다.

Glucose는 호모(homo) 발효 유산균에서는 EMP경로에 의하여 대사되고 $C_6H_{12}O_6 \rightarrow 2C_3H_6O_3$의 발효 형식에서 대부분 유산이 생성된다. 헤테로(hetero) 발효유산균에서는 phosphoketolase 경로에 따라 대사되어 $C_6H_{12}O_6 \rightarrow C_3H_6O_3 + C_2H_5OH + CO_2$의 발효 형식으로 유산, ethanol, 이산화탄소가 생성된다. 장내세균인 *Bifido-bacterium*속에서 bifisum 경로에 의하여 대사되어 $2C_2H_{12}O_6 \rightarrow 2C_3H_6O_3 + CH_3COOH$의 발효형식으로 유산과 초산이 생성된다.

한편 galactose는 Leloir 경로로 대사되나 galactose를 이용 못하는 유산균도 많다. 예를 들면 *L. bulgricus*와 *S. thermophilus*로 발효된 전형적인 요구르트 중에는 유리 galactose의 함량이 증가하고 있다. 또 미이용의 당에서 점질 다당류를 합성하는 것이 있다. 발효된 유산에는 광학이성체가 있고, 균이 가지고 있는 lactate dehydrogenase의 차이에 따라 L체, D체, racemi체가 있다.

유산균은 보통 여러 아미노산을 요구하나, 특히 대부분의 균종에서는 glutamic acid, valine을 요구한다. 그러나 젖 중의 아미노산은 적으므로 유산균은 균체 외에 proteinase나 peptidase를 생산하여 우유 중의 단백질을 펩타이드, 아미노산으로 분해하여 균체 내로 취입하고 생육에 이용한다.

발효 중의 젖 중에의 펩타이드, 유리 이미노산 양을 증가한다. 한편 미분해의 카세인 단편은 pH 저하에 의하여 등전침전을 일으켜 겔 상의 커드나 입자를 형성한다. 또 유산균은 nicotinic acid나 pantothenic acid를 위시한 각종의 비타민을 요구한다. 발효 중에는 비타민 함량이 낮으나 영양학적으로 문제가 되는 양은 아니다.

[발효유의 건강효용]

발효유는 옛날부터 건강효과를 가진 식품으로 인식되어 왔으나 20세기 초에 프랑스 파스퇴르연구소의 메치니코프가 제창한 불로장수설을 계기로 과학적 연구가 진행되어 왔다. 많은 종류의 발효유에 대한 효능을 일괄할 수는 없으나 몇 가지의 발효유에 대하여는 효용이 과학적으로 밝혀지고 있다. 사람에 있어서 불로장수설의 명확한 증명은 되어 있지 않으나 시험동물(마우스)에서는 수명연장이 인정되고 있다.

1) 유당 불내증 경감

Lactose(유당)는 우유 중의 중요한 탄수화물이고 젖 이외의 식품에는 거의 인정되지 않는 젖 특유의 당이다. 사람도 유아기에는 젖 중의 lactose를 에너지원으로 사용하고 있으나 이유하면 소장쇄자연(小腸刷子緣)의 lactose 분해효소의 활성이 저하된다. 섭취된 lactose가 소장에서 소화 흡수되지 않은 경우 대장에까지 온 lactose 자체의 삼투압, 대장의 장내세균에 의하여 생산된 가스, 기타의 대사산물로서 설사, 고장 등의 유당불내의 증상이 일어난다. 유당불내는 유색인종에 많고 일본 사람에는 거의 100%가 해당된다고 한다.

이 lactose의 성질에서 전통적 가공기술은 lactose의 제거가 주라 한다. 미소화의 lactose에서 장내세균에 의하여 생성된 호기(呼氣) 중에 배출되는 수소가스를 분석하여 해석한 바, 실제로는 발효유의 투여에서는 유당 불내증은 일어나기 어렵다. 여기에 우유 중에는 4~5%의 lactose가 함유되나 유산발효 중에 유산으로 변화되어 요구르트의 경우에는 약 2.5%로 감소되는 것과 유산균의 lactose 분해효소가 장내에서는 lactose 분해에 기여하고 있다.

2) 정장효과

몇 개의 발효유에서는 섭취에 의하여 장내에서 *Bifidobacterium*속 등의 유용균의 증가, 장내 부패의 억제, 변비개선 등이 인정되고 있다. 또 장내 균총이 불안정한 소아나 여행자 설사증을 위시한 각종 설사증의 예방치료에 유산균을 사용하는 것이 유효성이 인정되고 있다.

이들은 장관에의 접착성이나 항균물질 생산에 의한 장내 정착성의 우수한 균주의 사용이 시도되고 있다. 또한 소화관을 위시한 감염 방어에는 국소 그리고 전신의 면역부활작용도 관여하고 있는 것으로 여겨진다. 그리고 각종 성인병의 발생에 장내 균총이 생성하는 유해 대사산물의 영향이 생각되고 있으나 발효유나 유산균의 섭취에 의한 장내대사 개선이 인정되고 있다.

3) 항종양효과

제암약으로서 사용되고 있는 그람 양성 세균의 세포벽 성분의 면역부활작용과 마찬가지 효과를 기대하여 검토가 시작되었다. 유산균 제제나 발효유로 동물에의 이식 암, 화학발암억제 그리고 장기 사육에서는 자연발암의 지연이 인정되고 있다. 사람에서도 역학조사에서의 발효유 섭취에 의한 유방암 발생의 억제, 유산균 제제의 방광암의 재발억제도 인정되고 있다. 작용 메커니즘으로 생각되는 면역부활작용, 장내 균총에 의한 발암관련 물질 생성의 억제 등이 동물 그리고 사람에서 실증되었다.

4) 혈중 cholesterol 저하효과

발효유를 다량으로 섭취하는 아프리카의 마사이족은 cholesterol 섭취가 많은데도 심질환 발생이 적은 사실에서 cholesterol 저감효과가 검토되어 왔다. 작용 메커니즘으로서 장관에서 흡수 저감, 간장에서의 배설촉진, 체내에서의 합성 억제 등이 상정된다. 그러나 그 중 동물실험과 사람에서의 임상시험의 보고는 긍정적인 것과 부정적인 것이 있어 일치하지 않고 사용균주 · 용량 · 시험방법 등의 검토가 필요하다.

5) 고혈압 억제효과

젖의 발효과정에서 유산균의 균체 외 protease계의 작용에 의하여 젖 단백질이 분해하여 펩타이드가 생성히니 *L. helveticus*는 그 활성이 다른 유산균보다 강하고 많다. 생성된 펩타이드 중에는 인간의 체내에서 혈압상승 물질을 생성하는 angiotensin 변환효소에 대한 저해활성을 가지는 것이 있다. 대표적인 것으로는 Val-Pro-Pro나 Ile-Pro-Pro이다.

이들의 펩타이드 자체나 이것을 함유하는 발효유를 음용하므로 고혈압이 있는 사람이나 실험동물에서의 혈압강하가 인정된다. 한편 *L. casei*의 세포벽 분해물에도 prostaglandin 생성의 수식을 작용 메커니즘으로 한 혈압 강하작용이 인정되고 있다.

4. 유주(乳酒)

[개 요]

유주(乳酒 ; milk wine)는 유산균과 효모의 공생에 의하여 젖을 원료로 하여 발효시킨 산미의 발포성을 가진 상쾌한 1～3% 알코올 함유 보건음료이다. 코카사스 지방에서 만들고 있는 케퍼(kefir)와 동유럽, 중앙아시아에 널리 있는 마유(馬乳)에서 제조된 쿠미스[kumiss, 외몽골에서는 아이라그(airag)]가 유명하다. 원래는 저습도의 냉량한 지대에서 만들어진 지역성, 전통성이 높다. 그러나 최근에는 세노 영역도 확대되고 각지에서 공업적으로 생산하게 되었다.

[유주(乳酒) 제조방법]

1) 케퍼의 제조

케퍼(kefir)는 젖(양, 면양, 소)을 가죽자루 등의 용기에 넣어 소량의 케퍼 입자(kefir grain)를 가하여 실온에(20～25℃)에 두고 1일 수회 교반한다. 3～5일에 ethanol 1～2%와 이산화탄소를 함유한 약간 점조성이 있는 제품으로 된다. 이 발효기간에 케퍼 입자도 증가되므로 따로 나누어 다음의 발효 종으로 남기고 액체를 음용한다. 첨가한 입상의 종을 다음 발효에 되풀이하여 사용하는 것이 케퍼 제조의 특색이다. 케퍼 입자는 유산균과 효모가 공존하는 미생물의 집합체로 0.2～1.0 cm 정도의 유백색을 한 탄성을 갖는 작은 꽃양배추 모양의 입자이다.

2) 쿠미스의 제조

쿠미스(kumiss)는 케퍼의 제조와 마찬가지로 마유(馬乳)를 원료로 한다. 마유의 lactose 함량은 높아 약 6.3%이므로 2～3%의 ethanol을 함유한다. 증류하지 않고 막걸리와 같이 그대로 마신다. 유주(乳酒)는 ethanol 농도가 낮으므로 증류하여 마시는 수가 있다. 그 중에서 10%의 아루히(araki)나 재증류한 30% 이상의 호르쓰(xorja) 등이 잘 알려져 있다,

[발효유의 역사]

케퍼의 발생은 명확하지 않으나 젖을 유산균이나 효모를 육성하기 쉬운 환경에 저장하며 자연 발효하면 쉽게 유주(乳酒)로 한다. 따라서 오랜 시대부터 존재한 것 같다. 회교에서는 케퍼 입자를 기원전에 영약으로 사용하였다고 전해지고 있다. 또 쿠미스는 기원전 2,500년경에 이미 중앙아시아에서 만들어 왔다고 한다.

[발효유에 관계되는 미생물]

케퍼 발효의 미생물원인 케퍼 입자에서 30여 종 정도의 유산구균, 유산간균, 효모 그리고 초산균 등이 발견되어 있다. 주요 유산균은 단간균인 *Lactobacillus kefir* 그리고 장간균으로 점질물질을 생산하는 *L. kefiranofacience*, *L. lactis* subsp. *cremoris* 등이 있고, 효모는 *Saccharomyces cerevisiae*, *S. unisporus*, *Candida holmi*, *C. kefir* 등이 있다.

[케퍼 입자 형성]

*L. kefiranofacience*가 생산하는 점질 다당의 kefiran이 접착제의 역할을 하고 효모, 유산균 등의 미생물을 연결한 입상구조물의 케퍼 입자를 형성한다. 케퍼 입자의 표면은 *L. kefir*, 비협막성 장간균 그리고 효모가 많고, 내층은 kefiran 생산균으로 점유되어 있는 것이 관찰된다. Kefiran은 glucose와 galactose로 된 분자량 약 100만 정도의 고분자 당이다.

표 1-5. 케퍼와 쿠미스의 성분(%)

유주(乳酒)	단백질	지 질	유 당	알코올	유 산
Kefir	2.4	2.0	1.3	1.5	0.8
Kumiss	2.2	2.3	1.3	2.5	1.0

[케퍼와 쿠미스의 성분과 특성]

케퍼와 쿠미스의 성분을 표 1-5에 나타내었다. 유주에는 유산균에 의한 정장작용, 간 기능 향상, 우수한 영양성분의 효과, kefiran 등의 다당류에 의한 항종양작용 등 여러 보건효과가 있다. 따라서 기능식품으로서 기대가 된다.

5. 요구르트

[개 요]

치즈와 마찬가지로 요구르트(Yoghurt)는 오랜 전부터 식용된 것 같다. 젖을 발효시켜 요구르트로 하면 생유보다도 보존성이 높아지므로 세계 각지에서 각 지역의 생활양식에 밀착하여 발전되고 여러 가지 타입의 요구르트가 만들어져 오늘에 이르고 있다.

[발효유의 종류]

발효유는 젖에 유산균, 효모 등의 lactose 발효성 미생물을 가하여 발효시킨 것이다. 젖 중의 lactose가 유산발효에 의하여 유산으로 되고 산미, 발효취 등의 풍미가 생성된다. 원료유에는 우유, 수우 유, 산양유, 양유, 마유 등이 사용되어 유산발효에 의하여 만들어진 요구르트, 애시도필루스, 사워 버터밀크 등 유산발효와 알코올발효를 병용한 케퍼, 쿠미스 등이 있다.

[요구르트의 정의와 규격]

농림수산식품부의 축산물의 가공기준 및 성분규격 등에 관한 법률에 따라 발효유의 정의와 성분규격이 정해져 있다.

국제적으로는 FAO/WHO(국제식량농업기관/세계보건기관)에 의한 요구르트의 국제규격(Standard No. A-11a, step 7, 1977년)이 있고, 「요구르트란 *Lactobacillus bulgaricus* 그리고 *Streptococcus thermophilis*의 작용에 의하여 (1)에 제시한 젖 그리고 유제품을 유산발효 하여 얻는 응고유제품을 말하고, (2)에 제시한 임의 첨가물의 첨가는 수의이다. 최종제품 중에는 이들의 미생물이 다량으로 존재하지 않으면 안 된다.」로 정의되어 있다.

(1) 필수원료

① 살균유 또는 살균 농축유
② 살균 부분 탈지유 또는 살균농축 부분 탈지유
③ 살균탈지유 또는 살균농축탈지유
④ 살균된 크림
이상 2종류 또는 그 이상의 제품 혼합물

(2) 임의 첨가

① 분유, 탈지분유, 비발효 버터밀크, 농축 훼이, 훼이 파우더, 훼이 단백질, 훼이 단백질 농축물, 수용성 유단백질, 식용카세인, 카세인 네트로 등 이들의 제품은 어느 것이나 살균제품에서 제조된 것이 아니면 안 된다.
② *Lactobacillus bulgaricus*와 *Streptococous thermophilus* 이외의 적당한 유산생산균, 배양물
③ 당류(가당 요구르트에 한한다.)

[요구르트의 분류]

요구르트는 그 제조방법에 따라 하드(hard) 요구르트, 소프트(soft) 요구르트, 액상(liquid) 요구르트, 프로존(frozon) 요구르트로 대별된다. 현재 일본에서 시판되고 있는 요구르트는 다음의 5타입으로 나눈다.

(1) 하드(hard) 요구르트[후발효형(정치형), 안정제 첨가] : 한천이나 젤라틴을 가하여 굳게 한 프린상의 요구르트로 원료유, 설당, 안정제, 향료 등의 원재료와 유산균을 용기에 채워 발효한 것
(2) 플레인(plain) 요구르트[후발효형(정치형), 안정제 무첨가] : 설탕이나 향료 등을 첨가하지 않고 우유를 유산균으로 발효한 것
(3) 소프트(soft) 요구르트[전발효(교반형), 안정제 첨가] : 발효한 원료 믹스를 섞어서 연하게 하고 매끈매끈하게 하고서 요구르트 용기에 충전한 요구르트로 설탕이나 과육 등이 가해진 것
(4) 드링크(drink) 요구르트[전발효(교반형), 안정제 첨가] : 발효한 원료 믹스를 섞어서 액상으로 한 요구르트
(5) 프로존(frozon) 요구르트[전발효형(교반형), 안정제 첨가] : 발효한 원료 믹스를 교반하면서 얼게 한 아이스크림 모양의 요구르트

[요구르트 제조방법]

요구르트 제조방법은 대별하면 원료를 용기에 충전하고 나서 발효하는 방법과 원료유를 탱크 중에서 발효시키고서 용기에 충전하는 방법의 두 가지가 있다. 전자의 예는 프레인(plain) 요구르트의 제조공정을, 후자의 예로는 소프트(soft) 요구르트의 제조공정을 각각 그림 1-8, 그림 1-9에 나타내었다.

[요구르트 제조용 유산균]

표 1-6에 주요 요구르트의 제조용 유산균을, 그림 1-10에 *Streptococcus thermophilus*(서모필러스균)와 *Lactobacillus bulgaricus*(불가리아균)를 나타내었다. FAO / WHO에 의한 요구르트의 국제규격에 있는 것과 같이 발효유의 대부분은 *Streptococcus thermophilus*와 *Lactobacillus bulgaricus*의 혼합 스타터를 사용하여 제조하고 있다. 두 균은 공생하므로 유산의 생성이나 요구르트의 주된 향기성분인 acetaldehyde의 생성이 촉진된다.

*Streptococcus thermophilus*는 발효 초기에서 급속하게 생육하여 그 당대사에 따

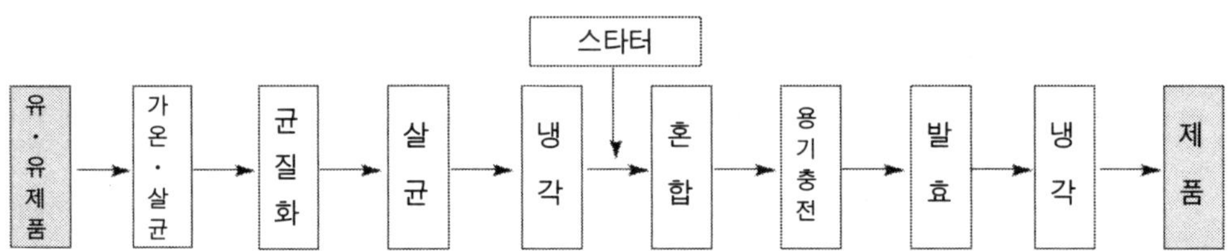

그림 1-8. Plain yoghurt의 제조공정

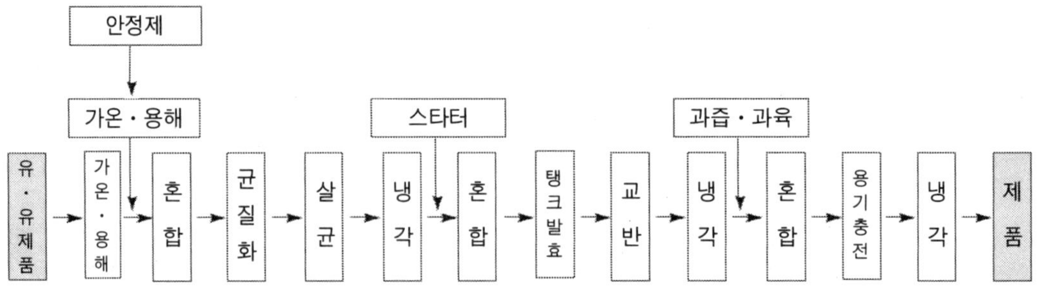

그림 1-9. Soft yoghurt의 제조공정

표 1-6. 발효유의 제조에 사용되는 미생물

균 종 명	특 징
Lactobacillus bulgaricus (관용명 : 불가리아균)	요구르트 제조에 있어서 중요 유산균이고, 최근의 분류에서는 *Lactobacillus delbruekii* subsp. *bulgaricus*로 명명되고 있다. D-(-)-Lactic acid를 생성하고, 젖 중에서는 산의 생성능이 강하고 *Streptococcus thermophilus*와 공생한다. 생육온도는 40~44℃로 maltose, sucrose를 발효하지 못한다.
Lactobacillus helveticus	구명 *Lactobacillus jugurti*는 요구르트 제조용의 유산균으로서 사용되어 왔으나 현재는 *Lactobacillus helveticus*의 생물형(biotype)이라 한다. D-(-), L-(+)-Lactic acid의 혼합물을 생성하고, 생육온도는 40~42℃로 maltose를 발효하고, sucrose를 발효하지 못한다.
Lactobacillus acidophilus (관용명 : 아시도필러스균)	사람의 장내에 정주하는 유산균으로 사람의 건강유지에 효과가 있는 유익균으로 일부 요구르트에 사용되고 있다. D-(-), L-(+)-Lactic acid의 혼합물을 생성하고, 생육온도는 35~38℃로 maltose, sucrose를 발효한다.
Lactobacillus casei (관용명 : 카제이균)	일부의 유산균 음료의 제조에 사용되고 있나. L-(+)-Lactic acid를 생성하고, 생육온도는 35~38℃로 maltose, sucrose의 발효성은 약하다.
Streptococcus thermophilus (관용명 : 서모필러스균)	요구르트 제조에 있어서 주요 유산균이다. L-(+)-Lactic acid 생성하고 *Lactobacillus bulgaricus*와 공생한다. 생육온도는 40~45℃로 maltose를 발효하지 못한다.
Bifidobacterium longum *Bifidobacterium breve* (관용명 : 비피더스균)	사람 장내에 정주하는 유산균으로 사람의 건강유지에 효과가 있는 유익균으로서 일부의 요구르트에 사용되고 있다. L-(+)-Lactic acid와 acetic acid를 생성하고 생육온도는 36~38℃이다.

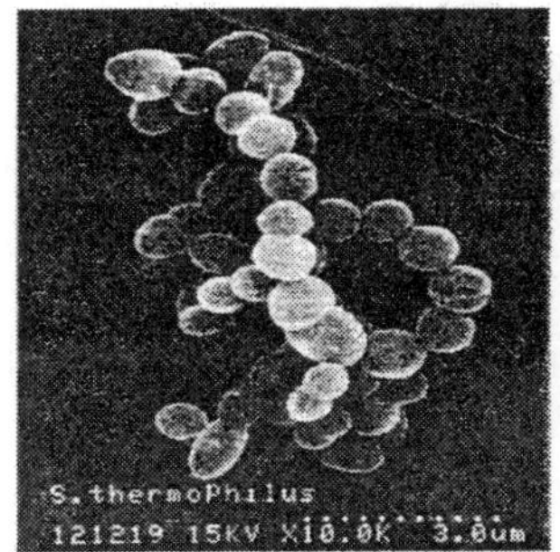

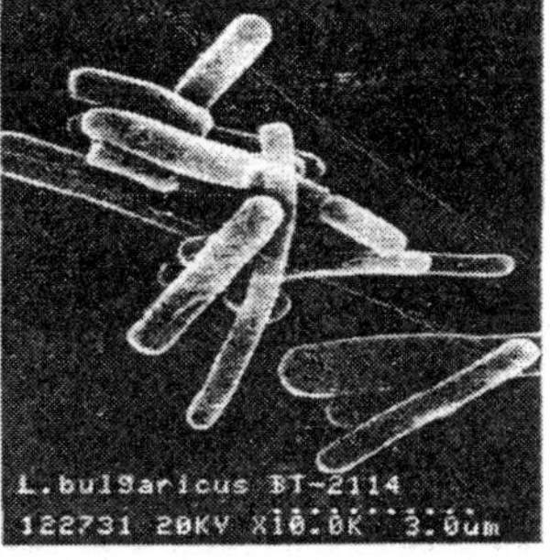

그림 1-10. (a) *Streptococcus thermophilus*와
(b) *Lactobacillus delbrueckii* subsp. *bulgaricus*의 형상

라 생성되는 의산(개미산), 피루브산 등이 *Lactobacillus bulgaricus* 생육을 초진한다. *Streptococcus thermophilus*의 산도 상승과 더불어 생육은 억제되어 늦게 생육하는 *Lactobacillus bulgaricus*가 단백질을 분해하고 *S. thermophilus* 생육을 촉진하는 아미노산을 유리한다.

[요구르트의 방향 생성]

1) 유산의 생성

요구르트의 제조에 사용되는 유산균은 에너지원으로서 lactose를 분해하고 유산과 소량의 부산물(알코올, 초산, acetoin, diacetyl 등)을 생성한다. 젖 중 lactose는 유산균의 균체 내의 β-galactosidase로 glucose와 galatose로 분해하고, galactose는 galactowaldenase에 의하여 glucose로 전환된다. 이들의 glucose는 Embden-Meyerhof-Parnas의 해당계에 따라 유산으로 전환된다. 이 때문에 발효유 중에서는 lactose가 우유(약 4.5%의 lactose를 함유)보다도 20～30% 감소하여 유산이 0.85～1.2%로 된다.

2) 방향성분의 생성

소량의 부산물로서 acetaldehyde, diacetyl, acetoin, acetone 등의 카르보닐화합물, 의산, 초산, propionic acid, butyric acid, caproic acid, caprylic acid 등의 휘발성 지방산, ethanol 등이 생성된다. 이들은 lactose의 대사, 지방산의 분해 혹은 아미노산의 전환으로 생성된다. 또 단백질의 분해에 따라 유리되는 아미노산은 요구르트 중에 있어서 그 생성량은 미량이지만 요구르트의 맛에 큰 영향을 미친다.

[요구르트의 생리효과]

요구르트의 생리효과를 최근에 연구한 것은 러시아에서 태워나서 프랑스로 귀화하여 노벨상을 수상한 생물학자의 메치니코프(Metchnikoff, 1845～1916년)이다. 불가리아 사람이 장수자가 많은 것은 「요구르트를 일상 식으로 먹고 있기 때문에 요구르트를 먹고 있으면 오래 산다.」라는 『요구르트 불로장수설』을 제창하여 이 설은 유럽으로 확대되었다.

메치니코프는 「사람의 노쇠는 장내에서 부패균이 증식하여 그 결과로 생성된 유해물질이나 독소가 기인되어 일어나고, 요구르트를 먹고 있으면 그 중의 유산균이 장내에 도달하여 부패균의 생육을 억제하기 때문에 장수하게 된다.」로 생각하였다. 그 후 요구르트에 함유되는 *Lactobacillus acidophilus*나 *Lactobacillus bulgaricus*는 장내에 살지 못하고 죽어버린다는 것을 알게 되어 이 설은 부정되었다. 그 후 과학의 발달과 더불어 장내세균에 관한 연구가 진행되어 살아서 장내에 도달되고, 여기서 생육되는 유산균이 있다는 것을 알게 되어 오늘날 다시 요구르트와 유산균의 건강효과가 직시되었다.

요구르트는 정장작용, cholesterol 저하작용, 암 예방효과 등의 생리효과가 있는 것으로 인정하고 있다. 이들 기능의 대부분은 장내 유산균에 의하여 발휘되는 사실에서 *Lactobacillus acidophilus*(애시도필루스균), *Bifidobacterim longum* 또는 *B. brevis*(비피더스균) 등을 사용한 요구르트가 늘어나고 있다. 그리고 사용되고 있는 유용 유산균의 증식에 효과가 있는 올리고당 등의 물질을 첨가한 요구르트도 있다. 유럽에서는 전자를 'probiotic yoghurt'라 하고, 후자를 'synbiotic yoghurt'라고 부르고 있다.

6. 발효소시지

[개 요]

유럽에서 제조되는 dry 또는 semidry 소시지의 일종이다. 높은 보존성과 독특한 산미와 풍요로운 풍미가 부여된다. 발효소시지(fermented sausage)는 제조되는 지방의 기후 풍토와 밀접하게 관련하여 유럽 각지에서는 여러 가지 제품이 제조되고 있다. 보기 : 서머(summer) 소시지, 츄린가, 레르베라트, 페퍼로니(pepperoni) 등 일본에서는 몇 개의 연구보고는 있으나 본격적인 생산에 이르지 못하고 있다.

[발효소시지 제조방법]

만육(挽肉)된 돈육, 우육에 돼지 지방, 염지제(식염, 아질산염 등), 향신료를 첨가하여 소시지 믹스를 조제한다. 여기에 유산균 등의 스타터를 첨가하여 케이싱[양장(羊腸)이나 합성 콜라겐 등]에 충전하고 발효, 훈연, 건조, 숙성을 행하여 제품으로 한다. 원료의 배합이나 발효, 숙성조건은 아주 변화가 심하다. 발효는 유럽에서는 저온(15~25℃)에서 비교적 장시간, 미국에서는 고온(30~40℃)에서 단시간 행한다. 일부의 semidry 소시지는 온화한 가열살균을 한다. 곰팡이를 접종하여 건조, 숙성을 행하는 것도 있다.

[발효소시지의 발효에 관여하는 미생물]

발효는 원래 유산균, 효모, 곰팡이 등의 자연발효에 의하였다. 그 중에서도 유산균은 불가결의 것이다. 현재는 우수한 성질의 미생물이 선발되어 스타터로서 이용되고 있다. 유산균 스타터로서는 ① 6% 정도의 식염 존재 하에서 급속하게 증식, ② 80~100 ppm 정도의 아질산 존재 하에서 급속히 증식, ③ 80~110 F(26.7~43℃ 시)에서 증식, ④ 호모(homo)형 발효유산, ⑤ 단백질 분해활성과 지방 분해

활성이 미약할 것, ⑥ 이취를 형성하지 않을 것, ⑦ 60℃ 정도에서 사멸할 것, ⑧ 비병원성이라는 것이 요구된다.

대표적 유산균으로서는 *Pediococcus acidilactici*, *P. pentosaceus*, *Lactobacillus plantarum*, *L. sake* 등이 있고, 기타의 세균으로서는 *Streptococcus carnosus*, *S. xylosus*가, 곰팡이로서는 *Penicillium nalgiovensis*가, 효모로서는 *Debaryomyces hansenii* 등이 사용된다.

[발효소시지의 발효 내용]

1) 유산균에 의한 유해미생물의 생육 제지

발효소시지에는 미 살균의 원료 육을 사용하여 대부분의 것은 가열 살균하지 않고 최종제품으로 한다. 원료육 중에는 여러 가지 미생물이 존재하고 식중독 원인균도 때로는 오염되고 있다. 따라서 유산균의 항균활성은 아주 중요하다. 소시지 중에서 유산균이 재빨리 독점적 균총을 형성하여 유산이나 초산을 생성하여 pH를 저하시키므로 유해미생물의 생육은 제지된다. 그 후의 훈연, 건조 등에 의하여 높은 보존성이 부여된다. 최근 시판의 유산균 스타터의 대부분이 bacterocin 생성균이고 bacterocin이 *Listeria*균 등의 유해미생물 제지에 중요한 역할을 하는 것이 밝혀져 있다. 저온발효 능력을 가지는 *L. sake*나 *L. curvatus*는 유해 미생물의 증식이 어려운 저온에서 발효를 행하는 저온 스타터로서 주목된다.

2) 숙성풍미의 형성

발효소시지에는 원료육, 첨가되는 염류나 향신료, 훈연성분, 그리고 발효생산물의 복합적 작용에 의하여 풍요롭고 독특한 숙성 풍미를 형성한다. 유산균은 다량의 유기산을 생성하여 소시지에 산미와 독특의 텍스쳐(texture)를 부여한다. 또 단백질분해를 촉진하여 우마미(umami) 형성에 기여한다. 곰팡이는 강한 단백질과 지방의 분해활성을 가지며, 곰팡이를 병용한 발효소시지는 보다 강한 정미와 풍미를 형성한다.

3) 식품 기능성의 부여

유산균은 여러 가지 식품기능성을 가지기 때문에 발효는 식육제품의 식품기능성 강화의 유력한 수단으로서 기대되고 있다.

제 2 장

농산물 발효식품
(대두발효식품)

1. 빵

[개 요]

제빵(bread)에 있어서 기본 원료는 소맥분, 빵효모, 식염 그리고 물로 그 기본 원료에 사탕이나 유지 등의 원료를 가하여 각종의 빵을 만들고 있다. 제빵에 있어서 빵효모의 역할은 발효로서 생성되는 이산화탄소로 빵 반죽을 팽창시키는 것만 아니고 발효생산물인 알코올이나 유기산 등에 의하여 빵 반죽의 숙성을 촉진하는 것과 빵 특유의 풍미의 생성을 꾀하는 것이다. 빵 특유의 부드러운 텍스쳐와 향기로운 풍미는 충분히 발효를 행한 빵 반죽을 소성하므로 얻어지는 것이다.

[빵 발효의 개요]

제빵에 있어서 빵효모에 의한 빵 반죽의 발효에는 소맥분 중에 함유되는 발효성 당류, 소맥분에 존재하는 가수분해효소에 의하여 생성되는 발효성 당 그리고 제빵 원료로서 사용되는 당류가 이용되는 것이다. 이들의 발효성 당류 중에는 이당류 이상의 것과 효모의 invertase나 maltase에 의하여 glucose나 fructose로 되고, 단당류의 상태에서 빵효모의 발효에 이용하고 있다. 빵이 크게 팽창하는 데는 발효에 생성되는 이산화탄소를 빵 반죽 내부에 포장하기 때문이다. 또 발효 중에는 당이나 아미노산에서 각종 알코올류나 카르보닐산 생성도 이루어진다. 이들이 최종 제품인 빵의 향이나 맛을 형성한다.

[빵 발효방식]

제빵용 효모는 호기적(유산소적) 배양으로 생산되고 있으나, 빵 반죽 발효에서는 반죽 내부는 혐기적(무산소적) 조건에서 호흡이 이루어지고, 반죽 표면은 호기적(유산소적) 조건에서 호흡이 이루어지고 있다.

반죽 내부의 혐기적(무산소적) 호흡에서의 반응식은 다음과 같다.

$$\underset{\text{단당류}}{C_6H_{12}O_6} \rightarrow \underset{\text{ethanol}}{2C_2H_5OH} + \underset{\text{이산화탄소}}{2CO_2}$$

한편, 반죽 표면에서 호기적 호흡에서의 반응식은 아래와 같다.

$$\underset{\text{단당류}}{C_6H_{12}O_6} + \underset{\text{산소}}{6CO_2} \rightarrow \underset{\text{이산화탄소}}{2CO_2} + \underset{\text{물}}{H_2O}$$

[빵의 역사]

발효 빵은 약 6,000년 전에 이집트에서 창출되었다고 하고, 그 후 유럽을 거쳐 세계 각국으로 보급되었다.

[빵 발효에 관계되는 미생물]

일반적으로 빵효모라고 하는 것은 *Saccharomyces cerevisiae*이다. 라이 맥이나 사워 브레드는 원료의 라이맥분 혹은 소맥분의 일부를 사용하여 유산발효를 행한 후 나머지 원료와 빵효모를 가하여 발효를 한다. 유산균으로서는 일반적으로 호모(homo) 발효유산의 타입이 사용되고 있으나, 나라에 따라서는 헤테로(hetero) 발효유산 타입도 사용되고 있다.

[빵 제조방법]

제빵에 있어서 주원료는 소맥분, 빵효모, 식염 등 그리고 물로 이 주원료에 사탕이나 유지 등의 원료를 가하여 각종 빵이 만들어지고 있다. 주원료만으로 만든 프랑스 빵(링브레드라고 한다), 사탕과 유지를 각각 약 5% 가하여 만든 식빵, 사탕을 25～30% 가하여 만든 과자 빵(리치 브레드라고 한다) 등이 있다.

빵에는 주원료인 소맥분을 사용하지 않고 라이 맥을 사용한 라이 맥 빵, 소맥분에 다른 곡류(쌀, 라이 맥, 옥수수 등)나 전분질계 괴경류(카사바, 감자, 토란 등) 혹은 유량 종자(콩, 땅콩, 참깨 등)를 가한 빵, 원료인 사탕이나 유지의 사용량 차이, 그리고 최종적인 가열 가공방법의 차이(전기나 가스의 소성, 증기가열, 유양 등)에 따라 각종 빵이 만들어지므로 빵의 종류는 아주 많다. 그러나 주체는 소맥분을

표 2-1. 식빵과 과자 빵의 표준적 배합 예(g)

	식 빵			과자빵		
	직접반죽법	스펀지 반죽법		직접반죽법	스펀지 반죽법	
		스펀지반죽법	본 반죽법		스펀지반죽법	본 반죽법
소맥분	–	–	–	–	–	–
강력분	100	70	30	70	70	–
준강력분	–	2	–	30	–	30
압착효모	2	–	–	4	4	–
식 염	2	–	2	0.7	–	0.7
설 탕	5	–	5	25	–	25
쇼트닝	5	–	5	6	–	6
물	약 67	약 42	약 25	약 57	약 40	약 17

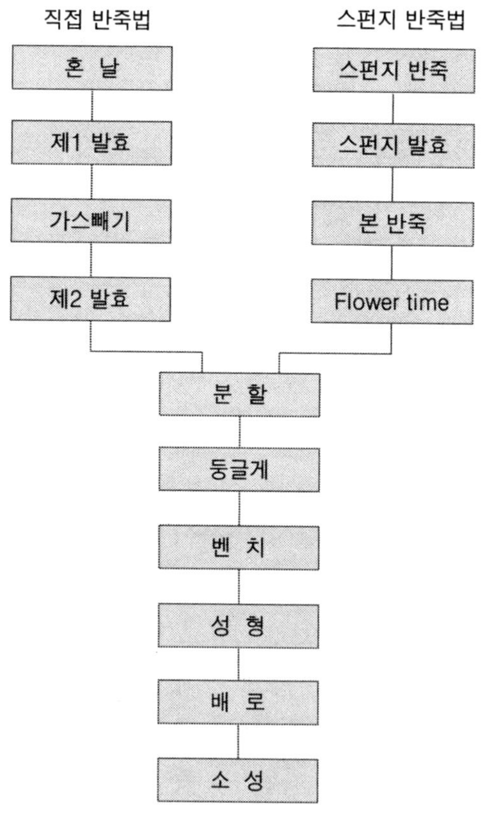

그림 2-1. 직접 반죽법과 스펀지 반죽법에 의한 제빵공정 개략도

사용한 식빵도 있고, 식빵의 제법이 각종 빵 제법의 기본으로 되어 있다.

빵 제법에는 직접 반죽법[직날번(直捏法 : straight dough method)], 스펀지 반죽법[중종법(中種法 : sponge dough method)], 연속 제빵법과 단시간 제빵법 등이 있다. 우리나라에서는 직접 반죽법과 스펀지 반죽법이 채용되고 있다. 표 2-1, 그림 2-1에 식빵과 과자 빵의 직접 반죽법(straight dough method) 그리고 스펀지 반죽법(sponge dough method)에 의한 표준적인 배합 예와 제조공정을 나타내었다.

[빵 발효의 최근 진보]

빵은 발효식품이지만 선도가 아주 중요시되는 식품이다. 1980년대에 소비자의 구운 빵에 대한 뉴스가 강하에 시작됨과 동시에 오븐 프레쉬 베이커리(바로 나온 구운 빵 판매점)가 급격하게 증가하였다. 한편, 제빵공장에서는 심야작업, 휴일작업으로 바로 나온 구운 빵을 가능한 한 빨리 시장에 출하하려고 노력을 하고 있다. 그러나 구운 향을 시장에 도달하게 할 수는 없었다. 이 때문에 소비자의 바로 나온 구운 빵에 대한 뉴스와 빵공장의 성력화의 양방향을 동시에 해결할 수 있는 「냉동반죽 제빵법」의 확립이 시도되었다.

냉동반죽 제빵법은 1940년대에 미국에서 연구가 이루어진 방법으로 미리부터 발효를 행한 빵 반죽을 냉동저장하고 필요할 때 해동소성을 한다는 생각이다. 그러나 발효를 한 빵 반죽을 냉동저장하면 해동 후의 발효역가는 격감되고 고품질의 빵이 얻어지지 않기 때문에 실용화에 이르지 못하였다. 그래서 냉동 후의 발효역가가 경감되는 원인은 빵 반죽의 발효에서 활성 상태로 된 효모가 냉동저장 중에 장해를 받는다는 것을 알았다.

그러나 활성화 상태에서 냉동했을 때 냉동장해를 받지 않는 효모는 존재하지 않다는 사실에서 효모의 냉동장해를 경감하는 연구가 이루어졌다. 그 결과 설탕이나 유지를 많이 이용하는 빵으로 하면 냉동 전의 발효는 가능한 한 단시간으로 하는 등 효모의 냉동장해는 경감되는 것을 알았다. 이들의 방법은 효모의 냉동장해를 경감한다는 것만으로 「냉동반죽 제빵법」의 확립으로 되어 근본적인 해결은 되지 않았다. 그래서 활성화 상태에서 냉동하여도 냉동장해를 받지 않는 효모를 검색하였다. 그 결과 1981년에 빵효모와 동종인 *Saccharomyces cerevisiae*에서 활성상태로 냉동하여도 냉동장해를 받지 않는 효모를 발견하였다(MAFF 113056).

같은 시기에 (주)산교(三共) 타나카 등은 냉동 내성을 보유하는 *Torulasprora delbrueckii*(당시는 *S. rosei*)를 발견하였으며, 이 회사가 냉동반죽 제빵용 효모로서 실용화를 꾀하였다. 이를 계기로 일본의 각 빵효모 기업에 의하여 자사 보존 효모

균주에서 냉동 내성 효모의 검색이 이루어져 냉동에 대한 저항성을 보유하는 균주를 발견하여 실용화를 꾀하였으며, 제빵 기업에서는 냉동반죽 전용 공장이 생기고, 냉동반죽 제빵법에 의한 빵 제조가 비약적으로 보급되었다.

그러나 냉동반죽 제빵용 효모는 설탕, 유지가 많은 리치 빵에 적합한 타입 밖에 없었다. 이 때문에 린 빵이나 설탕이 적은 빵에서도 냉동반죽 제빵법으로 제조할 수 있는 효모가 발견되었다. 이 종의 효모는 자연계 혹은 보존균주에서 발견할 수가 없었기 때문에 냉동 내성을 보유한 MAFF 113056과 냉동 내성이 없으나 무당 반죽 발효능력이 강한 빵효모를 사용하여 포자 접합법에 의한 육종을 행하여 프랑스빵에서 설탕 20% 사용의 빵(예로서 반스)까지 냉동반죽 제빵법으로 제조하는 것이 가능한 효모를 취득하고 1989년에 실용화되었다.

이들 사실에서 대부분의 빵이 냉동반죽 제빵법으로 제조가 가능하게 되었으나 실제로는 다품종 소량 생산의 빵이 주체로 페스트 타입의 빵, 크로왓산, 바타롤, 반스 등을 들 수 있다. 냉동반죽 제빵법에서는 반죽냉동과 성형냉동이 이루어지고 있고, 대형 제빵 기업에서 만든 냉동 빵 반죽이 일반의 구운 빵 판매점에서 이용되고 있다. 냉동반죽 제빵용 효모에 관하여는 현재에도 개량 연구가 이루어지고 있고, 일본의 연구 개발은 세계의 최첨단을 걷고 있다.

1990년대에 냉장 무발효빵 효모가 실용화되어 있다. 일반적으로 빵 효모는 냉장하여도 발효는 진행하는데 대하여 이 빵효모는 10℃ 혹은 15℃ 이하로 되면 발효가 저지된다. 이 빵효모를 제빵에 이용하면 발효 도중에 작업을 정지하여도 저온하에서 작업을 행할 수 있기 때문에 심야작업 혹은 조작업의 경감화를 꾀할 수 있는 이점이 있다.

[빵 발효의 공업화 실적]

빵 생산량에 대하여는 역사의 항에서 기술하였으므로 여기에서는 빵효모의 생산량에 대하여 설명한다. 일본에서는 빵효모에 생 효모와 건조효모가 있다. 일본에서는 생 효모(수분함량은 약 67% 생 효모를 정형한 것을 압착효모라고 한다)의 상태로 유통되고 있고, 7개 회사 8개 공장에서 연간 약 4만 톤이 생산되고 있다. 빵효모의 종류로서는 1980년까지는 설탕을 사용하지 않는 프랑스빵에서 설탕 30%를 사용하는 과자 빵까지 모든 제빵에 사용할 수 있는 빵효모 1종류가 제조되었다. 그러나 1980년 이후가 되어 냉동반죽 제빵용 효모, 무당용 효모, 식빵용 효모, 과자 빵용 효모, 저온 무발효 효모 등 다양한 효모가 생산되고 있다.

2. 발효 조성제

[발효 조성제의 사용목적]

발효 조성제(助成劑)란 품질이 좋은 빵을 안정적으로 제조할 목적으로 사용되는 제빵 개량제로서 특히 효모에 의한 발효를 촉진하기 위하여 사용되는 이스트 푸드(yeast food)로 총칭되고 있다. 빵 반죽의 물성향상을 꾀하는 것으로서 반죽 조정제(調整劑 : dough conditioner) 그리고 무기질이 주원료이기 때문에 미네랄 푸드(mineral food)라고도 한다. 이스트 푸드에는 미네랄을 주체로 하는 무기질 이스드 푸드와 효소제를 주체로 하는 유기질 이스트 푸드, 양자를 혼합한 혼합형 이스트 푸드 등이 있다.

[이스트 푸드의 원료]

식품첨가물 표시에서 이스트 푸드의 정의로는「빵, 과자 등의 제조공정에서 이스트의 영양원 등의 목적으로 사용되는 식품첨가물 그리고 그 제제를 말한다.」로 기술되어 있다. 이스트 푸드의 주된 사용 목적은 빵 반죽의 발효 중에는 빵 효모(*Saccharomyces cerevisiae*)의 영양원이 되는 것이나 이외에 빵 반죽의 물성 개량효과, 수질의 개선, 빵 반죽의 pH의 조정 그리고 효소첨가에 의한 발효성 당 생성 등이다.

원료는 칼슘염(예 : 탄산칼슘, 황산칼슘, 인산일수소칼슘, 인산이수산칼슘, 인산삼칼슘), 마그네슘염(염화마그네슘, 황산마그네슘), 칼륨염(탄산칼륨, 명반, 인삼이수소칼륨), 암모늄염(염화암모늄, 황상암모늄, 탄산암모늄, 인산수소이암모늄, 인산이수소암모늄), 나트륨염, 산화제, 효소제 그리고 녹말이다.

이들 중 빵효모의 영양원으로 되는 것은 암모늄염, 발효촉진제 그리고 물의 개량과 반죽 물성 개량효과가 있는 것은 칼슘염과 인산염이다. 효소제로서는 α-amylase, protease, lipoxygenase 등이 사용되고 있다. 전분은 무기질이나 효소제를 배합

할 때의 분신제로서 사용되고 있다. 제빵 시의 사용량은 소맥분에 대하여 0.1～1%이다.

[효소제와 그 역할]

빵 반죽 발효 중에 있어서 빵효모의 발효를 촉진하는 목적으로 사용하는 효소제로서는 α-amylase가 있다. 소맥분 중에는 β-amylase는 충분히 존재하나 양질의 소맥분 중에는 α-amylase는 약간만 존재한다. 제빵방법에는 직접반죽법[straight dough method : 직날법(直捏法)]과 스펀지 반죽법[sponge dough method : 중종법(中種法)]이 있고, 일반적으로는 스펀지 반죽법이 채용되고 있다.

스펀지 반죽법의 경우, 소맥분과 빵효모에서 반죽을 조정하여 4시간 정도의 스펀지 반죽발효를 행한다. 발효 초기의 단계에서는 소맥분 중에 함유되는 발효성 당이 이용된다. 이 사이에 소맥분 중에 함유되는 10～15%의 손상 녹말이 β-amylase에 의하여 맥아당으로 분해한다. 동시에 유도효소인 maltase가 효모 세포내에 축적되어 maltose를 취입하여 glucose로 분해하는 것으로 후기발효가 지속된다. 그러나 소맥분 중의 손상 녹말함량이 적으면 스펀지 반죽발효에 있어서 후기발효가 충분히 이루어지기 때문에 α-amylase가 이용된다.

α-Amylase는 맥아분말, 곰팡이 유래의 효소 그리고 세균유래의 효소가 있으나 세균의 α-amylase는 사용되지 않는다. 제빵에 사용되는 것은 맥아분말이나 곰팡이 유래의 α-amylase이다. 이들의 이용에 따라 일부의 건전 녹말이 amylose로 분해하여 후기발효가 지속됨과 동시에 빵 반죽의 개량효과도 얻어진다.

3. 발효두유

[개 요]

대두에서 조제한 두유를 유산균에 의하여 발효한 것이다. 효모를 병용하는 경우도 있다. 유산발효에 의하여 두유가 가지는 좋아하지 않는 풍미(두취, 청취 삽미 등)를 개선하여 요구르트 타입(두유 요구르트)이나 그리고 가공을 하여 드링크 타입의 제품도 있다.

발효두유(fermented soybeans)는 좋지 않는 풍미를 가져 대두의 올리고당이나 식물섬유를 함유하고 cholesterol을 함유하지 않는 건강식품으로서 받아드리고 있다. 그리고 발효두유에서 치즈 같은 식품이 개발되고 있는 경우도 있다.

[발효두유의 제조방법]

두유는 원래 두부제조에 있어서 중간산물이고 콩을 물에 침지 후 마쇄, 가열, 여과(비지의 제거)한 것이다. 마쇄공정에서 lipoxygenase의 작용에 의하여 두취기 발생하기 때문에 음료로서의 두유에는 콩의 탈피, 효소 실활을 위한 가열, 분쇄, 여과, 균질화(그리고 성분조정), 살균, 고압 균질화, 무균충전이 이루어진다.

일본의 발효두유는 균질화 된 두유 혹은 당류를 가하여 성분 조정한 두유를 가열살균하여 유산균을 접종하여 유산발효를 한다. 발효조건은 제품에 따라 다르나, 예로서 37～40℃, 12～16시간, 적정산도 1.2～2.0까지 행한다. 유산발효에 의하여 pH 저하로 대두단백질이 응고하여 커드기 형성된다.

커드의 안정제로서는 pectin, carrageenan 등이 0.1～0.5% 첨가되어 요구르트 타입의 제품으로 된다. 드링크 타입의 것은 발효두유를 베이스로 한 과즙, 감미료 등이 첨가되어 가열살균을 거쳐 제품으로 한다. 일부 제품은 풍미형성을 위하여 유산발효공정으로 에탄올 생산성 효모를 병용한다.

[발효두유의 발효에 관계되는 미생물]

유산균은 주로 발효유 제조용의 *Lactobacillus bulgaricus*, *L. acidophilus*, *L. casei*, *Streptococcus thermophilus*, *Lactococcus lactis*, *Bifidobacterium*(피비더스균) 등이 사용된다. 일반적으로 이들의 유산균은 혼합 스타터로서 사용된다. 요구르트 풍미를 강화하기 위하여 diacetyl 생산 균(*L. lactis*의 일종)이 사용하는 수도 있다. 에탄올 생산성의 효모로서 *Saccharomyces cerevisiae*, *Candida kefir* 등이 사용된다.

[발효두유의 발효 내용]

비피더스균을 제외하고 호모(homo) 발효유산균이 사용되기 때문에 발효 중에 주로 유산과 미량의 초산이 생성된다. 유산균은 영양요구가 엄격하기 때문에 당류 등을 첨가하는 경우가 많고, 당류 첨가는 생성산량의 조정을 겸한다. 유기산 생성으로 두유의 pH는 대두단백질의 등전점 이하로 저하되기 때문에 두유 단백질이 응고하여 커드가 형성된다.

커드는 불안정하고 커드의 붕괴나 고액분리를 일으켜 발효두유의 상품가치를 현저히 저하하는 경우도 있다. Pectin이나 carrageenan 등의 안정화제의 첨가에 의하여 어느 정도 해결되나 발효두유 제조상의 요점으로 되어 있다. 유산균은 미약한 단백질분해 활성을 가지기 때문에 고미 펩타이드를 생성하는 경우가 있고, 사용하는 유산균을 선택하여 과도의 발효를 방지할 필요가 있다. 또 발효유와 거의 같은 유산균이 사용되기 때문에 phage 감염에 대한 주의가 필요하다.

효모는 풍미형성을 목적으로 하여 생성 알코올은 1% 미만이 보통이다. 제품에 따라서 제거된다. 효모는 유산균에 비하여 강한 단백질분해 활성과 지방분해 활성을 가지기 때문에 과도의 발효는 고미나 발효 취를 형성하여 풍미를 손상하는 수가 있다.

4. 유부(乳腐)

[개 요]

유부(乳腐: Nyufu)는 부유(腐乳) 혹은 두부유(豆腐乳)라고 하며, 중국이나 대만에서 옛날부터 만들고 있는 두부의 발효식품이다 영어로는 sufu, soybean cheese 혹은 Chinese cheese라고 소개되어 있다. 일본에서는 유부(乳腐)의 명칭으로 알려져 있다.

유부는 두부 표면에 털곰팡이 또는 거미줄곰팡이를 생육시킨 다음 염지하여 다시 덧에 담금하여 숙성시킨 조미식품이다. 일반적으로 염미가 강하고 조직이 연하여 soft cheese에 아주 유사한 텍스쳐를 가진다. 덧의 종류나 산지 등의 특징이 있고 수많은 종류가 있다. 홍국균(*Monascus anka*)을 사용한 것은 홍유부(紅乳腐)라고 하며 귀중히 여긴다.

유부가 언제 누구에서 발명되었는지는 정설은 없다. 고서에 의하면 명대(明代 : 1578년)의 『본초강목(本草綱目)』에 유부(乳腐)가 소개되어 있고, 청대(淸代 : 康熙 中經)의 『식헌홍비(食憲鴻秘)』에는 홍국을 사용한 부유(腐乳)의 제조법이 기록되어 있다. 중국이나 대만에는 조식의 죽과 함께 먹는 것이 일반적이나 만두에 싸거나 요리의 맛내기나 향기부여에 이용되고 있다. 공장생산의 유부가 있고 가정 생산의 것도 있다.

[유부(乳腐)의 제조방법]

유부(乳腐)의 제조에는 두부에 곰팡이를 접종하는 공정의 유무에 따라 두 가지 방법이 있다. 곰팡이 접종을 행하는 방법이 일반적이다. 우선 단단한 두부를 만든다. 이것을 4 × 4 × 2 cm 각의 크기로 절단하여 고른 다음, 곰팡이(*Asctinomucor*, *Mucor* 혹은 *Rhizopus*속 등) 등을 접종하여 온도 13～20℃, 습도 75～80%에서 3～4일간 배양하고 흰 균사로 덮인 곰팡이 두부(豆腐 : 腐乳坏)를 만든다.

이와 같이 하여 만들어진 두부를 항아리 혹은 담금 통에 늘어서 소금을 뿌리면서 포개고 위에서 뚜껑을 하여 누름돌을 얹어 염지를 하는데 우선 약 20% 식염수에 담금을 하고 누름돌을 한다. 염지는 17~20일간으로 종료하나 그 사이에 두부는 탈수되어 더욱 단단한 두부로 된다. 염지 후의 곰팡이 두부는 병이나 독에 늘어서 덧에 담금을 하고 밀전하여 3~6개월 간 실온에서 숙성시킨다. 덧의 종류는 곡류를 원료로 하는 술덧, 주정에 조미료를 배합한 합성 덧, 장류에 곡물, 대두 그리고 식염을 혼합한 것 등이 있다.

[유부(乳腐)의 발효에 관여하는 미생물]

곰팡이 유부(乳腐)의 조제에 사용하는 미생물은 *Actinomucor elegans*, *Mucor hiemalis* 혹은 *Rhizopus chinensis* 등이다. 곰팡이 두부를 만드는 공정은 그 균사로 두부 표면을 피복하는 것이고, 숙성 중에 제품 형의 붕괴를 방지함과 동시에 숙성이나 정미형성에 관여하는 각종의 효소그룹을 생산하는 등 중요한 의의를 갖는다. 또 홍도부의 제조에는 *Monascus anka*가 사용된다. 본 균의 제품은 붉은 색소와 독특한 향미를 부여한다.

[유부(乳腐)의 발효 내용]

유부(乳腐)의 발효는 식염의 존재 하에서 숙성 중에 곰팡이 유래 protease 작용에 의하여 대두 단백질이 분해를 받아 일부는 아미노산이나 peptide로 변환된다. 발효로 생성된 glutamic acid나 aspartic acid는 제품의 정미에 공헌한다.

한편 lipase의 작용에 의하여 대두유가 분해를 받아 glycerine과 지방산으로 변환된다. 유리지방산은 덧 중의 주정과 반응하여 지방산 ester를 생성한다. 숙성 중에 단백질, 중성지질 그리고 인지질은 유화, 분산하여 유부 특유의 치즈 같은 물성을 형성하는 것으로 알려져 있다.

5. 두부갱 (豆腐羹)

[개 요]

두부갱(豆腐羹)은 국(麴)과 포성(泡盛)을 함유한 지즙(漬汁 : 덧)에 실온 음건하여 건조한 두부를 담가서 숙성시킨 것으로, 일반적으로 염미가 묽고 단맛이 있으며, 조직이 매끈매끈하게 되어 soft cheese 같은 식감을 주는 오키나와 특유의 두부 발효식품이다. 두부갱은 포성(泡盛)의 안주 또는 차에 곁들여 내는 과자로서 먹고 있으나 프랑스 요리의 소재로서도 이용되고 있다.

[두부갱(豆腐羹)의 역사]

두부갱(豆腐羹)은 유큐(琉球) 왕조시대의 18세기경에 중국(복건성)에서 전래된 홍유부(紅乳腐)라 불리는 발효식품을 오키나와의 기후·풍토·식습관이나 기호에 맞게 개량한 것으로 상류사회의 일부에서 술의 안주나 자양식으로 귀중하게 여겨왔다. 그러나 그 제조법은 유큐(琉球) 왕조와 관계가 깊은 특정 가정에서만 오랫동안 문외불출의 비전(秘傳)으로 겨우 계승된 것에 지나지 않는다. 현재에는 공장규모에서의 두부갱이 생산·판매하게 되었다.

[두부갱(豆腐羹)의 제조방법]

전통적 두부갱(豆腐羹) 만들기는 다음과 같다. 보통 찬 겨울에 만든다. 먼저 살결이 가늘고 단단한 두부를 만들어 이것을 2～3 cm 각으로 절단한다. 여기에 식염을 뿌려서 약 30분간 증자한 후에 눈이 거친 소쿠리에 펴서 음건을 한다. 깨끗한 젓가락으로 2시간마다 뒤집어 건조시킨다. 2～3일 지나면 표면은 갈색으로 되고 점질을 생성한다. 이 건조두부의 표면을 포성(泡盛)으로 잘 씻은 다음 담금에 사용한다. 한편 지즙(漬汁 : 덧)의 조제는 미국(홍국이나 황국)에 알코올 농도가 40% 이상의 포성을 동량 가하여 국(麴)이 충분히 부드럽게 되었을 때 으깨서 식염으로 맛을 맞춘다. 상기 건 두부를 항아리 혹은 병에 늘어세워 넣고 지즙(漬汁 : 덧)에 담금을 한다. 밀전하여 실온에서 약 6시간 숙성한다. 공장규모에서는 자동제국장치나 발효탱크를 사용하는 제조법이 사용되고 저 알코올화, soft화 상품이 생산되고 있다. 이와 같은 상품은 '요 냉장'으로 하여 유통되고 있다.

[두부갱(豆腐羹)의 발효에 관여하는 미생물]

발효에 사용되는 미생물은 *Monascus anka*와 *Aspergillus oryzae*이다. 전자는 중국에서 홍주나 홍두부의 제조에 사용되는 곰팡이이다. 식용 천연색소인 *Monascus* 색소의 생산 균으로 일려져 있다. 이 균은 두부갱(豆腐羹)의 색조, 독특의 향미 형성에 기여되고 있다. 후자는 청주나 된장 등의 제조에 사용되는 국균이다. 두부갱의 숙성이나 향미형성은 이들 미생물의 생산하는 효소군이 크게 공헌하고 있다.

[두부갱(豆腐羹)의 발효 내용]

두부갱(豆腐羹)의 발효는 고농도 알코올(약 20%) 존재 하에서 국(麴) 유래의 각종 효소군의 작용으로 이루어진다. 발효과정에서 대두단백질은 protease에 의하여 저분자화 되고 크림 같은 식감을 띠는 독특한 물성을 형성한다. 또 일부는 아미노산이나 peptide로 변환된다.

Glutamic acid나 aspartic acid 등의 유리아미노산은 제품의 정미에 기여한다. 그리고 미국 중의 녹말은 α-amylase 그리고 cellulase에 의하여 glucose로 변환된다. 생성된 glucose는 제품의 감미에 기여한다. 한편 대두유는 lipase에 의하여 glycerol과 지방산으로 변환한다. 유리지방산은 공존하는 ethyl alcohol과의 사이에서 ester화되어 좋은 향미형성에 기여한다. 그런데 포성은 제품의 감염과 보장효과를 높임과 동시에 독특의 향미의 형성에 기여한다.

6. 두시(豆豉)

[개 요]

두시(豆豉 : Douchi, Soybean paste)는 중국의 고전적인 전통발효로 만들어진 두립(豆粒)이 남아 있는 조미식품이고 장유(醬油 : 일본간장), 미증(味噌 : 일본된장), 납두(納豆 : 낫토)의 원조가 된다. 염분이 많은 함두시(鹹豆豉)에 일본의 테라납두(寺納豆), Tamari 미증(溜味噌 : 일본 tamari 된장), 장유(醬油 : 일본간장) 그리고 긴산지 미증(金山寺 味噌 : 일본 금산사 된장)이 있다. 무염의 것을 담두시(淡豆豉)라고 하고, 이토히키납두(絲引納豆)나 인도네시아의 temph가 여기에 상당된다. 염분이 적은 첨두시(甛豆豉)가 있다. 또 수분함량에 따라 간두기(干豆豉)와 수두시(水豆豉)의 두 종류로 나눈다.

[두시(豆豉)의 발효형식]

증자 두류에 털곰팡이(*Mucor*), 쌀 고지균(米麴菌), 거미줄 곰팡이(*Rhizopus*), 세균(납두균 등)을 증식시키고 나서 소금을 가하여 담금하고, 고체 발효시킨 두립(豆粒)이 남아 있는 발효식품이다.

[두시(豆豉)의 역사]

두시(豆豉)를 생산하는 지방은 중국의 고대문화와 같으며, 최초의 발상지는 황화유역 일대에서 당시(기원전 2세기경)는 협서(陜西), 산서(山西)에서는 이미 제조되고 있었다. 중국의 고문서 중 「장안번소옹매시(長安樊少翁賣豉)」라고 기록되어 남북조시대의 북위(北魏) 『제민요술(齊民要術)』의 서언에서 장(醬)·시(豉) 등이 농경과 함께 만들어지고, 함두시(鹹豆豉)는 주(周)시대에 유숙(幽菽)이라 하여 증자대누에 염을 가하고 독에 담아 담그고 발효시킨 것을 진(秦)의 초기(기원전 220

년경)에 시(豉)라고 고쳤었다.

중국 통사에 의하면 상(商)시대에 두시가 만들어져 있었다. 초(楚)의 사서(辭書) 『균사초혼(菌糸招魂)』의 대고(大苦)·함산(鹹酸)은 증자대두에 염을 가하지 않고 국으로 분해하면 쓰게 되는 것에서 대고(大苦)는 염이 적은 두시라고 추정하고 있다. 기원전 168년의 장사(長沙)의 마항퇴(馬王堆)의 한묘(漢墓)에서 두시강(豆豉姜)이 출토되어 약 2100년의 역사가 있다.

동한(東漢)의 석명(釋名)·석은식(釋飮食)의 시(豉)는 오미조화(五味調和)로 기재되어 송, 원, 명, 청 시대에 되어서 두시의 제조기술이 상당히 진보되었다. 일본에서는 건장(建長) 원년(元年(1249년)에 중국의 송(宋)에서 건너온 승각심(僧覺僧)이 경산사(經山寺) 두시의 제법을 배워 금산사 미증(味噌)을 전파하였다. 금산사(金山寺) 미증(味噌)의 『양념장국』에서 장유(醬油)가 생겼다. 함두시(鹹豆豉)는 당승(唐僧)에 의하여 기원 50년에 불교의 교리와 함께 선사(禪寺)로 전해져 테라납두(寺納豆)로 되었다.

[두시(豆豉)의 발효균]

두시[豆豉: 두국(豆麴)]의 제국에 관여하는 미생물은 털곰팡이형[*Mucor racemosus*(IFFI. O3039)형]과 거미줄 곰팡이형(*Rhizopus*속형), 쌀고지균형(*Aspergillus oryzae*(AS. 327929 : AS : 미생물 연구소 보존의 균주 번호)의 균으로 두시를 만든다. 또 *A. oryzae*(AS. 3042)는 중온균(약 32℃)으로 protease와 당화 amylase의 역가가 강하고, 털곰팡이형의 국은 *A. oryzae*의 국보다 cellulase의 역가가 높으나 protease와 당화 amylase의 역가는 약하고, 콩의 껍질은 털곰팡이의 cellulase로 분해하고, 제품의 두시가 연하며, 알맹이가 남고 umami(감칠 맛)가 있는 두시가 되나 쌀 고지균형의 제품의 두시는 털곰팡이형보다 품질이 떨어진다.

[두시(豆豉)의 발효 실제]

1) 털곰팡이형 두시의 제조

흑미(黑米) 또는 대두를 다량의 물에 5시간 침지, 물 빼기 후 상압에서 대두의 표면에서 증기를 날려 보내면서 상하를 1회 뒤집어 주고 다시 150분 증자한다. 또 회전식 가압증자장치에서는 1 kg / cm^2, 1시간 증자 후 30～35℃에 방냉하여 대나무 소쿠리에 두께 3～5 cm로 담고 털곰팡이를 접종한 다음 국실에서 품온 10～

15℃에서 제국하면 잡균이 적고, 털곰팡이의 번식에 알맞으나 여기에는 15～20일간이 걸린다.

25～27℃에서는 잡균보다 오염되기 쉬므로 미생물관리를 엄하게 하여 3～4일간 제국을 한다. 제국 중에 털곰팡이의 덩어리의 상하를 뒤집어 균사가 직립하고 백색에서 담회색으로 되면 출국한다. 출국의 덩어리를 부수고 18～19% 식염, 1～5% 증류(50% 이상의 알코올), 6～10% 물을 혼합하여 담금을 한다. 이외에 찹쌀이나 부재료(화초분, 소회향분 등)를 사용한다. 독에 넣어 20℃, 12개월간 숙성시킨다. 털곰팡이형 두시의 대부분은 독특의 배양방법에 따라 두립(豆粒)의 표층은 두터운 털곰팡이 균사로 덮어져 윤기가 있고, 쌀 고지균형의 두시보다 맛과 향이 좋다.

2) 쌀 고지균형(미국균형) 흑두두시의 제조

흑미를 시루에 넣어 증기가 오르고 나서 15분간 공증(空蒸)한 후에 유수로 수세, 침지하여 물빼기를 한 후, 다시 시루에 넣어 상압에서 1.5～2시간 증자하고 냉각하여 36℃ 전후에서 3% 흑두자즙을 가하고 3% *Asp. oryzae*(AS. 3042) 종균을 접종한다.

품온을 33～36℃에서 퇴적하여 균사의 발아와 생장을 촉진한다. 대나무 광주리 위에 두께 2.5 cm가 되게 널리 펴서 국실에 넣고 35℃에서 포자의 발아를 촉진하고 그 후 28～32℃에서 배양한다. 25℃에서 손질을 하여 교반을 하고 2번 손질 후 40℃ 이하에서 48～96시간 제국을 한다. 출국을 물에 침지하여 포자를 제거하고 물빼기 후 두국을 단자모양으로 굳혀 지름 1.5 m의 큰 대소쿠리에 널어 씻은 두국을 퇴적하고 다시 보온하여 품온을 상승시켜 45℃에서 3～5일간 유지하면 국의 효소에 의하여 단백질과 녹말이 분해한다.

통에 넣어 55℃ 이하에서 2～3일간 발효시킨다. 또 30～45℃에서 40일간 숙성발효시킨 후 1～2일 맑은 날에 바래서 함수량 20～25% 까지 건조시킨다. 4～18% 식염과 0.2% 백주(알코올 50% 이상) 또는 당신자(고추), 생강가루, 후추 등을 가하여 25℃, 3～4일간 후숙하여 제품으로 한다.

또 침지 후 물빼기 한 두국에 17%의 식염과 소량의 황산제이철과 오배자를 가하여 담금하고 발효시키면 검은 광택이 있는 두시가 된다. 발효 중에 국의 효소에 의하여 단백질, 녹말에서 아미노산이나 당류가 생성되고, 유산균이나 효모의 공공작용으로 유산과 알코올류나 ester를 생성하여 두시의 특유한 향으로 된다.

3) 쌀 고지균형(비국균형) 대두두시의 제조

대두를 약 45℃의 물에 약 90분간 침지하고 물빼기를 하여 1시간 후 시루에서 상압으로 증기가 나오고 나서 4시간 증자하고, 또는 회전식 가압증자장치에서 1 kg/cm^2, 1시간 증자 후 40℃로 방랭하고 3% *A. oryzae*(AS. 3042) 종균을 접종하고, 대나무 광주리에 두께 3～5 cm로 담고 33～36℃ 국실에 퇴적한다. 3～5시간에서 포자의 발아를 촉진사키고 그 후 28～32℃에서 배양한다.

자기발열로 품온이 35℃ 이상으로 되면 1번 손질을 하고, 그 후 다시 35℃ 이상으로 되면 2번 손질을 하여 다시 38℃에서 제3번 손질을 행하여 그 후 30℃, 96시간에서 출국한다. 국을 씻어 포자를 제거하고 물빼기 후 단단하게 퇴적하고 자연발효시킨다. 이것을 물에 침지하고 이틀 두 밤 후에 균일하게 혼합하여 목통에 넣어 계속하여 발효시켜 이것을 맑은 날에 광주리에 펴서 다시 건조한다. 여기에 1～3% 식염을 가하여 증자한 것이 첨두시(甛豆豉)이다 또 포자를 제거하기 위하야 출국의 콩을 씻어 물빼기 후 여름 24시간, 겨울은 48시간 다시 발효시켜 다시 건조하기 전에 4% 식염과 0.1% 오향분을 혼합하여 건조 후 0.2% 백주를 가하여 숙성시킨다.

식염을 5% 이상 가하면 함두시(鹹豆豉)로 된다. 날두시(辣豆豉)는 다시 1% 당신자(고추), 1% 생강 분을 가한다. 35～38℃에서 1～3일간 발효시켜 그 후 3일간 자연방랭하고 가마니에 널어서 건조시키고 제품으로 한다.

4) 수두시(水豆豉)의 제조

침지한 대두를 상압 하에서 약 3～4시간 연하게 증자한 후 자즙을 제거하고 40～45℃, 3～6일간 배양하면 납두균이 증식하여 두시 덧이 된다. 여기에 식염 8% 이상과 glutamic acid, 설탕, 당신자(고춧가루, 호추가루, 생강이나 오향분 가루나 정자, 계피 등의 향신료를 혼화하여 25℃, 3～4일간 숙성시키면 수두시가 된다. 수두시(水豆豉)는 장기간 보존이 되지 않는다. 담두시(淡豆豉)는 납두와 tempeh이고, 납두균에 의하여 담두시에는 볕에 바래서 건조시킨 간두시(干豆豉)가 있고, 여기에 당신자(고추) 가루, 화초가루, 생강이나 향신료 등을 가한 것이 있다.

[두시(豆豉)의 최근 진보]

성도시 조미품 연구소(成都市 調味品 研究所)에서 두시에서 털곰팡이를 순수분리한 신 균주 M.R.C-1을 사용하여 지금에는 15℃에서 15～20일간 요하는 제국시간이 25℃의 최적온도에서는 3～4일간에서 국이 된다. 이 털곰팡이의 국은

cellulase의 활성이 강하나 단백질이나 전분의 분해가 쌀 고지균(쌀 고지의 국)보다 약하기 때문에 털곰팡이를 제국 후에 국에 쌀 고지균의 밀기울국의 침출액을 가하여 40～45℃에서 단백질과 녹말분해를 촉진하여 9% 식염과 백주를 가하여 교반 후 담금하고, 유산균이나 효모를 가하여 30～35℃에서 유산발효와 효모의 향기발효를 행하여 품질이 좋은 털곰팡이형 두시를 제조한다. 이 개량된 방법으로 발효기간이 12개월에서 4개월로 되어 발효기간은 단축되었다.

[두시(豆豉)의 응용 · 공업화 실적]

발효된 두시(豆豉)에 물을 가하고 가용성 성분을 용출하여 시유(豉油)로 사용한다. 흑두 두시의 즙액이 음유(蔭油)로 하여 또 오두(烏豆) 장유(간장)라 칭하여 복건(福建), 광동(廣東), 절강(浙江)성 그리고 대만에서 소육(燒肉)의 다레(양념장국)로서 사용되고 있다. 흑두 장유(간장)는 다당류가 많고 품질이 좋은 점성이 있는 소육(燒肉)의 양념장국이 된다.

[두시(豆豉)의 용도]

두시(豆豉)는 맛이 좋고 영양풍부 식욕이 증진되고 증자, 배초, 육류요리 등의 조미에 사용되고 마파두부(麻波豆腐), 회과육(回鍋肉) 등의 사천요리나 상채(湘菜 : 호남요리)의 조미료이다. 본초강목(本草綱目)에는 「식욕을 증진하고 소화를 돕고 발한 해독, 기침이나 천식을 진정시키고 감기의 한기를 구축하고, 알레르기의 약으로 치료효과가 있다」고 기록되어 있다.

7. 두장(豆醬)

[개 요]

두장(豆醬 : soy sauce mash)이란 곡류나 두류를 원료로 하여 미생물의 발효작용을 거쳐 양조한 반유동상태의 점조한 조미식품을 말한다. 대두를 원료로 한 두장(豆醬), 소맥분을 원료로 한 첨면장(甛麵醬), 잠두(蠶豆)를 원료로 한 두판장(豆瓣醬 : 豆瓣辣醬)의 3종류로 대별된다. 두장은 일본의 옛날 장(醬)으로 두판랄장(豆瓣辣醬)은 당신자 미쟁(唐辛子 味噌 : 한국의 고추장에서 유래)이다.

[두장(豆醬)의 발효형식]

증자된 곡류를 제국하여 덧에 담금하고 국의 효소에 의한 분해, 발효·숙성시킨 두장(豆醬)을 만든다. 또 소맥분을 빵 종과 반죽하여 발효시켜 찐빵 또는 면을 만들어 여기에 국균을 증식시켜 제국 후 염수에 담그고 덧을 효모로 발효시켜 첨면장(甛麵醬)을 만든다.

[두장(豆醬)의 역사]

중국의 장(醬)의 기원은 기원전 1,000년을 넘게 소급된다. 『주례(周禮)·천관(天官)』에 장용백유이십옹(醬用百有二十甕)으로 기재되어 있고, 『논어(論語)』에 불득기장불식(不得其醬不食)으로, 『사기(史記)·화식열전(貨殖列傳)』에 장천옹(醬千甕)으로 기재되어 있으며, 서한(西漢) 사유(史游)의 『급취편(急就編)』 중설(中說)에 '장(醬)은 콩과 소맥분을 섞어서 만들고, 먹을 때는 반드시 장이 있다'고 상황이 명확하게 묘사되어 있다.

북위(北魏) 『제민요술(齊民要術)』에 장(醬)과 두시(豆豉)의 기술이 기재되어 있다. 장은 중국의 동북부에서 한반도로 그리고 야마구치(山口), 시미네(島根), 기

카리쿠(北陸)으로 전해져 감로장유(甘露醬油)로 되었다. 장(醬)은 히시오(比之保 : 옛날 일본의 장)로 하여 일본으로 전해졌다.

[두장(豆醬)의 발효균]

첨면장(甛麵醬)의 빵 종[면비(麵肥)]은 빵효모(*Saccharomyces cerevisiae*)를 소맥분에 온수와 함께 이겨서 발효시켜 종으로 하였다. 종국에는 *Aspergillus sojae* (AS. 3495, AS. 3765), *Rhizopus japonicus*(AS. 3249)를 첨면장(甛麵醬)에 사용한다. 첨면장(甛麵醬)의 효소법에 사용되는 당화력이 강한 *A. oryzae*[호양(滬釀) 3040] 10%와 60℃ 내열성의 녹말 분해효소 역가가 강한 *A. niger*[호양(滬釀) 3324] 3%를 종균으로 하여 사용한다.

두장(豆醬)에는 AS. 3863균주를 자외선 조사 방법으로 변이시킨 *A. oryzae* [AS. 3951 = 호양(滬釀) 300042]를 사용한다. 이것은 증식속도가 좋고, 제국시간이 24시간으로 단축되어 제국이 용이하여 단백질의 분해력이 강하다. 18% 식염농도의 덧 중에서 증식하는 *Zygosaccharomyces rouxii*를 사용한다.

[두장(豆醬)의 발효 실제]

1) 첨면장(甛麵醬) 제조

(1) 면국(麵麴)

소맥분에서 면(麵) 반죽을 만들고 세일로에서 1시간 증자 후 식힌 다음 0.3% 종국(포자수 5 × 10^9 이상)을 접종하고 20～25℃, 상대습도 80%의 국실에서 두께 5～10cm로 퇴적하고, 약 20시간 배양 후 위 아래와 내외를 뒤집어 1회 손질을 하고 접종 후 32～40시간 배양하여 2번 손질을 한다.

품온 35～37℃에서 제국을 한다. 온도가 상승하면 통기를 잘 하여 5～7일간 배양하고, 증식이 정지된 국을 높이 80～100 cm로 퇴적하고 36℃ 이하에서 약 10일간 작게 쌓는 퇴적배양을 한다. 2～3일간에 1회 퇴적하여 국괴(麴塊)의 상하와 내외를 뒤집어 손질을 하고, 작게 쌓은 퇴적배양의 국을 모아 지름 1.5～2.0 cm의 원주형으로 퇴적하여 12～15일간 크게 쌓는 퇴적배양을 한다.

보메 14.5도 염수 1.6～1.7배량을 독에 넣어 파쇄 된 국 100 kg를 소량씩 가하고, 덧을 눌러 넣어 7～8일간 정치한 후 매일 1회 교반하여 30～35℃에시 여름철에는 25～30일간, 가을 초기에는 약 45일간, 겨울은 90일간 이상 발효한다.

(2) 빵국[만두국(饅頭麯(麴)]

소맥분에 35℃의 온수와 이전 발효에 사용한 빵 종을 가하여 반죽하고 지름 5~7 cm의 몽둥이 모양으로 둥글게 하고 다시 길이를 5~6 cm로 빵 반죽을 조제하여 세일로에 넣어 이것을 30~60분간 찐 후, 40℃ 이하로 냉각하여 찐빵 위에 종국 0.3%를 10배량의 소맥분으로 증량한 종국을 균일하게 접종한다. 통풍제국에서 제국을 한다.

국(麴)에 대하여 보메 14도의 염수 1.2배량을 45℃로 덥여 발효탱크에 넣어 국 100kg을 소량씩 나누어 가하고 교반하여 실온 50℃ 전후에서 3일간 침지한다. 처음에는 품온 40℃에서 10일간 발효시킨다. 후기는 품온은 40℃ 전후, 10~15일간 발효시켜 1일 마다 1회 장(醬)을 뒤집어 교반을 하여 첨면장(甛麵醬)을 만든다.

(3) 효소에 의한 속양법

① α-Amylase생산 밀기울 국(麩麴) 제조법: 밀기울 80 kg, 탈지대두 15 kg, 소맥분 5 kg, 탄산나트륨 0.1 kg, 물 110 kg을 혼합 교반하여 상압에서 1.5시간 증자 후 32℃까지 냉각하여 1%의 종국(α-amylase를 생산하는 국균)을 접종하여 실온 30~32℃, 상대습도 80%, 품온 36~37℃에서 45~48시간, 통풍제국을 한다.

② Glucoamylase 생산 밀기울 국(麩麴) 제조법: 밀기울 100 kg에 물 95 kg을 살수하고 혼합 후 상압에서 1.5시간 증자하고 냉각하여 38℃에서 종국(gluco-amylase 그리고 중성 protease를 생산하는 국균)을 1%를 접종하여 품온 34℃ 이하의 28~32℃에서 48시간 제국하고, 이 사이 24% 탄산나트륨 수용액으로 국(麴)의 pH를 조절한다.

③ 건조효모 제조방법: 탈지대두 5 kg, 소맥분 45 kg, 밀기울 50 kg을 혼합하여 물 60kg을 살수하여 균일하게 교반 후 상압에서 2시간 증자하고 비벼서 깨고, 15~20% 종 효모(내염성, 항 삼투압성, 향이 좋은 효모)를 균일하게 교반 접종하여 발효탱크에 넣고 거즈로 뚜껑을 하고 28~30℃ 48시간 배양 후 34~35℃ 이하에서 통기 건조하여 함수량이 15% 이하로 될 때까지 2~3일간 건조한다.

④ 효소분해법: 발효탱크에 8~9% 식염농도의 염수 85~90 kg을 넣어 교반기로 교반하면서 소맥분 100 kg을 소량씩 가하여 균일한 호상으로 조제한다. 여기에 α-amylase를 함유한 밀기울 국을 처음에는 50%를 투입하고 80℃까지 올려 다시 나머지의 밀기울 국을 가하여 직접 증기를 도입하여 교반하면서 점차

단계적으로 60℃에서 5분, 80℃에서 25분, 100℃에서 30분간 가열하여 환원당 함량이 13%에 달할 때까지 액화한다. 이것을 40℃로 냉각하고 소맥분 100 kg, 당화용의 밀기울 국 8～9 kg을 가하고 0～45℃에서 8일간 그리고 다시 45～52℃에서 3일간 당화한다. 점차 온도를 내려 40～42℃, 3일간 반응 후 30～32℃ 까지 내려 0.1 kg의 분쇄된 건조 효모를 가하여 균일하게 교반하여 30～32℃에서 7일간 발효 후 ethyl alcohol 200～300 mg를 생산시킨다. 발효 후 장(醬)을 옥외의 독으로 옮기고 볕에 바래고 밤이슬을 맞혀 7～10일간에 1회 교반하여 ester화를 촉진하고 풍미의 개선을 꾀한다.

2) 두장(豆醬) 제조

두장(豆醬)은 별명 황장(黃醬)이라 하며, 북방에서는 대장(大醬)이라고도 한다. 국균을 이용하여 미생물에 의하여 양조되는 장(醬)이다. 생산 공정은 장유(일본 간장)양조와 마찬가지이다(그림 2-2).

(1) 탈지 대두국(大豆麴)

탈지대두를 분쇄하여 100 kg을 상(床) 위에 퇴적하고 중앙에 오목지게 한 다음 오목한 중앙에 90～100% 물을 붓고 서서히 오목의 가상 자리에 따라 탈지대두를 긁어모아 물로 축이고 2시간 정치 후 보리기울 40 kg을 투입하여 1～2회 교반 혼합한다. 시루 밑의 선반 위에 혼합 원료를 펴서 두께 20 cm로 깔고 3 kg/cm^2 압력의 증기로 불어 올라온 후 다시 혼합 원료를 가하여 이것을 반복하여 시루에 채우고 뚜껑을 하여 상압에서 1시간 반 증자 후 40℃ 이하로 냉각한다.

종국을 산포하여 균일하게 혼합 교반하고 25～30℃의 국실에서 국(麴)의 품온 28～32℃에서 16～17일간 배양 후 자기발열로 품온이 상승하여 35～37℃가 되면 손질을 한다. 그 후 실온 20～25℃, 상대습도 약 90%에서 품온 37℃ 이하에서 약 60시간 제국을 한다.

미리부터 보메 18～20도 염수 130～140 kg을 넣은 발효탱크에 출국 100 kg을 소량씩 가하여 2일째부터 매일 1회 독의 표면을 눌러주고, 이것을 연속 3회 행하여 국(麴)에 염수를 충분히 스며들게 한다. 여름과 가을은 3～4개월, 봄과 겨울은 6개

황장(黃醬) ——→ 간장(干醬)
↑
천일건조

그림 2-2. 두장(豆醬)의 제조

월간 발효 숙성시킨다. 기온의 고저에 따라 10～20일간에 1회 교반을 한다. 볕에 바래고 발효시킨다.

(2) 대두(황대두, 청대두, 흑두)와 소맥분국

대두 70 kg를 물에 여름과 가을에는 10시간, 겨울과 봄에는 20시간 침지한다. 이 사이 1회 환수한다. 침지대두를 증자 관에 넣고 상압에서 2시간 증자하고 다시 30분간 증자한다. 또는 1.1 kg/cm^2 압력에서 30분간 증자한다. 증자 후 두께 20 cm로 펴고 냉각하여 서서히 뒤집어 콩 알갱이의 표면의 유리수를 제거하고 40℃ 전후까지 냉각한 콩에 종국과 소맥분 30 kg을 균일하게 교반 혼합한다.

이 증자 콩을 국개(국 상자)에 넣고 두께 약 25 cm의 평으로 편 다음 실온 25～30℃, 6～8시간 정치 배양하여 품온이 35℃로 될 때 통풍을 시작하여 30℃로 내려가면 통풍을 멈추고 이것을 반복 수회 되풀이 한다. 약 16시간 후 국(麴)의 표층에 흰 균사가 생겨 국이 단단한 덩어리가 되고 균열이 생긴 덩어리를 으깨고 편으로 펴서 1번 손질 후 품온이 급상승되면 연속 통풍하고, 35℃ 전후에서 4～6시간 후 2번 손질을 한다.

그 후 30～32℃, 14～16시간 제국을 한다. 출국을 독에 넣어 24% 염수를 붓고 3일간 침지하고 그 후 독의 내용물을 위 아래로 뒤집기를 하여 교반하고, 매주 1회 장을 교반하여 이것을 3회 되풀이한다. 2주간 후 염수를 보충하고 그 후 매일 1회 교반하여 효모의 발효를 촉진시키면 3～5개월로 두장(豆醬)의 덧을 얻을 수 있다.

3) 잠두장(蠶豆醬) 제조

잠두(蠶豆)를 연마기로 탈피하여 파쇄하여 두 조각의 두편(豆片)을 만든다. 이 두편(豆片)을 두판(豆瓣)이라 하고 껍질을 분별한다. 다량의 물을 가하여 흡수 팽창시켜 충분히 침지되면 물빼기를 한 후 생 그대로를 접종을 한다.

대두를 원료로 한 두판(豆瓣)은 침지 두판을 물빼기 후 1 kg/cm^2 증기압에서 10～15분간 증자한다. 증자 후 약 35℃로 냉각한 두판에 30%의 소맥분을 섞은 종균을 균일하게 접종하고 통풍제국장치에서 두께 25～30 cm로 제국을 한다. 32℃, 상대습도 90% 이상에서 배양하여 35℃ 이상 1번 손질 후 통풍제국의 실온 30～32℃로 품온이 상승하고 국(麴)이 단단해지면 2번 손질을 한다. 4일간 제국을 한다.

탈지, 침지한 잠두를 30% 소맥분에 섞어 종국을 접종하고 두께 20 cm로 펴고 34～39℃에서 7～8일간 제국을 한다. 출국을 일광이나 바람으로 24시간 건조 후 포자를 제거하고 미리 보메 19도의 염수를 넣은 독에 잠두국(蠶豆麴)을 가하고 45℃

에서 1～5일간, 46～48℃에서 6～10일간, 50～52℃에서 11～15일간 유지하여 5～10일간 매일 1회 뒤집어 주고 교반하여 15일 후는 덧을 숙성 발효시켜 천연양조에서는 수회 뒤집어주고 6개월간 발효시킨다.

4) 두판날장(豆瓣辣醬) 제조

독의 당신자(唐辛子 : 고추)에 15% 식염수를 가하여 2～3일 후 염즙이 침출되면 큰 용기에 옮기고, 다시 5% 식염수를 가하여 누름돌을 하고 3개월간 염지한다. 사용 전에 당신자(고추)를 가늘게 분쇄하여 3% 홍국과 잠두국과 보메 19도 염수에 담금하고 두판장(豆瓣醬)과 마찬가지로 발효시킨다. 두판날장은 당신자(고추)를 70～80% 가한 조리 가공용과 맛내기의 식욕 증진용의 15～20% 가한 것이 있다.

[두장(豆醬)의 최근 진보]

전통적으로 천연의 곰팡이를 이용하였으나 순수 배양한 균을 사용하여 제국을 하게 되었다. 간이통풍제국방법을 고안하여 그리고 종래의 천연발효법을 보온발효법으로 개량하였다. 또 효소제를 사용한 장의 제조에 성공하여 원료의 이용률을 10% 높이고 생산설비를 구축 기계화하였다.

곰팡이를 증식시키기 위하여 증자대두를 굳게 하여 된장(味噌) 덩이를 만들고 내부에 유산균을 증식시키면 된장(味噌) 덩이의 표면이 약간 건조되어 곰팡이가 잘 번식한다. 또 대두의 흡수시간을 짧게 하여 1.5배의 흡수율로 하여 증자대두의 수분 함량을 적게 하여 잡균에 의한 오염을 방지하고 곰팡이가 생육하기 좋은 조건에서 제국을 한다.

[두장(豆醬)의 응용·공업화 실적]

면고(麵糕)의 연속 증자장치를 사용하여 소맥분과 물로 반죽하여 압연 롤로 반복 압연하여 키스면 같이 폭이 있는 면 반죽을 만들고 찌면 건조된 면고(麵糕)가 된다. 또 잠두의 건조탈피장치에서 쉽게 탈피되어 롤의 연마기에서 잠두의 양변(兩辨)을 만들고 두판장(豆瓣醬)을 기계화하였다. 두판랄장(豆瓣辣醬)은 김치, 마파(麻波)두부 등의 요리에 응용된다. 또 약선(藥膳)요리의 일종이다. 두국(豆麴)에서 두장을 만들어 이것이 일본으로 전해지고, 절에서 tamari 된장이나 tamari 간장의 제소법이 민간으로 전해지고 다시 장(醬)으로 발달되었다.

[두장(豆醬)의 용도]

장(醬)은 조미료로서 영양풍부로 쉽게 인체에 흡수되어 식욕증진 작용이 있다. 두장(豆醬)은 조리가공이나 김치 등의 침채류에 사용된다. 식욕을 증진시키는 두판랄장(豆瓣辣醬)은 사천요리의 수프, 육채(六菜)나 식사 시의 맛내기의 조미료로서, 당신자(고추)가 많은 요리가공용의 두판랄장은 마파두부, 회과육(回鍋肉)의 조미에 사용되는 두판장은 조미가공이나 홍두부, 장두부 등의 조미용에 사용된다. 잠두국은 단백질 분해효소나 녹말 분해효소의 효소제로서 사용된다. 첨면장은 북경 오리고기의 양념장이나 두부유의 덧 제조에 사용된다. 감칠맛이 있고 감미가 있다.

제 3 장

주류 발효식품

1. 청주(淸酒)

[개 요]

청주(淸酒 : Sake)는 일본 고래의 전통적 알코올음료로서 일본에서는 술이라 하면 청주를 의미한다. 청주가 일본주로 칭하는 이유이다. 청주는 주세법에 있어서 쌀, 미국(米麴) 그리고 물을 원료로 하여 발효시켜 여과한 것으로 정의되고 있다. 이 기본적인 정의에 덧붙여 주세법에 있어서는 쌀과 미국(米麴)의 총사용량을 넘지 않는 중량의 양조 알코올이나 포도당, 물엿 등 소위 '정령(政令)으로 정한 물품'의 병용도 인정하고 있다.

청주는 일반적으로 발효시킨 술덧을 여과한 후 화입(火入)이라는 저온살균을 행하여 수개월간 저장하여 숙성시킨 것이 청주로서 시판되고 있으나, 최근에는 여과한 직후의 것이 '짜기만 한 것' 또는 화압살균을 전혀 하지 않는 생주(生酒), 생으로 저장하여 숙성시켜 출하 시에 살균하는「생저장주(生貯藏酒)」혹은 수년 이상 숙성시킨「장기 숙성주(長期熟成酒)」등으로 시판되고 있다.

[청주의 역사]

기원전 3세기경에 죠몬시대(繩文時代 : 기원전 7, 8천 년) 전부터 야요이시대(弥生時代 : 기원전 7, 8세기~기원전 2, 3세기에 걸친 금석병용의 농경문화시대) 전까지의 신석기시대 후기에는 일본에서 도작(稻作)이 이루어진 시대부터 미식과 동시에 쌀과 밥에 곰팡이가 발생하여 고지(koji)가 되는 것과 고지(麴)가 발효하여 술이 된다는 것을 당시의 사람들이 알고 있었다고 추정된다.

고사기(古事記)에는 도래인(渡來人)이 주조를 전하였다는 기사가 있고, 헤이인 시대(平安時代 : 794~1192년)에는 증미와 국을 사용하는 주조가 조정에서 이루어지고 있었다. 14~16세기에는 쌀과 정미를 사용하는 것[제백(諸白) : 순곡 청주]이나 부조(腐造)를 방지하기 위하여 pH를 저하시키는 수단으로서 유산균 발효의 응용, 살균법으로서의 '술을 삶는' 화입기술이 이루어지는 등 현재의 주조기술의 기본이 이 시기에 정리된 것이 문헌에서 뒷받침되고 있다.

에도시대(江戶時代 : 1600～1867년)에 이르러 해운이나 유통, 판매조직의 확립과 더불어 나다(灘), 이탄(伊丹)을 중심으로 산업으로서 주조산업이 출현하였다. 메이지시대(明治時代 : 1868～1912년) 이후부터 주조의 해명과 기술개발에 화학이나 미생물학적 수법이 들어가 지금에 이르게 되었다.

[일본 주세법에서의 청주]

청주는 일본 주세법 제3조 제3항에서 다음과 같이 정의되고 있다.

(1) 쌀, 미국(米麴) 그리고 물을 원료로 하여 발효시켜 여과한 것

(2) 쌀, 물 그리고 청주박, 미국(米麴) 기타의 정령으로 정한 물품을 원료로 하여

표 3-1. 특별 명칭주의 청주의 표시

특정 명칭	사용원료	정미 비율	향미 등의 용건
음양주 (吟釀酒)	쌀 미국(米麴) 양조 알코올	60% 이하	음양으로 만들기 고유의 향미 색택이 양호
대음양주 (大吟釀酒)	쌀 미국(米麴) 양조 알코올	50% 이하	음양으로 만들기 고유의 향미 색택이 양호
순미주 (純米酒)	쌀 미국(米麴)	70% 이하	향미, 색택이 양호
순미음양주 (純米吟釀酒)	쌀 미국(米麴)	60% 이하	음양 만들기 고유의 향미, 색택이 양호
순미대음양주 (純米大吟釀酒)	쌀 미국(米麴)	50% 이하 또는 특별한 제조방법 (설명표시 필요)	향미, 색택이 특히 양호
본양조주 (本釀造酒)	쌀 미국(米麴) 양조 알코올	70% 이하	향미, 색택이 양호
특별 본양조주 (特別本釀造酒)	쌀 미국(米麴) 양조 알코올	60% 이하 또는 특별한 제조방법 (설명표시 필요)	향미, 색택이 특히 양호

발효시켜 여과한 것[가), 다)에 해당하는 것은 제외한다.] 단, 그 원료 중 당해 정령(政令)으로 정한 물품의 중량의 합계가 쌀(국, 쌀을 포함)의 중량을 초과하지 않는 것에 한한다.

(3) 청주에 청주 박을 가하여 여과한 것

청주는 사용원료가 정해져 있고 반드시 쌀을 사용할 것, 그리고 여과라는 공정이 들어 있어야 한다. 한편 국세청은 「청주의 제법 품질 표시기준」을 제정하여 음양주(吟釀酒), 순미주(純米酒), 본양조주(本釀造酒)를 「특별 명칭주」로 정하여 표 3-1에 나타낸 것과 같이 원료, 제조방법의 차이에 따라 7종류로 분류하고 있다.

[청주 제조방법]

1) 개 요

청주의 제조공정은 그림 3-1, 그림 3-2에 나타낸 것과 같이 5개 공정으로 구분한다. ① 현미를 정미하여 백미로 하고 세미, 침지를 거쳐 증미를 조제하는 원료처리 공정, ② 증미에서 국(麴)을 만드는 제국공정, ③ 국(麴)에 물을 가하고 속양 주모에서는 유산과 순수배양 효모에 증미를 가하여 일정기간 발효시켜 종 술덧(스타터)을 만드는 주모공정, ④ 주모에 물을 가하면서 3분할 한 국(麴)과 증미를 4일간에

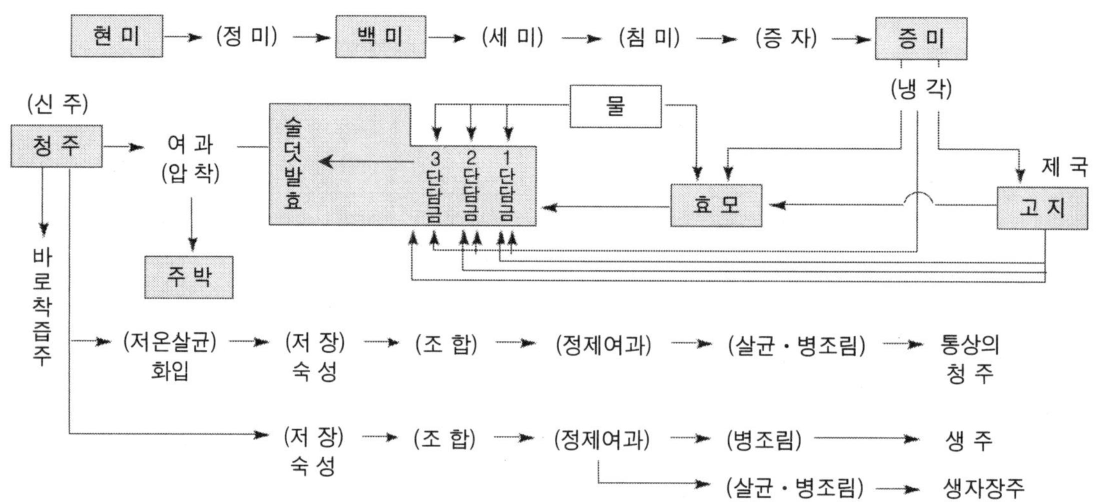

그림 3-1. 청주의 제조공정

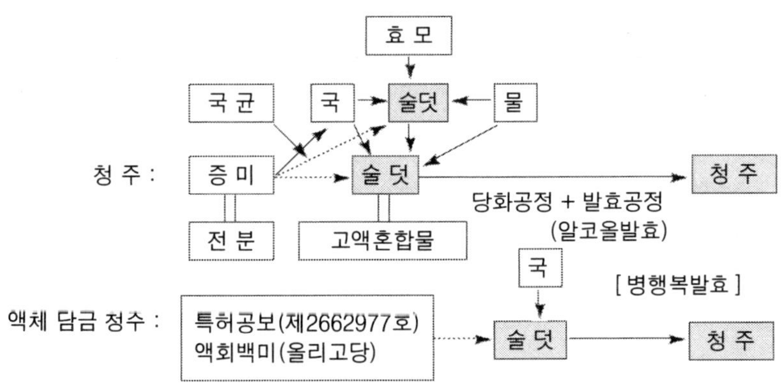

그림 3-2. 청주・액화 담금 청주의 양조공정

거쳐 담금하고 10～17℃에서 15～30일에 걸쳐 발효시키는 술덧공정, ⑤ 발효가 끝난 술덧을 압착, 여과하여 화입(火入)이나 조합, 정제과정 등을 행하여 제품으로 하는 제성공성이나.

2) 원 료

청주의 기본적인 원료는 쌀과 물이다.

(1) 쌀

단립(短粒 : *Oryza sativa* var. *japonica*)종의 멥쌀(밥을 지워도 점질이 적고 밥쌀로 사용)로 수도재배의 것이 사용된다. 어느 품종의 쌀이라도 청주를 만들 수 있으며 많은 품종의 쌀이 실제로 사용되고 있으나 그 중에서도 특히 주조에 알맞은 품종, 소위 주조(酒造) 호적미는 주조용 현미로서 특별한 검사규격이 정해져 있다. 주조에 적합한 쌀은 제국 시에 국균의 균사가 미립(米粒) 내부로 침투하기 쉽고, 주모(酒母)나 술덧공정에서 당화되기 쉬울 것과 단백질 함량이 적을 것과 미립(米粒)이 정미(도정)에 견딜 수 있는 강도를 가진 것이 적합하다.

이와 같은 쌀은 일반적으로 대립으로 심백(芯白)이 있고 흡수되기 쉬운 연질미이고, 현재 주조용 현미로서는 29부 현에서 31품종, 합계 60산지 품종이 지정품종 상품미로서 지정되고 있다. 사용량이 많은 주조 호적미의 상위 6품종은 오백만석(五百萬石), 산전금(山田錦), 미산금(美山錦), 병고북금(兵庫北錦), 팔반금 1호(八反錦 1號)이나. 장립(長粒 : *Oryza sativa* var. *indica*)종은 호회가 되기 어렵고, 국(麴)의 효소에 의하여 당화성도 좋지 않으므로 주조에는 사용되지 않는다.

표 3-2. 양조용수의 조건

• 색 · 색택	무색투명
• 냄새 · 맛	이상이 없을 것.
• pH	중성 또는 미 알칼리성
• 철	0.02 ppm
• 망간	0.02 ppm
• 유기물(과망간산칼륨 소비량)	5 ppm
• 아질산성 질소	불검출
• 암모니아성 질소	불검출
• 세균산도	2 mℓ 이하
• 산 생성균군	불검출
• 대장균군	불검출

(2) 물

청주의 약 80%는 물이고 주조용수의 수질은 제성주의 주질(酒質)에 큰 영향을 준다. 칼슘, 칼륨, 인산이 많이 함유하는 경수는 당화나 발효촉진 작용이 있고, 제성주의 주질(酒質)은 신구(辛口 : 맛이 달콤하지 않고 쌉쌀함)로 시마리가 있는 경향이 있다. 한편 연수를 사용하는 술은 주질(酒質)이 미세하게 소프트한 경향이 있다.

양조용수의 성분으로 철, 망간, 유기물 등은 이상착색이나 향미 열화의 원인으로 된다. 이들의 성분은 적을수록 주조용수로서 적합하고 수도수의 기준치보다 상당히 엄하다. 주조공장에 따라 담금 용수 이외에도 세미 수 등 많은 물이 필요하고, 1일 처리 백미량의 20～30배량을 필요로 한다. 양조용수의 조건은 표 3-2와 같다.

3) 원료처리

(1) 정 미

현미 입(粒)의 외층부에 많아 함유하는 수용성 단백질, 지질, 무기질 등을 제거하기 위하여 정미(도정)를 한다. 이들 성분이 과잉이면 효모의 생육이나 발효가 이상으로 촉진되어 술덧이 있어서 당화와 발효의 균형이 붕괴하게 된다. 또 제성주의 향미를 나쁘게 하고 색이 진하게 되어 품질이 떨어진다. 한편 고도로 정미함으로써 방향이 높고 조화가 잘 이루어진 좋은 맛의 제성주가 얻어진다.

정미(도정)에는 고속 회전하는 금강사의 원형 롤에 의하여 미립의 외층부에서 차차로 깎아내는 방식의 수형 정미기가 사용되고 있다. 롤의 회전속도와 미립을 공급하는 양을 컴퓨터로 제어함으로써 최근에는 정미비율(마무리 백미 중량/원래의 현미 중량×100, %로 표시)이 30% 이하의 백미가 얻어지게 하고 있다.

주조에 사용되는 원료 백미의 정미 비율은 보통 술에서는 75～70%, 본양조주(本釀造酒)나 순미주(純米酒)에서는 70～60%, 음양주(吟釀酒)에서는 60～35%로 주조 메이커에 따라 상당한 차이가 있다.

(2) 세미에서 증미

세미, 침지되어 흡수된 백미는 증강공정으로 이동되나 증강 직전에 백미 중량의 28～33% 흡수율로 된다. 이 침지미를 40～50분간 증강하여 증미를 조제한다. 증강 사이에도 다시 약 10% 흡수된다. 증미는 사용목적에 따리 각각 소정의 온도로 냉각한다. 즉 제국에는 35～40℃ 술덧의 괘미(掛米)에는 담근온도보다 5～20℃로 냉각한다.

(3) 액화 담금

종래의 원료 처리방법은 담금 초기의 유동성이 아주 나쁘고 품온의 자동계측, 자동제어가 곤란하였다. 또한 성력화, 공정의 합리화의 필요성을 가지고 백미를 생 그대로 혹은 분쇄한 내열성 α-amylase를 사용하여 80℃에서 액화하고 냉각 후 국(麴)과 효모를 가하여 발효시키는 방법이 고안되어 있으며, 여러 종의 장치가 시판되고 실용화되고 있다. 이 방법의 특징은 주화율(酒化率 : 알코올 소득량 ℓ/백미톤)이 높다는 것이다. 또 증기로 백미를 증강하는 대신 수분을 28%로 조정한 백미를 로타리 유동 배초장치에서 290℃, 45초간 처리하여 담그는 방법도 실용화되고 있다.

4) 제 국

담금 총미량의 20～23% 쌀이 국(麴)으로서 사용된다. 35～40℃의 증미를 배양실(26～30℃의 국실)에 재우고 국균의 분생자를 산포(종균 접종)하여 증미를 덩어리로 하여 건조방지와 보온을 위하여 편포로 싸서 둔다(품온 : 30℃). 분생자가 발아하여 구균의 생육을 시작하여 24시간 후 증미의 덩어리를 헤쳐도 생육 열에 의한 급격한 품온 상승을 막고 산소를 충분히 공급하기 위하여 국개(麴蓋 : 약 1.5 kg / 국개 한 개)나 국상(麴箱 : 약 30 kg / 국상 한 개)에 소분하여 겹쳐 쌓아 둔다(품온 : 29～31℃). 이 조작을 「담기」라고 한다. 담기 이후 국균의 생육은 왕성하게 되고 발열과 수분을 발생하므로 급격한 품온 상승과 수분의 발산을 위하여 손질을 한다.

품온의 조정과 균일화를 꾀함과 동시에 이후는 국(麴)을 건조시킬 수 있는 국실

(麴室)의 습도를 조절한다. 담기 후 5～6시간으로 행하는 손질을 제1손질(품온 34～36℃)을 한다. 이 시기가 되면 균사가 대부분 보이게 된다. 미립 상에 보이는 국균 균사의 콜로니를 파정(破精 : 하제)이라고 한다. 그리고 수시간 후에 행하는 손질을 제2손질(품온: 38～39℃)이라 한다.

이 시점에서 균사는 증미 표면을 거의 덮고 있고, 미림 내부에도 균사가 침입한 상태로 된다. 그 후 40～42℃를 최고 온도로 하여 유지시켜 담기 후 약 24시간, 종균 접종 후 약 48시간에서 제국이 완성되어 국실에서 꺼낸다. 이것을 출국이라 한다. 이상과 같이 증미에 국균을 고체 배양하는 공정에서는 품온과 습도 그리고 산소공급에 의하여 제어된다. 이들의 각 인자를 자동 제어하는 기기와 증미의 교반기를 갖춘 장치가 자동제국기이고, 몇 개의 모델이 실용화되고 있다.

국(고지)은 효소의 주머니라 할 수 있는 것과 같이 당화효소를 중심으로 50여 종류 이상의 효소를 함유하고 있다. 그리고 청주효모에 필요한 비타민 B그룹과 청주의 향미를 특징짓는 각종의 2차 대사산물의 공급원이다. 국(麴)이 생산하는 주된 효소역가는 증미의 수분, 정미비율이나 품온 경과 등에 따라 크게 변동되므로 국 1 g당의 α-amylase가 870～1,700 U, glucoamylase는 125～310 U, 산성 protease는 2,700～4,300 U, 산성 carboxypeptidase는 3,300～7,500 U이다.

5) 주 모

주모(酒母)는 원(酛 : mash)이라고 하고, 주발효인 술덧을 건전하게 발효시키기 위하여 활성이 높은 청주효모와 개방발효인 청주술덧 초기의 세균오염을 방지하고 충분한 필요량의 유산을 준비하는 공정이다. 주모로서 사용하는 백미는 주모용 국(麴)의 몫을 포함하여 담금 총미 중량의 약 7%이다.

(1) 생원계(生酛系 : 키모토계) 주모와 속양계 주모

주모(酒母)는 유산을 얻는 수단에 따라 두 가지 계통으로 분류된다. 청주효모의 증식에 앞서 유산발효에 의하여 유산을 얻는 옛날부터의 전통적인 주모를 생원계 주모(生酛系酒母)라고 한다. 개방발효에 있어서 품온 조작과 상앗대질이라는 교반 조작만으로 청주효모만을 순수 도태 배양하는 것이다.

한편, 유산발효를 생략하여 유산을 첨가하는 방식의 것을 속양계 주모라고 하고, 전자의 약 1/3의 기간, 즉 약 7～10일로 마무리 할 수 있다. 현재의 청주양조에서는 약 8할이 속양 주모에 의한 것이나 생원계 주모에 의한 양조도 행하고 있고 「생원 만들기」나 「산폐(山廢)만들기」 등의 이름으로 판매되고 있다,

(2) 생원계 주모에 있어서 미생물상의 천이

생원계 주모의 육성과정에 있어서는 아래와 같은 미생물상의 천이가 보인다. 이 과정을 모식적으로 나타내면 그림 3-3과 같다.

① 질산 환원균에 의한 아질산의 생성: 국(麴)에 물과 증미를 가하여 5～6℃에서 담금하고 그대로 우타세(打瀨)라는 저온(6～7℃) 경과를 4～5일간 하면 저온, 비영양 하에서도 증식되는 *Pseudomonas*속의 세균을 주체로 하는 질산 환원 능력을 갖는 세균이 활동을 시작하여 물에 함유되는 질산염을 아질신염으로 환원한다. 그 양은 최대 약 10 ppm으로 되나 그 후 서서히 소실된다.

한편, 담금 5～6일째부터 단기이레(暖氣入)라 하여 하루에 1～2℃/일씩을 가온하기 위하여 국(麴)의 amylase에 의한 증미의 녹말이 당화되어 glucose가 축적된다. 여기에서 *Pseudomonas*의 생육이 왕성하면 아질산은 다시 환원되어 소실되나 glucose가 정상으로 축적되면(16% 이상) 생육이 억제되기 때문에 아질산이 급격하게 소실되는 일은 없다. ③에서도 설명하지만, 이 사이에 유산균이 생육하여 유산을 생성시키는 것이 필요하다. 그 이유는 유산과 아질산의 상승효과로 야생효모를 도태시키기 때문이다.

② 유산발효와 유산균상의 천이: 담금 5일째부터 유산균이 검출된다. 주모(酒母)에서 검출되는 유산균은 구상 유산균인 *Leuconostocs mesenteroides*와 그 유연 균 그리고 간상 유산균인 *Lactobacillus sake*이다. 보통은 최초에 구상 유산균이 증식하고 이어서 간상 유산균이 증식하여 간다. 그 이유는 구상 유산균이 보다 저온성으로 더욱이 영양요구성이 보다 단순하기 때문이다.

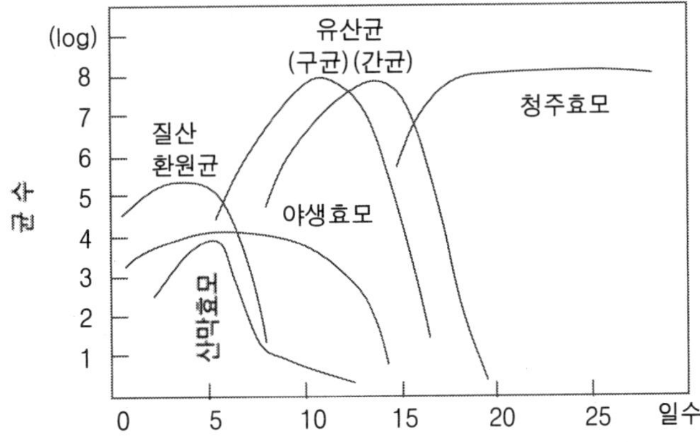

그림 3-3. 야마하이모토(山廢酛)에 있어서 미생물의 천이모델

구상 유산균보다 수일 늦게 간상 유산균이 증식을 시작하나 이 사이에 국(麴)의 단백질 분해효소에 의하여 여러 종의 펩타이드나 아미노산이 생성되어 *L. sake*가 생육될 수 있기 때문이다. 특히 phenylalanylpeptide는 *Lactobacillus sake*의 생육 촉진인자라고 한다. 한편 구상 유산균은 유산산성 하에 있어서 아질산 내성이 약하기 때문에 결국 도태되고 만다. 한편 유산 생성능력은 간상 유산균 쪽이 상당히 크고, 생원계 주모에 있어서 유산의 약 80%는 간상 유산균에 의한 것이라고 한다.

③ 효모균과 천이: 생원계 주모(酒母)에서는 담금 시에 국에 들어간 효모가 약 10^3～10^4 /g 존재하나 그 대부분은 야생효모나 산막효모[TTC(2, 3, 5-triphenyl -2H- tetrazorium chloride) 중층배지에서 백색 또는 핑크색으로 물든다.]로 발효능력이 강한 청주효모(같은 배지에서 적색으로 염색된다.)는 10^2 이하이다. 야생효모나 산막효모는 증식을 시작하나 10^4～10^5/g를 최대로 결국은 사멸된다. 이들의 효모그룹은 청주효모에 비하여 아질산이나 유산, 알코올에 대한 내성이 약하고, 아질산의 존재와 진한 당(glucose로서 20% 이상), 저온(10℃ 이하), 유산산성(pH 3.4 전후)의 상승효과에 의하여 증식되지 못하고 도태한다. 또 호기적인 산막효모로서는 점성이 강한 호상의 물성이 산소이동의 장해로 되어 3～4회/일의 고무래질에 의하여 표면에 멈추지 않는 것도 증식의 장해로 된다. 따라서 야생효모 등의 도태에는 아질산이 잔존하는 기간 중에 유산에 의한 산도가 2～3으로 되게 관리하는 것이 요점이다.

한편, 발효능력이 강하고 더욱이 유산과 알코올 내성이 강한 청주효모는 이와 같은 조건에서 온도가 상승(12～25℃)함에 따라 왕성한 증식과 알코올 발효를 시작한다[이 현상을 후쿠레(膨)라고 한다]. 그래서 알코올이 축적됨에 따라 도태되지 않고 살아남은 알코올 내성이 낮은 미생물이 사멸되고 결과적으로 청주효모만이 2.1～2.2 ×108 / g까지 집적배양이 된다. 그런데 현재에는 담금 시 혹은 후쿠레(膨) 직전에 구해지는 주질(酒質)에 맞는 우량 청주효모를 순수배양하여 다량으로 첨가하는 것이 이루어지고 있다.

6) 술 덧

청주양조에 있어서 주발효인 술덧에는 네 가지 특성이 있다. 즉 ① 개방발효, ② 녹말의 당화반응과 알코올발효가 병행하여 진행하는 소위 병행 복발효, ③ 단(段) 담금에 의한 고농도 담금 그리고, ④ 저온발효이다.

(1) 술덧의 담금

종 술덧인 주모(酒母)는 국과 증미와 물을 3회 나누어 담금을 하며, 이 방법을 3단 담금이라 한다. 증미는 증강 중에 가열살균이 된다고 하나 여기에 계속되는 냉각 등의 조작은 개방 하에서 이루어지기 때문에 미생물에 의한 오염의 기회가 있지만 주모에서 생성된 다량의 유산과 3단 담금을 채용하므로 알코올 발효가 안전하게 유도되었다. 술덧의 담금에는 4일간에 걸쳐 이루어지며, 각각의 국과 증미와 물을 표 3-3에 나타낸 배합으로 대략 2배, 2배와 순차 증기시키는 것이 특징이다. 담금 배합을 미묘하게 바꾸므로 당화와 발효의 균형이 변화된다.

3단 담금에 4일간이 걸리는 것은 초첨(初添 : 1단 담금)과 2단 담금의 사이에 오도리(踊)라 칭하여 담금을 1일 쉬고 이 사이에 청주효모의 증식을 진행시키기 때문이다. 또 제성주에 감미를 보다 많이 남기는 목적으로 알코올 발효가 종료된 무렵에 총미 중량의 6～7%를 효소제나 국을 사용하여 당화하고 술덧에 첨가하는 수가 있고, 이것을 4단 담금이라 한다.

(2) 술덧의 병행복식발효

녹말의 당화를 알코올 발효가 병행하여 진행하는 발효형식을 채용한 것이 청주 술덧의 큰 특징이다. 그리고 3단 담금에 의한 고농도 담금과 함께 술덧에서 20%를 넘는 알코올 농도에 달하는 이유의 하나라고 말하고 있다. 그러나 중국의 국을 포함하여 국을 사용하여 녹말질 원료에서 술을 만드는 동양의 주조의 특징은 맥주 양조와 같이 독립된 당화공정을 갖지 않는 것이다. 즉 병행복식발효는 청주 독특의

표 3-3. 청주의 표준적인 담금 배합

	효 모	초첨(初添)	중첨(仲添)	유첨(留添)	합계
총미국	7.0	14.0	28.0	51.0	100.0
국(koji)	2.1	4.0	6.2	10.2	22.5
증미	4.9	10.0	21.8	40.8	77.5
물	8.1	16.6	36.0	69.3	130.0

① 수치는 비율(%)로 표시하였다.
② 초첨(初添), 중첨(仲添), 유첨(留添)는 각각 초괘(初掛), 중괘(仲掛), 유괘(留掛)라고 한다.
③ 물은 보통 급수(汲水)를 표기한다.
④ 물의 합계가 130.0%로 되어 있으나 총미 중량에 대하여 130%의 물을 담금에 사용하는 것을 의미한다.
⑤ 본 예에는 없으나 4단괘를 하는 경우는 총미의 6～7%를 사용한다.

것은 아니고 국(麴)이나 국(麯)을 당화제로 사용하는 주조에 공통한 발효형식이다.

α-Amylase에 의하여 생성된 dextrin이나 전분 사슬의 비환원성 말단에서 glucoamylase가 작용하여 생성된 glucose가 축적되어 고농도로 되면 α-amylase에 대하여 생산물 저해를 나타내는 사실에서 증미는 약 50%만 용해된다. 그러나 병행복식발효에서는 glucose가 점차로 ethanol로 발효되기 때문에 이 생산물 저해는 나타나지 않고 증미의 용해율은 약 80%로 된다. 청주 술덧에 있어서 병행복식발효의 모델을 그림 3-4에 나타내었다

쌀이나 국(麴)의 단백질은 산성 protease 등의 작용을 받아 펩타이드나 아미노산으로 분해하여 그 약 1/2은 효모에 이용되고, 나머지는 제성주로 이행하여 청주에 umami(MSG, 이미노산, 핵산 등으로 어우러진 감칠 맛)나 koku(농순한 맛)를 내는 성분으로 된다. 술덧으로 들어온 지방은 적으나 lipase에 의하여 glycerine과 지방산으로 분해한다.

효모세포 내에서 단쇄 지방산 CoA나 acetyl CoA의 일부는 알코올과 결합하여 이 ester로 된다. 초산에스테르의 합성에 관여하는 효소는 alcohol acetyl transferase이다. Capronic acid ethyl이나 acetic acid isoamyl(isoamyl acetate)은 청주의 중요한 방향성분이다. 또 국에 함유되는 proteolipid는 고 알코올 하에서 효모의 발효능력을 유지하는 데 필요한 성분이라 한다.

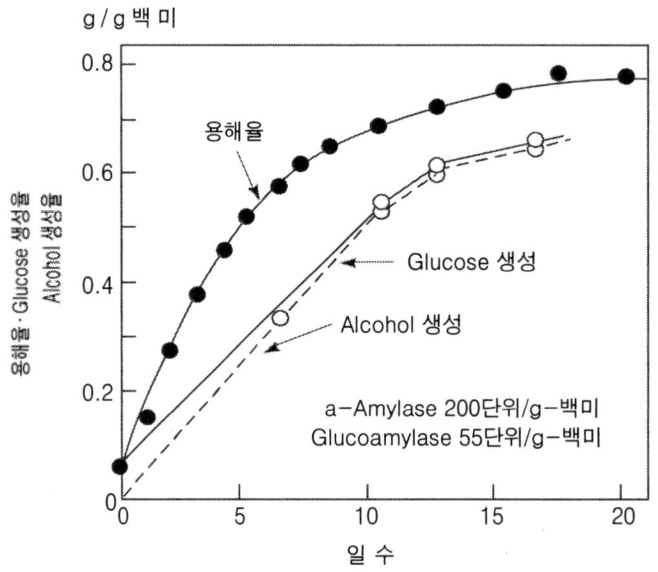

그림 3-4. 청주 술덧의 병행복식발효 모델

알코올 생성율은 생성 알코올 상당의 glucose로 표시한다.

12～13℃에서 1단 담금(初添)을 한 후 2단 담금(仲 : 나카 ; 9～20℃), 3단 담금(留 : 토메)으로 담금 온도를 점차 내리나 결국은 발효가 시작하면 품온은 상승된다. 술덧의 품온 경과와 술덧의 일수는 주질(酒質)에 영향을 준다. 술덧의 품온은 저온(10～12℃)으로 하면 제성주의 주질은 향이 풍요롭고, 풍요로운 맛은 담려하다. 한편 고온(15～17℃) 경과를 취하면 맛은 농순하게 된다. 이 경향은 술덧 일수가 길어질수록 현저하다.

따라서 바라는 주질(酒質)에 따라 저온경과에서는 대략 20～30일의 범위에서, 또 고온경과에서는 15～25일의 범위에서 술덧의 일수를 조정한다. 알코올 도수가 17～19%로 되어 일본주도[청주의 비중을 표시하기 위한 단위, 감신(甘辛)의 목표로 된다. : (1/비중-1) ×1443으로 정의된다. 비중(15/4℃) 1.0 것의 일본주도는 0, 이 보다 비중이 적은 것(辛口 : 맛이 달콤하지 않고 쌉쌀함)은 정(正), 큰 것(甘口 : 맛이 달콤함)은 부(負)의 값으로 되어 각각 (+), (-)를 붙여서 표시한다.]가 -2.0～0에서 발효를 종료한다.

발효 도중의 술덧에 존재하는 pyruvic acid 농도가 80 ppm 이상이고 또한 효모의 활성이 높은 상태에서 알코올 첨가나 압착, 여과를 하면 제성주에 목향 같은 냄새(acetaldehyde 냄새)나 입덧 향기(diacetyl 냄새)를 낸다.

(3) 청주효모의 증식

주모(酒母)에서 들어온 청주효모는 초첨(初添, 1단 담금) 시에 약 3배로 희석되어 7×10^{7}/mℓ 정도로 되지만, 유첨(留添, 3단 담금) 후 4～5일에서 $2\sim3\times10^{8}$/mℓ까지 증식된다. 알코올 도수가 10%(v/v)를 넘으면 거의 증식되지 않아 이후는 정상기의 세포가 알코올 발효를 계속하게 된다.

7) 제성공정

압착, 여과한 술은 앙금질, 여과를 행하여 청징하게 하여 62～70℃, 10분간 화입을 하여 저장·숙성시킨다. 그러나 앞에서 설명한 것과 같이 제품의 다양화에 따라서 이 공정은 종종 변화된다.

(1) 발효에 관계되는 미생물

① 청주효모

청주효모는 빵효모나 맥주효모 등과 마찬가지로 *Saccharomyces cerevisiae*로 분류되고 있으나 특히 청주의 제조조건에서 잘 생육하여 양질의 술을 제조하는 특성을 가진 것이 선택되어 계속되어 왔다. 일반적인 성질은 *Saccharomyces cerevisiae*와 같으나 빵효모나 맥주효모와 달리 biotin 요구성은 없다. Pantothenic acid에 대하여는 질소원에 casamino acid나 aspartic acid를 사용한 경우에는 대부분의 청주효모가 요구성을 나타내지만 황산암모늄 등의 무기질소원에서는 협회 효모 7호를 제외하고 요구성이 없어진다.

협회 7호 효모의 pantothenic acid 요구성에는 온도 의존성이 있고, 고온(35℃) 정도 강하고 저온(15℃)에서는 요구성은 거의 없어진다. 술덧에서 고포(高泡 : 발효 중에 발생하는 탄산가스에 의하여 술덧의 표면에 형성되는 다량의 거품. 5~7일간 계속하나 알코올의 축적에 의한 표면장력의 저하와 함께 이어져 최종적으로는 소실된다.)를 형성하는 성질도 청주효모의 특이적인 성질이다. 최근 고포형성에 관여하는 세포벽의 소수성 단백질을 코드하는 유전자(*Awal*)가 클로닝 되었다. 한편 고포를 형성하지 않는 '거품 없는 변이균주'도 20년 전부터 실용화되어 담금 탱크 용적의 효율화에 기여하고 있다.

또 많은 향기 생성균주, 유기산 생성의 많은 균주나 작은 균주, killer성(killer 인자를 분비하여 감수성의 야생효모 등 다른 효모 균주를 사멸시키는 성질)을 가지게 된 균주, carbamic acid ethyl의 전구체인 요소를 생성하지 않는 변이균주 등이 실용화 되고 있다.

② 국균(koji 균)

청주용의 국(麴)에 사용하는 국균은 *Aspergillus oryzae*이다. *Aspergillus oryzae* 중에서도 당화효소의 활성이 높은 균주, 주박을 검정케 하는 tyrosinase 활성이 낮으면 진성 화락균(아래에서 설명)의 생육인자인 mevalonic acid를 생성하지 않는 것, 향이 좋은 미국을 만들기 쉬운 것 등을 기준으로 선택되어 온 균주가 있다.

③ 기타 미생물

앞에서 언급하였으나 생원(生酛, 키모토)계 주모의 육성과정에 관여하는 균으로서 *Pseudomonas*속을 주체로 하는 질산 환원능력을 갖는 세균 *Leuconostoc mesenteroides*, 그리고 *Lactobacillus sake*가 있다. 한편 청주양조에 있어서는 유해한 미생물로서는 술덧을 부조로 이끌고 내산성으로 젖 응고성이 강하고 lactic acid를 생성하는 특징을 갖는 *L. leichimannii*, *L. plantarum* 또는 저장 중의 청주나 생주 등의 고알코올 하에서 증식하여 향미를 손상시키고 청주를 혼탁시키는 화락균으로서 mevalonic acid 요구성이 있는 진성 화락균인 *Lactobacillus fructivorans*[헤테로(hetero) 발효유산형]이나 *L. homohiochii*[호모(homo) 발효유산형], 알코올 내성이

표 3-4. 부조유산균의 분류

Hetero 발효형	구 균	*Leuconostoc mesenteroides*	
	간 균	*Lact. pastryanus, Lact. brevis, Lact. fermenti*	
Homo 발효형	간 균	*Lactobacillus casei*	우유 응고성
			우유 비응고성
		Lactobacillus leichmanni	우유 응고성
			우유 비응고성
		Lactobacillus plantarumi	우유 응고성
			우유 비응고성

표 3-5. 청주의 오미(五味)와 관련하는 정미물질

맛	정 미 물 질
감 미	Glucose, 올리고당, gloycerine, 2, 3-butylene glycol, ethyl alcohol, α-ethylglucoside, glycine, alanine, proline
산 미	포화 monocarbonic acid, 포화 dicarbonic acid, 불포화 dicarbonic acid, oxy acid, oxo acid, pyrolidoncarbonic acid
신 미	Ethyl alcohol, aldehyde, 산미성분, 고미성분
고 미	Choline, tyramine 등의 amine histidine, arginine, methionine, valine, leucine, isoleucine, phenylalanine, tryptophan 등의 amino acid, tyrosine, kynurenic acid 5''-methylthioadenosine, L-prolylleucine 무수물, hyphoxanthine, 무기염
삽 미	Tyrosine, 무기염

강한 화락성 유산균으로서 *L. hilgardii*[헤테로(hetero) 발효유산형], *L. casei*[호모(homo) 발효유산형]이 있다(표 3-4).

④ 청주의 성분

청주 중의 성분으로서는 500 이상의 성분이 분리되어 있다. 청주에는 알코올, 당류, 유기산, carbonyl 화합물, 아미노산, ester류, 비타민 등 수많은 성분이 함유되어 있으나 다른 술에 비하여 특징적인 것은 아미노산, peptide 등 질소 성분이 많은 것과 이들은 청주의 담려한 맛, 풍미를 높이는 물질이다.

(2) 최근의 진보

바이오기술에 의한 우량 청주효모, 국균의 육종 개량에 의하여 제품의 다양화, 고품질화가 시도되고 있다. 또 자동계칙기기의 개발에 따라 생산계획이나 공정관리에 컴퓨터를 사용하여 엑스파트 시스템에 의한 제조조건의 설정, 뉴랄네트의 이용에 의한 발효 특성의 파악과 제어목표의 설정, 파지 제어에 의한 품온 관리와 발효관리가 시도되고 있다. 한편 전통적인 기호품으로서의 일면도 뿌리 깊은 '손으로 만들기'의 지향도 강한 현상이다.

(3) 제조수량과 소비량

청주 주조장(면허장 수)은 가고시미 현을 제외하고 전국 46개 도, 주, 현에 분포하여 2,191공장(1999년)이다. 그러나 실제 제조하고 있는 공장 수는 1,600개 남짓하고, 제성수량은 알코올 도수 20% 환산으로 731,000 kℓ(1999년)이다. 제성수량은 세계대전 후의 경제부흥으로 증가하였으나 1973년의 1,421,000 kℓ를 피크로 한 이후 감소되고 있다. 최근에서 해외에서도 생산되고 있으며, 미국이나 중국 등에도 15개의 청주 제조장이 있고 1,800 kℓ 이상 생산규모를 가진 제조장도 수개나 이른다. 국내의 소비량도 거의 20수년간 감소 경향이었으나 1975년에 1,7437,000 kℓ인 소비수량이 1999년 1,061,000 kℓ로 되어 있다.

2. 미 린(味醂)

[개 요]

일본 특유의 양조 조미료인 미린(Mirin : 味醂)은 소주 존재 하에서 찹쌀 괘미(掛米)에 멥쌀 미국(米麴)의 각종 효소를 작용시켜 만드는 감미조미료이며, 청주와 같은 효모에 의한 발효공정을 가지지 않는다.

제2차 세계대전 시에 만들기 시작한 미린(味醂)은 미미 음료로서 술을 마시지 못하는 사람에서 기호되어 왔으니 에도(江戶)시대 중기(1600～1867년) 이후에 장어 포소(蒲素 : 부들구이), 메밀국수 장국 등의 조미료로서 점차 발전되었다. 또 미린의 당분을 묽게 하여 알코올을 증가시킨 음용의 본직(本直 : 소주에 쌀, 쌀누룩을 섞어서 만든 술)이나 미린과 유사 조미료로서 효모에 의한 발효성분을 가한 식염함유의 액이나 알코올 분 1% 미만의 미린(味醂) 풍의 조미료가 있다.

[미린(味醂)의 역사]

미린의 양조방법에 대하여는 『본조식감(本朝食鑑)』(1695년)이나 『화한감재도회(和漢三才圖會』(1913년) 등에 기록되어 있다. 예로서 『본조식감(本朝食鑑)』에는 소주를 가지고 이것을 만든다. … 찹쌀 세 홉을 사용하여 … 국을 두 홉을 넣고 마찬가지로 한 말을 소주에 넣고』라고 기재되어 있으나 이 배합에서는 당분은 극히 낮고 음용을 목적으로 하고 있다. 그러나 … 당분은 1799년 『일본산해명산도회(日本山海名產 都會)에 기록된 배합에서는 당분이 30%로 되어 있고, 『만보요리비밀상(萬寶料理秘密箱)』(1785년) 이후에 자물(煮物 : 음식물을 삶은 것), 증물(蒸物 : 쪄서 만든 것) 등의 요리에 미린(味醂)이 기재되어 있으며, 조미료서 확대된 것으로 생각한다(표 3-6).

현재에는 고급품인 감미의 부여, 좋아하는 향 부여, 식품의 윤기, 광택이나 태운 색깔의 부여, 싫은 냄새의 마스킹 효과 등의 조리효과를 기대하여 주로 일식요리

표 3-6. 미린 담금의 배합 변천

미린 담금 고문서	연 대	찹쌀	국 미	소 주	국 비율 (%)	소주비율 (%)
大阪天満粉川屋	166～1669	9말	4말 5되	1석	33	74
本朝食鑑	1695	3홉	2홉	1말	40	2,000
和韓三才圖會	1713	3되	2되	1말	40	200
日本山海名産圖會	1799	9석 2말	2석 8말	10석	23	83
万金産業袋	1801	1석	2말	1석 2말	17	100
深沺家文書	1801	1두	3되 5홉	7되	26	52
西之弓土産	1860	7승	3되	1말	30	100
大正時代 一例	1916	13.4석	2.6석	9.6석	15.5	60
昭和時代 一例	1930	6.6석	1.8석	5.2석	20.2	62
昭和時代 一例	1960	2,520 kg	400 kg	1,78 ℓ	13.7	60.9

분야에서 이용되고 있다.

[미린(味醂)의 양조방법]

미린(味醂)은 찹쌀, 미국, 소주를 주원료로 하여 만든다. 우선 찹쌀을 80～87% 조정하고 침지 후 1.0～1.5 kg/cm^2, 15～30분간 가압 증자한다. 여기에 *Aspergillus oryzae*의 복합 균으로 제국한 미국을 40% 정도의 소주에 혼합하여 담금하고 20～30℃, 20～60일간 당화 · 숙성한다(그림 3-5).

찹쌀을 가압 처리하는 것은 찹쌀 중의 globulin, oryzenin을 가압 변성시킴으로써

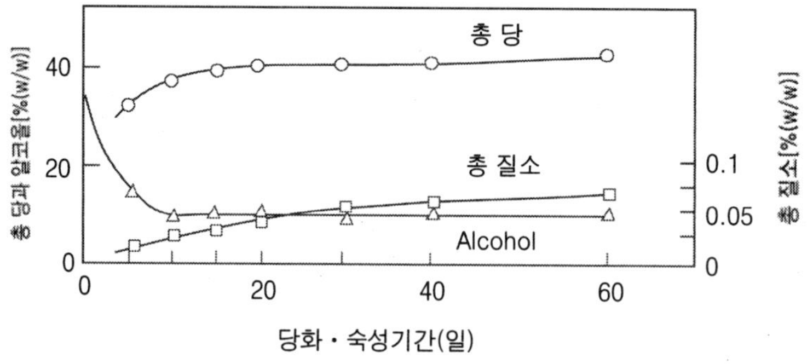

그림 3-5. 당화 · 숙성에 있어서 술덧 액부의 총 당 · 질소 그리고 알코올 농도의 경시 변화

미린의 가열 응고성 단백질 혼탁을 예방하기 때문이다. 가압처리를 하지 않는 경우에는 국 비율을 적게 하거나 당화·숙성 온도를 낮게 하여 쌀 단백질의 용출을 적게 하는 등의 연구가 필요하다.

당화·숙성공정에서는 미국 중의 α-amylase, glucoamylase, transglycosidase나 protease, lipase 그리고 향기형성에 관여하는 esterase, amine oxidase 등이 찹쌀이나 미국에 작용하여 glucose, isomaltose, trehalose, maltotriose, pannose를 생성하여 미린의 특유의 당 조성을 형성한다. 그리고 향기의 주성분인 ethyl ferulate, ethyl vanilate는 찹쌀 중에 전구물질에서 유리하여 숙성 중에 ethyl ester화 되어 생성된다. 당화·숙성 후 술덧은 압착하여 미린 원액과 미린 박으로 분리한다.

다음에 앙금질 공정에서는 미린 원액의 미분해 녹말을 침전시켜 제거하고, 미분해의 단백질은 활성 gluten을 주체로 하는 침전 보조제와 시삽(柿澁)의 단백기질에 결합시켜 침전물을 형성하고 이것을 여과하여 맑은 미린(味醂)으로 한다.

[미린(味醂) 양조에 사용되는 미생물]

미린(味醂)이 청주와 크게 다른 점은 효모에 의한 알코올 발효가 이루어지지 않는 것이다. 따라서 미국(米麴)의 양부는 미린(味醂)의 품질을 좌우한다.

미린의 국균이 갖추어야 할 성질은

① 원료 녹말의 이용률을 향상시키기 위하여 α-amylase 활성이나 glucoamylase 활성이 강할 것
② 원료 미 단백지질을 분해하여 아미노산이나 peptide를 생성하는 protease 활성이 어느 정도 강할 것
③ Oligo당을 생성하는 tansglucosidase 활성이 강할 것
④ 흑박의 원인으로 되는 tyrosinase 활성을 가지지 않을 것
⑤ 화락균 생육인자인 mevalonic acid를 생성하지 않을 것을 들 수 있다. 이들의 성질을 당일의 균에는 얻기는 어려움으로 2, 3종 혼합의 *Asp. oryzae*가 종균으로서 사용되고 있다.

[미린(味醂)의 최근 진보]

1) 국균(고지균)

미린(味醂)에 사용되는 고지균은 *Asp. oryzae*가 주체이나 *Asp. awamori*, *Asp.*

kawachii, *Asp. usamii*가 시도되고 있다. 올리고당 성분을 많게 할 목적으로 trans-glucosidase 활성이 강한 융합균주가 검토되고 있다.

2) 종래의 멥쌀 대신으로 찹쌀 국의 개발이 진행되고 있다. 그 이점은

① 고지 균은 파정입이 좋고 고 균체량이 얻어지므로 국 비율을 적게 할 수가 있다.

② Amylopectin 100%의 찹쌀은 미린 술덧 중에서도 용해성이 놓고 미린의 수량이 많다.

③ 미국의 향기성분이 많고 풍미가 좋은 미린이 얻어진다.

[미린(味醂)의 조리효과]

미린(味醂)에는 45~48%의 당분, 14%의 알코올 분과 특유한 향미를 가진다(표 3-7). 미린의 성분효과와 조리효과를 정리하면 아래와 같고, 이를 도시하면 그림 3-6과 같이 요약할 수 있다.

(1) 알코올에 의한 효과

① 조미료의 식재로서의 침투성을 높인다.

② 단백질 등의 texture의 개량

③ 식재의 엑기스 성분의 누출방지

④ 식재의 붕괴를 방지한다.

⑤ 나쁜 냄새의 휘산 조장

(2) 당류에 의한 효과

① 광택이나 윤기나 구운 색깔의 증대효과

표 3-7. 미린의 일반 성분

	pH	알코올 (%)	산도* (㎖)	Formol 질소 (mg%)	총 질소 (mg%)	직접환원당(g%)	총 당 (g%)
미린 A	5.4	13.7	0.5	26.9	71.0	41.8	46.5
미린 B	5.3	14.3	0.6	28.1	78.0	78.5	44.3
미린 C	5.6	13.9	0.7	35.6	111.2	43.5	45.5

② 배소향의 전구물질로서 향기에 관여
③ 고급품의 향기 부여
④ 산미 · 염미의 완화작용
⑤ 점조성 부여
⑥ 삶아서 붕괴되는 것의 방지

그런데 미린의 당 조성은 표 3-8과 같다.

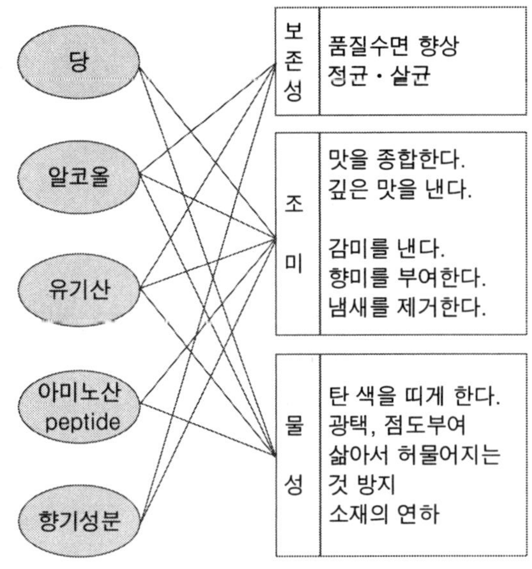

그림 3-6. 발효조미료와 미린 성분의 효과

표 3-8. 미린의 당 조성

조 성 당	시판 미린				찰옥수수 입자의 미린
	A	B	C	D	
Pentose	-	-	-	0.78	0.77
Glucose	87.5	81.3	82.8	87.70	82.30
Nigeose	0.98	1.02	0.96	0.85	1.097
Kojibiose + maltose	1.83	2.10	1.01	2.51	3.39
Isomaltose	6.12	5.97	6.05	6.64	9.28
Panose	0.86	2.53	1.54	0.90	1.79
Isomaltose	0.65	1.48	1.51	0.47	0.96
사당 이상의 올리고당	2.02	5.63	6.15	0.23	0.41

(3) 마미노산 · peptide의 효과

① 고급품의 unami, 김칠 맛의 부여

② 염미, 산미의 완화작용

③ Amino-carbonyl 반응의 전구물질

(4) 향기성분의 효과

미린은 자물(煮物 : 삶는 요리), 소물(燒物 : 굽는 요리) 등의 가열조리에 많이 사용되므로 미린의 당 · 아미노산이 간장의 재료 등으로 반응하여 좋은 향이나 싫은 냄새를 소멸시킨다. 또 스케소우 스리미의 어취 억제효과가 미린 향기의 중산성의 구분에 인정되고 있다.

[미린(味醂)의 용도]

전술한 요리효과에 의하여 가정용, 업무 · 가공용의 조미료로서 널리 사용되고 있다. 예로서 일반가정에서는 자물(煮物 : 삶은 요리), 소물(燒物 : 굽는 요리), 우동, 모밀 장국이나 전골 등으로 업무 · 가공용으로서 연제품, 젓국 · 미린 말린 것의 수산가공품, 전자(佃煮 : 조림요리), 지물, 메밀, 꼬치의 장국 포소(蒲素 : 부들구이),

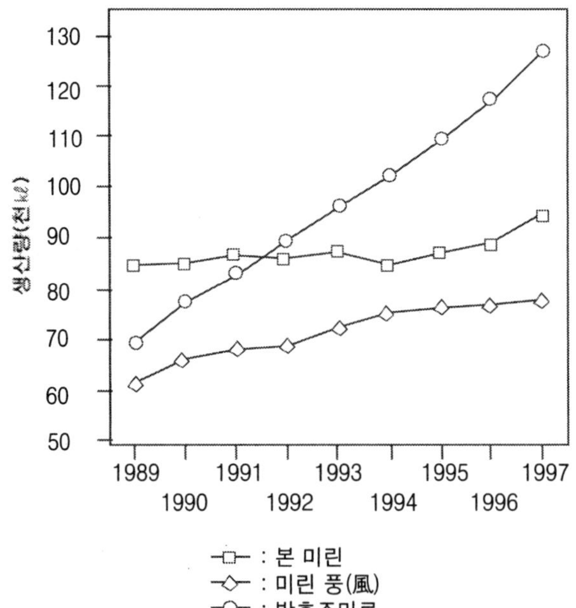

그림 3-7. 본 미린 이외의 생산수량 추이

구운 쇠고기의 양념국 등이 있다. 최근에는 냉동식품, 레토르트나 물채류(惣菜類 : 반찬 부식류)의 일본, 서양, 중국의 조리제 식품에도 용도가 확대되어 있다. 미린과 유사한 조미료의 생산량 추이를 그림 3-7에 나타내었다.

3. 맥 주

[개 요]

세계에는 여러 종류의 맥주가 존재하나 일반적으로 맥주(麥酒 : beer)란 맥아에서 조제한 당액에 홉(hop)로 고미를 부여하고 효모로 발효, 숙성시킨 비교적 저 알코올성의 청징한 발포성 음료를 지칭한다.

주류 중에는 녹말질 원료로서 만들어지고 당화공정을 거쳐 알코올 발효가 이뤄지는 점에서 청주 등과 같으며, 원료 중의 당분이 직접 발효되는 wine이나 rum주와는 구별되나 당화가 맥아 중의 효소에 의하여 제조되는 점에서 국(麴)에 의한 청주나 황주(黃酒) 등과는 구별된다. 그리고 맥주와 마찬가지로 맥아에서의 당액을 발효시켜 그 액을 증류하여 제조되는 것이 위스키(wisky)이다.

[맥주의 역사]

보리를 원료로 하는 술이라는 의미에서의 맥주에 관한 최고의 기록은 지금으로부터 5천 년 전의 것이 발견되고 있고, 맥주의 발생은 그 이전이라고 한다. 당시 이미 보리는 발아시킨 후 사용하였다. 홉(hop)은 아직 사용하지 않았고, 각종의 약초가 첨가된 것으로 추정한다. 세계 최고의 법전이라 하는 지금으로부터 3,800년 전의 앗시리아의 하무라비법전에도 맥주에 관한 기술이 보인다.

약 5천 년 전부터 발전되었다고 하는 이집트 문명 중에서도 맥주의 기록은 일찍부터 나타나 있고, 4천 년 전 경의 벽화에 의하면 맥아를 이겨 발효시킨 후에 빵으로 굽고 이것을 물에 녹여 발효시켜서 맥주로 한 것으로 판명하고 있다. 발효 후에 숙성시키는 이외에 효모를 발효 후의 앙금을 다음의 발효 시에 첨가하는 것이나 발효의 맥주에 점토를 가하여 청징화시키는 것도 행한 것 같다.

현재와 거의 같은 대규모의 장치로 맥아에서 당액(맥아즙)을 만들고 청징화 한 후에 발효시켜 숙성하여 제조하는 방법은 9세기의 유럽의 수도원에서의 맥주제조에 있어서도 확립되고 있었다. 홉(hop)의 사용은 상업도시가 발달하여 오래 저장할 수 있는 맥주가 상품가치를 높인다는 풍조 중에서 그 때까지의 구르트라는 각종 약초를 첨가하는 풍습에서 14~15세기에 걸쳐 점차로 주류화 되었다.

현재의 대부분의 맥주의 제조방식이다. 저온 발효시킨 하면발효법은 독일의 뮌헨 지방에서 그때까지의 상온에서 발효시켜 단기간으로 맥주를 재조하는 상면발효방식에 취하는 대신 15세기 후반에서 채용하게 된 것이다. 현재와 같은 대규모인 공업적 생산이 이루어지게 된 것은 파스퇴르에 의한 미생물의 발견에 기초를 둔 살균법이 개발되어 효모의 순수배양법의 개발과 냉동기의 고안이 이루어진 19세기 후반부터이다.

일본에서는 1868년경에 제조가 시작되어 1897년경에는 100여 종에 가까운 맥주가 발매되었다. 그러나 1887년대부터 일본에서 시작된 산업혁명의 진전과 과세의 개시(1901년)에 의하여 1907년대 이후는 큰 회사만이 제조를 계속하게 되었다. 제2차 세계대전 후 일본 경제의 발전과 더불어 소비량도 대폭 늘어나 현재는 제2차 세계대전 전의 약 20배의 소비량(연간 1인당 60 ℓ 약)이나 된다. 1994년 주세법의 개정에 따라 소위 그 지역의 맥주가 성행하게 되어 현재에는 250개 회사가 있다.

[맥주 제조방법]

맥주는 원료인 맥아를 대맥에서 만드는 맥아 제조공정, 맥아에서 맥아즙을 만드는 담금공정, 효모에 의한 알코올 발효와 숙성이 진행되는 발효공정, 만들어진 맥주를 여과하여 용기에 담는 제품화공정을 거쳐 제품화한다. 원료배합이나 제조조건은 당연의 것으로 맥주의 품종에 따라 다르다. 여기에서는 세계 중에서 가장 많이 마시고 있는 pilsen 타입의 하면발효맥주의 제조법을 중심으로 설명한다.

1) 제맥아 공정

일본에서는 큰 회사에서 맥주제조가 이루어졌으므로 각 회사가 맥아 제조공장을 자기 회사가 가지고 있으나 여러 중소공장이 존재한 구미에서는 제맥아회사는 독립하여 존재한다.

(1) 원 료

원료에는 녹말함량이 많은 대립의 이조대맥(二條大麥)이 시용된다. 재배가 용이한 육조대맥이나 소맥의 맥아도 있다. 맥아제조를 위하여 발아를 시킬 필요가 있으므로 발아능력을 손상하지 않게 대맥의 재배, 수확, 보관 등은 식·사료용 이상으로 신중히 다루고 있다(그림 3-8).

(2) 침 지

정선하여 이물을 제거하고 입도를 고른 대맥은 세정을 거쳐 침지공정에서 흡수시킨다. 이때 일정의 프로그램에 따라 급수와 탈수가 되풀이 되어 동조적인 발아가 일어날 수 있게 조절을 한다. 침맥공정은 2일 정도이다.

(3) 발 아

45% 정도의 흡수비율에 달한 대맥은 발아공정으로 보내져 소정의 온도, 습도 하에서 통기되어 4~6일간 둔다. 이 사이에 대맥은 발아, 발근을 개시한다. 발아는 종료 시가 되어도 입장이 2/3 정도까지 되므로 외관에서는 판별되지 않는다. 발근의 몇 개가 입장의 1.5배 정도까지 신장한다. 뿌리가 신장됨에 따라 알갱이끼리 엉겨붙고 또 호흡이 왕성하게 되어 열이 방생되므로 균일한 발아를 위하여 교반을 한다. 이것으로 맥아 층의 상하를 균일화하여 산소의 공급, 이산화탄소의 배출을 균일하게 한다(그림 3-9).

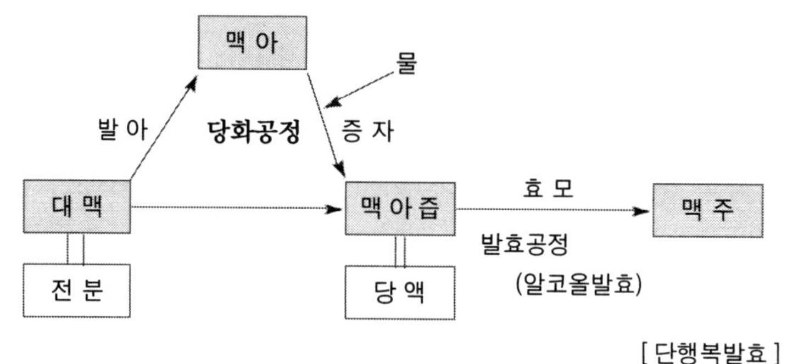

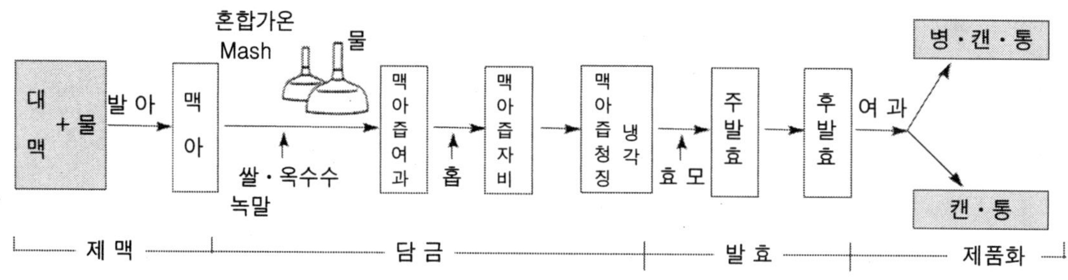

그림 3-8. 맥주의 제조공정

발아공정에서는 담금공정에서 당화작용으로 역할 할 효소가 알갱이 중에 생성되고 동시에 녹말을 둘러싸고 있는 세포벽이나 세포간 물질의 소화도 진행된다. 후자는 당화공정에 있어서 당분의 수율과 당액의 여과에서 크게 관계되고 용해라 칭하여 발아진행의 목적이 된다. 그런데 홉(hop)의 진행은 전자의 그것보다 약간 늦게 진행된다. 곡물종자 발아의 개념도를 그림 3-10에 나타내었다.

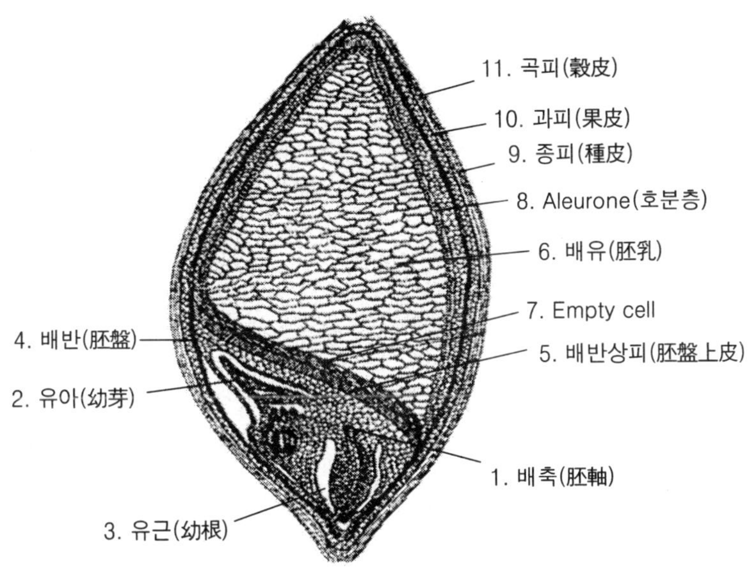

그림 3-9. 대맥 단면도

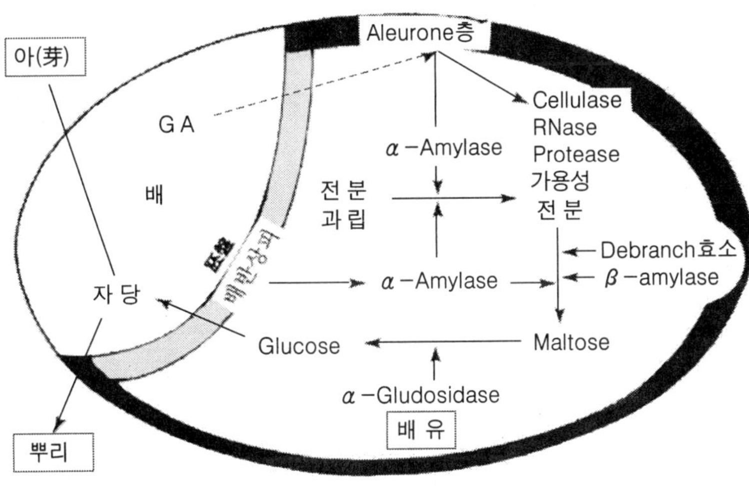

그림 3-10. 곡물종자 발아의 개념도

(4) 배 조

발아과정을 끝난 대맥(녹맥아라 부른다)은 배조공정으로 들어간다. 배조공정에서 이루어지는 것은 건조이지만 그 후기에는 볶음이 적당하여 청취가 감소된 향기로운 향이 붙는다. 그러나 맥아는 필수의 효소원이므로 건조는 효소의 실활을 가능한 한 피하여 행한다. 즉 초기에는 40～50℃의 온도를 상회하지 않게 주의하면서 통풍에서의 건조로 이루어진다. 승온은 수분함량이 저하한 후에서부터 개시되어 최종적인 온도와 시간은 맥아의 종류에 따라 결정된다. 즉 일반적인 담색 맥주용 맥아에는 83℃, 2～3 시간의 처리한다. 흑맥주 등의 제조에 사용되는 색맥아에서는 120℃ 정도의 처리로 행한다. 이와 같은 맥아에서는 당연 효소역가가 저하는 면하기 어렵고 당화에 있어서는 효소역가가 높은 맥아와의 병용이 필요하다. 배조가 끝난 맥아는 제근하여 제품으로 한다.

2) 담금공정

분쇄된 맥아를 온탕에 용해하여 전분질을 효모에 의한 알코올 발효가 가능한 당분으로 전환하여 여과된 곡피부분을 제거 청징화 하는 당화공정, 여기에 홉(hop)을 첨가하여 자비하여 고미를 부여하는 자비공정, 발효에 옮기기 전에 다시 청징화 하여 냉각하는 맥아즙 냉각고정으로 된다. 원료에는 맥아 이외에 쌀, 옥수수 등의 녹말질 부원료 혹은 당액(시럽)을 사용하는 것이 세계적인 경향이다.

(1) 분 쇄

맥아의 분쇄는 당화 후의 여과 시에서 곡피부분이 여과 층의 역할을 하므로 그 부분을 가능한 한 분쇄되지 않게 롤러밀로 거칠게 간다. 이와 같은 분쇄상태에서도 녹말질이 탕 중에 잘 분산하여 당화를 받을 수 있게 맥아의 용해는 중요하다. 곡피부분의 손상을 저하시키기 위하여 분쇄에 앞서서 표면만을 습하게 하여 습식 분쇄 방식도 자주 행해지고 있다.

(2) 당 화

녹말은 당화함에 있어서는 우선 호화되지 않으면 안 된다. 또 효소반응의 원활한 진행을 위해서는 액화도 필요하다. 대맥 전분의 호화온도는 비교적 낮으므로 영국이나 북 독일에서는 현재에도 행하고 있는 중세 이후의 상면발효방식에서는 온도를 서서히 올려가는 infusion법으로 호화, 액화, 당화가 동시 진행한다. 따라서 이 방식의 경우에는 용해가 잘 진행하여 효소역가가 강한 맥아가 사용된다.

보다 근대적 양조법에서는 하면발효양식의 경우는 decoction법이라 하여 일부의 것을 다른 솥에다 옮겨서 자비하고 호화, 액화를 충분히 진행시키고 나서 나머지의 술덧에 되돌려 그 술덧이 잔존하고 있는 효소능력으로서 당화를 진행시킨다는 보다 당분 수량을 높이는 방법이 채용된다.

당화공정 중에서는 여러 효소의 특성에 따라 술덧의 온도를 단계적으로 높이고 있다. 이 때문에 온도상승은 상기와 같은 자비한 술덧의 되돌림에 의하여 실현된다. 즉 단백질 분해효소의 내열성은 비교적 낮으므로 우선 45~50℃에서 단백질의 분해에 의한 아미노산의 생성이 이루어진다. 그 술덧에 대하여 별도의 솥에서 액화 때문에 첨가하는 소량의 맥아와 함께 호화된 쌀 등의 부원료의 죽을 가하여 65℃ 정도의 당화에 알맞은 온도에까지 상승시킨다. 당화 종료 후 술덧의 약 1/3을 다른 솥에 옮기고 자비하여 다시 원래의 술덧에 옮겨서 온도를 80℃ 가까이 까지 올려 모든 녹말의 호화, 액화를 한다. 현재에는 2회 decoctiom법이 일반적이다.

(3) 여 과

당화공정을 종료한 술덧은 곧바로 여과공정으로 옮긴다. 술덧의 농도는 고형분 20% 정도로 높으나 맥아의 곡피를 여과층으로 하여 청징한 맥아즙을 효율 좋게 회수하는 것이 필요하다. 여과를 더욱 저해하는 것은 대맥의 세포벽의 β-glucan이고, 제맥아공정에서의 충분한 분해와 당화공정에서의 과격한 교반을 피하는 분산방지가 여과를 원활화시킨다. 당초의 유출 액은 혼탁하여 있기 때문에 되돌려 청징한 유출 용액 만을 회수한다. 원액의 여과 후에는 여과층 중에 아직 그 상당량이 혼재하는 당액을 온탕으로 사용하여 씻어 내리고 앞의 유출액과 합하여 사용한다.

(4) 자 비

청징화된 맥아즙에 홉(hop)을 가하여 자비하면 고미가 부여된다. 홉(hop)은 만성 뽕나뭇과 식물의 개화 후에 생기는 솔방울 모양의 구화(毬花)이고, 제품의 형태로서는 건조하여 압축한 것, 건조 후 분쇄하여 펠리트 모양으로 성형한 것, 고미와 향기 성분을 함유하는 수지와 정유를 추출한 것들이 있다. 홉(hop) 중의 고미원 물질은 자비시킴으로써 고미물질로 변한다.

이와 같이 변하기 쉬운 물질이기 때문에 자비의 정도에 따라 부생 생성물의 비율도 변하게 된다. 이들은 홉(hop)의 품종, 산지, 기후, 가공조건, 보존조건 등에 따라 상당히 다르다. 홉의 향기성분도 마찬가지 성질을 가지고 있다. 홉에서의 고미와 향은 다른 특징직인 향미를 가지지 않는 맥주에 있어서는 결정적으로 중요한 것으로 홉의 사용법에는 높은 전문성이 요구된다.

자비 후의 맥아즙의 청징화 방법은 홉의 가공형태와 밀접하게 관계하고 있다. 펠리트화 홉의 사용이 많게 되어 현재에는 wall pool이라 하여 원통형 탱크의 원주부에 접선방향으로 붙은 파이프에서 맥아즙이 주입되고, 내부에서 맥아즙이 회전되고 있는 사이에 홉 박을 함유한 혼탁물질(단백질 응고물질 등)이 중심에 굳어져 맥아즙은 청징화 된다는 방식이 많이 채용되고 있다.

(5) 냉 각

청징화 된 맥아즙은 발효공정으로 옮겨지기 전에 냉각되어 이것으로 생기는 응고물은 다시 제거되고 통기되어 산소 포화상태로 된다. 이 상태를 맥아즙은 항 그램양성 세균의 작용이 있는 홉 고미질의 농도가 높다고는 할 수 없고, 영양원도 풍부하여 아주 미생물 오염을 받기 쉬운 것이다. 따라서 이 맥아즙 냉각 고정을 가능한 한 단축하기 위하여 와플 탱크는 맥아즙의 수기 탱크로서 역할을 한다.

(6) 맥아즙 품질

발효 직전의 맥아즙은 더욱 대중적인 pilsner 타입의 담색맥주의 경우 당도 10～12% 정도이다. 이 중 20～25%는 발효에서의 덱스트린이다. 저칼로리 맥주용의 맥아즙은 이 값이 효소의 사용 등에 따라 낮아진다. 발효성 당구분의 7할 이상은 maltose(맥아당)이고, 그 이외에 약 2할의 maltotriose와 sucrose, glucose, fructose 등이다.

총 질소 함량은 부원료 사용의 유무에 따라 다르나 0.8～1.2 g 질소/ℓ, 이 중 반분 약하게 아미노산을 주체로 하는 효모에 의하여 자화되는 성분이다. 아미노산의 약 2/3는 맥아즙 중에서 이미 생성되어 있고, 당화공정에서 생성되는 부분은 나머지의 1/3 정도이다. 맥아즙 중의 혼탁은 지질을 많이 함유하고 발효에의 영향이 크고 청징도가 높은 것이 요망된다. 색은 용해가 좋은 상면발효용의 맥아즙을 사용하는 경우에는 aminocarbonyl 반응의 진행에 의하여 적미에서 농색으로 된다. 배초한 맥아의 경우에는 갈색으로 된다. 하면발효의 경우에도 제품맥주보다는 pH가 높기(약 5.6) 때문에 polyphenol에 의한 적미가 약간 강하다.

3) 맥주 발효공정

역사적으로 오랜 상면발효법과 이 방식에서 발전된 하면발효법이 있다는 것은 잘 알고 있다. 이 양 발효법의 차이는 전술한 것과 같이 맥아즙이나 당화방법의 차이도 있으나 그 이름이 나타내는 것과 같이 발효 종료 시에 상호 응집된 효모가 액면에 거품과 같이 모여 있는가, 액 밑으로 침전하는가의 차이이다.

이 효모는 어느 발효법의 경우에도 다음 회의 발효를 위하여 첨가효모로서 사용되므로 회수법이 크게 다르다. 그러나 현재 세계 중에서 일반화되고 있는 옥외 설치형 실린더 코니칼(저부 역원추형 원통) 탱크를 사용하는 경우에는 상면발효효모도 발효 종료 후에는 탱크 밑으로 침강하므로 발효법에 관하여서는 상면발효와 하면발효의 구별은 거의 없어졌다 할 수 있다. 또 하면발효에 있어서는 종래는 무가압 하에서 알코올 발효의 대부분이 진행하는 주발효(전 발효)와 가압 하에서 숙성이 진행하는 후발효(숙성) 등이 다른 공정에 행해졌으나 해당 탱크 사용에 의한 발효법이 일반화된 현재는 양자의 구별은 불명확하게 되었다.

(1) 맥주의 효모

하면발효효모는 분류학적으로 상면발효효모와 마찬가지로 *Saccharomyces cerevisiae*에 속하고 있으나 이전은 *S. carlsbergensis*로서 구별된다. 유전자에 관한 해석 기술이 크게 발전한 현재에는 양자의 구별은 보다 확실시 되고 있다. 즉 후자는 이배체가 아니고 3～4배체이고 *Saccharomyces cerevisiae*의 양방의 유전자형을 나타낸다. 즉 양자의 접합체가 어느 시점에서 뮌헨 지방에서 탄생하여 15세기 이후에 맥주양조에 사용된 것으로 판명되었다.

상면발효효모와 하면발효모란 상기의 발효시의 거동, 온도 적성(후자 쪽이 낮다) 외에 생리학적 차이점이 발견되고 있다. 그러나 청주 홉과 포도주 효모와 비교하면 maltose에 대한 발효능력이 강하고 호흡능력은 약하다 하면발효효모는 특히 포자형성 능력이 낮고 교잡에 의한 육종은 불가능하다. 현재 유전자 조작기술의 발전으로 5천년의 역사 이래 혹은 15세기 이래 처음으로 그 육종이 가능하게 되었다는 것을 바라고 있다.

(2) 발 효

발효 시에는 5～8℃로 냉각되어 공기를 포화시킨 청징한 맥아즙에 이상(泥狀) 효모가 용량으로서 약 1/100, 균수로서 약 15×10^6/mℓ의 비율로 첨가된다. 최종으로는 효모는 50×10^6/mℓ 정도까지 증식한다. 이 만큼의 증식 때문에는 맥아즙 중에 용존하고 있는 산소량에는 부족이 있으므로 실제에는 간헐적으로 맥아즙이 투입되고 또 투입시의 사이에 혹은 탱크에 채운 후에 통기하거나 바꿔서 통기하거나 한다. 그러나 효모에 의한 산소의 호흡은 초회의 출아가 시작하기 전에까지 종료하지 않으면 안 되며, 통기가 10시간 이후에 까시 미치면 효모의 증식이 과도하세 되어 향미에 영향을 준다.

발효의 진행에 따라서 발열이 일어나 품온이 8～12℃에 달하면 탱크를 냉각하여 그 온도를 유지하고 발효를 진행시킨다, 이 사이 효모는 2회 출아를 하여 4배 정도 증식한다. 이 증식기간 중에 대다수의 향미성분이 생성된다. 증식 시기는 2～3일간이고, 그 후 대부분의 기간은 발효는 정상기의 상태로 알코올 발효를 계속한다. 이것과 더불어 aldehyde 등의 환원반응이 진행한다.

발효의 종기에는 품온을 내려 효모의 침전을 촉진한다. 실린더로 코니칼 탱크를 사용하여 전통적인 주발효와 후발효를 별 공정에서 행하는 방법에서는 발효성 엑기스분의 1할을 남기고 후발효 탱크에 옮겨서 숙성을 한다. 당해 탱크를 사용하는 경우에는 주발효의 후기에 온도를 내리지 않고 경우에 따라서 온도를 올려 수일을 유지하고 그 후급 냉각하는 방법이 실시되고 있다. 이것은 숙성 중에서도 더욱 시간을 요하는 acetolactic acid의 분해를 촉진하여 전체로서의 숙성기간을 단축하기 위한 처치이다. 이 경우 냉각 시에는 알코올 발효는 이미 완료되어 있으므로 이산화탄소를 발효액 중에 보유시키기 위하여 고온 보유기간 중에 탱크를 닫고 발생하는 이산화탄소를 이용하여 탱크를 가압한다.

냉각의 개시는 acetolactic acid의 농도의 저하상황을 확인 후 행한다. 냉각 후의 숙성은 탱크를 바꿔 행하는 경우도 있으나 동일 탱크에서 그대로 행하는 경우가 많다(완 탱크법). 이와 같이 실린드로 코니칼 탱크를 사용하는 경우에는 전통적 방법인 방법에 있어서 주발효, 후발효의 구별은 한다.

(3) 효모의 회수

Acetolactic acid의 분해도 목적으로 하는 종래형의 숙성(후발효)의 경우에는 주발효기간(약 1주간)도 포함하여 발효 소요시간은 1.5개월 이상을 요하나 전술의 실린드로 코니칼 탱크를 사용하는 경우에는 3주간 정도이다. 맥주 품질에 영향을 주는 양자의 발효법의 차이에는 여러 가지가 있으나 더욱이 큰 것은 효모의 회수법의 차이이다. 즉 전통적인 방법의 경우에는 주발효의 탱크 내용이 후발효 탱크로 이송된 후에 효모의 회수가 이루어져 정상기에 들어가 비교적 조기에 더욱 냉각된 상태에서 회수되기 때문에 활성이 높은 효모가 회수된다.

그러나 완 탱크법의 경우에는 발효의 종기에 고온으로 되어 더욱 장기로 그 상태에 둔다. 따라서 냉각 후에 효모를 회수한 것은 활성이 낮아 버린다. 발효의 도중에서 몇 회에 걸쳐 효모회수를 행하는 것이 통례이다. 역원추형의 탱크의 하부에서 그것이 용이한 점이 당해 탱크의 이점이다.

(4) 숙 성

Acetolactic acid의 감소 이외의 숙성으로서 기대되는 반응은 발효에 의하여 생긴 acetaldehyde 등의 감소, ester 생성이나 효모의 알 맞는 자기소화에 의한 숙성미의 생성 그리고 냉각이나 발효에 의한 pH 저하에 의한 변성된 단백질 등의 석출・침강이다. 이들은 이들의 반응 본질에의 해석이 진행되어 있고 흡착처리법의 발전 등에 따라 현재에는 1주간 정도의 숙성으로도 충분하다. 전통적으로 원 맥아즙 엑기스 분 1%당 1주간이라는 격세의 감이 있다.

4) 맥주의 제품화 공정

발효・숙성이 끝나면 음용 할 수 있는 맥주가 완성된다. 그러나 상품으로서는 품질의 균일성과 안정성이 요구된다. 균일성 처리는 일본에서는 주로 하는 것은 브랜드뿐이다. 이산화탄소 함유량의 조정이 인위적으로 이루어지는 수도 있다. 해외에서는 일본 이상으로 다면적인 품질 조정이 허용되어 실시되고 있다. 고미, 향미, 색, 거품유지, 알코올 농도에 까지 조정되는 경우가 있다.

(1) 여 과

제품 품질의 안정성으로서는 투명도의 유지(혼탁 안정도), 향미 변화의 차(향미 안정성), 부패하지 않는 것(미생물학적 안정성)이 요구된다. 효모가 들어간 혼탁맥주도 독일에서는 존재하나 일반 맥주는 청징하지 않으면 안 되기 때문에 여과를 한다. 그러나 맥주는 천연물이기 때문에 석출되어 혼탁하거나 녹은 그대로 존재하는가의 경계가 있는 성분을 함유하고 있다. 이들이 제품화 한 후에 맥주에 혼탁을 일으키지 않게 충분히 냉각된 상태에서 샤프한 냉각이 이루어진다. 혼탁의 원인이 되는 특정의 단백질이나 polyphenol과 특이적으로 흡착되는 여과 보조제도 일반적으로 사용되고 있다.

최근 일본에서는 미생물 안정성을 부여하기 위한 방법이 종래의 가열처리(pasteurization)에서 무균적인 여과로 되었기 때문에 여과는 보다 샤프로 이루어지게 되었다. 또 제품화 한 후의 향미의 변화와 여과와 용기에 충전할 때의 맥주에 혼입되는 산소에 의한 영향이 크기 때문에 공기의 혼입은 엄하게 억제하고 있다. 공기의 혼입억제는 혼탁발생 방지 면에서도 필요하다.

일본에서 산화방지제는 사용하지 않는다. 현재 여과에도 더욱 일반적으로 사용되는 것은 규조토이다. 병이나 통조림을 행한 비로 그대로 소비되는 종래의 나무통 생맥주는 가볍게 여과되었기 때문에 오래 갈 수는 없다. 일본 이외의 나라에서는 미생물학적 안정성 부여법은 pasteurization(저온가열 살균)이다.

(2) 용기 충전

용기 조립도 이산화탄소의 농도를 유지할 수 있게 가압 하에서 공기와의 접촉을 차단한 상태에서 행하고 있다. 충전 전의 빈 용기 중의 공기는 이산화탄소로 치환하고 다시 용기에 들어 있는 맥주의 포립으로 압출되고 나서 마개를 하는 것으로 배제된다. 맥주의 제품화 후의 온도변화, 폭광, 진동 등을 막을 필요성은 맥주가 천연물이고 변질되기 쉽다는 것에 기인되는 것이다.

[맥주 양조법의 변화]

1) 이종발효의 병용

상면발효맥주의 어떤 것은 효모의 알코올 발효에 앞서 유산발효를 한 것이 있다. 이것은 맥아즙의 pH를 내려 잡균의 오염을 방지하는 의미가 있고, 마찬가지 목적으로 맥아를 산성화하는 방법, 효모를 산으로 세정하는 방법 등이 이루어지고 있다. 벨기에의 특산품인 람빅(Lambic)맥주는 알코올 발효 후에 포도주의 통 숙성과 마찬가지 방법으로 숙성이 수개월 이상 행해지고 산막효모나 초산균에 의한 발효도 진행하여 독특한 풍미가 형성된다. 샴페인과 같은 병내 숙성을 행한 맥주가 북 독일에서는 존재한다. 이 맥주의 경우 효모는 병 내에 남아 있어 맥주와 함께 마신다.

2) 특수한 효모의 이용

잔존 발효성 당 농도를 저하시킨 드라이 맥주의 제조는 발효종기에 있어서 응집성이 약하고 유부성의 효모가 사용된다. 발효성의 dextrin의 함량을 낮게 하여 저칼로리 맥주의 제조용으로 dextrin 발효성의 효모가 유전자 재조합법으로 육종되어 있으나 실용화는 아직 이르다. 유전자 재조합법에 의하여 acetolactic acid 저생산성 균주, 황화수소 저생산성 균주 등의 실용에 견디는 각종의 유용균주가 이미 육종되어 있다. 돌연변이 균주의 이용도 맥주의 품질이 여러 면을 가지는 목적 외의 부작용이 우려되어 실용되지 않았으나 숙성의 촉진에 큰 영향이 있는 acetolactic acid 저생산성 균주는 이미 취득되어 해외에서 실용되고 있다.

3) 합리적 효모의 이용법

현재 미국 등에서는 부원료로서 당액의 시럽이 많이 사용되고 있다. 그 이점은 주로 당화공정과 자비공정에서의 에너지의 절감이다. 그리고 이 경우에는 맥아즙의 당도를 높게 설정하여 그대로 발효를 행하여 제품화 직전에 이산화탄소로 소정의 농도로 조정한다고 한다. 고농도 맥아즙의 발효 시에 순수 산소가 공기 대신으로 사용하는 수도 있다.

연속발효는 뉴질랜드에서 한 회사가 40년 가까운 역사를 가지고 실용화되고 있다. 고정화 효소의 실용화는 핀란드의 acetolactic acid를 신속하게 감소시켜 1일로 숙성을 완료시키는 방법 중에서도 저 알코올 맥주 제조에 있어서 실용화되고 있다. 가종 매주를 포함한 경우에도 최근 일본에서도 급속하게 수요가 늘고 있다. 맥아 사용량이 녹말원의 1/4 이하인 맥아발포주의 제조는 세계적으로 예가 없는 것이다. 그 제조법은 현재로서는 비공개이나 발효공정도 독자의 연구가 필요한 것은 쉽게 추측된다.

[맥주의 종류]

맥주의 발효법은 크게 나누어서 상면발효와 하면발효가 있다는 것은 전술하였다. 세계적으로 가장 많이 마시고 있는 타입의 맥주는 하면발효방식으로 양조된 담색맥주이다. 발상지의 이름을 따서 pilsner 타입이라 한다. Munchen 타입이라는 것은 농색의 하면발효맥주이다.

하면발효방식의 경우에는 숙성(후발효) 기간이 상면발효의 경우와 비교하여 길므로 하면발효방식으로 만든 맥주는 lager(숙성의 뜻) 맥주라 부른다. 상면발효는 영국, 아일랜드 지방. 그리고 북독일 지방에 남아 있다. Ale, Staut, Weiss Bier 등이 이것들이다. 상면발효맥주의 어떤 것은 효모에 의한 알코올 발효에 앞서 유산발효를 한 것이 있다. Weiss Bier, 위스엔(밀)비어 등이 그것이다.

벨기에의 특산품인 Lambic Bier의 숙성연도의 차이를 브랜드라고 하고 숙성한 것이 구스, 람빅(Lambic)에 버찌 등의 과실을 담아 숙성한 것이 크리크이다. 기타 과실을 사용한 것도 벨기에는 많은 종류의 흥미로운 맥주가 존재한다. 더 특수한 것을 찾아보면 고추를 넣은 칠레의 붉은 맥주, 민트 향으로 하는 녹색의 맥주도 있다. 흑맥주나 강하게 배초(焙炒)한 맥아를 사용한 것이고 맥아 건조 시에 이탄을 사용하여 스모크 냄새를 부여한 라프 비어라는 것이 있다. 잔존 발효성 당 농도를 낮게 한 라이트 비어, 비발효성의 dextrin의 함량을 낮게 한 저칼로리에 대하여는 앞에서 설명하였다. 아이스 비어란 숙성공정에서 맥주의 일부를 동결하여 혼탁되기 쉬운 단백질 등을 잘 제거하고 상쾌한 향미를 갖게 한 것이다.

4. 포도주

[개 요]

포도의 과실을 원료로 하여 알코올 발효시켜 만든 음료가 포도주(wine)이다. 과실 전반의 양조주를 와인이라고 부르는 수가 있다. 포도주를 wine으로 하는 것이 일반적이다. 포도주는 알코올 발효의 양식에서 분류하면 과실의 당류를 발효시킨 단발효주이고 역사적으로 아주 옛날의 주류로 생각된다.

포도주의 종류는 다양하나 그 분류는 색(적, 장미꽃 색, 백색 또는 적색의 anthocyanin 함유량에 의한다), 양조방법[브랜디 등을 첨가한 주정 강화 포도주(fortified wine), 초근목피 등을 첨가한 혼성 포도주(flavored wine) 등 원료나 제조방법에 따른다], 음주양식(table wine), 디저트(desert wine) 등 발포성의 유무(still wine, sparkling wine 등 이산화탄소 함유량에 의함) 등에 의한다. 테이블 와인의 알코올분은 7～13%, 주정 강화 포도주는 16～21%이다.

[포도주 제조방법]

1) 원료포도

*Vitis vinifera*가 세계적으로 포도주의 원료로 사용된다. 온난 습윤 나라인 일본에서는 *Vitis labrusca* 그리고 그의 교배품종도 중요하다. 한랭한 홋카이도에서는 *Vitis amurensis*의 교배품종도 사용되고 있다. *Vitis labrusca*종의 포도는 foxy flavor라 불리는 달콤한 향을 포도주에 부여하는 것이 많다.

2) 포도주 제조의 개요

포도주 제조의 개요는 그림 3-11, 그림 3-12와 같다. 보통의 포도주 양조에서는 포도 과실에 부착한 야생미생물의 증식저지, 산화방지, acetadehyde의 트랩 때문에

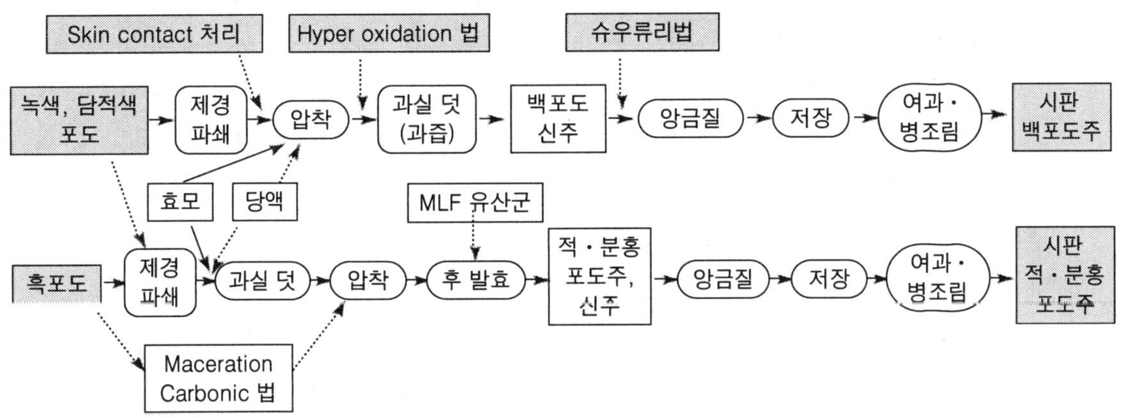

그림 3-11. 포도주 제조공정

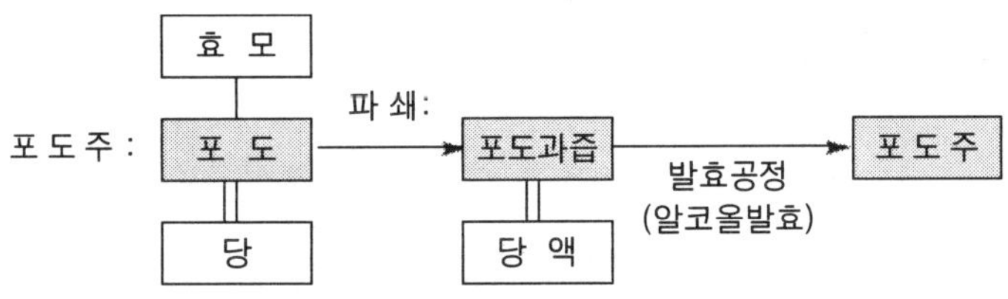

그림 3-12. 포도주 양조공정

아황산(이산화황)이 칼륨 또는 가스 상으로 첨가된다. 또 이황산은 적포도주 양조에서 색소의 추출을 촉진한다.

아황산은 수용액 중에서는 다음과 같은 평형으로 되어

(저 pH) SO_2 ↔ HSO^-_3 ↔ SO_3^{2-}(고 pH)

유효한 이산화황(SO_2)의 존재 비율은 포도주의 pH(2.5～4.5) 사이에서 현저히 변동한다. 이 때문에 아황산 양과 함께 pH가 중요한 관리지표가 된다. 포도주 중의 아황산 함유량은 식품위생법에서 상한이 350 mg / kg로 정해 있다.

3) 백포도주

(1) 원료포도의 발효전 처리

일본에서는 코슈(甲州 : 담적색), 샤르도네(*Sautern*), 케루나(황녹색) 등의 *Vitis*

vinifera, *Niagara*(황록색), *Delawela*(담적색) 등의 *Vitis labrusca*종 그리고 교배품종이 원료로 된다. 특수한 예로서는 회색곰팡이의 일종 *Botrytis cinerea*가 번식하여 수분이 손실되어 당분 등이 농축된 완숙 포도를 원료로 하여 감구의 귀부포도주를 만들거나 수확을 겨울철까지 지연시켜 동결한 과실을 그대로 수확, 압착한 감구의 아이스와인을 만든다.

포도 과실은 과경을 제거하고 파쇄 후 압착기에 의하여 착즙한다, 보통 원료처리 시에 아황산이 50～150 ppm 정도 첨가된다. 착즙률은 65～70% 전후이다. 파쇄 후 잠깐 방치하고 나서 압착하고 과피에서 향미성분의 추출을 촉진시켜 농후한 주질(酒質)을 얻는(스킨 콘택트 처리) 수도 있다. 과즙의 당도에 따리 22～24도 Brix(브릭스 계에 의한 당도, 100 ㎖ 중의 당의 중량(g)에 상당)을 목표로 glucose와 sucrose 등으로 당을 보충한다. 또 산도가 조정되는 수도 있다. 과즙은 발효 전에 냉각, 앙금질이나 원심분리에 의하여 청징화 되는 것이 보통이다. 최근 원료처리 단계에서 flavonoid phenol의 산화・침전을 촉진 청징조작으로 이것을 제거하여 발효하는 방법도 행하고 있다.

(2) 발 효

발효는 배양된 효모를 첨가되고 보통 탱크에서 적포도주보다 낮은 온도(20℃)에서 행하고 있다. 일부에는 통발효도 하고, 통에서의 용출성분 등으로 향의 조화가 이루어진다. 감미 포도주를 제조하는 경우에는 엑기스가 잔존하는 사이에 아황산을 많게 첨가, 냉각한 효모를 제거한다.

(3) 발효 후의 처리

발효종료 후 앙금질, 여과에 의하여 효모를 제거한다. 앙금질을 늦추어 포도주의 풍미를 증가시키는 경우도 있다, 또 이때 malolactic fermentation(MKF)이 유도되는 수도 있다. 저장 시에는 공기와의 접촉을 단절하고 아황산의 수준을 조정하여 산화를 방지한다.

보통 백포도주는 적포도주보다 짧은 숙성기간으로 여과, 병조림한다. 여과, 병조림 전의 주질 안정화를 위하여 0℃ 이하로 냉각하여 주석산의 침전을 촉진시키고 벤트나이트 등을 사용하여 청징화와 아황산 수준의 조정이 이루어진다. 향미의 조절 때문에 병조림 직전에 포도과즙을 첨가하는 수도 있다.

4) 적포도주(red wine) 그리고 장미색 포도주(rose wine)

(1) 원료포도와 발효 전 처리

적포도주의 anthocyan을 많이 함유하는 흑색포도를 원료로 한다. 일본에서는 *Caberne*(칼베네) · *Sauvignon*(쇼비뇽) · *Merlot*(메루로) 등의 *Vitis vinifera*종, *Concord* · *Muscat bely A* 등의 *Vitis labrusca*종 그리고 그의 교배품종이 사용된다. 포도 과실은 과경을 제거하고 파쇄하여 발효탱크로 보낸다. 보통 그 도중에 아황산이 50～150 ppm 정도로 첨가된다.

백포도주와 마찬가지로 과즙의 당도와 산도 조절을 한다. 과피에서 색소의 추출 촉진을 위하여 50～60℃, 10～30분간 가온처리를 하는 수도 있다. 엷은 핑크색의 포도주(플라쉬 와인)를 흑색포도에서서 만드는 경우에는 발효 전에 착즙하여 과즙을 발효한다. 신주로서 마시는 가벼운 타입의 적포도주를 만들기 위하여 과방을 그대로 35℃ 정도 이산화탄소가 충만된 환경 하에서 밀폐하여 수일 방치하고서 압착, 발효하는 수도 있다(Macerasion carbonic법 : MC법)

(2) 발 효

적포도주의 발효는 과피나 종자를 혼합하여 색소추출을 촉진하기 위하여 백포도주보다 높은 온도(25～30℃)에서 한다. 장미꽃 색 포도주(rose wine)는 색소가 목표에 달하게 될 때에 빨리 압착한다. 30℃를 넘으면 휘발산의 수준이 높아져 좋지 않다. 발효의 진행에 따라 과피가 술덧의 표면으로 부상(과모 : 果帽)하기 때문에 액부(液部)를 순환시키거나 과모(果帽)를 강제적으로 밀어 넣는다. 수일～수주 후에 과실 술덧을 압착하고, 그 후에도 알코올 발효는 계속시킨다. 발효 가능한 당분이 소실 후 malolactic fermentation(MLF)을 유도하는 수가 많다.

(3) 발효 후의 처리

MLF의 종료 후 포도주는 앙금질, 여과하여 효모를 제거한다. 고급 포도주는 6개월～2년간 통에다 저장하여 다시 복잡한 향미를 부여한다. 기타 포도주는 탱크에서 저장되어 적포도주는 백포도주와 비교하여 polyphenol을 많이 함유하고 polyphenol 유래의 삽미 조화를 꾀하기 위하여 오랜 숙성기간을 취하는 수가 많다. 저장 후 청징화, 과잉의 주석산 제거를 하고 아황산을 조정 후 여과, 병조림한다.

[포도주의 발효에 관여하는 미생물]

포도의 미생물 균총은 상우, 습도, 농약, 포도원의 지리직 위치, 곤충, 질소의 시비량, 포도주 양조부산물의 투입 빈도 등의 여러 요인에 지배되고 있다. 숙성된 포도 과실 표피에는 일반적으로 곰팡이의 빈도가 높고 *Aspergillus*속, *Penicillium*속, *Rhizopus*속, *Mucor*속이 많이 발견되고, 그 중에 *Botrytis*속도 발견된다. 수확시의 상처받은 포도에는 호기적(산소적) 혹은 혐기성(무산소성) 세균이 많다. 곰팡이와 호기성 세균은 혐기적인 알코올 발효 하에서 증식하지 않고 포도즙의 발효에 관여하지 않는다.

건전한 포도 과실에서는 세균수가 적고 *Klockera*속, *Torulospora*속, *Hansenula*속, *Metschnikowia*속, *Candida*속, *Hanseniaspora*속의 효모가 많다. 이들의 효모는 알코올 내성이 약하고, 발효 말기에는 *Saccharomyces*속 이외의 효모는 거의 검출되지 않는다. 포도주 양조에서는 보통 첨가되는 우량한 *S. cerevisiae*, *S. bayanus* 등의 *Saccharomyces*속 효모가 알코올 발효를 한다. 이들의 대부분이 homothallic 균주, 일배체나 고차배수체는 적다. *Saccharomyces*속의 효모는 ethanol 내성이 높고 온도(적포도주에 있어서는 25℃ 넘는 고온) 내성이 높기 때문에 최종적으로 우세하다. 포도과즙을 발효시킬 수 있으나 좋은 포도주를 만들지 않는 *Schizosaccharomyse*속, *Zygosaccharomyces*속, *Brettanomyces*속, *Dekkera*속의 효모는 오염 미생물이다.

적포도주의 과방은 약간 호기적(산소적) 미생물이 증식하는 여유가 있고, 적포도주의 양조 그리고 숙성기간 중에는 약간 있으나 *Acetobacter*속의 초산균의 존재가 확인된다. 효모에 의한 알코올 발효에 이어서 유산균에 의한 MLF균은 포도 과실에서 유래하나 알코올 발효의 개시와 더불어 효모에 의하여 생성되는 알코올과 고급지방산의 영향으로 그 수는 감소되고, 알코올 발효 종료 후 다시 증가한다. 필요에 따라 MLF 유산균의 첨가도 한다. 포도주가 생성된 후 알코올이나 아황산에 내성이 있는 *S. bayanus* 등의 *Saccharomyces*속의 가성 산막효모가 포도주의 표면에 피막을 형성하여 주질(酒質)을 손상하는 수가 있다(산막현상). 산막은 효모의 세포 표면의 강한 소수성에 유래하여 세포 표면의 인지질 함유량이 높은 것이 중요한 요인으로 된다.

1) 효 모

포도과즙을 완전히 발효하고 또한 좋은 향미의 적포도주를 만드는 *Saccharomyces*속의 효모가 사용된다. 좋은 포도주 효모의 조건으로서 건전한 알코올 발효를 행할 것과 당의 대사가 좋고, 발효의 재현성에 우수하며, 알코올 내성이 우수하고 온도 내성에 좋으며, 이취의 생성이 없고 아황산 내성이 있을 것, 응집성이 좋을 것 등을 열거 할 수 있다. 대분의 활성 건조효모가 시판되고 있으나 이들은 온수에 단시간 담가둠으로써 막의 바리아 기능이 회복하여 사용가능하게 된다.

일본에서 분리하여 사용하고 있는 효모는 적포도주용의 OC-2(포도주용 협회 1), 백포도주용의 KW-3(협회 3호), W-3(협회 4호) 등이 있다. 액체배양효모를 사용하는 겨우는 50배 정도의 확대배양을 하여 과즙 술덧 양의 2% 주모와 적절한 아황산 사용량으로 순수배양이 가능하다고 한다. 배양효모를 첨가하지 않는 발효는 포도주에 복잡함을 주나 품질을 내리는 요인으로 되어 발효의 재현성도 결여된다.

2) 유산균

분류학적으로는 3종의 유산균이 MLF를 일으킨다. 내산성과 내알코올성이 있는 *Lactobacillus*: 간균(homo 그리고 hetero형), *Pediococcus*: 구형(homo형), *Leuconostoc*: 구균(hetero형)이 포도주 중에서 생육한다. 상업적으로는 MLF 스타터가 이용되어 그 대부분은 *Leuconostoc oenos*이다.

[포도주의 발효 내용]

1) 효모에 의한 포도주 발효

(1) 알코올 발효

포도과즙의 알코올 발효는 효모의 해당계를 경유한다. 포도과즙이 고농도(16~24%)의 당(포도당과 fructose가 주성분으로 거의 동량 함유된다)을 함유하기 때문에 생성되는 ethanol 농도는 높고, 효모 증식, 세포 생식, 활성 유지에 대한 ethanol의 저해는 맥주 등에 비교하면 크다. 22~24%의 당을 출발점으로 한 모델 포도주 실험에서는 95%의 당이 알코올과 이산화탄소로 변환되어 1%가 세포 구성성분으로, 4%가 기타의 것으로 전환된다.

1×10^6으로 효모가 과즙에 식균되었을 때 5~7세대의 분열 후에 $1\sim2\times10^8$ cell/mℓ의 정상기로 들어간다. 단위 당량 당의 알코올 생성량은 [에타놀] %(v/v) = a + b× 도 Brix로 되어 b의 값은 0.55~0.61 사이에 있다. 당의 농도가 증가하면 당의 취입, 즉 당의 소비가 저해되어 70도 Brix로 되면 *Saccharomyces*속 효모의 발효는 완전히 저해된다.

(2) 기타 성분의 발효

Glycerol은 당에서 유래하여 효모에 의하여 생성된 포도주 중에 5~8g/ℓ 함유된다. 고농도의 glycerol은 달고 점성이 있으나 보통은 포도주 중의 존재량으로서는 이와 같은 효과는 기대되지 않는다. *Saccharomyces*속 효모는 지방산 대사에 의하여 초산을 100~200 mg/ℓ 생성한다. 초산은 포도주의 품질을 저하시키나 *Saccharomyces*속 효모에 의하여 생성되는 초산, pyruvic acid, TCA 회로의 유기산은 포도주의 향미 성분으로 기여는 적다. 사과산(malic acid)은 일부 효모에서 소비되고 호박산(succinic acid)의 양은 0.8~1.5 mg/ℓ, 초산과 유산의 수준은 0.3~0.5 mg/ℓ이다. 고급 알코올은 아미노산 생성과 마찬가지 경로로 당에서 또는 아미노산에서 합성된다. 이들 고급 알코올의 합성경로는 효모에서 공통이다. 고급알코올 자체는 포도주의 관능적 성질에는 그렇게 영향을 미치지 않는다. 백포도주나 장미꽃 색 포도주의 신주에는 휘발성 ester의 관능적으로 기여가 크다.

초산 hexyl, capronic acid ethyl, 초산 isoamyl = 3 : 2 : 1이 좋은 특성을 나타낸다. 초산 hexyl이 더욱 중요하다고 한다. 이들 ester은 15℃ 정도에서도 더욱 잘 생성되고, 그러나 너무 낮으면 생성되지 않는다고 한다. 포도의 고형물은 esterase 활성을 가져 ester 생성을 방해하고, 공기의 존재도 효모의 ester 생성을 저해한다. 또 ester 생성의 양은 효모에 따라 큰 차이가 있다.

포도과즙 중의 중요한 질소원은 아미노산과 암모니아로 아미노산 중에는 proline과 arginine 함량이 높고, 이들의 질소원은 ① 직접 생합성에 이용된다. ② 관련되는 화합물로 변화되어 생합성에 이용된다. ③ 질소를 암모니아 또는 아미노기 공여체로서 방출하여 분리되는 등 세 가지의 어느 형으로 대사된다. *Saccharomyces*속 효모의 많은 균주는 glycine, lysine, histidine, pyrimidine, thymine, thymidine을 질소원으로서 분해, 이용할 수 없다.

대다수의 질소화합은 능동수송에 의하여 취입되나, 요소는 예외로 촉진확산에 의하여 취입된다. Ethanol은 이 아미노산 등의 취입을 강하게 저해한다. Proline의 취입 대사에는 O_2가 필요하기 때문에 혐기적인 발효 중의 포도과즙에서는 proline은 이용되지 않고 고 수준으로 잔존한다. Arginine은 arginase로 ornithine과 요소로 분해하고, 요소는 urease로 분해한다.

*Saccharomyces*속 효모는 urease 활성을 가지지 못하여 에너지와 비타민(biotin)이 결핍된 상태에서는 분해하기 어렵고, 과잉의 질소는 요소의 형으로 세포외로 배출된다. 요소는 효모에 있어서는 독성은 없고, 막 투과도 에너지를 필요로 하지 않는 촉진확산으로 한다. 암모니아는 독성이 있고, 막 수송에 에너지를 필요로 한다. 질소원 화합물의 최종 대사산물은 고급 알코올과 요소이다. *Saccharomyces*속 효모는 생합성의 황원으로서 황산, 아황산, 황화물, 사이오황산을 이용할 수가 있다. Cysteine, methionine도 황원으로서 유효하다.

(3) 발효 시의 문제점

완만발효(발효정지 : Stuck 또는 Sluggish fermentation)의 이유로서는 다음과 같은 사항을 열거할 수 있다.

① 영양부족 : 질소와 인산의 결핍이 간혹 일어나 약 0.2 g/ℓ의 질소가 완전한 신구(辛口 : 맛이 달콤하지 않고 씁쌀함)까지 발효시키는 데 필요하다고 한다. 포도과즙에 곰팡이가 증식한 경우나 연속 양조의 경우에 미량성분 결핍의 가능성이 있다.

② 에탄올의 독성 : 발효 초기에 ethanol은 저해적으로 작용하나 포도과즙의 발효에서는 정상기에 이르기까지 증식에는 영향이 없다.

③ 독소 : Ethanol과 불소화물 이온의 존재, 미생물의 대사물인 중쇄지방산은 증식을 저해한다. 중쇄지방산의 저해작용은 효모 세포벽의 불용성 다당류 획분의 첨가에 의하여 완화된다. 효모가 작용하는 killer factor(펩타이드)는 감수성의 효모에 증식 저해작용이 있다. 이것은 killer 내성효모의 사용으로 해결된다. 일본에서 back mutation에 의한 교배법 등으로 우량 killer 효모의 육종, 이용이 검토되고 있다.

④ 온도 : 온도의 고온 또는 저온은 효모의 증식과 발효에 영향을 준다. 일단 완만 발효가 발생되고 말면 온도로 원인되는 것이라도 온도의 조정만으로는 쉽게 회복되지 않는다.

⑤ 산소 : 효모의 sterol, 불포화지방산 그리고 nicotinic acid의 생합성에는 분자상의 산소가 필요하여 발효 초기 혹은 증식기의 산소부족은 발효 후기의 효모 생존율 저하의 원인으로 된다.

(4) 이취미의 발생

황화수소나 thiol류의 함황휘발성 물질이 초산과 함께 포도주의 품질을 저하시킨다. 이들의 화합물은 포도과피의 황원소 첨가 아황산에서 유래되어 효모에 의하여 발효 중에 생성되는 것으로 추정한다. 효모의 선택은 황화합물의 저감에 유효하나 황화수소를 전혀 생성하지 않는 균주는 없다. 황화수소의 생성은 과즙 중의 α-amino태 질소 수준, 고 아황산수준 등도 관여한다.

2) 유산균에 의한 포도주 발효

말로락틱(Malolactic)의 용어는 아래의 L-malic acid에서 L-lactic acid로 세균이 행하는 변환반응에서 유래된다. 이 반응은 하나의 효소에 의한 직접적인 탈탄산반응에 의한다. 이 반응에서 직접 ATP를 생성하지는 않으나 생성되는 유산을 균체 외로 배출할 수가 있으므로 막 세포에 프로톤 구배를 만들어 막 결합형 ATPase의 작용으로 ATP를 생성하는 것으로 생각한다.

$$\begin{array}{ccc} \text{COOH} & & \text{COOH} \\ | & & | \\ \text{HO-CH} & \rightarrow & \text{HO-CH} + CO_2\uparrow \\ | & & | \\ CH_2 & & CH_3 \\ | & & \\ \text{COOH} & & \end{array}$$

L-(-)-malic acid L-(+)-lactic acid

(1) MLF에 의하여 생기는 효과

좋은 환경조건하의 MLF은 포도주의 품질에 따라서 바람직하나 경우에 따라서는 손상도 된다. MLF의 진해에 의하여 다음과 같은 효과가 생긴다.

① 사과산(malic acid)의 적정산도의 1/2이 감소된다.
② 0.1～0.2 정도의 pH가 증가한다. pH의 상승에 의하여 포도주는 미생물적, 화학적으로 불안정하다.
③ 적포도주의 색이 pH의 상승과 더불어 감소된다.
④ 영양요구성이 엄격한 유산균은 MLF 후 증가되기 어렵고, 세균 안정성이 증가된다.
⑤ 향미는 복잡성이 증가된다. 경우에 따라서는 포도주에 좋지 않는 향미를 부여하므로 균주의 선택이 중요하다.

적포도주의 경우 MLF는 일반적으로 좋은 효과를 주고 보다 복잡한 향미로 된다. 한랭지에서 수확된 고산도의 포도에는 감산 때문에 MLF가 필요하고, 난지에서는 세균학적인 안정 때문에 필요하다. 예외적으로 한계 값이 낮은 diacetyl이 2～5 mg/ℓ 생성되면 포도주의 품질이 저하된다. MLF균은 사과산(malic acid)이 소비되고서 구연산(citric acid)에서 diacetyl이 생성한다. 또 MLF에 더불어 초산의 증가를 억제하므로 MLF는 18～20℃에서 행하는 것이 바람직하다. 적포도주에는 MLF에 의한 향미 증강은 산의 면을 제외하고 그렇게 주된 것은 아니다. MLF법의 경우 알코올 발효의 종료와 동시에 MLF는 완료되고 있다.

백포도주의 경우 적포도주와 비교하여 향미, aroma의 특징이 적기 때문에 MLF와 더불어 향미가 눈에 뜨이기 쉽고, 대부분의 백포도주는 MLF를 일어나지 않게 관리하고 있다. 백포도주에 대하여는 MLF를 할 것인지, 안 할 것인지는 포도주의 산도, 목표로 하는 주질(酒質)에 따른다. 간혹 MLF와 Sherry가 동시에 이루어져 백포도주에 복잡한 향미가 부여된다.

(2) MLF 의 어제

MLF균의 증식촉진 또는 제어에는 다음과 같은 사항이 영향한다.

① SO_2 양 : 분자상의 SO_2가 0.8 mg/ℓ 이라면 MLF를 억제한다.

② 온도 : 촉진에는 18℃보다 고온, 억제에는 13℃보다 저온이 유효하다.

③ 산도와 pH가 높지 않으면 MLF는 발생하기 어렵다.

④ Ethanol이 14%를 넘으면 포도주의 MLF균은 증식하기 어렵다.

실제의 포도주 양조에서 MLF를 억제하기 위하여 빨리 앙금질, 빠른 청징조작과 여과, 스테인리스 스틸에서의 저온저장, 적절한 SO_2 농도의 유지가 유효하다. MLF의 완전저해에는 0.45 ㎛ 이하의 필터여과나 고온단시간살균 등에 의하여 MLF 생존 균을 제할 필요가 있다.

5. 발포 포도주

[개 요]

발포 포도주(sparkling wine)란 포도주 중에 이산화탄소가 녹아 있어 뚜껑을 열 때 발포하는 포도주이다 아래와 같은 방법으로 각 산지에서 발포 포도주가 제조되고 있다.

① 병 발효법 : 프랑스의 샴페인(champagne)과 같이 포도주에 설탕과 효모를 가하여 밀전한 병 내에서 2차 발효시켜 발포성을 갖게 한다. 효모 균체를 제거하기 위하여 특수한 공정이 있다.

② 발포성을 가지게 하기 위한 2차 발효를 밀폐된 내압탱크에서 한다. 원심분리에 의하여 효모 균체를 제거하고 무균 여과 후 병조림한다.

③ 이산화탄소 취입법 : 포도주를 냉각하여 이산화탄소의 용해도를 크게 한 상태에서 이산화탄소를 취입하여 발포성을 갖게 한다.

이상이 기본적인 방법이나 그 외의 제법도 있다.

④ 주 발효가 도중에 정지하여 당을 남긴 포도주를 병 또는 탱크에 넣어 밀폐시켜 2차 발효한다.

⑤ 2차 발효는 병 발효법과 마찬가지이나 그 후 개전하여 발포성을 갖는 포도주를 밀폐탱크에 모으고 원심분리, 무두균 여과에 의하여 효모 균체를 제거하고서 다시 병조림한다. 이 방법을 transfer법이라 부른다.

⑥ 포르투갈의 비뉴 베르데(vinho verde)가 그 예로서 유산균에 의한 malolactic 발효에서 발생하는 이산화탄소를 이용한 것이다.

⑦ 러시아에서는 독자 개발된 연속발효법에 의한 발포 포도주의 생산이 이루어지고 있다.

발포 포도주는 프랑스의 빈 뮤스(vin moussex)라고 불리고, Champagne 지방에서 특정조건을 만족하여 제조되는 것만 champagne의 명칭이 허용된다. 독일에는 섹트(sekt), 이태리에서는 비노 스푸민테(vino spumante), 스페인에서는 카바(cava) 등의 발포 포도주가 있다.

[발포 포도주의 역사]

대표적인 발포 포도주인 champagne 산지는 파리(Paris) 분지의 동부를 둘러싼 Champagne 지방이다. 이 지방은 고대 로마시대부터 포도주의 산지로 중세에는 프랑스의 왕가와도 관계가 깊었다.

당시에 현재와 같은 champagne이 있은 것은 아니고 색이 연한 적포도주가 제조되었으나 17세기에 들어와서는 파리의 시장을 Burgundy(부르고유)의 포도주에 빼앗기게 되었다. 그 지방은 포도재배가 북방 한계선이었으나 근세에 들어와서부터 한랭화에 의하여 포도주의 품질 면에서도 불리하게 되었다는 사정이 그 배경인 것 같다. 그러나 결과적으로는 이 재앙을 복으로 전환하여 탄생한 것이 발포성 포도주를 가진 champagne이다.

그 지방 포도주는 당도가 높고 기온도 낮으므로 발효가 자연으로 도중에 정지되고, 남은 당이 다음해 봄이 되어 다시 발효하는 현상이었다. 한편 병과 코르크마개의 사용이 점차 보급되는 시대가 되었으므로 병조림된 포도주가 자연 2차 발효를 일으킨 것이 champagne의 원형이 된 것으로 생각한다.

Champagne의 발명자로서 수도승 Dom Perignon를 들 수 있는데, 그는 이미 17세기 후기에 champagne의 제법 개선, 품질 향상에 전력을 다하였을 것이다. 19세기에 들어 와서 화학자 Francois가 당과 발생하는 이산화탄소의 관계에서 병 내의 가압을 조절하는 방법을 고안하여 그때까지 많았던 가스압 때문에 병의 파열을 방지하여 안정한 생산을 가능하게 하였다. Champagne은 귀중한 상품으로 각국의 왕후 귀족이나 부호들이 애용하게 되었으나 20세기에 들어와 제1차 세계대전 후의 사회 변동으로 큰 타격을 받았다. 그 후 소비자층도 넓혀져 생산도 증가되었으며, 지금과 같은 고가인 포도주의 하나가 되었다.

독일의 섹트(sekt) 제조는 19세기 초기에 프랑스에서 도입된 병 발효법으로 하였다. 그러나 제1차 세계대전 후 생산량이 증가되는 것을 대응하지 못하고 효율적인 생산방식으로서 transfer법이 도입되어 다시 탱크발효법으로 이행하게 되었다.

[발포 포도주 발효에 관계되는 미생물 · 발포포도주 발효내용]

Saccharomyces bayanus(*Saccharomyces cerevisiae*의 synonym)는 알코올 내성이

강한 보통의 포도주 제조에서 효모혼탁, 재발효의 원인으로 되는 유해균 때문이다. 이 특성을 역으로 champagne 효모로서 이용하고 있으나 이외도 저온내성, 응집성이 있는 것이 요구된다. 원료 포도주에 22～24 g/ℓ 의 설탕과 효모를 가하고 밀전한 병 중에서 2차 발효하면 5～6기압의 이산화탄소 압이 얻어진다. 발효는 12℃ 전후의 저온에서 하는 것이 바람직하다.

[발포 포도주의 제조방법]

대표적인 발포 포도주인 champagne의 제조를 중심으로 설명한다. Champagne의 원료 포도밭은 두터운 백악질의 토층 위에 있으나 이것이 champagne의 미세한 맛을 내며, 살결이 가늘고 포립에 큰 영향을 준다. 주된 품종으로서는 흑포도의 피노 노와르(pino noir), 피노 무니에(pino munier), 백포도의 샤도네(chardonnay) 등이 있다.

Champagne의 경우에는 흑포도를 원료로 하여 백포도주를 만들므로 건전한 포도를 신선한 상태로 압착하여 과피에서 색소의 용출을 피하게 하지 않으면 안 된다. 과즙의 발효는 거의 보통의 포도주와 마찬가지이나 malolactic fermentation은 필요에 따라 한다. 2차 발효에 앞서 제품마다에 일정의 품질과 특성을 갖게 하기 위하여 재배지구, 품종, 수확 년이 다른 포도에서 제조한 원료 포도주의 브랜드를 한다. 2차 발효는 온도변화가 적은 지하의 술 창고에서 이것을 횡적(橫積)한 상태에서 행한다.

90일 정도 발효는 완료하나 그대로 저장을 계속한다. 이 사이 효모의 자기소화에 의하여 용출된 성분이 champagne의 포지를 좋게 하고 특유의 향미를 준다. 2차 발효가 끝난 후에 효모 균체는 침강되어 가로로 놓인 병의 내벽에 부착하나 저장 후에는 이것을 병 주둥이에 모으는 공정을 루미뉴아주(remuag)라 한다. 퓨피트(pupitre)이라 부르는 특수한 포도주 세우는 병 주둥이를 경사지게 아래쪽으로 하여 champagne 병을 꽂는다. 이 병을 손으로 회전시켜 진동을 주는 것을 되풀이 하면서 점차 병 밑은 상행으로 하여 최후에 병 주둥이를 거의 밑으로 바로 세우고 효모 균체는 마개 위에 모은다(그림 3-13).

이와 같이 사람의 손을 요하는 전통적인 방법은 현재는 쟈이로팔레트(gyropa-lette)라 부르는 장치로 자동적으로 행해지게 되었다. 이 효모의 균체를 제거하는 다음 공정이 데고르쥬만(degorgement)이다. 병을 거꾸로 하여 병 주둥이를 120℃의 부동액에 담가 효모 균체를 함유한 빙괴를 띄어내어 보낸다. Degorgement시에 감소된 내용의 일부를 보충하고 동시에 champagne의 감미를 조정하기 위하여 포

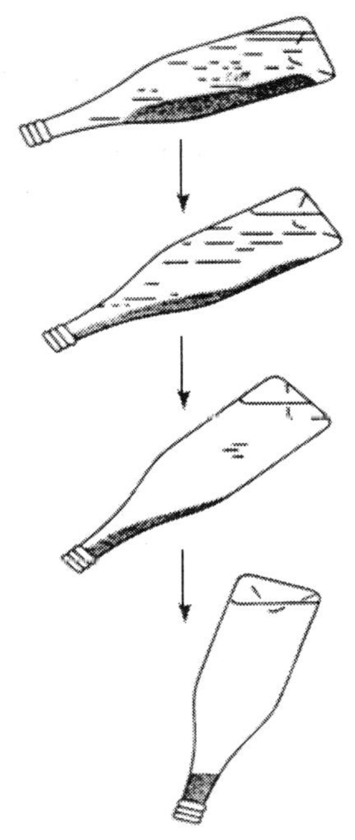

그림 3-13. 루미뉴아주(remuag)

도주에 설탕을 가한 소위 '문출(門出) 리쿠어(liquor d'expendition)을 첨가하고 조용히 코르크마개를 벗긴다.

코르크는 약간 굵은 원통형을 하고 있으나 타전 시에 쥐어짜져 두부가 볼록해져 늘어나 머시룸 모양으로 된다. 마개가 가스 압으로 날아가지 않도록 4개의 철사로 병 두부를 결부시키고 있다.

[발포 포도주의 탱크발효법]

원료 포도주의 브랜드, 설탕, 효모를 첨가한 병 발효법과 마찬가지로 2차 발효는 밀폐식의 내압탱크에서 한다. 탱크발효법의 장점으로는 과도한 압력은 안전밸브에서 밖으로 방출된다. 또 온도조절에 의하여 발효 속도의 조정도 가능하고, 노동력도 병발효의 수분의 1로 되는 등 장점을 들 수 있다.

한편 단점으로서는 탱크의 밑에 침전된 효모의 두꺼운 층이 생기지만 이 분은 상당히 환원상태로 되기 때문에 황화수소의 발생이 염려된다. 또 병조림 발효의 경우보다 포도주와 효모의 접촉 비율이 적어지므로 효모 균체의 영향에 의한 향미의 생성이 부족하고 포시도 개선되지 않는 것 등이다.

이 결점을 보완하기 위하여 탱크 내에서 포도주를 고속 교반하여 효모와의 접촉을 크게 하는 방법이 취해지고 있다. 또 자기 소화된 효모 균체를 첨가하여 품질을 개선하는 방법도 시도되고 있다. 2차 발효 종료 후 원심분리로 효모 균체를 제거하고 리쿠어(liquor)를 가하여 감미를 조정한다. 냉각된 발포 포도주는 가압 병조림되어 제품으로 한다.

6. 쉐리(sherry)

[개 요]

대표적인 식후 포도주로서 유명한 쉐리(sherry)는 스페인의 특산으로 남서부의 Andalucia 지방의 Jerez de la frontera의 마을 주변이 주된 산지이다. 쉐리라는 명칭도 헤레스(Jerez)에서 유래되었다. 쉐리 제조의 더 큰 특색은 그 저장법에 있고, 보통의 포도주와의 크기가 다르다.

포도주의 저장 숙성에는 과도한 산화에 의한 품질의 열화나 호기성(산소성)의 유해 미생물의 증식을 방지하기 위하여 가능한 한 포도주와 공기의 접촉을 차단하는 것이 중요하다. 그런데 쉐리의 경우 전혀 역으로 포도주를 직접 공기에 접촉시켜 표면에 flor(꽃의 의미)라고 하는 효모의 산막이 덮어지게 되었다.

이와 같은 상태에서 쉐리 특유의 향미가 생성되나 flor를 붙여 숙성하는 쉐리는 피노(fino)라고 부른다. 이것에 대하여 flor를 붙이지 않는 것이 올로로소(oloroso)이다. 이 양자가 쉐리의 기본적인 스타일로 되고, 그리고 다양한 제품이 생산된다. 쉐리 제조공정에는 전폭적인 독특한 방법이 취해져 왔으나 최근에는 합리화된 근대적인 방법으로 변하고 있다.

[쉐리의 역사]

현재 쉐리(sherry)의 산지 일대는 스페인에서도 더욱 오랜 포도주의 역사를 가지고 있고, 그 기원은 B.C 1100년경 가까운 Cadiz의 항을 개항한 페니기아 사람의 손에 의한 것이라 한다. 그 후 그리스, 카르타고, 로마에 이어져 포도주 제조는 민족 대이동의 물결에 따라 다시 이슬람의 지배하에 있게 되어 쇠퇴되었다. 그러나 13세기 이후의 그리스도 교도에 의하여 이슬람의 세력이 구축되어 포도주 제조도 번영히게 되었다.

15세기 말에는 이 지역에 경제적 기반을 가진 유태인이 추방되어 소유하고 있던

포도원은 몰수되었으나 그 대부분은 영국의 포도주 상인의 손으로 넘어갔다. 이 시대에는 기본적인 포도주의 제조법도 확립되었다고 한다. 그 후 스페인과 영국 사이에는 분쟁의 시대도 있었으나 포도주 무역은 확대하여 17세기까지는 헬레스의 포도주는 쉐리의 이름으로 영국 사회에 정착하였다. 영국은 수출되는 쉐리의 대부분을 소비하는 시장으로 성장하여 영국계의 자본은 생산에서 판매까지 일관하여 깊이 관여하고 있다.

이들의 역사와 풍토 중에서 쉐리는 국제적인 상품으로서 육성되어 왔다. 제조법 중에는 이슬람 시대의 건조 포도의 기술이나 grape spirits의 첨가에 의한 알코올 도수의 강화 방법 등으로 고온에서 건조한 기후조건과 융합하여 쉐리의 독자적인 성격이 형성되게 되었다.

[쉐리의 발효에 관계되는 미생물 · 쉐리의 발효 내용]

쉐리(sherry)의 저장 숙성 중에 flor라고 부르는 백색의 피막을 형성하라는 것은 *Saccharomyces bayanus*(*Saccharomyces cerevisiae*의 synonym)이다. 보통의 포도주의 제조에는 산막, 혼탁, 효모취, 재발효 원인으로 되는 유해균이라 하는 효모가 쉐리의 경우는 그 산막성이나 알코올 내성 등의 특성이 적극적으로 이용되고 있다. 피노(fino)의 경우는 포도주의 알코올 도수를 15~15.5%로 하여 다른 미생물은 번식하지 않고 *Saccharomyces bayanus*만 산막을 하는 조건으로 숙성시키나 올로로소(olorose)에서는 알코올 도수를 18%까지 올리므로 *Saccharomyces bayanus*도 생육하지 못한다.

[쉐리의 제조방법]

쉐리(sherry)의 원료로 되는 백포도 품종은 주로 팔로미노(palominod)나 감미 첨가용의 페드로 히메네스(pedro ximenez)도 있다. 이 지방은 하계의 우량은 아주 적고 건조하여 기온이 높다. 또 알바리자(albariza)라 부르는 백악질의 토양은 물 빠짐이 좋다. 이와 같은 환경에서 잘 익은 당도를 다시 높이기 위하여 전통적인 방법으로 에스파르토(esparto)라고 하는 방법이 있다. 이 방법은 풀로 짠 원형의 매트 위에서 청일건조 하였으나 현재에는 아주 일부에서 행하고 있을 뿐이다.

포도의 파쇄도 lagar라 부르는 크고 낮은 나무통에서 사람이 밑에 징을 붙인 장화를 신고 으깨고 동시에 이에소(yest)라는 석고를 함유한 흙을 가하여 그 성분의 황산칼슘에 의하여 유리 주석산을 증가시켜 pH를 내려 미생물의 오염을 방지할 목적으로 행하고 있다.

$$CaSO_4 + 2KHC_4H_40_6 \rightarrow K_2SO_4 + H_2C_4H_4O_6 + CaC_4H_4O_6$$

그러나 현재에는 이것도 신형의 압착기가 도입되어 이에소(yeso) 대신으로 주석산을 첨가하는 방법으로 하고 있다. 과즙의 발효는 20～26℃에서 행하고 1주간 전후에서 종료한다. 겨울이 되어 포도주 중의 혼탁물질은 침강되어 청징하게 되나 이 시기에 앙금질을 하여 포도주를 증류하여 제조한 grapc spirit(그레이프 스피리트)를 첨가한다. 피노(pino)로 하는 포도주는 알코올 도수가 15～15.5%, oloroso(올로로소)로 하는 것은 18%까지 상승한다. 저장숙성에는 500～600 ℓ의 통이 사용되나 포도주는 통이 찰 때까지 채우지 않고 상부의 1/5～1/6 정도 공간을 남긴다.

Pino(피노)의 경우에는 이와 같은 상태로 포도주 표면에 *Saccharomyces bayanus* 피막, flor가 형성된다. 피막은 봄과 가을에는 두껍게 되고, 여름과 겨울에는 사멸된 효모가 통의 밑으로 침강되어 엷게 된다. 연간을 통하여 기온의 변화가 적은 지역에서는 막의 두께 변동이 적다.

효모의 생육에는 15～20℃의 온도가 적온이다. 숙성 과정에서 포도주의 알코올은 효모에 의하여 산화되어 acetaldehyde가 생성되나 이것이 pino style의 쉐리 특유의 향미에 큰 영향을 준다. 한편 포도주 표면의 flor는 내부의 포도주 산화를 방지하는 역할을 하므로 pino(피노)는 색이 엷고 섬세한 맛을 낸다. 이것에 대하여 oloroso(올로로소)의 경우는 flor가 생성되지 않고 포도주는 직접 공기와 접촉하여 산화되므로 색이 진한 황금색에서 갈색으로 깊이가 있는 맛을 낸다.

오랜 세월을 거쳐 일정한 품질 제품을 만들기 위하여 쉐리의 숙성 중에 solera(솔레라)라는 방법을 통하여 브랜드를 한다. 복잡한 공정지만 일례를 들어 간단하게 설명하면 다음과 같다. 한 조에 100개의 통의 열이 4단으로 포개져 있다고 한다. 가장 오래 저장한 연수가 4년의 쉐리가 들어 있고, 그 위의 3단에 포개진 통은 criadera(크리아데라 : 보육원의 의미)라고 하며 밑에서 순차로 저장연수 3년, 2년, 1년의 쉐리이다. 제품을 제조하는 경우에는 최하단의 solera(솔레라)의 통에서 전량은 아니고 몇 분의 1의 쉐리를 인출하나, 동시에 동량의 쉐리를 곧바로 위의 3단째의 criadera(크리아데라) 통에서 보충하므로 최상단의 통의 부족된 분은 새로운 쉐리로 보충한다.

실제로는 이와 같은 조작을 반복하여 여러 해 계속하므로 최하단의 통은 저장 연수가 아주 오랜 쉐리가 소량이라도 함유할 수 있게 된다. 이 solera(솔레라)의 시스템에서 쉐리 제품의 장기간에 걸친 품질의 연속성이 유지하게 된다.

[쉐리의 종류]

① 피노(pino) : Flor가 형성하여서 숙성된 쉐리로 색도 더욱 엷은 담황색, 맛은 섬세한 신구(辛口)이다. 식사 전주로서 중요하나, 스페인에서는 식사 중에도 마신다. 알코올 도수는 16~17%이다.

② 아몬틸야드(amontillado) : Flor가 적은 fino를 충분히 숙성시킨 것. 맛은 신구(辛口)이나 환미(丸味)가 있다. 피노(pino)보다 색은 진하고, 호박색에서 황금색이다. 알코올 도수는 17~18%이다.

③ 올로로소(oloroso) : Flor를 형성하지 않고 숙성시킨 것. 향은 풍요롭게 폭이 있고 맛은 약간 감구(甘口)이다. 색은 황금색이나 오래 되면 암갈색으로 된다. 알코올 도수는 18~20%이다. 이외에 아래와 같은 스타일의 쉐리도 있다.

④ 만자닐야(manzanilla) : Fino와 마찬가지 스타일이나 신선하고 가벼운 맛이 난다.

⑤ 크림 쉐리(cream sherry) : 올로로소(oloroso)와 당도가 높은 포도로 만든 감구(甘口)의 페드로 히메네스(perdro ximenez)를 브랜드 한 것이다.

7. 사과주

[개 요]

사과를 원료로 한 와인을 말한다. 영어에서 사이다(cider), 불어로는 시드르(cidre), 일본에서는 불어의 시드르(cidre)가 일반적이다. 사이다는 미국에서 발포성의 사과주스에 힌트를 얻어 만든 일본의 청량음료이고, 구미에서는 사과주를 지칭한다. 사과주(cidre)는 발포성(sparkling)과 비발포성(still)이 있다.

[사과주의 역사]

포도주와 마찬가지로 오랜 역사를 갖는 술로 11세기경, 프랑스 Normandie 지방에 정착하였다. 이태리, 스페인, 독일, 구미에서 마셨고, 영국에서 더욱더 많이 생산하였다. 일본에서는 한 회사만이 제조하고 판매하고 있다.

[사과주의 원료]

사과주용의 사과는 밭에 수십 품종을 혼합 재배하여 과실도 집합 할 때 혼합된다. 유럽에서는 적과하지 않고 다수의 사과를 성숙시킨다. 이 때문에 사과 한 개가 직경 3～4 cm, 100 g 정도로 아주 소형이고 산도는 약간 높고, 타닌의 함량은 많다. 일본, 캐나다에서는 생식용의 사과로 사과주를 만든다. 주된 품종은 후지로 향이 부드러운 상질의 주질로 마무리한다. 스타킹 델리샤스는 향기가 높아 좋은 사과주가 되지만, 최근 생산량이 감소되어 충분한 양의 원료를 값싸게 조달하는 것이 어렵게 되어 있다.

[사과주의 착즙 · 과즙처리]

사과는 부패 과실은 제거하고 농약, 오염을 제거하기 위하여 약세(藥洗), 수세한다. 파쇄, 착즙하여 발효에 제공한다. 발포성 사과주에서는 과즙 단계에서 충분한 처리를 하지 않으면 이산화탄소의 산일을 초래하고 품질에 악영향을 준다. 혼탁 갈변을 피하기 위하여 효소를 첨가하여 펙틴을 분해한다. Polyphenol 등을 흡착시킬 목적으로 젤라틴, 벤트나이트를 사용하여 청징 과즙을 얻는다, 야생효모, 초산균, 유산균 등의 오염을 방지하기 위하여 20～100 ppm 아황산을 첨가한다. 과즙의 당 농도는 10～15%이다.

[사과주의 발효]

다른 과실에 비하여 사과의 향기성분은 적고 일산하기 쉽다. 그리고 높은 온도에서 발효하면 잡 향미가 발생하기 쉽기 때문에 사과주는 5～6℃에서 발효한다. 이 때문에 사용하는 효모는 ① 저온에서 순조롭게 발효한다. ② 향미가 우수한 주질을 만든다. ⑶ 아황산 내성이 있는 균주를 선택한다. 소규모 제조에서는 효모를 첨가하지 않고 야생효모로 발효를 행하는 수도 있으나 주질이 불안정하기 때문에 피하고 있다.

1차 발효는 약 30일, 온도를 오르지 않게 관리하여 소정의 알코올 농도, 잔존되어야 할 엑기스 양과 그 산미와 감미의 균형, 이산화탄소 양을 감안하여 최종점을 정하고 2차 발효로 옮긴다. 2차 발효는 완전 밀폐로 4℃에서 30일간 그리고 발효를 진행시켜 수반 발생하는 이산화탄수를 봉입한다. 최종 제품의 성분에 달하는 시점에서 원심분리기로 효모를 제거하고 발효를 마무리한다.

[사과주의 병조림]

유럽의 사과주는 병조림 후 가열하였기 때문에 가열 취를 가지며 갈변되기 쉽다. 일본의 사과주는 제균 필터로 여과하고 병조림한다. 소위 생 사과주이다. 부드러운 향기와 과실이 가지는 청량감을 보유하고 있는 점에서 우수하다. 해외에서는 백포도주를 첨가하여 알코올 10% 정도까지 강화한 제품이 있다. 보당, 알코올 첨가를 하지 않으면 겨우 5～6%의 과실주이므로 빠른 소비가 요망된다.

[사과주의 새로운 기술]

유럽에서는 사과의 농축과즙을 환원하여 사과주를 만들고 있으나 ester 등의 향기

성분이 적고 생 과즙을 원료로 한 것과 비교하면 품질이 떨어진다. 사과 껍질에는 anthocyanin계의 적색 색소를 함유한다. 이 색소를 발효 중에 용출시켜 엷은 적색을 띠는 사과주가 일본에서 제조 판매되고 있다.

발색의 메커니즘도 해명되어 있으나 이 색소는 고온에서 퇴색되는 것이 결점이다. 보통의 사과주 중에는 700～800 ppm polyohenol을 함유한다.

8. 포트(port)

[개 요]

포트(port)는 쉐리와 함께 대표적인 식후 포도주이나 그 제법은 아래와 같이 엄밀하게 규정되어 있다. 포르투갈 북부의 Douro천 상류의 특정 지구의 포도를 원료로 하여 그 토지에서 양조한다. 발효 도중에 포도주에서 제조된 grape spirit를 첨가하여 알코올 도수를 올린다. 생성된 포도주의 저장, 숙성은 Douro천 하구의 Oporto시 건너편 강가에 있는 Vila Nova de Gaia의 술 창고에서 한다. 포도주는 Oporto항에서 수출하는 것 등이다.

[포트의 역사]

영국은 중세에는 동일의 군주를 섬기는 시대가 있었던 관계도 있고, 프랑스에서의 포도주의 수입이 주였다. 그런데 17세기의 무력 마찰의 결과 18세기 초에 관세의 대접으로 포르투갈에서의 포도주의 수입을 증가하게 되었다. 이 시기에 포르투갈에 건너온 영국의 포도주상은 Douro천 상류에서 색이 진하고 두툼한 맛이 있는 포도주를 발견하고 런던으로 보냈다. 또 영국인의 기호에 맞게 감미가 있는 포도주를 배로 보내기 위하여 보존을 잘 할 목적으로 알코올 도수를 올리는 방법을 고안하였다. 이와 같은 포도주는 Oporto 항에서 실어 내보냈으므로 포트(port)라고 불렀으나 18세기 후반에는 영국에 수입된 포도주 전체의 70%를 넘게 되었다. 영국계의 자본이 제조부분에도 투입되어 품질이 향상되어 포트(port)는 국제적인 상품으로서 신장하게 되었다.

[포트의 발효에 관계되는 미생물 · 포트의 발효 내용]

배양효모를 사용하는 것은 적고 자연발효를 행하나 현재에는 *Saccharomyces ce-*

*revisiae*의 synonym인 *Saccharomyces italicus*가 많다는 보고가 있다. 주발효의 도중에서 알코올 도수 77%의 grape spirit를 첨가하여 발효를 정지시킨다.

[포트의 제조방법]

포트의 원료 포도는 Douro 천 상류의 급사면의 테라스 상의 밭에서 재배된다. 토양은 주로 결정편암으로 화강암을 수반하는 경우도 많다. 내륙성의 기후로 겨울은 상당히 저온으로 되나 여름은 40℃에 달하는 상당히 심한 더위로 점도가 높은 양질의 포도가 수확된다. 품종은 흑포도로 touriga, tinta cao, 백포도로 malvasia dina를 위시하여 수십 종이 재배되고 있다. 수확한 포도는 lagar라 불리는 화강암의 석재로 만든 등이 낮은 큰 사각의 통에 넣는다. 사람이 발로 밟아 으깬다.

포토의 양조에서는 발효를 도중에 정지시킴으로써 지금까지 과경을 상처내지 않고 가능한 한 과실 껍질에서 색소와 타닌을 추출시킬 필요가 있다. 이 때문에 이와 같은 전통적인 방법이 좋으나 현지는 사람 손의 부족으로 기계화 하는 방법으로 변하고 있다. 주 발효가 개시되어 포도의 당분의 거의 반량이 소비되었을 때 grape spirit를 포도주 양의 1/5를 첨가하여 발효를 중단시킨다. 알코올 도수 19～20%, 당도 10～15%의 신주로 되면 겨울 사이에는 현지에서 저장되어 봄이 되고 나서 Vila Nova de Gaia로 보내져 작은 통에 채워 숙성시킨다.

숙성기간은 비교적 짧고 과실향이 풍요로운 ruby port, 숙성 중에 포도주의 색소가 산화 침전되어 갈색을 띠는 호박색으로 된 tawny port, 포도 풍년의 포도주만을 통에 저장한 후 병조림하여 오래 숙성시킨 vintage port, 통 저장 후 병조림하여 앙금이 생길 때까지 오래 숙성시킨 crusted port, 백포도주를 원료로 한 white port 등이 있다.

9. 소흥주(紹興酒)

[개 요]

중국의 양조주[황주(黃酒)라고 한다]로 절강성(浙江省) 소흥현(紹興縣)에서 생산된 것을 소흥주(紹興酒 : Shao xing jiu)라고 한다.

[소흥주의 역사]

진(秦)의 여씨춘추(呂氏春秋, 기원전 239년)에 월왕구천(月王勾踐)은 오국(吳國) 토벌에 임하여『술을 강의 상류에 던지고 장사와 함께 흐름을 마셔 전기백배(戰氣百倍)』라고 기록되어 있고, 소흥에서는 2400년 전의 춘추전국(春秋戰國)시대에 이미 술이 양조되어 있었다고 한다.

동진(東晋)의 왕희지(王羲之) 등은 소흥란정(紹興蘭亭)에서 곡수류상(曲水流觴)을 거행하였다(353년). 남북조(南北朝)시대의 첨주(甛酒)나 동포주(東浦酒)의 이름이 보이고 이미 일정량이 판매되고 있었다. 청(淸)시대에는 월주(越酒)라 하여 중국 전토로 넓혀져 소흥주라고 부르게 되었다. 19세기가 되어 다시 발전하여 내외의 각종 상을 수상하고, 1952년에는 중국 8대 명주의 하나로 선별된 세계적인 명주이다.

[소흥주 양조법]

소흥주의 양조법에는 다음과 같은 두 가지 방법이 있다.

1) 임반법(淋飯法)

정백 나미(糯米)를 감호[鑒湖 : 140년 동한(東漢)시대 회금산의 홍수를 막기 위하여 대규모 제방을 축조하여 생긴 호수]에 2일간 침지하여 증통에서 7~8분 증자한다. 증반(蒸飯)은 조리에 담아 냉수를 부으면서 냉각(淋飯 : 임반)한다. 냉각한 밥을 항(缸 : 목이 긴 병)에 넣어 영파주약(寧波酒葯 : 분말)을 섞고 미생물 번식을 촉진시키기 위하여 U자형 교(窖 : 움, 직경 8 cm, 깊이 70 cm)를 파고 호기적 조건으로 한다.

항개(缸蓋 : 볏짚으로 만든 뚜껑)를 하고 주의를 보온하여 약 50시간으로 교(窖 : 움)에 첨주[甛酒 : 증반에 주약을 가하여 항에 넣어 교(窖 : 움)를 파서 당화 발효시킨 술: 당화 액으로 주정농도 약 3.8%]가 찬다. 여기에 맥국[麥麯(麥麴)], 감호수를 투입, 교반하여 당화 발효시키면 약 45일 후에 술이 된다. 이와 같은 발효를 반고체 발효라고 한다.

2) 탄반법(攤飯法)

정미(精米) 나미(糯米)를 감호수(鑒湖水)에 16~20시간 침지 후 나미(糯米 : 찹쌀)와 장수(漿水)를 꺼내어 나미는 증자한다. 증반(蒸飯)은 대나무제 가마니에 펴고(攤飯 : 냉수를 부어 냉각) 냉각한다. 이것을 항(缸)에 넣어 물, 장수, 맥국[麥麯(麴)과 주모를 가하여 당화 발효시키면 약 60~80일간에 술이 된다.

[소흥주의 종류]

소흥주의 각 종류의 성분을 표 3-9에 나타내었다.

표 3-9. 소흥주의 성분 분석치

항 목	단 위	소 흥 주(紹興酒)			일본주(日本酒)
		가반주(加飯酒)	선양주(善釀酒)	향설주(香雪酒)	순미청주(純米淸酒)
알코올 분	%(v/v)	18.4	14.7	19.5	15.5
엑기스 분	%(w/v)	6.93	15.75	27.97	4.52
pH	-	4.48	4.40	4.10	4.20
총산[1]	g /100 mℓ	0.337	0.443	0.260	0.144
아미노태 질소	mg /100 mℓ	82.7	101.8	36.5	29.8
총 질소	mg /100 mℓ	266.5	298.4	80.7	87.1
총 당분[2]	g /100 mℓ	3.23	11.28	24.87	3.15
색소[3]	-	3.234	5.333	5,000	0.021

[1] : 호박산으로서, [2] : Glucose으로서, [3] : OD(430 nm, 10 nm cell)

1) 신주(新酒)

임반법(淋飯法)으로 양성(釀成)되어 탄반주(灘飯酒)의 주모로 사용한다. 주모가 많이 만들었을 때는 압착하여 판매한다. 빨리 성숙되는 것으로 진양(陳釀 : 숙성) 할 필요는 없다. 이 때문에 신주(新酒)라는 명칭이 있다. 출주율(出酒率)은 높고 양조기간도 짧다.

2) 상원홍주(狀元紅酒)

황색이 풍부하므로 원홍주(元紅酒)라고도 한다. 탄반법(灘飯法)에 의하여 양조되므로 소흥주 중에서도 주요한 품종이다. 발효가 완전하여 잔당이 적기 때문에 소흥주 애호가가 특별히 좋아한다. 생산량도 많고 일반적으로 진양(陳釀 : 숙성) 1～3년의 것이 판매된다.

3) 가반주(加飯酒)

제조법은 상원홍주와 같으나 반량(飯量)이 많으므로 가반주(加飯酒)라고 한다. 반량(飯量)의 증가에 따라 단가반(單加飯) 그리고 쌍가반(雙加飯)의 2종류로 나눈다. 질량은 우아・풍미, 농순으로 소흥주 중 상품이다

4) 선양주(善釀酒)

물 대신으로 1～3년의 오랜 상원홍주를 가하여 탄반법(灘飯法)으로 양조한다. 일종의 첨미주(甛味酒)로 단맛이 있는 술이다. 1～3년 이상 숙성된 것이 제품으로 된다. 달고 주질이 아주 후하고, 풍미가 방향이 높다. 생산량이 적어 특히 유명한 귀중품이다.

5) 선양주(鮮釀酒)

선양주(善釀酒)를 다시 달게 한 품이다. 1～3년 진양한 상원홍주(狀元紅酒)와 암반주의 상층의 청징액과 소량의 장수를 가하여 임반법으로 양조된 것이다. 숙성기간은 짧고 향미도 빨리 형성된다. 감미가 약간 강하고 초음 자 지향의 구미에 빚고 생산량은 적다

6) 향설주(香雪酒)

산도, 당 함량이 높다. 우선 임반법(淋飯法)에 의하여 감주를 숙성한 후 소량의 맥국[麥麯(麴)]을 가하여 물 대신으로 알코올 분 40～50%의 조소주[糟燒酒 : 박

취(粕取) 소주])를 가하여 양조한다(그림 3-14). 구미(口味)는 대단히 달고 일정 기간 숙성(陳釀)하면 백주(白酒) 신구(辛口 : 맛이 달큼하지 않고 쌉쌀함)는 없어지고 향미는 농순하다. 개방 후 초음(初飮) 자가 좋아하여 판매량이 증가한 일종의 신상품이다.

[소흥주 제조방법]

소흥주는 자연계 중의 곰팡이, 효모, 세균 등의 공동발효에 의한 술이다. 미생물은 주약[酒葯 : 소국(小麯(麴)]이라 한다. 효모와 당화 균 제제), 맥국[麥麯(麴) : 당화 균 제제] 장수(漿水 : 유산균 제제) 등의 형으로 가해져 이들 균의 혼합배양에 의하여 소흥주의 색, 향, 맛이 형성된다. 소흥주의 각 종류의 원료배합은 표 3-10에 나타내었고, 주요 양조공정은 그림 3-14에 나타내었다.

1) 원 료

(1) 나백미 : 정 백도 88～92%의 나백미(糯白米)를 사용한다.

(2) 물 : 감호(鑒湖) 중심의 물을 사용한다.

표 3-10. 소흥주의 원료배합

원 료	임반주 (淋飯酒)	상원홍주 (狀元紅酒)	가반주 (加飯酒)	선양주 (善釀酒)	선양주 (鮮釀酒)	향설주 (香雪酒)
병미(餅米) kg	125	144.	144	144	144	150
맥국(麥麯) kg	19.5	22.5	27.5	22.5	22.5	5
주약(酒葯)(g)	218	-	-	-	-	186
감호수(鑒湖水) kg	144	11	75	-	-	-
장수(漿水) kg		84	60	55	24	-
주모(酒母) kg		5～8	5～8	7～0	7～9	-
임반주료(淋飯酒醪) kg		-	25	-	-	-
진원홍주(陳元紅酒) kg		-	-	82	48	-
임반주(淋飯酒) kg		-	-	-	72	-
40～50% 조수(糟燒) kg		-	5	-	-	150

(3) 주약(酒葯)

임반주(淋飯酒)의 효모균과 당화 균의 제제이고, 백약(白葯)과 흑약(黑葯)의 2 종류기 있다. 백약(白葯)은 쌀가루 18.5 kg와 날교초(辣蓼草) 분말 126 g에 진주약(陣酒葯 : 전년의 우량한 주약) 400 g, 물 15 ℓ를 섞고 2～2.5 cm의 방형으로 성형하여 배양한다. 영파(寧波), 부양(富陽)에서 생산한다.

흑약(黑葯)은 쌀가루, 날교초 분말, 날교초 물 추출액, 두충, 계피 등의 중약분(中葯紛)에 진주약(陣酒葯)을 섞어서 배양한다. 날교초 중에는 효모나 *Rhizopus*의 생장원이 풍부하다. 주약 중에는 세균, *Rhizopus*, *Mucor*, 효모, *Absidia*, *Monascus*, *Penicillium*, *Monilia*속 등의 많은 미생물이 존재한다.

임반주의 양조 초기나 나미반립(糯米飯粒) 상에는 *Rhizopus, Mucor*가 번식하여 녹말이 당화되어 첨주(甛酒)가 출현하여 46시간 후 교(窖 : 움) 깊이의 약 4/5 정도로 찬다. 여기에 맥곡[麥麯(麴)]을 가하여 가수하여 희석하면 효모가 우세로 되고, 효모 수는 75시간 후에 $3 \sim 4 \times 10^8$개/mℓ에 달한다. 20일 후에 주모로서 될 때는 주정함량은 15% 전후로 되고, 효모 이외의 잡균은 검출되지 않는다.

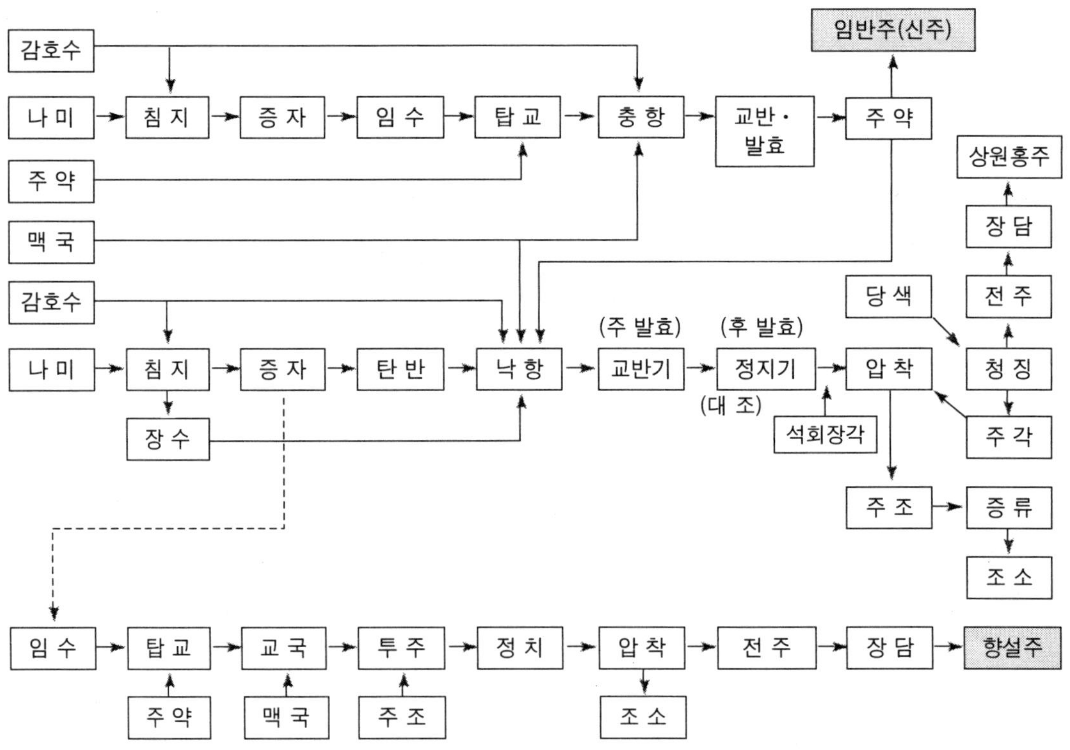

그림 3-14. 소흥주의 양조공정

(4) 맥국〔麥麯(麴)〕

전통적으로는 3~4편으로 파쇄한 파쇄 맥 35 kg 국반[麯(麴)盆] 중에 취하여 청수를 6~7 kg 가하여 혼합 후 길이 10 cm, 폭 21 cm의 원주 상으로 성형하고(무게 9~10 kg), 도초(稻草)로 포국[包麯(麴)]하는 퇴적배양[草包麯(麴)]이었다. 현재는 도초(稻草)의 공급원이 제한되어 답국[踏麯(麴)]으로 개량되었다.

맥국[麥麯(麴)] 중의 주된 미생물은 *Aspergillus oryzae*, *Rhizopus*, *Mucor* 등이나 이외에 *Aspergillus niger*나 *Penicillium* 등이 존재한다. 정상 맥국[麥麯(麴)]의 주요한 균은 *Aspergillus*나 때로는 *Rhizopus*나 *Mucor*가 우세하는 수도 있다. 『麥霉黃綠花越多, 則麥麯的質量憂良』[보리의 곰팡이는 황록색의 꽃(미국 곰팡이의 분생자)이 많으면 많을수록 국(麯)의 품질이 우량하다]고 한다.

(5) 장수(漿水)

침미(浸米) 20일 후의 침미 하층의 물을 퍼낸 것으로, 소흥주 제조시의 중요한 원료의 하나이다. 침지미의 심층에서 번식되는 중요한 미생물은 유산균의 일종인 *Streptococcus*이다. 침지 11일째의 장수(漿水) 중의 세균 수는 $2.54 \sim 3.53 \times 10^8$ 개/㎖에 달하고, 총산은 0.79~0.83%로 된다. 사용 시에는 총산이 0.5%로 되게 청수로서 조절한다. 침지과정 중 장수의 표면에는 언제나 1층의 피막 효모가 생장하고 때로는 푸른곰팡이가 생육한다. 장수를 취용할 때는 표면의 침지 수 전부를 제거하고 청수로서 씻어 내린다.

2) 주 모

주모는 임반법(淋飯法)에 따라 만든다. 담금 후 18~20일로 마무리된다.

3) 제조법

(1) 침 지

나미(糯米 : 2缸 分)는 감호수(鑒湖水)에 16~26일 침지한다. 이 과정에서 유산균이 증식하여 유산을 생성한다(이 물이 장수). 증자 전일 상층의 물은 제거하고 밑이 없는 목통(상부 구경 35 cm, 높이 80 cm, 저부 구경 25 cm)을 침지 통에 삽입하여 장수를 퍼낸다.

(2) 증 자

증통(蒸桶)에서 4회로 나누어서 찌고 대나무 가마니에 펴서 공기에 냉각한다(탄

반 : 灘飯).

(3) 주발효

전일, 감호수(鑒湖水)를 투입하여 둔 항(缸)에 증반(蒸飯)을 투입, 교반한 후 맥국분[麥麯(麴)粉)], 주모, 장수(漿水)를 투입하여 교반한다[장수와 감호수의 혼합비는 3 : 4이기 때문에 삼장사수(三漿四水)라고 한다]. 교반에 의하여 품온이 억제된다. 품온에 따라 교반하는 방법[열작주(熱作酒)]과 정시에 교반하는 방법[냉작주(冷作酒)]이 있다. 주 발효는 7～8일로 끝난다.

(4) 후발효

몇 개 항(缸)을 합병정치[항양(缸養)]할 것인가, 술덧[주료(酒醪)]을 주담[酒壜(술독, 술항아리)](약 25 kg)으로 나누어(대조(帶槽}로 후 발효한다. 옥외에 3담(壜 : 독)을 겹쳐 쌓고 발효시킨다. 최상단의 담(壜 : 독)에는 연잎 혹은 초지(草紙)로 덮고 다시 소와(小瓦)로 뚜껑을 하여 우수를 방지한다.

(5) 압 착

주미를 상쾌하기 위하여 석회장각(石灰漿脚 : 석회를 물이 든 항에 넣어 1년 비를 맞게 하여 이산화탄소를 흡수시켜 탄산염으로 한 것)을 술덧에 0.3～0.5% 가하여 압착한다. 압착 액은 생주(生酒)라고 한다. 술 100 kg에 100～300 kg의 당액(캐러멜)을 가한 후 정치하여 앙금을 침전시켜 청징한다.

(6) 전주(煎酒) · 장담(裝壜) · 봉구(封口)

청징 생주는 비등할 때까지 가열하여 그대로 미리부터 살균한 담(壜 : 독)에 관입하여 연잎, 소와(작은 기와 장) 뚜껑, 대나무의 껍질로 뚜껑을 하여 점토로 이두(泥頭 : 점토, 간수, 왕겨로 만든다)를 만들어 담(壜 : 독)의 주둥이를 봉하고 창고에 저장하여 숙성(陳醸 : 진양)시킨다.

[소흥주의 유용미생물 분리와 이용]

국균은 중국 과학원 3800호 황국균(*Aspergillus flavus*), 소주동오주창(蘇州東吳酒廠)의 소(蘇 : 되살아 날 소)-16이 분리되어 순종 맥국[麥麯(麴)]에 이용되고 있다. *Rhizopus*는 중국 과학원이 5균주, 귀주(貴州) 경공업연구소가 Q 303을 분리하여 소국[小麯(麴)]으로 양주(醸酒)와 첨주(甛酒)에 응용하고 있다.

효모는 상해(上海) 공농주창(工農酒廠)의 공농(工農) 501호(중국 미생물균종보장위원회 AS. 2.1392)가 분리되어 황주의 기계화 생산주창에 널리 보급하고 있다.

10. 홍국황주(紅麴黃酒)

[개 요]

중국 특유의 당화발효제인 홍국[紅麯(麴)]을 사용하여 양조한 중국의 양조주(黃酒)를 홍국황주[紅麯(麴)黃酒]라고 한다.

[홍국황주의 역사]

북송(北宋) 초기 도곡(陶谷)의 『청이록(淸異錄)』(970년)에 '이홍국자육(以紅麯煮肉)', 소식(蘇軾)(1037~1101년)의 시에 '야경민주적여단(夜傾閩酒赤如丹)'이라고 한 것으로 보아 송조대(宋朝代)에 홍국[紅麯(麴)]의 제조와 이용이 시작되었다고 한다. 원조대(元朝代) 성서에는 홍국이 보이고, 명조대(明朝代) 이시진(李時珍)의 『본초강목(本草綱目)』(1590년)이나 송응성(宋応星)의 『천공개물(天工開物)』(1637년)에 단국[丹麯(麴)], 홍국[紅麯(麯)]의 제조법이 기재되어 있다.

[홍국황주의 제법 개요]

홍국[紅麯(麴)]은 대미(大米)의 증미에 토국[土麯(麴) : 지방에서 전통공예로 배양한 홍국]분과 초(醋 : 중국의 식초)를 혼합한 초조[醋糟 : 나미(糯米)를 죽상으로 한 토국분(土麯粉)을 가하여 발효시켜 술덧에 초를 혼합한 것]을 접종하여 배양한 자홍색의 미국[米麯(麴)]으로 주요 균종은 홍국균(Monascus anka, Nakazawa et Sato 균)과 효모(Saccharomyces cerevisiae)이다.

토국[土麯(麴)]은 장기에 걸쳐 인공 선택, 생육과 순양을 거쳐 현재와 같은 순수한 것으로 되었다. 홍국[紅麯(麴)]의 홍 koji 균은 홍색의 색소를 많은 양 생산하기 때문에 국[麯(麴)]은 심홍색을 띠고 있다. 양조 직후의 신주는 심홍색을 띠고, 자청의 형광을 발하나 저장에 따라 색소의 대부분을 분해하여 홍갈색으로 된다.

홍국[(紅麯(麴)]의 주요 산지는 복건, 절강, 대만 등의 각 성에서 그 중에서도 복건성 고전현 평호향산(福建省 古田縣 平湖鄉産)의 홍국[紅麯(麴)]이 유명하다. 현재 복건성(福建省) 고전홍국창[古田紅麯(麴)廠]은 홍국[紅麯(麴)] 생산의 기계화를 연구하고 있으나 목하의 시기에 전통수법으로 생산되고 있다. 또 여러 주창은 순수배양 홍국[紅麯(麴)]을 사용하고 있다.

[홍국황주의 종류와 제법]

1) 복건홍국[福建紅麯(麴)]

홍국은 고국[庫麯(麴)], 경국[輕麯(麴)], 색국[色麯(麴)] 3종류가 있다. 원료배합이 다른 것 외에 경국[輕麯(麴)]과 색국[色麯(麴)]은 분수[(噴水 : 국립(麯粒)에 물을 뿌리는 조작] 횟수가 많고, 균사의 번식을 장기간 지속시키기 때문에 고국[庫麯(麴)] : 8～10일, 경국[輕麯(麴)] : 10～13일, 색국[色麯(麴)] : 13～16일) 국[麯(麴)]의 중량이 가벼워지고 색소의 생성이 증가한다. 홍국[紅麯(麴)]황주(黃酒)에는 일반적으로 고국[庫麯(麴)]이 사용된다.

(1) 원 료

① 국종[麯(麴)種] : 홍국균종은 복건건구토국[福健建甌土麯(麴)] : 오의홍국[烏衣紅麯(麴)] 혹은 복건의 각 주창의 토국[土麯(麴)]과 나미(糯米)를 사용한 양주(釀酒)를 착즙하여 얻은 주조(酒糟 : 속칭 : 나미토국조(糯米土麯糟) 또는 건조(建糟)]를 사용한다. 현재로는 순종법 배양홍국[純種法 培養紅麯(麴)]이 있다.

② 상등초(上等醋) : 고국[庫麯(麴)], 경국[輕麯(麴)]용은 1년 반 저장한 우량초, 색국[色麯(麴)]용은 저장 3년 이상의 진년노초(陳年老醋)를 사용한다.

③ 쌀 : 색국[色麯(麴)]용은 경미(粳米), 선미(籼米 : 인디카 쌀)를 사용하고, 고국[庫麯(麴)]・경국[輕麯(麴)]용에는 최량의 선미(籼米)가 사용된다. 일반적으로 상등의 정백대미(精白大米)를 사용한다.

(2) 배양공정

복건홍국[福建紅麯(麴)]의 배양공정을 그림 3-15에 나타내었다.

① 국종[麯(麴)種]의 접종 : 백미 100 kg에 초소(醋糟) 6.25 kg[주조(酒糟) 2.5 kg, 초(醋) 3.75 kg의 혼합물]을 사용한다. 절강성(浙江省)에서는 홍국과 나미

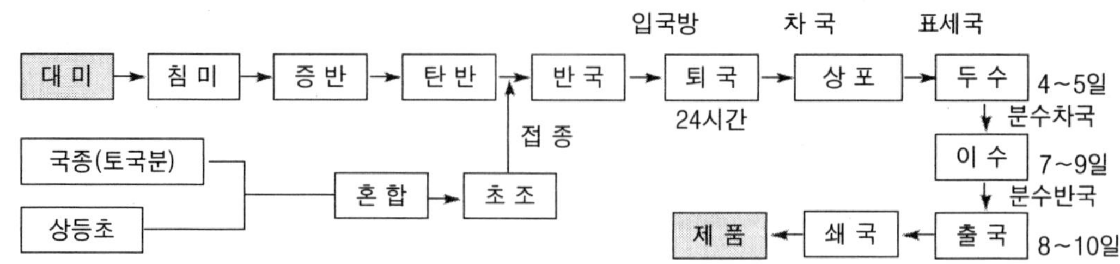

그림 3-15 복건홍국의 배양공정

미로 만든 술덧(주료 : 酒醪)을 사용, 또는 순홍국균 배양액을 사용한 국종[麯(麴)種)]을 사용한다.

② 홍국의 배양 : 국종[麯(麴)種)] 접종 후 국방[麯(麴)房 : 배양실]에 넣어 보온, 분수 2회를 하여 배양하면 약 8~10일에서 국립[麯(麴)粒]의 내외는 홍색으로 된다. 출국 후 볕에 바래 제품으로 한다.

홍국은 적절한 온도, 습도 그리고 산도의 관리 하에서 배양된다. 국의 산도는 4.4~4.5 g / 100 ℓ (pH 4.4~5.7)로 조절하고, 산도 부족은 노초(老醋)로 조절, 국균의 번식을 꾀하고 잡균오염을 감소시킨다. 홍국의 당화력은 비교적 강하나 발효능력이 낮으므로 홍국양주 시에는 많은 효모배양액을 첨가한다(표 3-11 참조).

2) 오의홍국[烏衣紅麯(麴)]

오의홍국[烏衣紅麯(麴)]은 미립 상에 홍 koji균[紅麯(麴)菌 : Monascus anka], 흑 koji균(Asp. awamori Nakazawa), 효모(S. cerevisiae)가 혼합 생장한 당화제제이고, 외관은 흑・홍색을 띠고 있다. 흑 koji 균 그리고 홍 koji균의 특징을 함께 가져 내산, 내고온성으로 당화력이 강하다. 홍국황주가 주로 선미(籼米)를 원료로 하고 있으므로 그 당화 발효제로서 사용되고 있다. 오의홍국주의 주된 산지는 절강성(浙江省)의 온주(溫州), 금화(金華), 위주(衢州), 여수(麗水) 그리고 복건성의 건구(建甌), 송계(松溪), 남평(南平), 혜안(惠安) 등의 현이다.

(1) 복건건구토국[福建建甌土麯(麴)]

① 복건건구토국[福建建甌土麯(麴)]의 국종[麯(麴)種] : 국공[麯(麴)公], 국모[麯(麴)母]와 국모장[麯(麴)母漿]을 배양.

- 국공[麯(麴)公] : 대미 증미에 국공분[麯(麴)公粉]과 국모장[麯(麴)母奬]을 혼합하여 배양 4~5일에서 출국(出麯)・쇄간(晒干)한다.

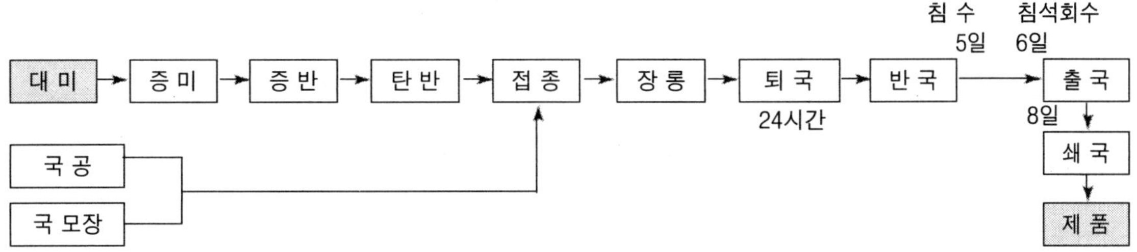

그림 3-16. 건구토국의 배양공정

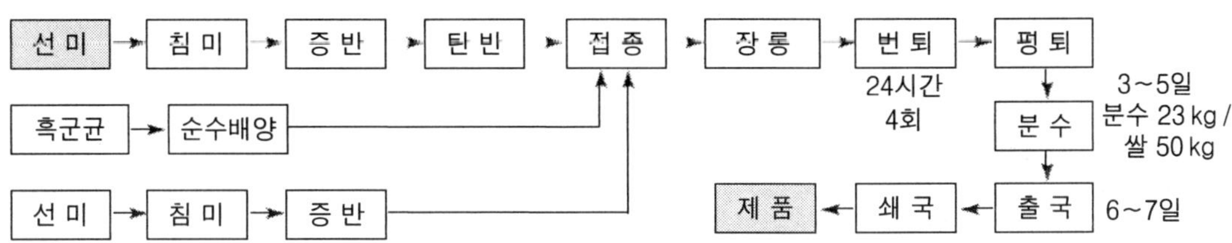

그림 3-17. 절강오의 홍국 배양공정

- 국모[麯(麴)母] : 대미 증미에 국공 증미 국공분[麯(麴)公粉]과 국모장[麯(麴)母漿]을 혼합하여 배양 3~4일로 출국, 건조한다.
- 국모장[麯(麴)母漿] : 대미와 물로 죽을 만들고 국모분[麯(麴)母粉]을 가하여 약 7일간 발효시켜 사용한다.

② 배양공정 : 복건건구토국[福建建甌土麯(麴)]의 배양공정을 그림 3-16에 나타내었다.

(2) 절강오의홍국[浙江烏衣紅麯(麴)]

① 절강오의홍국[浙江烏衣紅麯(麴)] : 순수 배양한 흑 koji균 그리고 홍국곰팡이와 효모균을 확대 배양한 홍조[紅糟 : 대미를 자비하여 죽상으로 하고 홍국을 가하여 발효시킨 주료액(酒醪液), 조낭(糟娘)을 말한다]를 국종[麯(麴)種]으로 한다.

② 배양공정 : 절강오의홍국의 배양공정을 그림 3-17에 나타내었다.

3) 황의홍국[黃衣虹麯(麴)]

복건 북부, 절강성 남부온주(溫州) 지구에 전해진 자연배양에 의한 노법국[老法麯(麴)]이나 현재는 순수 배양한 홍 koji균 그리고 홍 koji균과 효모를 확대 배양한 홍조(紅糟)를 국종[麯(麴)種]으로 하여 증대미(蒸大米) 상에 확대 배양하여 제조한다. 오의홍국의 *Asp. awamorii* Nakazawa를 황 koji균 소(蘇)-16(*Aspergillus*속)에 대신한 것으로 황금색을 띠고 있다. 성능은 오의홍국과 거의 같다. 배양공정은 그림 3-17과 같다. 황의홍국은 황주의 풍미가 좋으나 오의홍국에 비하여 출주율(出酒率 : 원료에 대한 술의 출래 고)이 약간 낮다. 양 국[麯(麴)]은 단독 혹은 혼합 사용한다.

4) 하문백국[厦門白麯(麴)]

국즙을 사용하여 순수 배양한 효모, *Monascus*를 미분과 쌀겨 혼합물에 접종한

표 3-11. 황의홍국, 오의홍국 그리고 홍국의 비교

	홍의홍국[黃衣虹麯(麴)]	오의홍국 [烏衣虹麯(麴)]	홍국 [黃麯(麴)]
액화력[1]	28	320	304
당화력[2]	1440	1000	1480
효모수[3]	0.45	0.32	흔적
외 관	국신(麯身)은 홍색, 표면은 황 koji 균사	국신(麯身)은 분홍색, 표면은 흑 koji 균사	자홍색의 미립

1) 액화력 : 추출 효소액[국(麯) 5 g /100 mℓ] 5 mℓ를 2% 가용성 녹말용액 25 mℓ에 가하여 30℃에서 반응시켜 I_2액 반응이 표준색에 달하는 시간(분)
2) 국[麯(麴)] : 1 g이 30℃, 60분에서 생성되는 환원당의 mg수(mg / g 국[麯(麴)]
3) 국[麯(麴)] : 1 g을 물 10 mℓ에 현탁하여 그 10 mℓ 중의 효모 수(×108개/ mℓ)

표 3-12. 하문백국과 오의홍국의 비교

항 목	하문백국(厦門白麯)	오의홍국(烏衣紅麯)
수분(%)	10.58	14.38
산도(mg/g)	1.13	1.44
pH	5.90	5.90
액화력[1]	23.71	531.60
당화력[2]	282.20	383.00
발효력[3]	12.99	6.36
효모수(×106/g)	31.20	18.56

1) : 주약(酒葯) 1 g이 30℃, 60분에 액화하는 녹말의 mg수(mg/g 약)
2) : 주약 (酒葯) 1 g이 30℃, 60분에 생성하는 환원당의 mg수(mg/g 국)
3) : 주약(酒葯) 1 g이 CO_2 1.75 g 생성할 때를 100으로 한 경우의 CO_2 생성 비율

것으로 국분[麯(麴)粉]: 산국[散麯(麴)]과 국립[麯(麴)粒]이 있다. 효모는 대만백국효모[臺灣白麯(麴)酵母]: Sacch. peka Takeda), 중국과학원 2.1392, 남양(南陽) 2.514, *Rhizopus*는 거미줄곰팡이 2호(*Rhizopus peka* N0. 2), 중국과학원 3866, 귀주경공업국[麯(麴)] Q 303 등이 사용된다.

홍국, 황의홍국, 오의홍국 그리고 하문백국의 특성의 비교를 표 3-11, 그리고 표 3-12에 나타내었다.

[홍국황주의 양조법]

1) 복건성(복건성)

(1) 복주홍국황주(福州紅麯(麴)黃酒 : 福州老酒)

복주시(福州市) 제일주창에서 제조.

고전현 곡구진산 나미(古田縣 谷口鎮產 糯米), 고전현 평호향산 홍국(古田縣 平湖鄉產 紅麯), 하문백국[廈門白麯(麴)], 물을 원료로 하여 양성한다(그림 3-18). 날배(辣醅 : 당분 1%), 첨배(甛醅 : 당분 10～20%). 반랄배순(反辣醅順 : 당분 1～3%)의 3종의 황주가 있다. 복건노주(福建老酒)가 더욱 유명하다.

(2) 용암침항주(龍岩沈缸酒)[판매명 : 진홍주(陳紅酒)]

복건성 용암주창(福健省 龍岩酒廠)에서 제조.

나미(糯米)와 전래의 30여 종의 중약재(中葯材)를 사용한 자가제의 약국[葯麯

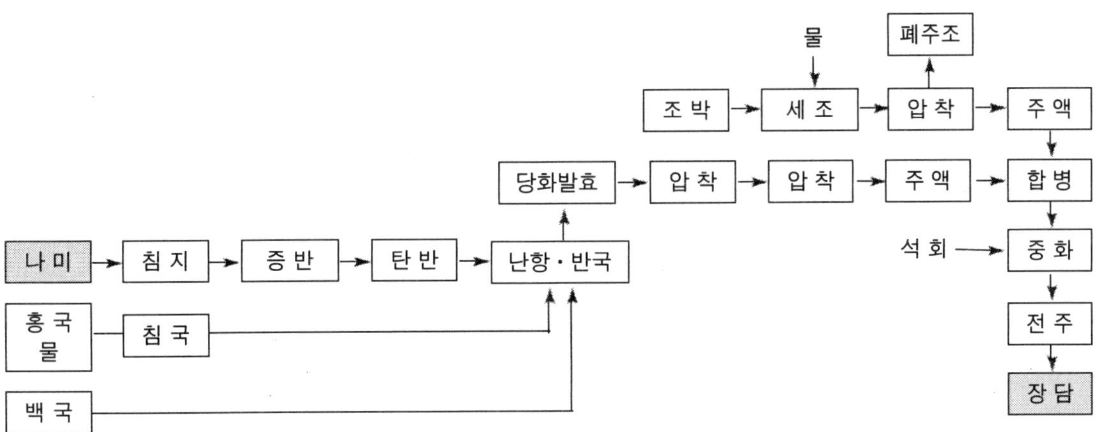

그림 3-18. 복주홍국황주의 양조공정

(麴)], 산국[散麯(麴)], 하문백국[厦門白麯(麴)]의 3국을 사용하여 임반법(淋飯法 : 소흥주 참조)에 따라 우선 첨주(甛酒)를 양성하고 고전홍국[古田紅麯(麴)] : 경국[輕麯(麴)] 2호 혹은 고국[庫麯(麴)]과 첨주(甛酒)를 양성하여 고전 경국[輕麯(麴)] 2호 혹은 경국[庫麯(麴)]과 특제의 소국미백주[小麯(麴)米白酒]를 별도로 가하여 양조하여 장기진양(長期陳釀)한다(그림 3-19).

(3) 복건갱미홍국황주(福健粳米紅麯(麹)黃酒)

복건성의 황주는 나미(糯米)를 사용하여 양조되었으나 1956년 갱미(粳米)를 사용한 홍국주[紅麯(麴)酒]의 양조에 성공하여 현지에 널리 보급되고 있다. 지역에 따라 제조방법이 다르다.

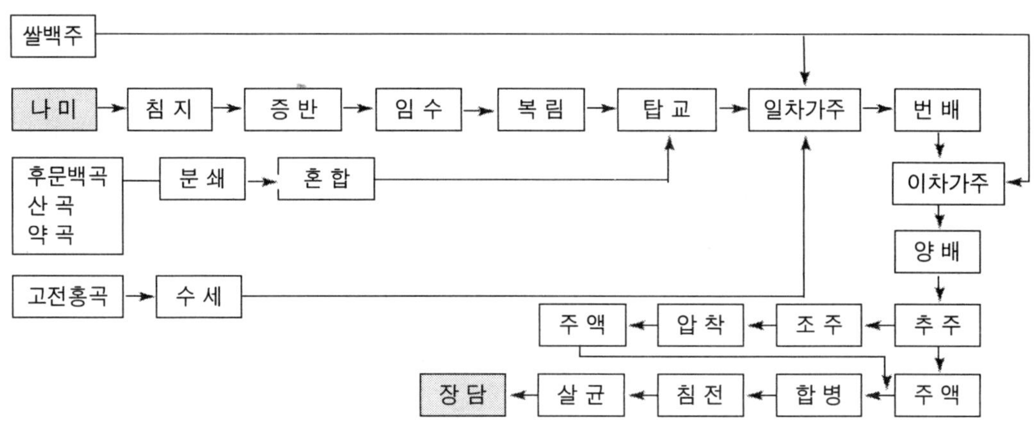

그림 3-19. 용암(龍岩) 침항주(沈缸酒)의 제조공정

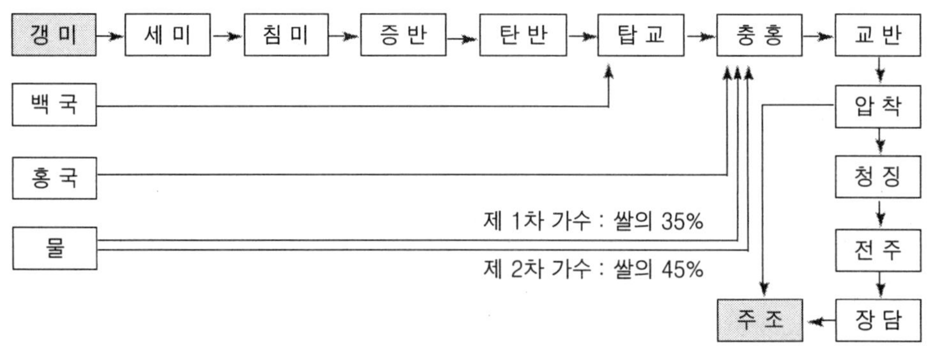

그림 3-20. 복건(福建) 갱미홍국황주(粳米紅麹黃酒)의 제조공정
제일종법 : 홍국 · 백국 혼합사용

① 하문지구(厦門地區)：갱미(粳米) 증미에 하문백국[厦門白麯(麴)]을 사용하여 임반법(淋飯法)에 의하여 첨주(甛酒)를 양성하고 홍국과 물을 가하여 발효시킨다(그림 3-20).

② 건구지구(建甌地區)：갱미(粳米) 증미에 홍국을 당화발효제로 사용하여 발효한다.

(4) 복건선미[福建秈米(糯米)] 황의홍국황주[黃衣紅麯(麴)黃酒]

홍국의 액화, 발효능력은 약하므로 선미(秈米)를 원료로 하는 경우는 출주율이 낮아진다. 출주율 향상의 목적으로 1972년 홍국과 오의홍국의 혼합 국에 의하여 시험을 하였으나 풍미에 난점이 있었다. 1982년에 홍국과 순수배양 황의홍국의 혼합 국으로 시험을 하여 처음으로 성공하였다. 이것을 전통 생산이나 대량 생산에 투입하여 성과를 내고 있다. 황의홍국, 홍국과 주약의 혼합 국을 사용하여 나미홍국황주[糯米紅麯(麴)黃酒]도 양조하고 있다.

2) 절강성(浙江省)

(1) 온주선미(溫州秈米) 오의(황의)홍국황주[烏衣(黃衣)紅麯(麴)黃酒]

절강성 온주지구(溫州地區)에서 1960년 말~70년 초, 선미(秈米)를 사용하여 오의홍국황주의 생산기술이 확립되어 절강성 남부에 보급되고 또 복건성 북부에서도 제조되었다. 선미(秈米) 혹은 갱미에 오의홍국을 당화제제로 사용하여 양조되고 있다(그림 3-21).

(2) 금화답반황주(金華踏飯黃酒)

홍국과 맥국을 나미(糯米) 혹은 서미(黍米)의 밥을 기초로 하여 목제분(木製盆)

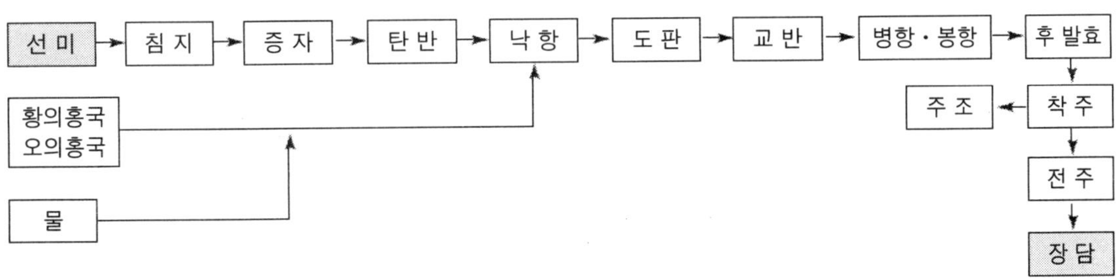

그림 3-21. 온주선미오의(溫州籼米烏衣) (黃衣) 홍국황주(紅麴黃酒)의 제조공정

중에서 발로 밟아 찰기를 낸 후 항(缸)에 투입하여 발효시킨 홍의홍주로, 주요 산지는 절강성 금화(金華), 난계(蘭溪), 의오(義烏) 등이다.

[홍국황주의 유용미생물 분리와 이용]

1960년대 중국과학원 미생물연구소에서는 홍 koji균(紅麴菌) 150여 균주에서 우량균주 11균주(Monascus anka Nakazawa et Sato)를 선택하여 전국에 보급하였다. 홍국[紅麯(麴)]은 양주(釀酒) 이외에 식품 색소제의 제조, 홍부유(紅腐乳)의 제조 주류나 중약(中葯) 배합 등에 이용되고 있다. Endo 등은 *Monascus*속의 한 균주가 강력한 콜레스테롤 합성 제해제(monacolin)인 것을 발견하였다.

[저명한 홍국황주]

1) 복건성 용암시 주창(龍岩市 酒廠)

- 심항주(沈缸酒): 주정도 14~16%, 당분 22.5%, 첨형(甛型)황주. 국가 금질상(金質賞) 수상, 국가 명주

2) 복건성 복주시(福州市) 제1주창

- 복건노주(福建老酒): 주정도 15%, 당 6.5%, 반건형(半乾型). 복건명주, 전국 우질주, 주액 홍갈색, 순후 상쾌
- 쌍가반(双加飯): 주정도 16%, 당분 2%, 반건형(半乾型).

이외에 연강원홍주[連江元紅酒: 복건연강현 주창(福建連江縣 酒廠)], 말리청[茉利青: 복건남평시 주창(福建南平市 酒廠)], 금화답반황주(金華踏飯黃酒), 수생주(壽生酒), 백자주[白字酒: 절강성 금화(浙江省 金華) 일대], 홍로주(虹露酒: 대만) 등이 있다.

11. 기타 양조주

[개 요]

종교상 이유 등의 특수한 경우를 제외하고 세계 각지의 민족은 각기 어떤 형태의 양조주가 있다. 인류는 손에 들어 올 수 있는 것 중에서 알코올발효로 무엇이든지 이용하여 술을 만들어 왔다. 그러나 이와 같은 술 중에서 발효학적인 측면에서의 연구가 진행되고 있는 것은 적다. 또 다른 항목에서 취급되는 것 외의 대부분의 양조주를 여기에서 망라하기는 어려우나 기타의 양조주에 대하여 발효 면에서 흥미 있는 몇 개의 양조주에 대하여 원료 혹은 양조방법을 분류의 키워드로 하여 설명한다.

[당을 원료로 한 양조주]

당질 원료를 사용하는 주조는 전분을 원료로 하는 주조에 비하여 당화공정을 필요로 하지 않는 것으로 단순하고 또한 용이하다. 그리고 자연계에서 당이 있는 곳에 반드시이라 해도 좋을 만큼 효모가 서식하고 있으므로 당질 원료는 자연으로 알코올로 발효하여 술을 만드는 수가 많다. 당질 원료로서는 주조에 이용될 수 있는 것은 과실, 벌꿀, 젖 그리고 수액(樹液)이다. 과실 중에도 과즙이 많은 소위 장과(漿果)는 특히 주조 원료에 적합하다.

1) 과실주

포도의 술(포도주 : wine)이나 사과의 술(cider, cidre) 이외의 과실주로서 서양배를 원료로 한 알코올 분이 약 7%의 포와레(poire)가 있다. 서양배의 미숙과에는 녹말이 많으나 완숙하면 당분이 13%로 되고 서양 배 특유의 방향을 갖는다. 그러나 이 방향은 발효 중에 변화하여 술에는 남지 않는다. 생식용으로서는 일본에서는 프랑스 종이 유명한 양조용에서도 윌리암(William) 종이 사용된다.

오렌지에서는 알코올 12～15%의 오렌지 와인(orange wine), 중국의 광감주(廣柑酒)가 만들어진다. 감귤류의 과즙에는 pectin이 많고, 발효에 의하여 methanol이 생산되기 때문에 과즙을 미리부터 pectinase 처리하여 pectin을 분해 제거하고서 발효한다. 영국에서는 Stone's라는 상표로 시판되고 있다.

뽕의 열매에서 제조되는 술이 중국의 상심주(桑椹酒)이다. 뽕나무 열매를 착즙하여 당 함량 9～12%의 과즙을 가열, 청징한 후에 발효시킨다. 홍색을 띠고 오디의 풍미를 가진 술이다. 그러나 오렌지나 apricot, raspberry(나무딸기), 복숭아, 버찌 등은 양조주보다는 특유한 향을 살린 리큐르 등의 이용이 일반적이다.

2) 봉밀주(벌꿀 술)

봉밀주(蜂蜜酒)는 2,000년 이상 전부터 고대 이집트나 아비시니아 지방에서 만들고 있었다. 현재에는 양적으로는 적으나 영국의 웰스지방이나 동구 폴란드의 미드(mead : 봉밀주)가 알려져 있다. 또 사하라 이남의 아프리카 원주민도 봉밀주를 만들고 있다.

봉밀의 77～80%는 당류이고, 그 대부분이 glucose와 fructose이다. 그러나 수분은 약 20%이다. 고 삼투압이 되면 그대로는 발효되지 않으므로 봉밀에는 glucose oxidase가 함유되어 있기 때문에 0.3～0.7? μg / mℓ의 과산화수소가 존재하여 낮은 pH 약 3.7에 맞추어 세균에 대한 억제작용이 있게 한다. Glucose oxidase의 작용은 봉밀을 희석하면 다시 강해지고, 당 농도를 19～21%로 희석하면 2～3시간 후에 과산화수소 농도는 최대(15～17 μg / mℓ)로 된다. 그러나 동시에 catalase도 함유되어 있기 때문에 과산화수소는 곧 소멸되고, 희석된 봉밀(hydro honey)은 발효할 수 있는 상태로 된다.

봉밀에도 발효성 효모가 있고 *Debaryomyces maramus, Saccharomyces prostoserodovii*(현재는 *Sacch. bayanus*로 분류) 등이 분리되어 있다. 이들의 봉밀에서 분리된 효모는 내열성이 높고, 50～60% 당 존재에서도 증식된다. 알맞게 물로 희석된 봉밀은 이들의 효모에 의하여 발효하여 봉밀주가 제조된다. 탄자니아의 다토가족은 봉밀을 물로 4배 희석하여 대형의 요타에 넣어 봉밀주를 만든다. 더욱 좋은 봉밀주를 만드는 레시피는 봉밀 1.6 kg를 3.8 ℓ 물로 희석하여 각각 4 g씩의 인산암모늄, 주석영(cream of tartar), 주석산과 구연산의 혼합물을 가하여 포도주와 구연산 혼합물을 가하여 포도주 효모로 발효시키는 것이다.

3) 마유주(馬乳酒)

마유를 발효시켜 만든 술로 중앙아시아의 기마(騎馬) 유목민에 의하여 옛날부터 만들어 애음해온 술이다. 마유주는 쿠미즈(kumyz : 키루기스 어)나 케미스(koumis : 타타르 어) 등으로 칭하고 있고, 몽골에서는 아이라그(airag) 또는 쓰에게(tsegee)라고 한다.

4) 수액주(樹液酒)

(1) 야자주

사고야자, 파메라 야자 등의 화경부를 절단하면 흘러내리는 수액은 당을 15~18%함유하고 용기로 하는 죽통에 부착한 효모나 수액의 향으로 모여드는 곤충이 운반한 효모에 의하여 발효가 시작되고 1일로 알코올 5~6%, pH 4전후의 달고 신 혼탁된 술이 된다. 브라질 오지의 보로로(Bororo) 족은 야자수액을 자연 발효시켜 코코와와(kokowawa)를 만든다.

야자 수액에 효모의 급원으로서 병국(餠麴), 룩팡(look pang : 전분을 원료로 한 양조주 항을 참조)을 가하여 발효시킨 술이 태국의 남 탄 마오(nam-tarn-mao)나 수액에 보당(補糖)하여 알코올 분을 높이는 방법이나 1~3년 숙성시킨 방법도 채용되고 있다.

(2) 사탕수수 술

사탕수수의 착즙이나 당밀을 발효시켜 증류하여 얻은 쿠바의 럼주(酒)가 유명하고, 필리핀의 대표적인 술 바지(basi)는 사탕수수의 착즙 액(당 함량 약 17%)을 약 1/2들이로 가열 농축한 다음 냉각 후 독에 옮겨 병국(餠麴 : bubod)을 가하여 발효시킨다. 기온 27~30℃에서 발효시켜 2~3주간으로 종료한다.

상징 액은 별도의 독에 옮겨 다시 회나 석회로 발라 굳게 하고 밀봉하여 수개월간 혹은 1년 이상 숙성시키면 브릭스(Brix) 당도(굴절계인 브릭스 당도계로 측정한 당의 w/w %. 당액의 굴절계는 함유되는 당량에 비례한다)가 8.5~15.0, 총 당 3.1~10.0, 환원당 2.3~8.1. pH 3.9~4.1, 신도 5.8~7.6, 알코올 분 10.6~13.4%의 중후한 산미가 있고, 투명한 다갈색의 당취(糖臭)를 가진 술이 된다. 담금에서 1주간 정도는 녹말의 분해력이 있는 *Saccharomycopsis fibuligera*나 *S. burtonii*가 왕성하게 활동하나, 3주간 이후부터는 발효능력이 강한 *Saccharomyces cerevisiae*나 *S. bayanus*가 활동한다.

산 생산의 주역은 유산균이고, 술덧 초기에는 *Pediococcus pentosaceus*, 후기에는 간균(*Lactobacillus*속)으로 변한다. 이들은 청주의 생원계(生酛系) 주모에 나타나는 유산균 군의 천이와 유사하여 흥미롭다. 이 외에 용설란(maguay : 마게이. 테퀴라 참조)이나 사탕단풍나무의 수액(maple syrup)을 발효시킨 술이 있다.

[전분을 원료로 한 양조주]

양조주의 원료로서 사용되는 주요한 녹말질 원료는 고구마류, 옥수수 그리고 각종 곡류이다. 앞에서 설명한 알코올 발효에 앞서 원료에 함유되는 녹말을 함유하는 공정이 필요하나 맥아를 당화제로 하는 맥주나 위스키가 그 제조공정 중에 독립한 당화공정을 갖는데 대하여 여기에서 설명하는 소위 다른 양조주의 제조공정에서는 당화공정을 독립한 것은 없다. 즉 당화와 알코올 발효를 병행하여 진행한다. 소위 청주에서 말하는 병행복발효형식을 채택한 것이 특징이다. 당화제로서의 amylase 기원은 곰팡이를 주체로 하는 미생물, 발아 종자 그리고 구치주(口噛酒)에서 볼 수 있는 타액이다.

1) 당화제와 당화방법

(1) 미생물 amylase

생이나 혹은 증자한 곡류나 그 마쇄물에 곰팡이를 번식시켜 소위 산국(散麹)이나 국(麯, 중국에서는 간체자로 曲으로 쓴다. 餅麹)이 일본 국(麹)을 포함한 동아시아에서 동남아시아 티베트, 산악지대 그리고 남미의 원주민이 만든 술에 일반적으로 사용되고 있다. koji에 대하여는 청주의 항목에서, 국(麯)에 대하여는 소흥주의 항목에서 상세히 설명되어 있으므로 참조 바란다.

원료를 생 그대로 사용하거나 증자하여 사용하는가에 따라 균상은 달라진다. 생원료에는 *Rhizopus*속이나 *Mucor*속이 주체이다. 증자한 것은 *Aspergillus*속이 주체이다. 이것은 전자의 균은 protease계의 효소역가가 약하고 열 변성 단백질을 분해하여 아미노산을 얻기 어렵기 때문이고, 한편 *Aspergillus*속의 amylase는 생전분의 분해력이 없기 때문이다.

동남아시아나 남미 오지의 원주민이 사용하는 koji나 국(麯)은 당화제인 동시에 발효 효모의 공급원이다. 곰팡이와 효모는 원료를 방치하여 사이 공기 중에 부유하는 포자의 자연 착생을 기다려 곡물의 가루에 수 종류의 식물[초국(草麹)]을 가하거나 볏짚으로 싸서[한국의 도국(稲麹)] 방치하여 만들 수 있다.

룩팡(look-pang)은 쌀가루를 이겨 작은 원통모양이나 단자모양(직경 약 3 cm, 두께 1 cm)으로 하여 천으로 싸서 곰팡이나 효모를 발생시켜 풍건한 것으로 분쇄하여 발효의 스타터로 사용한다. 이 종류의 병국(餠麴)을 필리핀에서는 부보트, 인도네시아나 말레이시아에서는 ragi라고 하고 *Rhizopus*, *Mucor*, *Aspergillus*속의 곰팡이나 효모로서 *Saccharomycopsis fibuligera* 등이 분리되고 있다. 잡균의 증식을 억제하고 효모에 의한 발효를 촉진할 목적으로 수액 양의 약 3% 망그로브의 수피분말을 가하는 방법도 있다. 이렇게 하면 균상은 *Saccharomyces chevalieri*(현재는 *S. cerevisiae*)가 주체로 된다.

Look-pang과 마찬가지 제법을 하는 것으로는 남미의 원주민이 만든 베쥬(beiju)가 있다. 베쥬는 카사바(cassava)를 세정, 파쇄, 압착 후 직경 약 40 cm, 두께 2～3 cm로 성형하여 굽고 바나나 잎으로 싸서 10일 정도 방치하여 종종의 곰팡이를 발생시키고 표면이 흑갈색, 황, 녹, 도식의 반상으로 된 병국(餠麴)이다.

균상은 look-pang과는 크게 다르며 glucoamylase 활성이 높은 *Aspergillus niger*와 *Rhizopus delemar*, α-amylase 활성이 높은 *Paecilomyces*속 그리고 *Neurospora*속 등이 분리된다. 이 beiju에 110% 상당의 물을 가하여 9～10일간 발효시킨 술이 알코올 분 5～6%로 감산미와 초산 에털취가 있는 술이 티퀴라(tiquira)이다.

(2) 발아종자의 아밀레이스

맥아 이외에로는 발아 옥수수를 사용한 술이 있다. 발아 옥수수의 amylase 활성의 보고 예는 없으나 그래서 대맥과 소맥의 amylase는 미아(米芽)의 40～50배 이고, 미아의 술이 발견이 안 된 이유도 납득된다.

발아 종자를 그대로 담금을 하면 녹말은 발아와 발근 때문에 이용되어 환원당은 축적되지 않고, 알코올 분도 1%를 초과하지 않는다. 따라서 발아종자의 주조에는 담금에 앞서 발아종자를 으깨거나 건조하여 식물물체로서의 활성을 저지할 필요가 있다. 현재 페루의 발아옥수수의 술, 치차데 콜라(chichaa de kolla)는 옥수수를 발아시킨 후에 분쇄하고, 무 증자 그대로를 발효하여 만든다.

(3) 타액 아밀레이스

소위 구치주(口嚙酒)이다. 중국의 화남에서 베트남에 걸친 지대와 남미 안데스 산 지방에는 구치주(口嚙酒)를 만드는 풍습이 있고, 일본에서도 고대의 남 규슈 오오스미(大隅)나 아이누 민족, 유큐(琉球)에도 또한 구치주(口嚙酒)가 있었다는 문헌도 있다. 우리나라도 씹어서 만든 술은 고대에 있었다는 역사적인 술이다.

타액의 성상은 신체의 생리 상태나 섭취한 음식물의 양에 따라 변화되나 증미를 3분간 저작하므로 2%의 환원당이 생성되는 것으로 타액 중의 amylase 활성은 비교적 높고, 더욱이 여성 쪽이 남성보다 높은 경향이 있다. 개인차가 큰 타액 중에는 발효성 효모(*Candida*속)나 유산균도 있으나 효모만으로는 알코올 분 1% 이상은 되지 않는다.

따라서 안데스의 원주민이 만든 구치주(口噛酒) 치차(chicha)는 증자한 옥수수를 씹은 것에 생 카사바를 병용한다. 이것이 발효능력이 강한 *Saccharomyces*속 효모의 급원이 되나 알코올 분은 보통 1~3%이다 그러나 씹는 사람에 따라 높은 알코올 도수를 얻을 수 있다고 한다.

2) 곡류의 술

녹말 원료주의 양조주 중 고구마류, 옥수수를 원료로 하는 것에 대하여는 앞서 대략 설명하였으므로 여기에서는 전분질을 원료로 하여 더욱 중요한 곡류를 생 혹은 혼합하여 발효시킨 것을 다룬다. 중국에서는 이 종의 술을 황주(黃酒)라고 하고, 그 대표적인 것은 소흥주이다(소흥주, 홍국황주 항 참조)

(1) 핑거 밀레트(finger millet)의 술

증자된 기장[티베트에서는 나대맥(裸大麥)을 바우마나라는 koji와 섞어 1~3주간 개체 발효시킨 후 열탕을 가하여 스트로로 빨아 마시는 술이 네팔지방의 찬(chang)이다.

(2) 쌀의 술

태국 등의 동남아시아에 많으나 증미에 룩팡(luk-pang)을 가하여 고체 발효시킨 술이 카오 마(kao-mark)나 사토(sato)라는 술로 sato를 증류한 것이 유큐의 포성(泡盛)의 원류라고 하는 라오론(lhao-rong)이다. 또 찹쌀을 사용하여 고체 발효시킨 술이 우(ou)이다. 한국의 막걸리는 멥쌀이나 찹쌀에 국을 가하여 발효시켜 거른 알코올로 8%의 탁주이다. 막걸리는 생주이기 때문에 상품 수명은 1주간 정도이다.

(3) 적주(赤酒)와 지주(地酒)

일본 구마모토, 가고시마 지방에서 만든 술이다. 제조방법은 발효까지는 청주와 거의 같으나 발효 종료 시에 동백나무나 느티나무의 목회를 가하여 착즙한다. 이것은 목회를 가함으로써 술의 pH를 5~7로 높여 부패(화락)를 방지할 수 있다. 그러므로 진성 화락균(청주 항에서 참조)의 생육한계 pH의 상한은 5.5이다. 적주나 지주의 알코올 분은 11.5~15.2%, 엑기스 분은 17~48%로 감미와 특유의 풍미를 가져 색조는 적갈색이다. 주로 조미료나 도소주(屠蘇酒)로서 사용되고 있다.

[중국의 배제주(配製酒)]

백주(白酒)나 황주(黃酒), 포도주에 한방약[약과(葯科) : 야로리야오], 당, 색소, 향료 등을 배합하여 제조한다. 소위 리큐르나 약미주(藥味酒 : 약주)이다. 아주 종류가 많으므로 중요한 것만 열거한다.

죽엽청주(竹葉清酒)는 백주에 죽엽과 왕목향(廣木香)이나 단향(檀香) 등의 약료(藥料)를 침지하여 빙사탕을 가한 알코올 분 46%로 녹황색으로 달고 향이 높은 술이다. 오가피주는 백주에 오가피 등 10여 종의 약로를 침지하여 만든 술이다. 그 외에 호경(虎脛)을 주된 약료(葯料)로 한 호골주(虎骨酒), 인삼(人蔘)과 녹용(鹿茸)의 삼용약주(蔘茸葯酒) 등이 있다.

[분말주(粉末酒)]

물 등에 용해한 알코올 분 1% 이상의 음료로 할 수가 있는 분말상의 것으로 그 나라의 주세법에 규정된 분말주이다. 분말주는 주류에 dextrin을 혼합 용해시킨 spray drier로 분무 건조시켜 수분만을 선택적으로 휘산시켜 만든 술이다. 비중은 0.3~0.7로 물에 쉽게 녹고 수 ㎛~수백 ㎛의 분말체이다.

분말주는 공중으로 방치되면 알코올 분이 서서히 휘발되므로 알코올 삼투성이 적은 포장 필름으로 밀봉 보존할 필요가 있다. 주류와 dextrin의 혼합액에서 수분 약 95%를 증발시키면서 한편으로는 알코올 분의 약 93%는 분말 건조물 중에 잔존시키는 것이 요점이다.

분말 건조공정에 있어서 물보다 비점이 낮은 알코올이 잔존되는 이유는 다음과 같다. 즉, 물-덱스트린-알코올의 3성분계가 건조 분위기 중에 방출하게 되면 액적 표면에서 물과 알코올이 휘발하여 액적 표면에 dextrin 농후 층이 형성된다. 이 dextrin 농후 층이 선택 막으로서 작용한다. 즉 물보다 알코올 분자가 클수록 dextrin에 대한 알코올의 용해성이 물보다 작으므로 물만이 휘발하고, 알코올이 방향성 에스테르로서 액적 중에 잔존하여 선택적으로 농축하게 된다.

알코올을 고 수율로 액적 중에 잔존시키기 위해서는 dextrin / 물의 비가 높을 것과 그리고 분무된 액적보다 단시간에 건조하여 빨리 선택 막이 형성될 필요가 있다. 그 조건은 아래와 같다.

① 포도당의 중합도가 8 이하의 올리고당이 50% 이상, 중합도 2 이하의 올리고당이 5% 이하의 dextrin을 사용한다.

② Dextrin의 첨가량을 물에 대하여 100～200%로 한다.

③ 혼합액을 가능한 한 저온에서 분말 건조한다.

④ 분말화 하는 주류의 알코올 농도가 40 wt% 이상일 것 등이다.

분말주는 물에 용해하여 음용하는 외에 과자나 조미식품의 원료로서 사용한다.

12. 위스키(wisky)

[개 요]

위스키(wisky, 아일랜드에서는 whiskey)란 발아한 곡류[주로 이조대막(二條大麥)]를 함유하는 효소로 곡류의 녹말을 당화시켜 효모로서 발효시킨 술덧을 증류하여 목제의 통에서 저장・숙성한 술이다. 이 중 원료의 곡류는 대맥 맥아(malt)만을 사용한 맥아 위스키(malt whisky)라고 하고, 대맥 맥아 이외에 옥수수 등의 곡류를 사용한 것을 곡류 위스키(grain whisky)라고 한다.

위스키의 기록이 발견된 것은 현존하는 최고의 문서는 494년의 스코틀랜드 정부의 세무 대장이라 한다. 이 대장에는 어느 수도원에서 맥아가 아구아위디(게에르어로 생명의 물의 의미)제조에 사용되었다고 기술되어 있다. 그 수도원의 설립이 1196년이라는 것과 당시는 수도원이 여러 가지 제조기술의 중심적 역할을 담당하고 있었다는 것과 기원 1000년 이전에 아일랜드의 수도승에 의하여 쓰여진 일기에 위스키로 시사된 기술이 발견된 것을 생각하면 기원 1000년 이전에 아일랜드에서 수도원을 중심으로 에루를 증류하여 위스키의 원형이 만들어지기 시작되고, 기독교의 전파와 더불어 그 제법이 스코틀랜드에 전해졌다는 것이 여명기의 상황으로 추정된다.

그 후 아일랜드와 스코틀랜드 사람이 미국이나 캐나다로 이민과 더불어 위스키의 제조기술이 대서양을 건넜다. 또 대영제국이 발전에 따라 위스키는 세계로 넓혀졌다. 또 위스키 향미 형성은 본질적인 저장・숙성 공정이 본격적으로 다루게 된 것은 1800년대 중반 이후로 생각된다.

현재, 5대 위스키로서는 스카치위스키(Scotch whisky), 아이리시(아일랜드) 위스키(Irish whisky), 아메리칸 위스키(American whisky), 캐나다 위스키(Canadian whisk), 자파니스 위스키(Japanese whisky)가 세계적으로 알려져 있다. 세계의 위스키는 주로 단식증기에 의하여 얻어지는 유액의 향미를 특싱으로 하는 스카치 나입과 주로 연속 증류기에서 얻은 유액의 향미를 특징으로 하는 아메리칸 위스키의 두 그룹으로 나눈다.

스카치 타입은 스카치위스키, 아이리시 위스키, 자파니스 위스키가 속하고, 아미리칸 타입은 아메리칸 위스키, 캐나다 위스키가 속한다. 위스키의 세계 소비량을 보면 세계에서 총 소비량은 연속적으로 신장되고 있다. 1998년의 시점에서 국별 경우를 보면 소비량이 많은 것은 미국(38.1%)이고, 다음으로 일본(14.7%), 영국(7.3%)의 순이다. 위스키 타입을 보면 스카치 위스키가 최대를 차지하고, 다음이 버번(bourbon : 아메리칸 위스키의 타입), 캐나다 위스키, 아메리칸 브랜드 위스키, 자파니스 위스키 등의 순이다.

[위스키 제조방법]

위스키의 제조방법은 타입에 따리 약간씩 다른 것으로 기본적으로는

① 원료의 곡류, 녹말을 당화시켜 당화 술덧을 조정하는 당화공정

② 당화 술덧에 효모를 가하여 발효시켜 발효술덧으로 변화하는 발효공정

표 3-13. 세계 5대 위스키의 제조공정과 품질 특성

대표제품	품질 특성	타 입	주원료	부원료	증 류	저 장
로얄 슈퍼 니카	Mild balance좋음	Japanense (일본)	맥아	피트	단식2회	신준(新樽) 고준(古樽) Sherry 통
			옥수수	맥아	연속식	
올드 파 발라타인 죠니 흑·적	Smoky	Scotch (영국)	맥아	피트	단식2회	신준(新樽) 고준(古樽) Sherry통
			옥수수	대맥	연속식	
타라모아듀 재임손	라이트 곡물 향	Irish (아일랜드)	맥아	대맥 라이 맥	단식3회	신준(新樽) 고준(古樽)
			옥수수	맥아	연속식	
I.W. 하파 알리타임무 스샤크다니 엘	통 향기	American (미국)	옥수수 51%이상 80%미만	라이 맥 맥아	연속식	내면을 태운 신준(新樽)
캐나디안 크라브 시그램	Light smooth	Canadian (캐나다)	라이 맥	맥아 옥수수	연속식 단식	고준(古樽)
			옥수수	맥아	연속식	

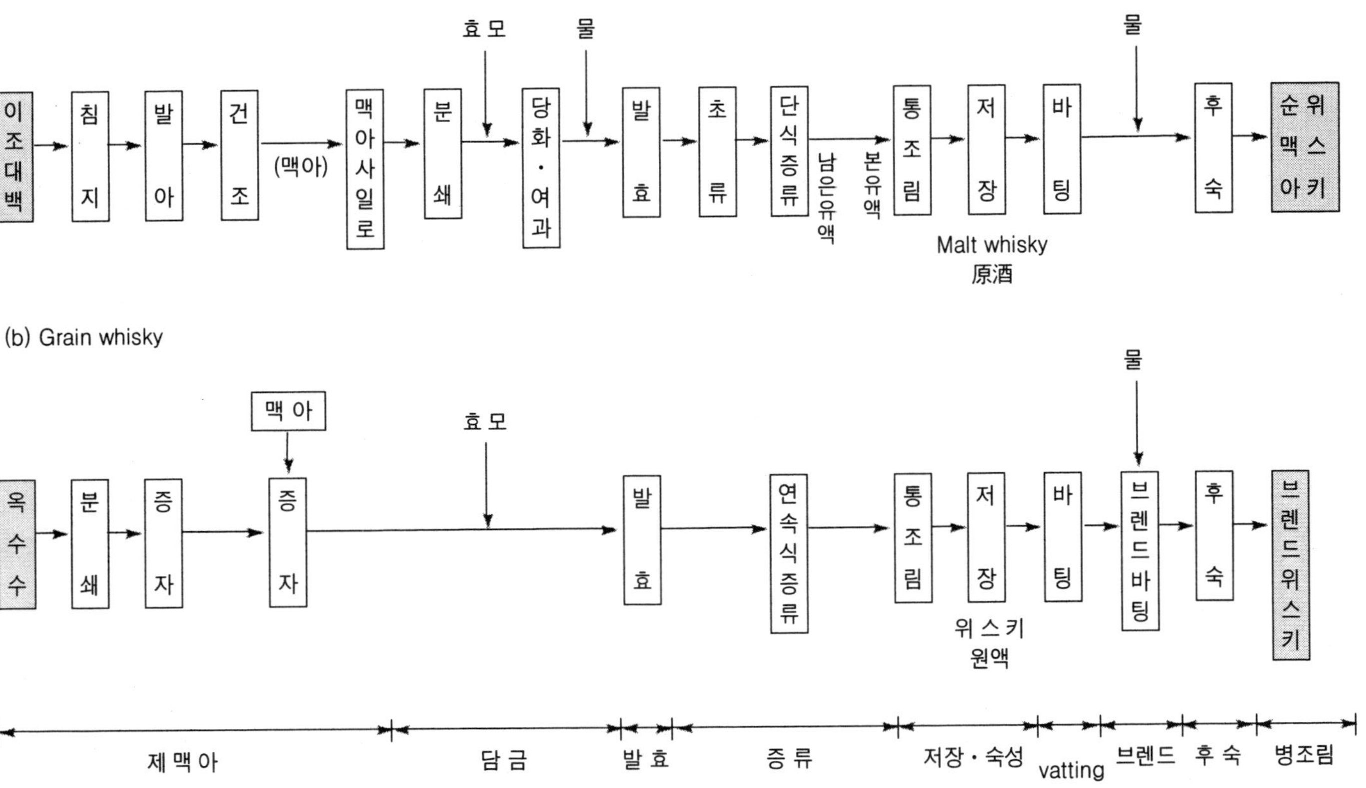

그림 3-22. 위스키의 제조공정

③ 발효술덧을 증류하여 유액을 얻는 증류공정
④ 유액을 목제의 통에 채우고 저장・숙성하는 저장공정
⑤ 통 숙성에는 원액을 꺼내어 혼합하여 목적의 균형을 얻는 배팅(vatting) 블렌딩(blending) 공정

의 5공정으로 된다. 그 후 각 공정에 대하여는 스카치 그리고 자파니스 위스키 중 맥아 위스키를 중심으로 설명한다. 다른 타입에 대하여는 스카치 그리고 자파니스 위스키의 차이에 대하여서도 간단히 설명한다(그림 3-22). 그리고 본 항목의 (2) 발효공정에 있어서 위스키의 발효에 관여하는 효모 그리고 유산균의 종류와 그 역할에 대하여 기술한다.

1) 위스키 당화공정

당화공정은 담금(mashing)이라 하며, 목적은 대략은 맥주제조의 담금과 마찬가지이나 위스키제조에서는 일본의 맥주제조에서 일반적으로 행하고 있는 decoction method(당화 술덧의 일부를 자비 솥에서 가열하여 원래의 술덧에 합병하여 온도를 상승하고 엑기스를 회수하는 방법)과는 달리 infusion method(당화술덧을 전연 자비하지 않고 온수에 의하여 승온 엑기스를 회수하는 방법)로 행한다.

분쇄된 맥아에 담금 수(전회의 회분식으로 회수된 삼번 맥아즙을 사용하는 수가 많다)를 가하여 효소활성에 적당한 63～66℃의 온도로 조절된 담금조(mash tun)에 투입한다. 담금조 저부에는 저부에서 5 cm 정도의 곳에 여과 판이 있고, 그 상부에 분쇄맥아의 층을 형성한다. 담금 수는 일정시간 유지된 후 맥층 여과판을 통과하여 일번 맥아즙을 얻는다.

일번 맥아즙 여과 후 담금조 상부에서 스파싱 물이라는 온수를 산수하므로 맥층에서 가용성 탄수화물을 침출시켜 이번 맥아즙을 얻는다. 스파싱 물의 온도는 85℃를 넘을 온도까지 가열시켜 효소를 실활한다. 일번, 이번 맥아즙이 발효공정으로 보내지나 그 양은 맥아 1톤당 약 5～5.5 kℓ이다. 얻어진 맥아즙의 당분은 약 14%로 maltose가 주체이고, 이 중 약 90%가 자화성 당이다. 또 맥아즙에는 다양한 이미노산이 함유되어 있고 대부분의 아미노산은 효모에 의하여 자화된다.

아이리시 위스키에는 미발아 대맥을 반량 이상 사용하는 점 이외는 대략 스카치, 자파니스 위스키와 마찬가지 공정으로 맥아즙이 만들어진다. 스카치나 자파니스의 브랜드 위스키에 사용되는 곡류 위스키의 주원료는 옥수수나 소맥이고, 대맥 맥아는 당화제로서 사용한다. 옥수수는 분쇄・가수 후 증자부에서 가압 고온증자(120℃ 정도)된다. 당화조에는 맥아가 가해지고 약 60～65℃의 조건하에서 당화가 이루어

진다. 미국, 캐나다 위시키에는 곡류 위스키형의 당화공정이 사용된다.

2) 위스키 발효공정

위스키제조에 있어서 발효(fermentation)는 맥주와 마찬가지로 *Saccharomyces cerevisiae*에 속하는 효모를 사용하나 발효조작이나 효모의 작용이 다른 면도 있다. 당화 후의 냉각 맥아즙(약 20℃)에 효모를 접종하므로 발효가 개시된다. 발효온도는 35℃를 넘지 않게 발효조 외벽에 산수하여 냉각을 하고, 냉각이 불가능의 경우에는 냉각 맥아즙의 온도설정에 따라 조정한다.

발효공정 전체의 기간은 50～60시간이나 아미노산・당원의 자화, 알코올발효는 전반에서 거의 종료하여 발효술덧의 알코올 도수는 약 7%로 된다. 발효공정의 후반부분은 유산균의 작용을 중심으로 한 술덧의 숙성기로 된다. 효모나 유산균의 작용에 대하여는 다음에 설명한다.

곡류 위스키나 다른 타입의 위스키에서는 발효기간도 길고 발효 종료시의 술덧의 알고올 도수도 약간 높다. 맥아 위스키에서는 순수 배양된 증류주 효모(distillers yeast)와 맥주효모(brewers yeast)가 사용되어 왔다. 이들의 효모균주의 특성이 위스키의 품질에 깊이 관계한다. 위스키 발효에 있어서 효모의 작용은 ethanol을 생성하는 외에 고급 알코올이나 ester, 지방산 등은 위스키 향미에 있어서 중요한 성분을 생성하는 것을 들 수 있다.

발효기간 중에 효모는 증식 → 체적 증가 → 체적 감소 → 사멸 과정을 경유한다. 전체적 증가기 후반부터 액포의 거대화가 관찰되어 체적 감소기로 이행한다. 이 기간에서는 효모 내에 축적된 glycogen이 소비된다. 체적 감소기 이후에는 효모성분이 분해하여 술덧으로 용출된다. 이와 같이 위스키 발효에 있어서는 효모가 환경에 대응하여 드라스틱으로 변화하는 중에 생성하는 대사산물을 이용하여 위스키의 향미가 만들어진다. 또 효모의 사멸기에는 후술의 유산발효가 지배적으로 되고, 향미를 형성하는 요인으로 된다. 이상과 같이 발효 중의 효모의 변화는 위스키 발효에 있어서는 중요한 현상이다.

위스키 발효에 있어서 유산균의 역할에 대하여 설명한다.

맥주 제조에서는 맥아즙의 자비공정이 있고 잡균은 완전 배제되며, 발효에서는 효모가 유일의 미생물인데 대하여 맥아 위스키의 경우에는 63～65℃에서 당화된 맥아즙은 여과 후 곧 냉각되어 살균하지 않고 발효조로 보내진다. 이 때문에 원료 또는 공정 유래의 미생물(주로 유산균)이 발효공정에 존재한다. 또 목통 발효조의 경우에는 장년(長年)의 사용에 따라 발효조에 고유의 유산균이 살아남는다. 이 때문에 맥아 위스키의 발효에서 효모만이 아니고 유산균도 중요한 미생물로서 발효에 관여한다.

유산균의 거동 그리고 그 영향에 관한 최근의 지견에 의하면 발효 개시에는 유산균의 우수 종으로서 *Lactobacillus casei* 등의 균주가 효모와 공존하고 있으나 효모의 수가 보통은 압도적으로 많기 때문에 증식되지 못한다. 효모의 사멸기가 되면 대신으로 *L. fermentum* 등의 균주가 주요 미생물로 되고 효모가 자화하지 못한 이당류, 삼당류를 주 당원으로 하여 유산을 생성한다. 이들의 당원도 고갈되고 효모 내 성분이 술덧 중에 용출되어 *L. acidophilus*가 삼당류 이상의 올리고당을 주요한 당원으로 하여 증식하고 다시 유산을 생성하는 균총의 변천이 밝혀지게 되었다. 또 효모가 자화하지 않는 올리고당을 유산균이 자화하므로 위스키 품질에 영향을 미치는 것은 분명하다. 또 유산균의 활약의 유무에 따라 위스키 중의 휘발성 향기성분에 차이가 있는 것도 보고되고 있다.

3) 위스키 증류공정

증류(distillation)에는 환류조작을 수반하지 않는 단식증류(simple distillation)와 환류조작을 수반하는 연속증류·회분증류[합하여 courter current distillation]가 있고 위스키 제조에는 양자가 사용되고 있다. 여기에서는 다채로운 기능을 가진 맥아 위스키의 단식증류를 중심으로 설명하고 겸하여 맥아 위스키 연속증류 그리고 다른 위스키의 증류방식의 개요를 설명한다.

맥아 위스키의 증류에는 구리제 pot still이 사용된다. 증류는 2회 행한다. 1회째는 초류(初留)라 하여 초류부(初留釜 : wash still)에 발효 종료 술덧을 투입하고 ethanol 농도가 술덧의 약 3배의 초류액(初留液 : low wine)을 얻는다. 2회째는 재류(再留)라 하여 재류부(再留釜 : spirit still)에서 행한다. 재류(再留)는 전류(前留 : heads), 중류(中留 : hearts), 후류(后留 : tails)의 세 구분으로 나누어져 재류와 후류 구분의 유액은 합하여 여유액(余留液 : feints)이라 부른다. 여유액은 차회 이후의 재류에 초류액과 함께 투입하여 다시 증류된다. Ethanol 농도 60~70%(v/v)인 중류(中留) 구분의 유액(留液)은 본유액(本留液 : spirits)이라 부르고 숙성에 알맞는 알코올 농도까지 가수로서 조정된 후 통에 넣어 저장한다.

맥아 위스키 증류는 을류 소주의 증류에서 일반적으로 행하고 있는 감압증류는 아니고 대기압 하에서의 증류이고 솥 내의 온도는 95~100℃로 제조공정 중에서 아주 고온도 조건에서 조작된다. 투입된 발효 종료 술덧에는 효모균체와 발효공정에 있어서 자화되지 않는 당원이나 질소원이 함유되어 있고, 균체에서 용출되어 나온 성분과 이들 성분이 분해에 의한 반응, 기질로서 새로운 화합물이 생성하는 반응이 고온 하에서 촉진되어 향미에 영향을 미치는 카르보닐 화합물 등이 생성된다.

투입액의 상부에는 포말층이 형성되나 이 포말층에서는 효모 내 성분의 알코올 추출이 일어난다. 발효공정의 효모대사에 따라 생성된 고급지방산 에스테르류는 포말층 내의 고 알코올 농도 하에서의 추출에 의하여 투입액으로의 이행이 촉진된다. 포말층 상부에서 언제나 거품의 파열이 일어나는데 더불어 미소한 액적이 다수 발생한다. 이 액적의 대부분은 상승하는 증기에 실려 유액 측으로 이행한다. 액적 중에는 불휘발성 성분・고 비점 성분이 함유되어 있고, 소위 증류에는 유액으로 이행하지 않는 성분의 이행은 이 현상에 의한 것이라 한다. 또 발생되는 증기는 솥 벽의 방열에 의하여 일부가 응축하기 때문에 상부일수록 저 비점 성분이 풍부한 상태로 된다. 이것을 분축현상이라 한다.

이상 맥아 위스키 초류부에 있어서 현상과 기능의 주요한 것을 나타내었으나 이들의 현상의 제어 요건은 가열조건・시간과 설비조건에 있고, 각각의 증류소마다의 특징이 창출된 배경 등의 조건 설정이 되고 있다.

다음에 곡류 위스키에서의 증류방식・기능 등에 대하여 설명한다.

곡물 위스키 제조에 있어서 증류기는 일반적으로 술덧탑 - 저비탑 - 정류탑의 3 또는 4탑으로 구성된다. 각 탑에 있어서 주된 기능은 다음과 같다.

① 술덧탑(醪塔) : 발효종료 술덧 중의 불휘발성 성분의 제거
② 저비탑(底沸搭) : 저 비점 성분량과 균형의 컨트롤
③ 정류탑(精留塔) : 알코올의 농축, 퓨젤 알코올(알코올 발효에서 부생하는 고급알코올, propyl alcohol이나 butyl alcohol 등) 양과 균형을 컨트롤

요구되는 품질에 적합한 정류・분리효과를 얻기 위하여 탑 구성・증류조건이 설정된다. 또 연속적으로 발효종료 술덧이 충전되는 사이에 증류가 연속되어 이루어진다.

스카치 위스키 그리고 자파미스 위스키 이외의 증류에 대하여 그 특징을 간단히 설명한다.

아메리칸 위스키의 증류는 대형의 포트 시틸(pot still)에서 3회 행한다. 그 결과 스카치나 자파니스의 맥아 위스키보다 ethanol 순도기 높게 되고 불순물이 적은 것이 된다. 이것이 아이리시 위스키의 특징인 순하고 마시기 쉬운 맛을 형성하는 한 요인이다. 아메리칸 그리고 캐나다 위스키에서는 연속식 증류기가 사용된다. 아메리카 위스키는 스트레이트와 브랜드의 두 타입이 있고, 전자는 술덧탑과 더블이라는 재류탑(연속 또는 회분)을 조합하여 증류한다. 또 브랜드용 위스키는 다탑식 연속

식 증류기로 만든다. 캐나다 위스키의 증류는 아메리칸 위스키와 거의 같은 장치에서 행한다.

4) 위스키 저장공정

위스키의 저장·숙성에 사용하는 통은 주로 오크 통(떡갈나무)으로 만든다. 화이트 오크 통은 통직(通直)으로 아름다운 나뭇결, 적당한 경도, 강도. 내구성, 수축이 작은 것 등에 따라 세계에서 가장 중요하고 이용가치가 높은 나무의 하나이다. 또 도관에 치로스가 충만하여 있기 때문에 액체가 통하기 어렵고, 증자 또는 자비 등의 연화처리를 함으로써 거의 갈라지는 결점이 없고 구부릴 수 있으며, 위스키의 숙성에 필요란 성분(예로서 셀룰로스, 헤미셀룰로스, 리그닌의 분해물이나 타닌 락톤 등)을 풍부하게 함유하므로 통재료로서 최적의 재료이다.

위스키는 통 저장 중에 착색되어 특징적인 향미를 생성하고 맛을 순조롭게 한다. 이것을 숙성(maturation)이라 하며, 숙성에는 통의 재질이나 기상조건, 위스키의 성분조성 등이 관계한다. 저장기간은 최저 2～3년, 보통 6～7년은 필요하다. 위스키 생산국에서는 최저 저장연수를 법률로 정하고 있다.

숙성 중에는 위스키에 함유되는 불쾌 성분이 통으로 흡수되거나 화학 변화되거나 공기 중으로 증상하거나 하여 감소된다. 또 통 재료에서 착색물이나 phenol 화합물이 위스키 중에 용출하여 이들과 위스키 성분과의 반응도 일어난다. 그리고 알코올과 수분이 통에서 휘산되는 한편 외기와 습도가 통내로 유입되고 위스키 중의 성분이 산화된다. 이들 반응을 통하여 위스키의 특징이 되는 향미 형성이 진행된다.

맛이 순한 이유에 대하여는 불쾌 성분이 감소되는 이외에 통에 남아 있는 쉐리에 유래하는 glucose 등의 당류나 아미노산의 용출 그리고 알코올과 물분자 회합 등이 열거된다.

5) 위스키 배팅·블렌딩 공정

통에 담겨진 원주는 설사 사용회수나 저장연수가 같은 통이라도 그 향미는 한 통, 한 통 모두가 조금씩 다르다. 이들 상호에 조금씩의 맛 차이는 원주를 혼합시켜 밸런스를 취하는 것은 제품품질의 안정상 필수이다. 또 종류가 다른 통에서 숙성하면 당연 그 원주의 숙성 품질은 다르게 된다. 또 저장 연수에 따라서도 주질은 변화되어 간다. 이들의 향미가 다른 원주를 혼합시켜 새로운 향미품질을 설계하는 것도 일반적이고, 이들의 업무를 담당하는 사람을 블랜더(blender)라고 한다.

특히 스키치, 자파니스 위스키에서는 맥아 위스키라고 하고, 곡류 위스키끼리 혼합하는 것을 배팅(vatting)이라 하며, 맥아와 곡류 위스키를 혼합하는 것을 블렌딩(blending)이라 하여 구별하고 있다. 최근 맥아 위스키만으로 제조한 제품이 세계적으로 크게 신장되고 있다.

13. 브랜디(brandy)

[개 요]

브랜디(brandy)란 과실을 원료로 하여 발효, 증류하여 제조하는 술이나 그 중에서도 포도를 원료로 한 것이 가장 많고, 보통은 이것을 브랜디라고 부른다. 이외에 사과, 버찌, 배, 자두 등에서 과실브랜디가 제조되고 있다. 또 프랑스의 마르(marc), 이태리의 그라파(grapa) 등과 같이 포도나 포도주의 압착 박을 증류한 것도 브랜디에 포함된다.

[브랜디의 역사]

아라비아에서 발견된 증류기술이 유럽으로 전해져 각종의 술이 증류된 것은 중세 후기로 생각된다. 당시는 증류주는 약효를 가졌다하여 약초를 침지하거나 리큐르의 탄생으로 되어 연결된다. 이와 같은 사실에서 증류주는 "생명의 물(eau-de-vie)"이라고 불리게 되었다.

16세기에는 무역이 성행한 네덜란드에서 포도주를 수입하여 증류하여 상품으로 하였다. 브랜디의 어원도 네덜란드에 있다고 하였다. 17세기에 들어와 프랑스의 Armagnac, Cognac 등의 포도주 산지에서도 증류가 이루어지게 되어 각기의 산지 이름으로 불리어져 브랜디는 점차 발전하여 국제적 상품으로서 성장하게 되었다. 현재 세계 각국에 각 포도주 산지에서 브랜디가 제조되고 있으나 그 정점에 선 것이 cognac으로 브랜디의 대명사로 되었다.

[브랜디의 발효에 관계되는 미생물 · 브랜디의 발효 내용]

브랜디의 원료 포도주의 제법은 기본적으로는 보통의 포도주와 변하지 않으나 알코올 도수가 낮고 또 살균력이 있는 이산화황은 사용하지 않으므로 주 발효는

*Saccharomyces cerevisiae*에 의하여 이루어지나, 그 전후에 여러 종류의 야생효모가 활동하여 그 생산물도 브랜디의 복잡한 향기성분에 영향을 주는 것으로 생각된다. 전통적인 제법에는 포도 과피나 양조공장 내에 부착되어 있는 야생효모에 의하여 발효가 이루어지나 계절 처음에 순조롭게 발효를 이루기 위하여 배양효모를 사용하는 경우가 있다. 대량 생산 공장에서는 건조효모를 주모로 사용하는 수가 많다.

[브랜디 제조방법]

대표적인 예로서 코냑(cognac)을 중심으로 설명하면 프랑스 서부 대서양에 접한 Cognac 지방은 백악질의 토양으로 브랜디용 포도재배에 알맞다. 주로 사용되는 종으로는 산테 밀리온(st-emilion)종의 백포도가 사용된다. 수확된 포도는 가능한 한 청징한 과즙을 얻기 위하여 약하게 압착한다.

발효는 20~25℃에서 행하고, 포도의 당도가 낮아도 보당하지 않으므로 생성된 포도주의 알코올 도수는 7~9%로 일반의 것보다 낮다. 그러나 그 외 종류에 의하여 다른 포도의 성분이 상대적으로 증가하여 향미가 풍부하게 되는 효과가 있다. 알코올 발효의 부산물이 고급 알코올, 지방산과 그의 ester, aldehyde류 등은 브랜디의 중요한 성분으로 되고 순한 농후한 맛을 준다. 또 포도주의 산도가 높고 pH도 낮으나 발효공정에서의 유해균의 증식을 억제하여 증류공정에서는 화학반응을 촉진하여 향미성분을 증가시키는 이점이 있다.

원료 포도주는 가능한 한 빨리 증류하는 것이 바람직하다. 증류에 의하여 포도주 중의 알코올 그리고 종종의 휘발성분의 분리, 농축이 이루어진다. 또 화학반응에 의한 향미성분의 생성이 있다. 당류의 열분해나 아미노카르보닐 반응에 의한 것과 함께 carotenoid에서 생성되는 미묘한 향기성분은 중요하다. 효모 균체 성분의 추출분해에 의하여 지방산이나 그 ester가 증가하므로 원료 포도주는 앙금 질을 하지 않고 증류한다. 코약(cognac)에서는 샤란트(charente)식 증류기를 사용하여 초류(初留), 재류(再留)와 2회 증류를 반복한다. 코약(cognac) 독자의 형상의 증류기는 다음 각부에서 설명된다(그림 3-23).

초류(初留)에는 전류(前留)라 불리는 유액(留液) 최초의 구분을 원료 포도주의 탱크에 되돌려서 증류를 계속하고 유액의 알코올 도수 28~30%의 초류액(初留液)을 얻는다. 재류(再留)에서는 유액을 전류(前留), 중류(中留), 후류(後留), 미류(尾留)의 4구분으로 나누는 것이 일반적이나 미류를 후류에 포함하는 경우도 있다. 이 중에서 브랜디 원주로 되는 것은 중류 구분만이고 그 외의 구분은 원료 포도주나 초류액에 되돌려 다시 증류한다. 2,500ℓ의 초류액에서 알코올 도수 70% 전후의 증류액(中留液) 약 700 ℓ 의 원주가 얻어진다.

브랜디 원주는 프랑스의 Limousin 지구 등의 오크재료를 사용한 300～400 ℓ 의 통에서 저장 숙성시킨다. 코냑(cognac)은 최저 2년의 통저장이 의무화되고 있으나 아주 장기장의 고주(古酒)는 『봉봉』이라 불리는 큰 유리병에 옮겨 바꾼다. 저장고 내의 온도는 하기에서도 20℃ 이하가 바람직하고 온도가 높으면 재료 성분의 용출이 빨라져 향미 밸런스가 붕괴된다.

저장 중에 통의 재료성분이 브랜디 중으로 용출하여 가벼운 목향을 주고 여기에는 바닐린이나 퀘르가스락톤이 관여하고 있다. 한편 통 재료의 촉매작용도 있고 브랜디 성분의 반응(신화, ester화, acetal화)이 진행하여 화려한 원숙감(圓熟感)도 증가시킨다. 이상의 변화에 알코올과 물 분자의 클라스터 형성에 의한 순한 향의 부여 등의 물리화학적 현상도 가해져 아주 복잡한 과정을 거쳐 브랜디의 숙성이 진행된다.

브랜디 원주는 포도의 재배지구, 수확연도, 발효・증류・저장법 등의 차이에 따라 통마다에 각각의 주질을 가지고 있다. 이것을 교묘하게 조합시켜 개성과 고수준

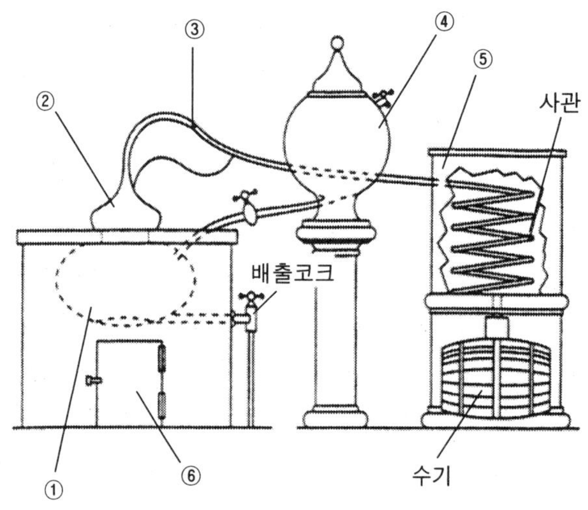

그림 3-23. Charente식 증류기

① 솥(와인을 직화로 가열)
② 포트 모자(솥의 상부),
③ 백조의 목(증기관, 와인 증기의 도관),
④ 와인 예열기(증류전의 와인을 간접 가열)
⑤ 냉각기(사관)
⑥ 로(천연가스를 사용)

의 품질을 갖는 제품을 만들어 내는 것이 브랜드이고, 마무리 단계의 아주 중요한 공정이다. 할수(割水)에 의하여 알코올 도수를 제품의 규격(40～43%)마다 내리는 것도 이 공정 중에서 이루어진다. 블렌드 한 브랜디는 6개월간에 1년 숙성시키고 나서 병조림한다.

[다른 산지의 브랜디]

코냑(cognac)과 함께 프랑스의 대표적인 브랜디 아르마냑(armagnac)의 제법은 거의 코냑(cognac)과 마찬가지이나 샤란트(charente)식 증류기에 의한 단식증류를 2회 행하는 방식과 아르마냑(armagnac) 증류기에 의한 반 연속식 증류법의 두 방법이 있다. 이태리나 스페인에서도 대량의 브랜디가 생산되고 있으나 단식 증류법과 연속식 증류법이 사용되고 있다. 전통적인 제법에 대하여 기술개발에 기초한 근대적 설비를 도입한 것은 미국으로 2～3본 탑의 연속식 증류기의 사용이 중심이 되어 효율적인 생산이 이루어지고 있다,

마르(marc)와 그라파(grappa)는 포도나 포도주의 압착박이나 앙금을 이용하여 간단한 단식증류기를 사용하여 제조하는 것이다. 소위 박취(粕取) 브랜디는 아니고 산지의 특색을 갖는 풍미가 풍부한 우수한 품질의 것이다. 과실 브랜디는 사과를 원료로 한 프랑스의 칼바도스(calvados)가 유명하다(칼바도스 항 참조).

키루슈(kirsch)는 버찌(체리)를 원료로 한 브랜디로 프랑, 독일, 스위스, 체코 등에서 생산된다. 버찌를 부드럽게 압착하여 자연 발효시킨 후 단식증류기로 증류하는 것이 일반적이다. 증류액은 유리 용기, 자기 등의 용기에서 최저 수개월간 저장 숙성을 한다. 무색투명으로 버찌 특유의 엘레간트한 감미의 방향과 순한 입안 촉감이 좋다.

14. 칼바도스(calvados)

[개 요]

프랑스 Normandie 지방, calvados에서 cidre(cider)를 증류하여 통에 저장한 사과 브랜디로 산지 명에 따라 칼바도스(calvados)라고 부른다. 영국에서는 애플 브랜디(brandy)라고 한다.

[칼바도스의 역사]

가장 오랜 기록은 1553년이라 한다. 포도를 원료로 하는 코냑(cognac)의 제조는 1580년경이라고 하므로 역사적으로 칼바도스(calvados) 쪽이 더 오래이다.

[칼바도스의 원료]

Cidre와 포와레라고 불리는 배술의 원료에는 각각 많은 사과와 배의 품종이 사용된다. 칼바도스(calvados)를 증류한 술이 있으나 15% 이내로 배도 사용할 수가 있으며, 배를 사용하면 순한 맛을 부여할 수 있다고 한다. 일본에서는 생식용의 후지(富士)에서 만들고 있다.

[칼바도스의 원료처리 착즙 및 발효]

사과는 부패 과실은 제거하고, 농약이나 오염된 부분을 제거하기 위하여 약제로 세척, 수세한다. 이것을 파쇄, 착즙하여 사과즙을 얻고 발효한다. 배양효모를 사용하는 것은 적어도 사과 과피에 부착하고 있는 야생효모에 의한 자연발효의 것이 많다. 사과의 수확 시기는 기온이 낮고 착즙한 사과주스도 저온이다. 이 환경 하에서는 효모의 증식도 완만하여 발효에는 상당한 시간이 요구된다. 자연발효에 의한 경우에는 1~2주간, 때로는 1개월간을 요한다.

저온이라는 것과 pH가 낮은 것으로 비교적 순조로운 경과를 취할 수가 있으나 당연 발효경과는 복잡하여 재현성이 결여된다. 예를 들면 발효 초기에 어느 종의 유산균이 관여하여 사과산을 유산으로 변화시키고 그 후에 효모에 의한 알코올 발효가 일어나는 것으로 알려져 있다. 포도는 사과에 비하여 향기성분 함량이 적기 때문에 단순한 발효경과에서는 부성분이 적고 단순한 증류주로 된다. 그러나 증류주 중에는 충분한 발효시간과 많은 미생물의 관여의 결과, 복잡한 대사산물을 추적한 것이 많다. 칼바도스(calvados)도 그 대표적이다.

사과의 당도에 따르나 발효종료시의 알코올도수는 5~6%이다. 발효말기에는 간혹 초산균이 증식하여 ethyl acetate의 함량이 증가하므로 충분한 관리가 필요하다. 증류주의 품질은 발효, 증류, 통 저장이라는 아주 복잡한 과정의 종합으로 결정된다. 이 과정도 중요하나 어느 술에서도 그 품질을 결정하는 공정은 발효이고, 이 부분에서 좋은 원료는 우수한 관리를 행하는 것이 바람직하다.

[칼바도스의 증류]

샤란트(charente)형 증류기에서 2회 증류한다. 기본적으로는 위스키의 증류와 마차가지이다. 상압 증류에서는 증류기의 최고 온도는 100℃ 이하이나 직화의 단식증류이라면 공비를 일으키는 것과 구리제의 증류기가 촉매로 되는 등으로 고 비점물질도 보통으로 증류되어 나오는 등 복잡한 경과가 알려져 있다. 많은 향기성분을 얻기 위하여 효모를 주로 하는 발효 잔사를 증류기로 옮겨 증류한다. 알코올 분은 계산상 1회의 증류로 약 배로 노축되나 보통 약간의 혼류도 일어나므로 20% 이하로 된다. 위스키의 증류와 달리 발포는 전혀 없다.

2회째의 증류에서는 전회의 증류 잔액(여류: 余留)을 한다. 증류 최초로 유출되는 부분은 저 비점물질이 많으므로 커트하고 다시 유출 알코올 분 60% 이하는 향미가 적으므로 별로로 취하여 다음 회의 증류에 되돌린다. 이렇게 하여 얻어지는 알코올 65~70%의 구분을 통 저장한다.

[칼바도스의 저장 · 숙성]

오크재료로 만든 통에서 저장한다. 알코올에 의하여 오크재료에서 색소, 타닌, polyphenol 등의 고분사 물실이 용출한다. 이들 일부는 칼바도스(calvados) 중의 향기성분과 화학반응을 일으킨다. 이취는 통의 조직을 통하여 비산된다. 숙성공정은 주로 2계통의 물리, 화학변화에 의한다. 저장 중의 알코올 증발량은 보통 연 2%이다. 짧은 것은 5년 저장하나 10년 이상 숙성한 것은 우수한 주질이 된다.

원료 사과는 수확 년의 기후에 따라 품질이 변한다. 칼바도스(calvados)도 당연히 그 영향을 받는다. 여러 성격을 달리 하는 것을 블렌드 하여 알코올 도를 조정하여 병조림한다.

15. 포성주(泡盛酒)

[포성주의 명칭]

『군이 알고 있는 명주 포성』이라는 말은 발효학의 권위자인 동경대학교(고, 사카쿠치(坂口) 교수가 남긴 말이다. 일단 포성주(泡盛酒)라는 명칭은 언제부터 어디에서 생겼을까? 1671년 장군의 가강(家綱)에 상납한 목록에 이미 포성(泡盛 : 아와모리)이라는 이름이 발견된다. 그 이전의 기록에는 이미 소주라는 명칭이 쓰이고 있다.

에도(江戶)시대(1600～1867년)에 사쓰마(薩摩 : 카고시마 서남부지방)를 경유하여 들어온 포성(泡盛 : awamori : 아와모리)은 시가(市價)도 규슈의 소주에 비하여 2～3배에 가깝고, 약용으로도 제공되는 귀한 술이었다고 한다. 알코올 도수도 규슈의 소주보다 높았다는 것이 문헌에서 알 수 있다. 포성이라는 명칭이 무엇에 기초하는 가는 원료에 속(粟)을 사용하였다는 설과 증류 시에 왕성한 거품이 이루어지는 상묘에서 나왔다는 두 가지 설이 유력하다고 한다.

[포성주의 발효 개요]

포성양조에 있어서 발효 녹말의 당화효소로 당화하는 당화작용과 효모에 의한 알코올발효가 동시에 진행하는 병행복발효이기 때문에 비교적 고농도로 담금을 하여 17～18%라는 높은 알코올 농도의 술덧이 얻어진다.

[포성양조의 특징]

포성 만들기의 특징 하나로는 흑국균(흑 koji균)을 사용하고 있는 것이다. 옛날부터 주주에 사용되고 있는 중요한 공정으로 행하고 있는 것이다 그 국(麴)제조에 사용되는 koji균이 일본주조에 사용되는 균(koji균)은 구연산을 대량으로 생산한다.

이 산의 덕분으로 다른 잡균의 증식이 억제되어 고온다습 때문에 일본 본토에서 보이는 보통 주조가 어려운 오키나와에서는 오직 호적의 것이 되었다. 흑국(koji)균은 오키나와의 선조가 개발한 극히 중요한 보물이라 할 수 있는 존재이다.

두 번째로는 규슈 소주의 원료 일부(쌀 혹은 보리)를 koji로 하고 나머지는 증미(고구마 혹은 소맥 등)로서 담금을 하는데 대하여 포성은 전체 국(麹)으로 담금을 하는 것이다. 이것은 규수의 소주가 역사적으로 청주 제조법의 영향을 많이 받아 발전한 것에 대하여 포성은 최초부터 증류주로서 육성된 것으로 생각된다.

세 번째는 원료 미에 경질의 태국 쌀을 사용한 것을 들 수 있다. 술의 품질은 원료의 영역을 넘는 것은 될 수 없다고 한다. 규슈의 증미 흡수율이 33～36%인데 대하여 포성 만들기에서는 태국미의 증자 미 흡수율은 29～30%로 낮아 규슈의 소주업자가 이것을 보고 그 경도에 놀랄 정도였다. 이와 같이 단단한 증미 위에 번식력이 왕성한 흑국(koji)균이 증식하여 어느 포성의 특성 형성에 크게 기여한 것으로 생각된다.

[포성주의 우량 효모의 선발]

포성효모에 대한 연구는 1901년 포성의 주요 발효균을 *Saccharomyces awamori* INUI로 동정한 것이 처음이다. 그 후 포성양조 특성이 높은 효모가 분리되어 포성 1호 효모로서 명명되었다.

그 특징은 ① TTC(triphenyltetrazorium chloride) 염색성은 붉게 된다. ② 다른 소주 효모와는 저 비점 향기성분의 생성량이 차이가 보인다. ③ 소주효모나 청조효모(협회 7호)가 비타민 B_1을 요구하지 않고 pantothenic acid를 요구하는데 대하여 포성 1호 효모는 비타민 B_1 요구성이 있고 pantothenic acid 요구성에 대하여는 Wickerham 배지에는 요구성이 없으나 후쿠이의 카사아미노산 배지에서는 요구성이 있다. ④ 탄소원의 자회성에 대하여 청주효모(협회 7호)는 α-methyl glucoside 그리고 glycerol을 자화하나 포성 1호 효모는 α-methyl glucoside를 자화하지 않고 glycerol의 자화도 약하다. ⑤ 킬러(killer) 인자를 보유하지 않고 killer 내성도 없는 예민한 균주이다. ⑥ Leucine, valine에 대하여 내성이 있고 canavanine에 대한 내성이 없다. ⑦ 다른 양조효모와 마찬가지로 *Saccharomyces cerevisiae*이다. ⑧ 공장시험의 결과 시험장의 벽에 붙어 있는 효모에 비하여 포성 1호 효모 쪽이 술덧의 향, 제품의 알코올 수득량이 더 우수하다.

[포성주의 발효 실제]

종래 발효법에서는 주 발효에 관여하는 효모의 성질이 일정하지 않는 것에 기인되어 간혹 이상발효 현상이 나타난다. 포성 1호 효모에 의한 제법이 확립되어 그 문제는 해결되었다. 종래의 제법과 우량효모를 사용한 술덧의 발효상태를 비교하여 보면 전자에서는 일수의 경과에서 산도는 전체 기간을 통하여 거의 일정하고, pH는 서서히 상승하여 발효 후기에는 3.8에 달하고 양자는 알코올 생성량에 3배 가까운 차이가 난다.

저 비점 향기성분은 후자에서는 acetaldehyde의 생성량은 적고, 전자에서 생성량의 약 1/2이었다. 그런데 그 외의 저 비점 성분은 후자에 의한 생성량이 1.5～2배 정도 많았다. 또 방향성이 높은 초산 아밀 알코올은 전자에서는 거의 생성도 되지 않으나 후자에서는 5 ppm 가까이 생성이 인정된다. 양자의 유기산 조성에는 확실한 차이가 있었다. 전자는 유산과 초산이 압도적으로 많고 총 유기산의 약 90%를 차지하고, 후자는 구연산이 더욱 많고 총 유기산의 약 60～70%를 차지하고 있다. 후자가 전자보다 많은 성분은 구연산, 사과산 그리고 호박산으로 역으로 유산, 의산 그리고 초산은 전자 쪽이 많았다. 이와 같이 양자 간의 성분조성의 차이가 향의 차이로 나타나고, 그 역과 후자의 술덧 방향이 높아졌다.

[포성주의 숙성과 고주(古酒)]

오키나와에는 옛날부터 숙성한 포성의 향미를 고주(古酒)라 칭하여 소중히 여기는 습관이 있어 옛날 독 유래의 담황색을 가진 것이 고주의 특징 하나로 하였다. 고주 만들기는 옛날부터 독이 이용되어 왔으나 최근에는 대형 스테인리스 스틸도 도입하게 되었다.

독의 특징은 통기성을 가지는 것과 숙성 과정에서 독의 성분이 용출되는 것이다. 이에 대하여 스테인리스 스틸 탱크의 밀폐용기는 그 어느 특성도 가지지 않는다. 따라서 양자의 숙성 메커니즘은 근본적으로 다르기 때문에 양자의 숙성 과정에 있어서 화학적 변화 그리고 포성 중의 물, 알코올 회합 등의 물적, 화학적 변화를 살펴야 한다. 숙성에 있어서는 독의 질을 엄선하지 않으면 안 된다. 저장 연수가 서로 비슷한 고주에 대하여 독 숙성고주와 밀폐용기 고주를 비교하여 보면, 전자는 후지에 비하여 약간 순하고 고주향이 강하다. 이 사실은 전자에 있어서 숙성 변화가 후자에 비하여 빠르고 또한 변화하는 성분이 많은 깃이 품질향상에 기여하는 것을 의미한다.

[포성주의 공업화 실적]

종래의 제법 대신으로 포성 1호 효모를 사용한 개량제법으로 포성양조를 행한 바 알코올 수득량은 어느 달도 향상하여 특히 여름철에 있어서 빠져가는 것이 감소되고 향기와 겨울철의 차가 적었다. 포성 1호 효모 담금의 효과는 알코올 수득량 만이 아니고 술덧의 향이 좋아지는 것이다. 술덧 초기(담금 3~6일째)에 과실향이 나타나 그 방향이 제품으로 이행하여 주질이 향상된다. 또 가부(건물에 붙어 있는) 효모에 의한 경우에 생기는 mure 향(곰팡이 냄새, 캐캐 묵은 냄새)이 없고 향이 양호하였다.

[포성주의 요리에의 이용]

포성은 마시는 것만 아니고 요리에도 사용한다. 라프티[돼지의 각자(角煮)]는 대표적인 오키나와 요리의 하나이다. 껍질이 붙어 있는 돼지의 삼매육(三枚肉 : 세겹살)을 설탕, 가다랭이 다시, 간장 등에 포성을 가하여 조미액으로 장시간 삶으면 포성이 고기에 물들어 고기의 냄새를 제하고 연한 풍미가 있는 라프티가 만들어진다.

미국(米麴)과 포성에 두부를 담가 발효 숙성시킨 것을 두부라고 한다. 간단한 이용법으로서 고추를 포성에 담가둔 것이 오키나와의 메밀국수의 풍미 부여에 사용된다. 포성에 식초를 섞은 것에 고추를 담그는 것도 이용된다. 이와 같은 포성은 그 자체의 향미와 더불어 재료의 성분을 녹여 침투시킴으로써 식사를 풍요롭게 하는 역할을 한다.

16. 본격소주(本格燒酎)

[개 요]

본격소주(本格燒酎)는 주로 녹말질 원료(발아한 곡류를 제외)를 발효시켜 단식 증류기로 증류하여 얻은 알코올 도수 45도 이하, 엑기스분 2% 미만의 증류주를 말한다. 소주 을류(乙類)라는 명칭이 있다. 일본 전통의 증류주로 다채로운 원료가 사용된다. 제조법에 대하여는 모로미토리(醪取 : 요취) 소주와 카스토리(粕取 : 박취) 소주로 대별되고 모로미토리(醪取 : 요취) 소주는 그 원료 명을 머리로 하여 우(芋 : 고구마)소주, 보리(麥) 소주, 쌀(米)소주 등으로 부른다,

[본격소주의 역사]

소주의 아주 오랜 기록은 1546년의 것으로 포르투갈의 상인 쇼지에 알바레스가 프랑시스코 사비엘에 써서 보낸 서한 중에 가고시마 현 야마카와(山川) 지방에서 쌀로 만든 증류주가 널리 마시고 있었다는 기록이 있다. 소주란 말이 가고시마 현 오쿠치 시(大口市) 코오리야마(群山) 야와타 신사(八幡神社)에 남은 1556년의 동목례(棟木禮)에 기록되어 있는 것이 최초이다. 당시 널리 소주를 마신 사실에서 일본의 소주는 적어도 500년의 역사를 기진 것으로 생각된다.

그 기원은 옛날식 증류기 형상의 고찰 등에서 중국 대륙에서 가져왔다는 것이 정설로 되었으나 그 전파 루트는 조선 경유 설, 오키나와 경유 설, 대륙 수입 설 등의 여러 설이 나누어진다. 에도시대(1600～1867년)의 소주의 산지로서는 사쓰마(薩摩)의 우엉소주 이키(壹岐)의 보리소주, 쿠마(球磨)의 쌀 소주, 오키나와(沖繩)의 아와모리(泡盛) 등이 유명하며, 각 토지의 풍토를 반영하여 개성적인 증류주가 제조되었다(표 3-14).

메이지 이전(1868년)의 소주는 청주와 미찬가지로 황국(koji)균을 사용하여 미국(米麴)을 만들고, 여기에 주원료와 물을 동시에 가하는 돈부리(칠버덩)담금이라 부

표 3-14. 본격소주의 원료 보기

조	흑당	완두	해바라기
우롱차	참깨	대두	시금치
호박	쌀	옥수수	말차
수수(기장)	쌀가루	토마토	보리
은행	곤포	평지	찰옥수수
칡	고구마	당근	찹쌀
얼룩조릿대	사탕무	겨	산마
밤	사프란	김	라이맥
청완두콩	성인장	율무	낙하생
커피	표고	피	녹차
인삼	주정박	마름	연근
수수	메밀	피넛 케이크	미역

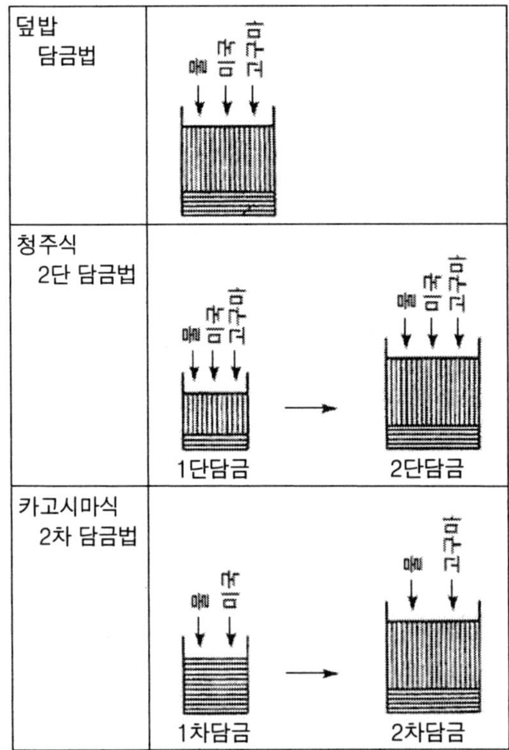

그림 3-24. 고구마소주 제조방법의 변천

르는 제법으로 만들었다. 이 제법은 산 생성이 없는 국균(koji균)을 사용하여 주모를 만들지 않은 것으로 남국에서의 주조는 언제나 부조(腐造)의 위험에 생산성도 나빠 있었다.

메이지 중기(1890년) 이후 제조법의 근대화 때문에 청주양조법의 응용을 포함하여 여러 가지 시행이 이루지게 되어 그 중에서 소주 독특의 제법인 2차 담금법이 창출되었다. 이 변천의 과정을 그림 3-24에 나타내었다. 그리고 다이쇼(大正)시대(1920년)에 들어와서 오키나와의 포성(泡盛) 흑(黑) koji균(菌)이 도입되이 주질과 생산성은 현저히 향상되고, 현재의 소주제조의 시초가 확립되게 되었다.

그 후에도 본격소주(本格燒酎 : Japanese traditional spirits)의 풍토성이 풍부한 서민의 술로서 각 지역에서 친숙하게 되었으나 1975년의 소주 붐에 실려 일본 전국에서 마시게 되어 그 과정에서 설비의 근대화 혹은 이온교환과 감압증류, 바이오테크놀로지(특히 세포융합에 의한 향기 효모의 육종)라는 새로운 기법이 도입되어 새로운 주질의 창조, 다양한 소주원료의 등장, 새로운 산지 형성 등에 맞물려 급속하게 시장이 확대되었다.

[본격소주 제조방법]

본격소주(本格燒酎)의 대표적인 제조법인 2차 담금법을 그림 3-25에 나타내었다. 먼저 쌀과 대맥을 증자, 냉각 후 소주용 종국을 가하여 약 20시간에 걸쳐 국을 만든다. 여기에 물과 소주용 효모를 가하여 1차 술덧을 만든다. 약 1주일 발효시킨 뒤 고구마나 쌀, 보리 등의 원료를 증자, 냉각 후 고구마의 경우에는 다시 분쇄하여 1차 술덧에 가하고 2차 술덧을 만든다. 주원료의 비율은 곡류 소주에서는 국 원료

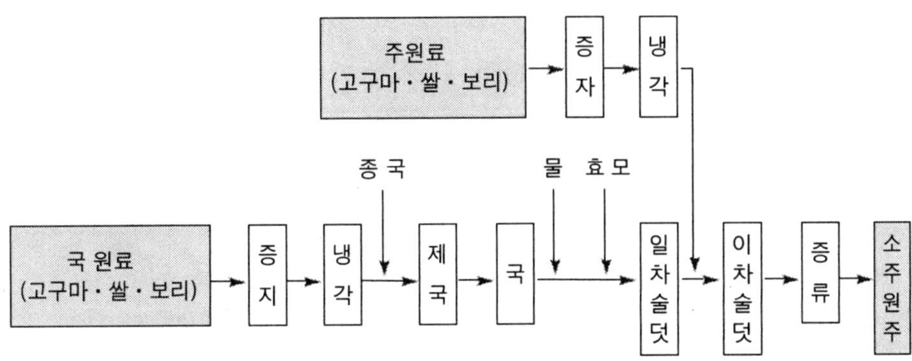

그림 3-25. 본격소주의 제조공정

표 3-15. 담금 배합의 예

	원 료	1차	2차	합 계
고구마소주	국미(麴米)(kg)	1,000	–	1,000
	괘미(掛米)(kg)	–	5,000	5,000
	급수(汲水)(ℓ)	1,200	3,000	4,200
쌀소주	국미(麴米)(kg)	300	–	300
	괘미(掛米)(kg)	–	700	700
	급수(汲水)(ℓ)	360	1,240	1,600
흑당소주	고지(koji)(kg)	300	–	300
	흑당(黑糖)(kg)	–	540	540
	급수(汲水)(ℓ)	360	1,800	2,160

의 2배, 고구마에서는 5배가 표준이다.

담금 배합 예를 표 3-15에 나나타내었다. 주원료를 가한 후의 주 발효는 우(芋 : 고구마, 감자, 토란)소주에서 10일 정도, 곡류소주에서 2주간 정도로 발효가 종료되고 이것을 단식증류기에서 증류하여 알코올 도수가 우엉(芋 : 고구마, 감자, 토란) 소주에서는 37% 전후, 곡류소주에서는 43% 전후의 소주원주를 얻는다. 원주는 필요에 따라 저장 숙성시킨 후에 가수하여 상품의 알코올 도수로 조정한다.

[본격소주의 발효 내용과 최근 동향]

소주는 남 규슈의 온난한 지역에서 발전하였기 때문에 제법도 난지에서 안전하고 효율 좋게 발효가 진행되게 다음과 같은 특징을 가진다.

① 구연산 생산능이 높은 국(koji)을 사용할 것, ② 내산성 내열성이 높은 효모균을 사용할 것, ③ 1차 술덧과 2차 술덧으로 된 2차 담금법으로 할 것, ④ 30℃ 전후의 고온 또한 개방용기에서 발효가 이루어지게 할 것 등이다.

국(koji)은 미국(米麴)이 일반적이나 보리소주에서는 맥국(麥麴)도 많이 사용된다. 국(麴) 만들기는 효소의 생성은 원래보다 구연산의 생성이 중요한 요점이 되고 있다. 1차 술덧은 소주 국에서 구연산이 추출되어 이 구연산에 의하여 잡균오염을 방지할 수 있고 내산성의 소주효모가 증식한다. 대략 1주간 발효시키면 14～15% 정도의 알코올의 생성되나 또 대량의 당분이 잔존하여 진한 당 상태 중에서 효모밀도는 피크로 된다.

이 1차 술덧에 2차 급수(술덧에 가하는 물)를 가하면 술덧은 희석되어 진한 당상태가 해방되어 곧 발효가 왕성하게 된다. 여기에 주원료를 가하기 위하여 2차 술덧 직후부터 왕성한 발효가 시작하게 되므로 발효온도가 높아도 발효의 안전성은 아주 높다. 그러므로 주원료가 고구마라면 우(芋 : 고구마, 감자, 토란)소주, 쌀이라면 쌀소주, 보리라면 보리소주로 되나 본격소주가 표 3-14에 나타낸 것과 같이 여러 가지 원료의 응용이 가능하게 되었기 때문에 이 2차 담금법이라는 제법에 유래한 것이 크다.

또 국(koji)을 사용하는 병행발효방식을 취하기 위하여 우(芋 : 고구마, 감자, 토란)소주에서는 14~15% 정도, 곡류 소주에서는 17~18% 정도의 고농도 술덧이 얻어지고 1회만의 단식증류에서 고농도의 소주 원주를 얻을 수가 있다. 또 불휘발성인 구연산은 이 증류의 과정에서 분리되므로 소주 중에 들어오는 것은 없다. 소주의 증류법에는 대기압 하에서 증류가 진행되는 전통적인 상압증류법과 1975년에 급속하게 보급된 감압 하에서 증류는 감압증류법으로 두 가지 방법이 있다. 그림 3-26에 그 개략도를 나타내었다.

전자는 술덧이 90~100℃의 고온 하에서 가열 증류하는 사이에 여러 가지 미량성분이 2차적으로 부생되어 농순으로 개성적인 주질이 얻어지는 특징을 가지고 우(芋 : 고구마, 감자, 토란)소주 등의 전통적인 맛을 중요시하는 소주로 많이 사용되고 있다. 후자는 증류계를 밀봉하고 진공펌프에서 감압상태로 하므로 50℃ 전후의 낮은 온도에서 증류를 진행시킨 것으로 증류 중의 가열의 영향을 극력 억제함으로써 경쾌하고 단정한 아름다운 주질을 얻는 특징이 있고 쌀 소주를 중심으로 하여 곡류 소주에서 채용되고 있다.

증류 후의 주질 개량법으로서 이온교환수지가 사용되어 aldehyde나 유기산류를 제거하는 방법이 곡류 소주를 중심으로 보급하여 본격소주의 시장 확대에 크게 공

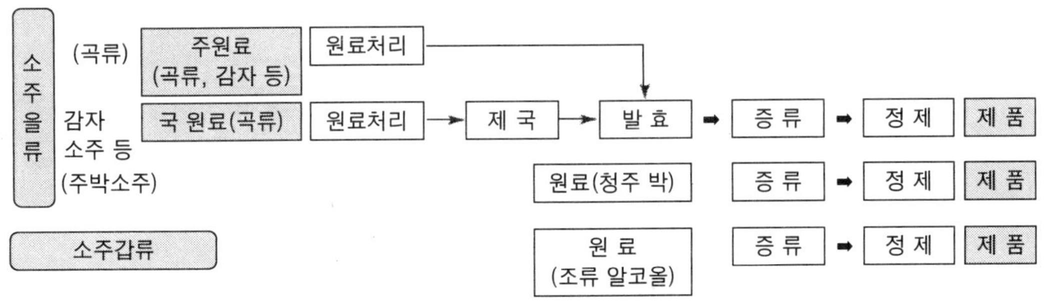

그림 3-26. 소주(갑을)의 제조공정

헌하고 있다. 또 본격소주에서는 전통적으로 숙성기간이 짧은 것이 특징이나 그 이유로서는 고온개방발효 혹은 병행복발효에 의한 고농도 술덧의 1회 증류 등으로 증류 직후의 신주의 단계에서 농후한 맛을 가지게 하고 있다. 그래서 소주의 숙성은

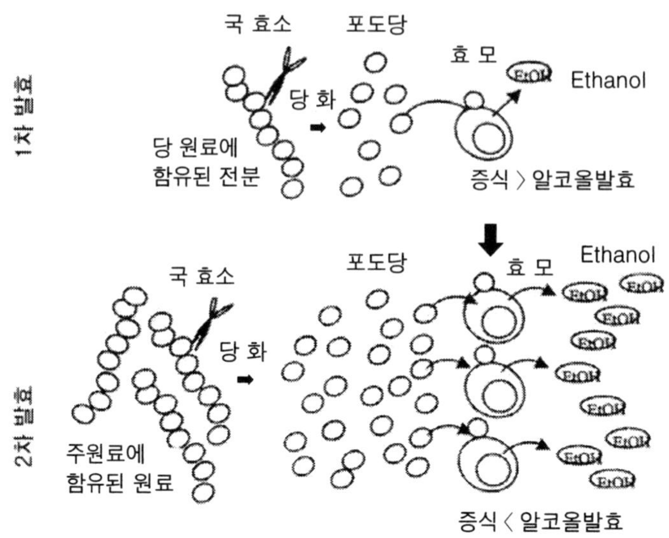

그림 3-27. 소주술덧의 발효

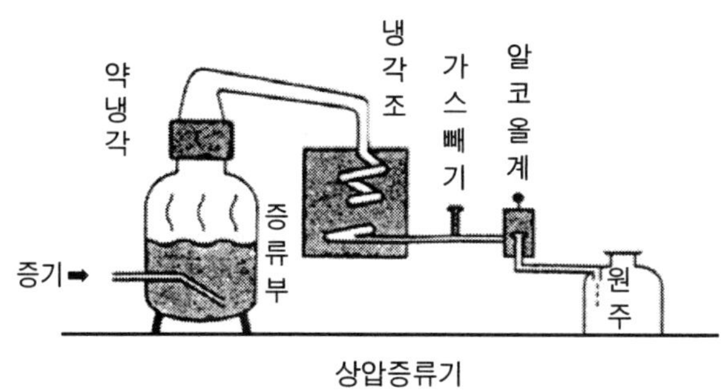

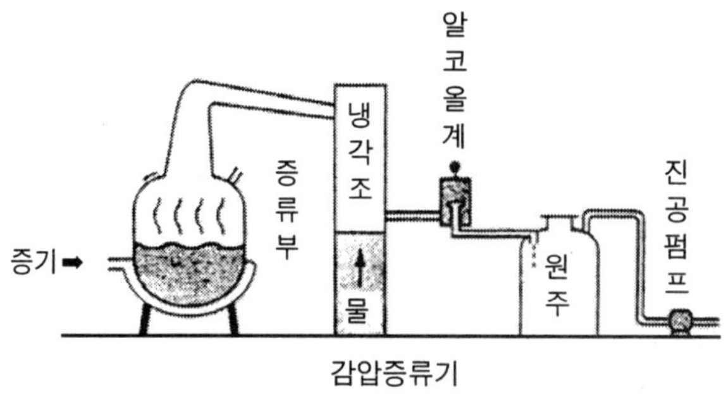

그림 3-28. 소주 증류기

증류 직후에 과잉 양으로 함유되고 있는 미량 정미성분의 조화를 꾀하여 공기나 일광에 의한 열화를 방지하고 자연의 맛을 손상하지 않는 것에 역점을 두고 있다. 최근 독이나 떡갈나무 통에 의한 장기 숙성도 많이 이루어지게 되었다.

그런데 본격소주에서는 모로미토리(醪取 : 요취) 소주 외에 카스토리(粕取 : 박취) 소주가 있다. 박취소주는 청주 박을 마쇄하고 소량의 물을 가하여 밀봉하여 20～40일 정도 발효시킨 그 증기의 통행을 좋게 하기 위하여 왕겨를 섞어 증류하여 얻은 것이다. 이외로 주박에 물을 가하여 액체발효 시키거나 소주의 2차 술덧의 덧밥 원료로 하여 박취소주를 얻는 방법도 있다.

[본격소주의 발효에 관계되는 미생물]

1907년 이전의 본격소주는 모두 청주와 마찬가지로 황국(koji)균(*Asp. oryzae*)이 사용되었다. 황국(koji)균은 유기산의 생성이 적기 때문에 오염세균의 침입을 방지하기 어려워 난지에서의 주조는 언제나 부조의 위험성이 뒤따른다. 1907～1910년에 걸쳐 오키나와의 포성 흑국(koji)균이 사쓰마(薩摩)소주의 제조에 도입되어 소주의 제조법은 일변하게 되었다.

이 포성 흑국(koji)균(대표적인 균종 *Asp. awamori*는 구연산의 생산능이 높고, 술덧은 강한 산성으로 되어 미생물 오염을 방지하고 또한 증류에 의하여 구연산은 잘 분리되어 제조의 안전성은 격단이 높고 품질이나 생상성의 향상에 큰 혁명을 일으켰으며, 1912년에 들어와 급속하게 보급되었다.

제2차 세계대전 후가 되어 흑국(koji)균에 대신한 백국(koji)균이 급속하게 보급하게 되었다. 이 백국(koji)균은 1918년, 흑국(koji)균의 보존균주에서 돌연변이로 출현된 것으로 후년 발견자의 가와치(河內)씨에 연유하여 카와치 균(河內菌)으로 명명하였다. 흑국(koji)균의 실용상 결점은 흑색포자가 작업 중에 의복이나 용기를 오염시키므로 흑국(koji)균에 지지 않는 산 생선성이나 생전분의 분해능을 백국(koji)균에 도입함으로써 문제가 단번에 해결되어 1970년은 거의 남 규슈 전역이 이 백국(koji)균으로 대체하게 되었다.

최근에 이르러 전통 회향의 움직임 중에서 고구마(芋 : 고구마, 감자, 토란)소주를 중심으로 흑국(koji)균이 또 다시 보게 되었다. 소주용 효모균은 이 소주국의 산생산과 남국의 더위에 강한 성질이 요구되어 생육적온이 높고(33～35℃), pH 3.0～3.5 정도의 조건하에서 생육, 발효가 되고 알코올 그리고 구연산에 대하여 큰 증식내성을 갖는 균주가 오키니와의 포성이나 남 규슈의 소주의 소수 술덧에서 선발되어 실용화에 제공되고 있다.

대표적인 균주로서는 미야자키(宮崎) 효모, 카고시마(鹿兒島) 효모, 협회소주 2호 효모(SH-4) 등이 있다.

17. 진(gin)

[개 요]

알코올에 쥬니파(juniper) 등의 초근목피 원표를 침지하고 다시 gin still이라는 목이 긴 단식증류기로 증류하여 만든 증류주이다. 네덜란드의 제너버(genever)를 영국에서 제조하게 되어 약하여 진(gin)이라 부르게 되었다. 초근목피의 향이 높고 예리한 풍미가 특징이다. 세계적으로 마시고 있는 gin은 거의 영국의 London Dry Gin이고 각종 칵테일의 베이스로 사용된다.

[진(gin)의 역사]

진(gin)은 17세기 중반의 라이덴 의학교수 Sylvius에 의하여 처방, 제조되었다. 그는 의약으로서 개발하기 위하여 처음은 라이덴 약국에서 약으로서 판매하였다. 1689년 네덜란드는 영국 국왕을 맞이하면서 윌리암 3세는 국내의 위스키 생산을 보호하기 위하여 외국의 증류주 수입을 금지하거나 관세를 인상하였다. 그 결과 영국의 업자는 네덜란드의 제너버(genever)와 유사한 것을 만들게 되어 네덜란드의 이름을 축소하여 진(gin)으로 이름 지었다. 당시 진(gin)은 맥주보다도 값이 쌌기 때문에 저 소득자 층을 중심으로 급속하게 음용이 넓혀져 1690년에 200만 kL이었든 소비량은 40년 후에 10배로 증가되었다고 한다.

[진(gin)의 재료]

보통 곡물에서 만든 알코올(곡물 알코올)을 사용하였다. 향의 부가를 위하여 식물은 쥬니퍼 베리[두송(杜松)의 열매]가 잘 알려져 있으나 메이커에 따라서는 coriander, orise root, angerica root, orange fir 이외에 많은 허브를 사용한다. 식물의 정유성분 산지, 재배방법, 그 해의 기후 등으로 언제나 일정하지 않다. 이 때문에 현재는 실험실에서 각 원료를 단독으로 증류하여 가스크로마토그래피로 주요 성분을 정량하여 최종 처방을 결정하는 방법이 취해지고 있다.

[진(gin)의 제조방법]

구리제의 단식증류로 만들고 있다(그림 3-29). 위스키 제조용의 포트 스틸(pot still)에 유사한 구조이나 일반적으로 마리부분이 현저히 길고 가늘다. 환류 비를 어느 정도 조정할 목적으로 머리 부분에 냉각장치를 구비한 것이 있다. 이 부분의 구조의 차이는 제품의 품질에 미묘한 영향을 준다. Gin의 제조공정을 그림 2-30에 도시하였다.

원료의 곡물 알코올에 가수하여 증류기에 넣고 여기에 각종의 향료식물을 계량하여 가한다. 증류기로 가열하면 알코올 증류와 더불어 향기성분도 증류된다. 향료식물을 낱으로 넣는 방법과 주머니에 넣어서 넣는 방법이 있으나 주머니에 넣은 향료식물을 포트 시틸(pot still)의 머리부분(首部)에 놓고 알코올 증류로 성분을 추출하는 것이 전통적인 방법이다.

증류기 중에 알코올과 함께 향료식물을 첨가하여 증류하여 만드는 방법이 일반적으로 행해진다. 이 두 가지 방법의 기본적인 차이는 없으나 여러 종류의 정류 성분

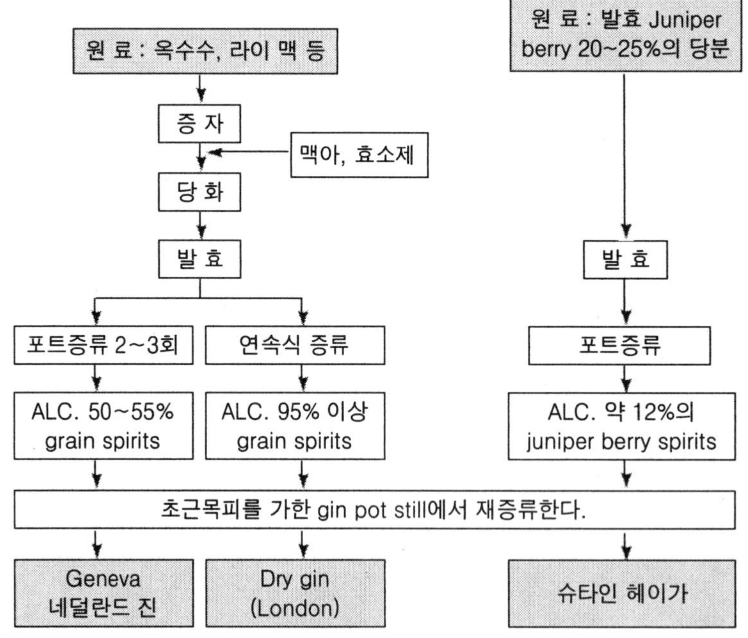

그림 3-29. Gin의 제조공정

이 다른 물리 특성을 가지므로 관능적으로 미묘한 차이가 있고 분석하여도 그 차이를 알 수가 있다. 메이커의 전통과 품질에 대한 자세를 의심할 수가 있다. 포트 스틸(pot still)에 넣는 알코올은 농도가 높으므로 얻어지는 증류 액의 도수도 높다. 이것을 정제수로 희석시켜 병조림하여 제품으로 한다. 제품의 알코올 분은 보통 48%이나 37% 제품도 있다.

향료를 사용하여 제조하는 간소화법도 있다. 향료 메이커에서는 juniper 등과 천연물에서 추출한다. 종류의 진(gin)용의 향료를 제조, 판매하고 있다. 이것을 원료 곡물 알코올에 혼합할 때는 아주 쉽게 어느 정도의 품질 gin을 만들 수가 있다.

[진(gin)의 최근 진보]

현재의 진(gin)은 이미 기술한 방법에 따라 만들고 있으나 새로운 시도로서 감압 증류기에 의한 진(gin)의 시작(試作)이 행해지고 있다. 감압증류는 일본 소주에서는 일반적인 기술로서 확립되어 있다. 시용하는 알코올 도수를 바꾸고 보다 저온에서 증류할 때 화려한 향을 갖는 새로운 타입의 진(gin)을 만들 수가 있다.

진(gin)은 칵테일로서 마시는 것이 일반적이다. 이것은 1830년, 어느 영국인이 진(gin)에 bitters를 적하하여 마시면 맛이 좋다는 것을 우연히 알게 되었기 때문이라 한다. 오늘날 진(gin)을 사용한 각테일은 300종류를 넘고 있다. 스로 진은 스로라고 하는 자두주(오얏)의 일종으로 만든 리큐르(liqour)로서 진(gin)과는 다른 술이다.

18. 럼(rum)

[개 요]

럼(rum)은 사탕수수(cane, 甘蔗)를 원료로 한 중남미의 증류주를 기원으로 한다. 사탕수수를 착즙하여 얻은 사탕수수 즙액(cane juice)이나 당밀(molasse)을 원료로 발효·증류하여 제조한다. 사탕수수 즙액을 증자하여 원료 유래의 향과 효모가 생성한 ester류나 알코올류의 화려한 향미를 특징으로 한다.

15세기에 사탕수수가 서인도 제국에서 전해졌고, 16세기에서 생산되기 시작하여 20세기 중반에서부터 칵테일의 베이스로 되어 세계적으로 음용하기 시작되었다. 럼(rum)의 어원은 사탕수수의 라틴어 삭카룸(saccharum) 혹은 원산지역 서인도제도에서 흥분, 소동을 의미하는 럼불리온(rumbullion) 등에서 온 것이라 한다.

1493년 콜럼버스가 사탕수수를 서인도제도에 전하였다고 한다. 16세기는 세계 제일의 사탕수수 생산지로 되고 럼(rum)의 생산이 시작되었다. 18~19세기, 영국 해군이 럼(rum)을 해군지정의 술로서 배급하였다. 20세기 이후 칵테일의 베이스 알코올로서 신장하였다.

[럼(rum)의 분류와 종류]

1) 향미에 의한 분류

(1) Heavy rum : Rum 중에서 가장 풍미가 풍부하고 향미가 강하며, 색은 진한 갈색이다. 단식증류가 중심이다.

(2) Medium rum : 향미가 heavy와 light의 중간적이고, 럼(rum) 본래의 풍미를 가지면서 heavy 정도 강한 개성은 없다.

(3) Light rum : 순한 풍미로 delicate한 맛, 무색투명하고 밝은 호박색이 많다. 칵테일 베이스로 최적이고, 연속식 증류가 중심이다.

2) 색에 의한 분류

(1) Dark rum : 농갈색으로 자메이카 산에 많은 전통적 rum, 제과용으로서 수요가 높다.

(2) Gold rum : Dark와 white의 중간적인 색으로 품질의 폭이 넓다. 별명 ambor rum이라 한다.

(3) White rum : 담색 또는 무색으로 칵테일 베이스로 사용된다. Light body의 경향이 있고, 보통 나무통 저장 후에 활성탄으로 처리한다. 별명 silver rum이라 한다.

[럼(rum)의 제조방법]

사탕수수 유래의 자당을 효모로 발효하여 단식 또는 연속증류기로 증류한 중남미 기원의 증류주이다. 사용하는 원료, 발효방식, 증류의 방법에 따라 성분이 많은 것에서부터 적은 것 까지 여러 가지의 품질이 있다. Rum의 제조공정은 그림 3-30에 도시하였다. 원료에는 사탕수수를 착즙하여 박(粕)을 제거한 사탕수수 즙액을 또는 이것을 끓인 후 조려 결정시킨 다음 정제당을 채취 후 당밀을 사용한다. 당밀에는 60% 정도의 당이 함유되어 있고, 저장성이 우수한 것 이외에 성분이 농축되어 있으므로 중요한 품질의 럼(rum) 원료에 알맞다.

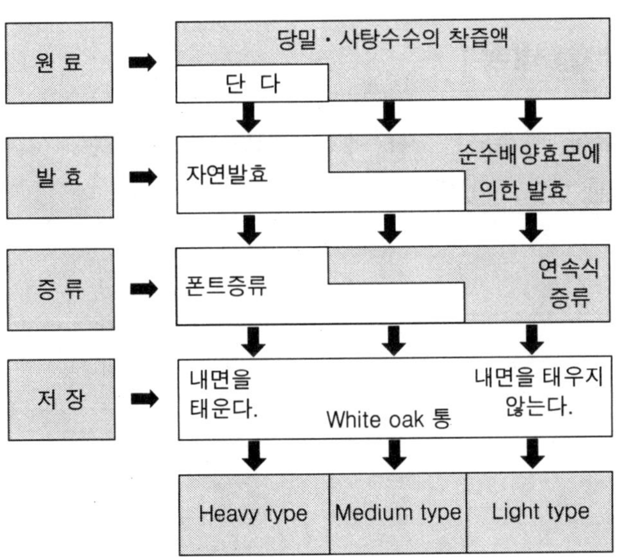

그림 3-30. Rum의 제조공정

당밀은 물과 황산을 사용하여 당분 30%, pH 5.0으로 조정한다. 가열 살균한 후 고형분을 제거하고 다시 물을 가하여 당분을 16%로 조정한다. 발효는 효모를 가하여 30℃에서 2일간 정도 둔다. 자연발효 쪽이 발효도 순조로워 성분이 많고 복잡한 것이 되므로 heavy light rum을 제조하는 경우에는 자연발효를 행하는 경우가 많다. 또 일부 지역에서는 효모에의 영양보급과 품질을 중후하고 복잡하게 하기 위하여 던더(dunder)라는 증류 잔액의 세균발효액을 사용하는 경우도 있다.

증류는 heavy type의 것에는 단식증류기, light midium type에는 연속증류기를 사용한다. Midium type에서 heavy type rum의 제품은 연속증류로 만들어진 midium type의 원주에 단식증류로 제조된 heavy type의 원주를 조합하여 그대로 향미제품의 제품을 만들어 내고 있다. 증류액은 그대로 일부는 통에 저장되고, 저장된 것의 일부는 활성탄으로 탈색되어 앞에서 설명한 여러 가지 색의 타입 럼(rum)을 만들어 낸다.

[럼(rum)의 발효에 관여하는 미생물]

첨가하는 효모는 *Saccharomyces cerevisiae*이나 자연발효의 경우에는 분열효모인 *Schizosaccharomyces pombe*가 함유되는 경우 많다. Dunder라고 부르는 증류 잔액의 세균발효액에는 초산균(*Acetobacter*속), 낙산균(*Clostridium*속) 등이 관여하고 있다.

[럼(rum)의 발효 내용]

중요 발효는 원료에 함유되는 자당에서 알코올이므로 일부 dunder 유래의 초산발효, 낙산발효도 관여하고 있다.

19. 테킬라(tequila)

[개 요]

테킬라(tequila)는 용설란(龍舌蘭)을 원료로 한 멕시코 서부의 할리스코(Jalisco)주 Tequila(테킬라)촌 부근의 증류주를 기원으로 한다. 용설란을 가열하여 착즙으로 얻은 즙액을 발효, 증류하여 제조된다. 원료 유래의 청취(靑臭), 이것을 가열할 때 약간의 고구마냄새, 효모가 생성한 ester류나 알코올류의 화려한 향미를 특징으로 한다. 18세기 중엽에 멕시코의 산불로 인해 탄 용설란이 감미를 띠고 있는 것을 발견하고 발효, 증류하여 제조하게 되었다. 그 후 스페인이 근대적인 공장을 건설하여 19세기에는 멕시코 전역에서 마시게 되어 미국으로 전해진 뒤에 1949년의 테킬라(tequila)를 베이스로 한 칵테일, 『말루갈리다』의 칵테일 콘테스트에서의 입상, 1967년 멕시코 올림픽에서 세계로 널리 친숙하게 되었다. 테킬라의 어원은 제조되고 있는 테킬라 마을의 이름에서 따온 것이라 한다.

[테킬라의 분류와 종류]

1) White tequila

① 무색투명으로 예리한 향이 특징이다.
② 본래는 전혀 숙성기간을 설정하지 않았으나 3주간 정도 통저장하여 그 후 활성탄층에서 여과하여 무색이고 순하게 정제한 것이다.
③ 칵테일 베이스에는 거의 이 타입의 Tequila가 사용된다.
④ 별명 Tequila blanco, Silver tequila라고 한다.

2) Gold tequila

① 엷은 황색으로 희미한 통 재료의 향이 난다.

② 2개월~1년의 통저장이 멕시코의 법규로 규정되어 있다.
③ 별명 Tequila reposado라 한다.

3) Tequila anejo

① Tequila 독특의 강인하고 예리한 방향은 희박하고 순한 풍미를 특징으로 한다.
② 1년 이상의 통저장이 멕시코의 법규로 규정되어 있다.

[테킬라 제조방법]

원료는 용설란과의 상록다년초인 용설란(龍舌蘭)의 *Agave tequilana weber* var. *azul*이 사용되고 있다 멀리서 보면 푸른 녹색으로 보이므로 통칭 blue agave라고 부른다. 테킬라를 제조하는 지역은 멕시코의 테킬라 마을인 Jalisco주 이외에 Nayarit주, Michoaca 주, Guanajuato주, Tamaulipus주의 일부에만 한한 것이고, 사용하는 원료의 용설란도 이 지역에서 재배된 것이 아니면 안 된다. 테킬라의 제조공정을 그림 3-31에 나타내었다.

용설란의 잎을 코어(core)라고 하는 칼날이 있는 도구로 제거하고, 줄기를 그대로

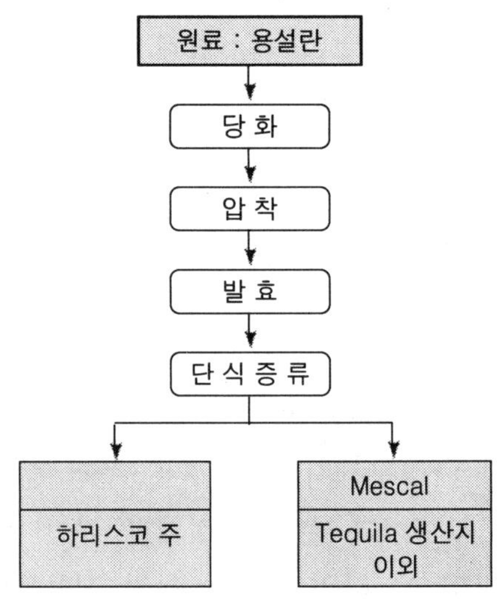

그림 3-31. 테킬라의 제조공정

용설란(Agave) : 상록다년초[사보텐(sapoten)의 한 부류는 아니다] 영어로는 Agave. 100년에 한 번 꽃을 핀다는 설에서 centry plant라는 별명을 가지고 있다. 멕시코에서는 Agave 또는 Magay라고 부르고 있다.

또는 적당한 크기로 절단한 후 오븐 또는 autoclave에서 110℃에서 18시간 혹은 150℃에서 8시간이라는 조건에서 증자시킨다. 용설란에 함유되는 고분자 다당류의 inulin을 가열에 의하여 분해하고 fructose를 생성한다. 증자된 용설란은 물을 뿌리면서 당액을 짜내고 발효에 공한다.

얻어진 당도 8~16%의 당액에 효모를 첨가하여 발효한다. 배양효모를 첨가하지 않는 자연발효를 하는 곳도 많다. 발효는 2~3일간으로 종료하고 알코올 6% 정도의 발효종료 술덧을 얻는다. 자연발효의 것은 발효기간이 길어진다. 증류는 단식증류로 2회 행한다.

무색투명의 화이트(white 혹은 blanco), 실버(silver)에서 단기 통저장한 엷은 황색의 gold, 레포사노(reposado), 장기 통저장한 갈색의 아네호(anejo)까시 여러 가지의 것이 있다. 화이트(white)는 저장 없이 상품화하는 수가 많다. 레포사도(reposado)는 2개월~1년, 아네호(Anejo)는 1년 이상 저장하지 않으면 안 된다. 더욱 장기(2~4년)에 저장한 것을 무이아네호(muy anejo)라고 한다.

[테킬라의 발효에 관여하는 미생물]

최근에는 효모는 *Saccharomyces cerevisiae*를 중심으로 하고 있으나 자연발효의 경우에는 알코올 발효를 하는 세균 *Zymomonas mobilis* 외에 여러 미생물이 관여하고 있다.

[테킬라의 발효 내용]

주요 발효는 원료에 함유되는 inulin을 분해하여 얻은 과당을 원료로 하는 알코올 발효이다.

20. 보드카(vodka)

[개 요]

보드카(vodka)는 곡물(옥수수, 소맥, 라이 맥 등)을 원료로 하여 당화, 발효, 증류한 grain spirits를 백화 탄(白樺炭)으로 여과한 증류주이다. Spirits 중에서 입에 맞고 순하고 상쾌한 느낌이고, 칵테일의 베이스 알코올로서 인기가 있다. 알코올 도수가 40～50%의 제품이 많으나 37%의 낮은 것과 80% 이상의 높은 것도 있다.

[보드카의 역사]

16세기에 러시아의 지주(地酒)로서 라이 맥 맥주를 증류하여 만들었다고 한다. 18세기 후반에는 원료로 대맥, 라이 맥, 옥수수 등을 사용하여 증류기가 간단한 단식증류기를 사용하였으므로 잡미가 많았다. 1810년, 백화 탄(白樺炭)으로 여과처리를 하게 되어 19세기 후반, 연속식 증류기의 도입으로 품질은 투명하고 순한 타입으로 되었다.

1917년의 러시아혁명 이후 세계적으로 확대되어 1950년경에는 칵테일 베이스 알코올로서 폭발적으로 신장되었다. Vodka의 옛날 이름은 『Zhiznennia Voda(생명의 물)』이라 하였고, 연금술사가 증류주를 가리킬 때 사용한 표현과 같다. 16세기에 voda가 vodka로서 불러지게 되었다.

[보드카의 분류와 종류]

1) Regular type vodka

알코올 분 40%에서 70%의 것이 있으나 일반적으로 40%에서 50%의 것이 좋고, 무색투명의 보드카(vodka)이다.

2) Flavor vodka

향을 가한 보드카(vodka)이다. 러시아 또는 발트 해 연안에서 지주(地酒)로서 만들고 있다. 스부롯카 향을 부여한 것, 허브나 과일을 담가서 브랜드를 만들고 그 소량의 브랜드를 가한 것, 붉은 고추나 파프리카로 풍미를 부여한 것 등 여러 가지 타입이 있다.

3) Mild vodka

알코올 도수를 35% 이하로 줄인 보드카(vodka)이다. 순하고 상쾌한 감이 있다. 알코올 도수를 줄이는 경향은 세계적으로 확대되고 있다.

[보드카 제조방법]

보드카(vodka) 제조방법을 그림 3-32에 나타내었다.

(1) 원료저리에서 담금: 옥수수, 소맥, 대맥 등의 곡물을 미분쇄하여 맥아 또는 효소제(α -amylase)로 액화 후 증자(온도: 100～140℃)하고 맥아 또는 효소제(glucoamylase 등)로 당화한다.

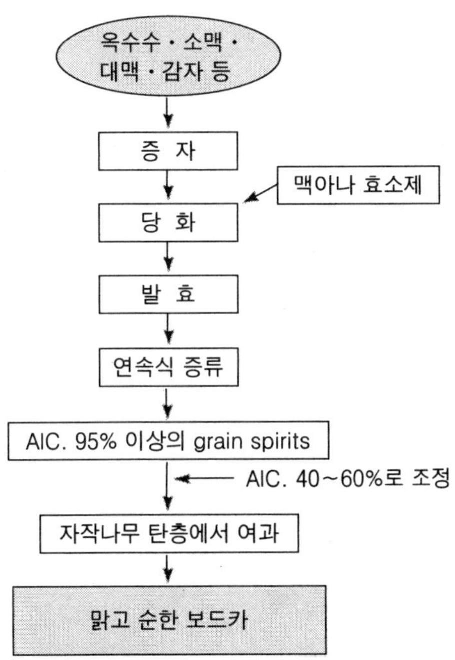

그림 3-32. 보드카의 제조공정

(2) 발 효: 발효는 당후 전체 원료에 순수배양 효모를 첨가하여 25~32℃, 3~4일간 발효하고 알코올 도수 10~11%의 발효술덧을 만든다.

(3) 증 류: 증류는 3~4본탑의 연속식 증류기를 사용하여 알코올 도수 95.0% 이상의 알코올을 제조한다.

(4) 탄 처리: 탄 처리는 알코올 원료 주를 할수(割水)하여 알코올 도수 40~60%로 조정하여 백화 탄(白樺炭)을 충전한 칼럼을 서서히 통과시킨다. 이때 보드카 특유의 입에 알맞고 마시기 쉬운 품질이 만들어진다.

21. 백주(白酒)

[개 요]

중국에서는 일본소주에 상당되는 증류주를 백주(白酒 : Chinese liqour)라 칭하고 곡물이나 고구마 등을 원료로 하고 있다. 백주는 전통적인 고체발효, 고체증류법에 의하여 제조되나 최근에는 액체발효, 액체증류법으로 제조되고 있다. 고체발효에서는 국(麯, 麴, koji)이나 교지(窖池 : 지중 발효 조)에 유래된 미생물에 의하여 여러 종류의 ester류가 생성되고, 이 고체의 주배(酒醅 : 술덧)를 고체 증류하여 ester 함량이 높은 백주(白酒)를 얻는다.

알코올 농도는 50% 이상의 높은 백주가 만들어지나 최근에는 저 알코올화가 진행되고 있다.

[백주의 역사]

백주의 기원에 대하여는 원시대(元時代) 기원설, 김대(金代) 기원설, 동한시대(東漢時代) 기원설의 세 가지 설이 있다. 중국의 고대과학기술 사학자의 대부분은 동한시대(서기 25～220년) 기원설을 가장 유력한 설로 한다.

[백주의 분류]

1) 국[麯(麴)]에 의한 분류

(1) 대국주[大麯(麴)酒]

중국의 북쪽 지방은 대맥, 완두콩, 남쪽지방은 소맥을 원료로 한 벽돌모양의 대국(大麯(麴])을 사용하여 고체발효 후 고체 증류하여 제조한다.

(2) 소국주[小麯(麴)酒]

중국의 남쪽지방에서 잘 만들고 쌀가루와 쌀겨에 소량의 한방약(中葯 : 술의 향을 좋게 하기 위하여 가한다)과 종국을 첨가하여 만드는 소국[小麯(麴)]을 사용하여 반고체 발효 후 증류하여 제조한다.

(3) 부국[(麩麯(麴)酒 : 보리의 껍질을 원료로 한 고지) 주모백주(酒母白酒)]

부피(麩皮 : 85% 정맥 할 때의 껍질부분)에 순수배양 곰팡이를 배양한 부국[麩麯(麴)]을 사용한 순수배양 효모에 의하여 고체배양 후 고체 증류하여 제조한다.

2) 제조법에 의한 분류

(1) 고체 발효법 : 증자 전분질 원료와 국[麯(麴)]을 원료로 하여 고체발효 후 고체 증류하여 제조한다.

(2) 반고체 발효법 : 증자 전분질 원료와 소국[小麯(麴)]을 원료로 한 반고체 발효 후 증류하여 제조한다.

(3) 액체 발효법 : 전분질 원료제 알코올에 천향(串香 : 증류 후의 주박에 향기 풍부한 백주를 가하여 다시 증류하여 향기를 높이는 기술)이나 조향(調香 : 인위적으로 향기성분을 가하는 것)으로 하여 제조한다.

3) 원료에 의한 분류

(1) 양식(糧食)백주(白酒) : 고량, 옥미(玉米), 대맥, 벼 껍질을 원료로 한다.

(2) 서류(薯類) 백주(白酒) : 생고구마나 절간 고구마를 원료로 한다.

(3) 대량(代糧)백주(白酒) : 양식(糧食) 가공부산물, 미강(米糠), 부피(麩皮), 옥미강(玉米糠), 고량강(高粱糠) 등을 원료로 한다.

4) 향형(香型)에 의한 분류

각 향형(香型)의 특징을 표 3-16에 나타내었다.

표 3-16. 각 향형 백주의 특징

향 형	관능지표		성분규격				전형 상품명
	향	맛	알코올(%)	총산(%)	ester(%)	기 타	
청향형(清香型)	초산에틸이 상쾌한 상품의 향이주체로 농향・장향이고 기타의 향은 없다.	부드럽고 산뜻하여 잡미가 없다. 마신 후에는 여향과 온화한 맛이 남는다.	55～66	〉	〉	초산에틸이 총 ester의 55% 이상	분주(汾酒)
장향형(醬香型)	장향이 우수하고 상품이고 섬세하다. 빈 잔의 장류향은 시큼한 냄새나 기름 냄새가 없고 상품이다.	농순하고 포근한 장향이 현저하고 끝까지 오래 남는다.	52～57	0.15～0.30	〉	---	모태주(茅台酒)
농향형(濃香型)	카프론산 에주체의 교향(교향)이 농후 하고 밸런스를 이룬 ester향이다.	나긋나긋하고 상쾌한 감미가 끝까지 오래 남는다.	38～40 52～55 59～61	〉0.06	〉	카프론산 에틸이 0.17% 이상	여주노교특국오량주(瀘州老窖特麯五糧酒
미향형(米香型)	벌꿀향이 뚜렷한 상품이다.	온화한 감미가 입안으로 넓혀져 뒷맛이 부드럽게 느긋하다.	50～57	0.1～0.2 〉	0.04～007	-	계림삼화주(桂林三花酒)
겸향형(兼香型)(複香型)	각각 특유의 향을 가지며 불쾌취가 없는 것	향미와 밸런스가 이루어져 순화한 맛이 오래 남는다.	-	-	-	-	훈주(薰酒) 백운변주(白雲辺酒)

[백주 제조기술의 주요한 특징]

대국주[[大麯(麴)酒]의 제법의 특징을 공정의 순으로 간단히 설명한다.

1) 대국[大麯(麴)]의 종류

(1) 고온대국[大麯(麴) 모태주의 제법에 사용]

① 원 료: 소맥

② 제국 중의 최고온도: 60~65℃

③ 고온대국[高溫大麯(麴)]의 특징: 농후한 장향(醬香: 미생물 군, 기후, 지리적 조건에 의하여 생기는 향의 일종)을 가진다.

제조공정을 그림 3-33에 나타내었다. 국괴[麯(麴)塊]의 수분함량은 생육하는 미생물의 종류에 영향하므로 중요하다. 국모[麯(麴)母)]는 전년의 국으로 미생물의 종류 그리고 균수가 많은 국[麯(麴)]을 사용한다.

배양기간 중, 온도, 습도의 조절은 국괴[麴(麯)塊]를 뒤바꾸기를 행한다. 배양 7~10일간에서 국괴 내부의 온도는 63℃로 되어 표면이 흰곰팡이로 덮인다. 배양 전기는 곰팡이나 효모가 증식하여 중기가 되면 곰팡이가 국괴[麴(麯)塊] 내부에 증식한다. 후기에는 품온이 상승되므로 효모는 사멸되고 내열성의 *Bacillus*나 *Monascus*가 증식한다. 품온이 60℃ 전후로 되면 전분질이나 단백질의 분해가 진행되고 당류, 펩타이드나 아미노산이 생성하여 착색물질이 형성된다. 배양 40일 정도에서 품온이 실온에 가깝게 되면 출국한다. 그리고 6개월 전후 저장하여 백주의 제조에 사용한다.

(2) 중온대국[中溫大麯(麴): 분주(汾酒)의 제조에 사용]

① 원 료: 대맥, 완두

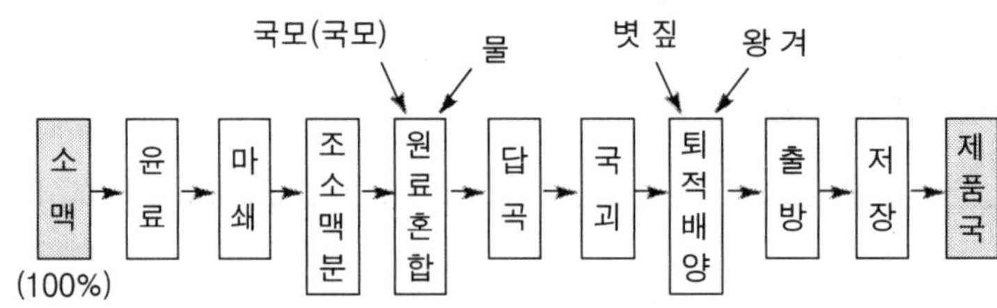

그림 3-33. 고온국(麯)의 제조공정

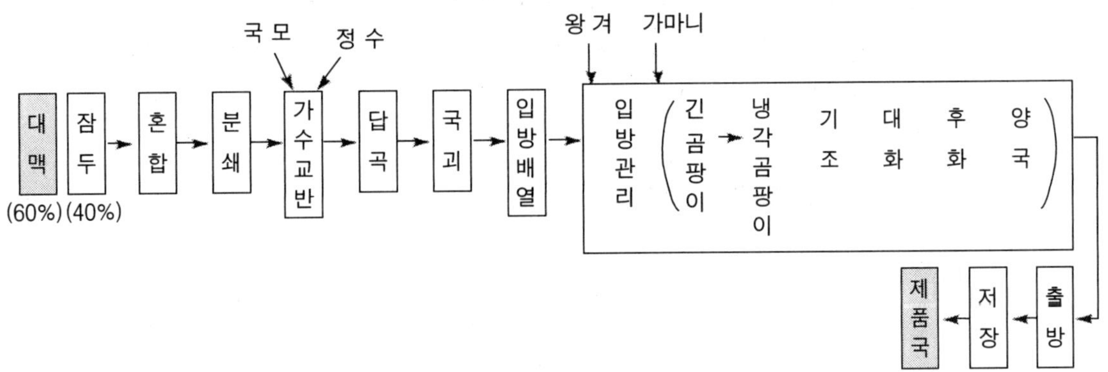

그림 3-34. 중온국(麯)의 제조공정

② 제국[製麯(麴)] 중의 최고 품온: 46～48℃

③ 중온국[中溫麯(麴)]의 특징: 효소력이 강하다.

제법을 그림 3-34에 나타내었다.

2) 대국[大麯(麴)] 중의 미생물

대국[大麯(麴)] 중의 미생물로서는

① 효 모: *Saccharomyces, Hansenula*

② 곰팡이: *Rhizopus, Mucor, Absidia, Manascus, Aspergillus*

③ 세 균: 유산균(*Lactobacllus*), 초산균(*Acetobacter*), 고초균(*Bacillus*)

3) 대국[大麯(麴)]의 특징

(1) 생 원료의 사용: 원료 중의 성분을 미생물의 영양원으로 이용함과 동시에 가수분해효소를 이용하기 위하여 원료를 사용한다.

(2) 미생물의 자연접종: 원료 중이나 환경의 미생물을 국괴[麯(麴)塊]로 이행시켜 번식시킨다.

(3) 대국[大麯(麴)]은 각종 효소와 미생물의 공급원인 동시에 당류, 아미노산 그리고 유기산 등의 백주 향미의 전구물질이 생성된다.

(4) 배양 직후의 국[麯(麴)]에는 대량의 산 생성 균이 존재하고 있어 발효 시에

산을 생산한다. 이것을 방지하기 위하여 배양 직후의 국은 출국 후 2~6개월간 건조 하에서 저장[진국(陳(麯)麴)]이라 한다)하여 산 생산 균을 사멸시키고 나서 사용한다.

4) 대국[大麯(麴)] 백주의 발효

(1) 고체발효

대국주[大麯(麴)酒]는 청사(淸渣)와 속사(續渣)의 두 방법으로 양조되어 청향형주(淸香型酒 : 汾香型酒)는 전자, 농향형주(濃香型酒 : 瀘香型酒)나 장향형주(醬香型酒)는 후자로 양조된다. 청증청사법(淸蒸淸渣法)에서는 원료증자, 발효, 증류가 단독으로 이루어지나 혼증속사법(混蒸續渣法)에서는 원료는 발효한 술과 혼합하여 같은 시루 중에서 증류・증자[혼증(混蒸)・혼사(混燒)라고 한다.]한 후 냉각. 가국[加麯(麴)하여 교지에 투입]하여 혼사(混渣)발효하는 방법으로 이 조작을 반

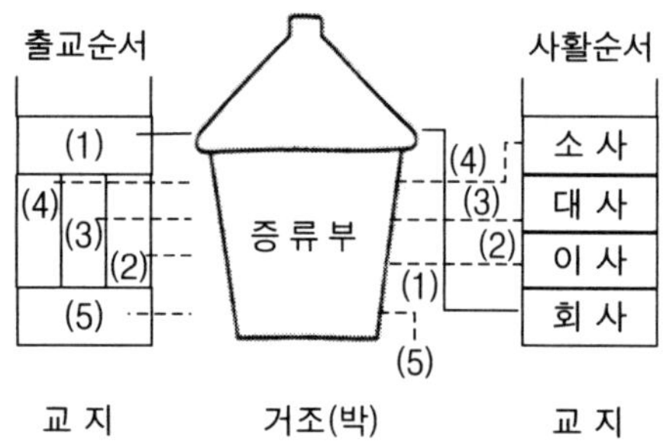

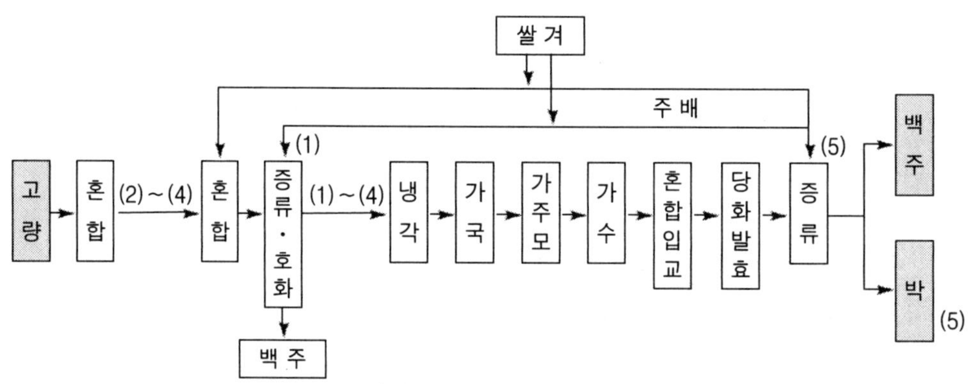

그림 3-35. 노오증법(老五甑法)에 의한 각 증류조작의 순서 그리고 각 사의 배열순서

복한다. 청증속사법(淸蒸續渣法)은 원료의 증자와 주배(酒醅)의 증류를 별도로 행한 후 양자와 국[麯(麴)]을 혼합하여 발효시키는 방법이다.

혼증속사법(混蒸續渣法)에서는 원료와 주배(酒醅)의 혼합물은 수회 나누어 증류・증자하여 하나의 교지(窖池 : 길이 3 m, 폭 2.4 m, 깊이 1.5 m, 용량 약 10 m^3)에 담금을 하나 그림 3-35에 나타낸 것과 같이 다섯 시루에 나누어 증류・증자하여 그 중 네 시루분 만을 교지에 담금을 하는 방법[노오증법(老五甑法)]이 일반적이다.

술(수분함량은 55～65%)은 고체상태에서 고량과 국[麯(麴)] 그리고 그 고체 간에 있는 공기, 수분의 고(固)-기(氣)-액(液)의 3상으로 된다. 미생물이나 효소는 그 수분에 따라 곡립의 중심으로 들어가 각종의 생화학적 반응을 하여 고(固)-액상(液相) 계면에서 혐기성 알코올 발효, 고(固)-기상(氣相) 계면에서는 산막효모나 세균에 의한 호기성 발효가 이루어져 ester 생성이 이루어진다.

(2) 저온병행복발효

대국(大麯(麴)에서 미생물이나 효소가 공급되어 교지 내에서는 당화와 발효가 동시에 진행되고, 이 균형을 우수하게 조절하는 것이 중요한다. 효소작용은 미생물의 육성을 위한 최적 환경을 만들어 내고 향미의 생성과 축적을 꾀하여 유해한 부산 생성물의 생성을 억제하고 백주에 화려한 감미와 상쾌한 감을 준다.

(3) 다종 미생물의 혼합복합발효

교지 내의 미생물은 발효의 과정에서 성장, 번식, 노화 그리고 사멸의 사이클을 각자의 소장 규율에 따르므로 다종류의 미생물이 작용하기 쉬운 환경을 만든 것은 중요하다.

5) 대국백주[大麯(麴)白酒]의 증류

증류는 고체상의 주배(酒醅)를 기관식 증류기(단식증류기)에 의하여 증류한다. 주배(酒醅)의 알코올 농도는 5～6%(v/v)이나 증류에 의하여 65～76%(v/v) 까지 농축된다.

교지 내의 주배의 표층부에는 초산에틸, 측면부위에는 카프론산에틸, 중심부에는 유산에틸이 많은 것과 같이 장소에 따라 성분의 차이가 있으므로 노오증법(老五蒸法)과 같이 담금과 증류의 순서를 결정하여 균일한 향미의 제품이 얻어질 수 있게 연구하여야 할 것이다.

6) 대국백주[大麯(麴)白酒]의 숙성

증류직후의 백주는 자극취가 강하므로 1～3년간 저장한다. 저장 중 자극성 물질은 휘발하고 알코올과 물의 분자회합, 물질의 산화·환원의 축합, 에스테르화 반응이 진행하여 향미가 숙성된다.

7) 대국백주[大麯(麴)白酒]의 조합과 조미

품질을 균일하게 하기 위하여 품질의 규격에 맞추어 조합을 하고 또 조미주(調味酒)에 의한 조미가 이루어진다. 백주의 향은 발효로서 생성되어 나오고 증류에 의하여 이끌어져 조합에 의하여 형성된다.

[주요 전통적 대국주[大麯(麴)酒)]

1) 여주노교특국주[瀘州老窖特麯(麴)酒 : 농향형(濃香型) 백주의 전형(典型)]

사천성 여주국주창(瀘州麯(麴)酒廠 : 瀘州市)에서 생산된 농향형 백주의 전형이고 여주백주(瀘州白酒)라고도 하며 교향(窖香)을 갖는다. 교향은 교지(窖池)에 서식하는 미생물이 만들어 내는 ester 향으로 카프론산에틸, 낙산 이소아밀이 특히 많고 acetic acid, butyric acid, caprylic acid, valeric acid 등의 산 성분이 함유되어 있다. 오래된 교지는 노교(老窖)라 불리는 건축 후 30～100년의 것이 있고, 세균수도 많아 ester 함량이 많은 백주가 된다.

주배(酒醅)의 증류와 원료의 증자방법에 특징이 있고 혼증혼소(混蒸混燒 : 쌍증합일(双蒸合一)이라 한다.)를 한다. 즉 주배를 증류할 때 새로운 원료를 섞어 증류하여 동시에 증자한다. 그 후 양자를 교지에 투입하여 신 원료와 같이 다시 발효시켜 원료 이용율을 높인다. 이것을 연양(連釀)이라 하고, 횟수를 여러 번 하면서 농순한 풍미와 furfural에 의한 독특한 향이 생성된다. 발효기간은 약 60일 간이다.

2) 모태주[茅台酒 : 장향형(醬香型) 백주의 전형(典型)]

귀주성(貴州省) 모태주창(茅台酒廠)에서 생산된 장향형 백주의 전형이다. 1972년 일중(日中) 국교 정상화의 초대에서 건배의 술로 사용되고, 일본에서도 일약 유명하게 되었다. 중국에서는 국주(國酒)라든가 예빈주(禮賓酒)라고 부른다. 제조방법 특징의 첫째는 증자된 고량을 공기를 말려들게 하여 공중에서 노출시켜 식히고

국[麯(麴)]과 섞어서 상(床) 위에 퇴적하여 퇴적발효를 처음의 1개월 정도로 한다.

이 사이에 호기성(산소성) 세균이 증식하여 acetoin, 2, 3-butylene glycol, glycerine 등을 만든다. 그 후 교지 내에 옮겨서 발효를 계속한다. 제법 특징의 두 번째는 소교[燒窖 : 교(窖 : 움)]를 사용하기 전에 교지 내에 나무를 태워서 교 벽면을 훈증한다. 공정이 있고 이 때문에 교(窖) 성분이 적다.

모태주의 장향다운 성분으로서 ethylene glycol(훈연 취)가 있다고 한다. 그리고 2, 3-butylene glycol의 향기 보유효과에 의하여 휘발성분이 잔존하는 것도 장형형 백주의 특징이다. 발효기간은 약 30일간이다.

3) 분주[汾酒 : 청향형 백주(淸香型 白酒)의 전형(典型)]

산서행촌분주총창(山西杏村汾酒總廠 : 산서성 분양현 행화촌(山西筬 汾陽縣 杏花村)에서 생산된 알코올의 도수가 65%로 높은데도 불구하고 지극취가 없고 산뜻한 맛이 난다. 혐기성(무산소성) 발효가 없기 때문에 초산에틸의 화려한 향을 가진다.

제조의 모든 공정에 있어서 청(淸)이라는 것을 특징으로 하고 있다. 즉 청증청사 2차청법(淸蒸淸渣 2次淸法)에 의하여 제조된다. 즉 증류와 증자를 따로 하여 잡미의 생산을 방지하고, 국은 저온 대국[大麯(麴)]을 사용하여 지면에 묻은 독에서 저온발효(31℃ 이하)를 한다. 국의 원료로는 대맥과 완두를 사용하여 저온에서 배양하고, 높은 효소활성을 가지고 연속발효도 2회로 정지한다. 발효기간은 약 21일 간이다.

제 4 장

두류 발효식품

(장류 발효식품)

1. 장유(醬油)

[장유(醬油)의 역사]

장유(이하 일본 간장으로 통일한다)는 동아시아 특유의 액체발효 조미료이다. 그 기원은 아주 옛날 약 3,000년 전의 중국 주(奏)시대의 장(醬)으로 거슬러 올라 갈 것이다.

이 장(醬)이 언제 일본으로 전해졌는지는 밝혀지지 않았으나 서기 701년 대보율령(大寶律令)이 실행된 문무천황(文武天皇) 시대에는 궁내성(宮內省)의 대선직(大膳職)에 속하는 장원(醬院)에서 대두를 원료로 한 각종 장[醬, 시(豉), 말장(末醬)] 등이 만들어지고 있었다. 단지 이들 장은 어떤 것이나 고형분이 섞인 간장 덧 모양, 된장 모양의 것으로 아직 된장(味噌 : 미증)과 간장(醬油 : 장유)의 분화가 되지 않는 것이었다.

일본에서 처음으로 장유(醬油 : Soy sauce, 일본간장)라는 이름이 문헌상으로 오른 것은 무로마치(室町時代, 1338~1573년)의 말기이고, 이것이 에도(江戶)시대(1600~1867년)에 걸쳐 교토(京都) 사카이(堺) 등에서 장유를 제조 판매하는 기업이 출현하였다. 현재 일본의 장유 농구장유(濃口醬油 : Koikuchi shoyu)의 원형은 거의 이 시대 만들어졌을 것이다. 켄로쿠(元祿) 시대(1688~1704년)에는 일반으로 보급되어 일본인의 식생활 중으로 정착하여 일본 독자의 식문화의 형성에 공헌하였다.

이와 같이 오랜 역사와 전통을 가진 간장도 제2차 세계대전 후가 되어 과학의 메스가 들어가 그 기술은 비약적으로 진보하였다. 동시에 간장이 고기와 궁합이 맞는 것으로 인식되어 미국을 중심으로 그 소비는 확대되어 서구사회로 침투하였다. 중국에서 태어나서 일본에서 개량된 일본장유(濃口醬油 : Koikuchi shoyu)는 지금은 세계의 조미료로서 급성장하고 있는 현상이다.

[장유(醬油)의 종류]

간장은 중국, 한국, 일본 등 동아시아에서 보급되고 있는 액체 조미료이고 콩, 밀 등의 식물성 원료를 사용하는 것이 그 특징이다. 일본간장(장유)에서도 더욱 보편적이고 대표적인 것은 소위 농구[濃口 : koikuchi(진한 것)] 장유(간장)이고 총 생산량의 82～83%를 차지한다. 농구(濃口 : koikuchi) 장유(간장)는 강한 향과 적미(赤味)가 있는 진한 색택이 특징이다.

다음으로 생산량이 많은 것은 전체의 16～17%를 차지하는 담구[淡口 : usukuchi(묽은 것)] 장유(간장)이다. 이 장유(간장)는 역사적으로 보아 요리와 관계가 깊다. 효고현(兵庫縣) 류노지방(龍野地方)에서 발날한 것이다. 즉 요리 소재의 색을 살리려고 가능한 한 색이 붙지 않는 조건에서 담금한 것으로 색이 맑고 향기, 맛도 담백하다. 담금 식염수의 농도를 약간 높여 그 사용량을 약간 많게 하여 염미를 약하게 하기 위하여 감주를 소량 가하는 이외는 그 제조법은 기본적으로 농구(濃口 : koikuchi) 장유(간장)와 큰 차이가 없다.

Tamari[유(溜)] 장유(간장)는 주로 나고야(名古屋) 지방에서 생산되는 것으로 원료로서는 대두를 주체로 하고 소맥은 아주 소량만을 사용한다. 따라서 질소성분은 높고 농후한 맛과 독특한 향을 가지나 그 생산량은 간장 전체의 약 2%로 적다(Tamari 장유 항 참조).

Saishikomi[재사입(再仕込)] 장유(간장)는 식염수 대신으로 장유(간장)를 사용하여 담금액 외는 koikuchi 장유(간장)와 마찬가지 방법으로 제조한 것으로 감로(甘露) 장유(간장)라고 하여 농후한 맛과 색을 특징으로 한다. Shiro[백(白)] 장유(간장), Saishikomi(재사입) 장유(간장)의 생산량은 아주 적고 양자 합해도 간장 전체의 1% 정도이다.

이상의 것 이외에 건강상의 이유로 식염 농도를 적게 한 감염 간장이나 묽은 염 간장 등이 있다. 전자는 식염 농도는 보통의 간장의 반분 이하, 후자는 2～3할 줄인 것도 있다.

이에 대하여 세계 최대의 간장 생산국인 중국 간장은 어떨까? 현재 중국의 간장 시장의 대부분을 차지하고 있는 것은 소위 전통적인 양조방식의 간장이 아니고 저염(底塩) 고체발효법이라 불리는 새로운 타입의 간장이다. 값싼 간장을 대량 생산하여 국민에 보급시키기 위하여 1950년 중엽에 개발하여 1970년경에는 전국으로 보급되었다. 저염 하에서 50℃ 이상의 온도에서 담그기 때문에 1개월에 완성되나 고온 발효 때문에 효모는 생육되지 않고 보통의 간장에 비교하여 향기적으로 뒤지고 있다.

[장유(醬油)의 제조방법]

장유(간장)의 제조법은 크게 세 가지로 나눈다. 그 하나는 미생물의 힘을 이용하여 만드는 전통적인 본 양조방식, 둘째로는 콩을 염산으로 분해하여 만드는 화학적 방식(이 방식으로 만든 것을 아미노산 액이라 한다.), 셋째는 상기 두 가지 방법을 절충한 것으로 아미노산을 간장 덧에 가하여 발효시키는 반 화학방식(이것을 신식 양조방식이라 한다)이다. 단 일본농림규격(JAS)에 의하면 아미노산 용액 단독으로는 간장으로서 인정하지 않는다.

위에서 설명한 5종류의 일본 장류는 JAS에 따라 표 4-1과 같이 정의되어 각 간장에 대하여 특급, 상급, 표준의 세 등급이 정해져 있다. 일본 식량청(재)과 일본 장유검사협동조합 자료에 따르면 1998년도 일본의 장유 출하 수량은 전체로서 1,067,533 kℓ이고, 이 중에서 일본농림규격을 수험한 수량은 935,207 kℓ로 전체의 78.2%, 신식 양조방식의 것이 17.1%이고, 나머지 3.3%가 아미노산액을 혼합한 것이었다. 즉 현재 일본에서는 대부분의 장유가 전통적인 본 양조방식에 의하여 제조되고 있는 것이다.

한편, 중국의 간장 제조량은 4,500,000 kℓ 정도로 추정되고, 양적으로는 일본의 4배 이상이나 그 대부분이 전통적인 방법으로 만들어진 간장은 아니다. 그래서 여기에서는 일본에서 대표적인 장유인 koikuchi 장유를 중심으로 하여 본 양조방식에

표 4-1. JAS에 의한 5종류의 장유(간장)의 정의

종 류	제조법의 특징
Koikuchi(濃口) 장유	대두에 거의 등량의 소맥을 가한 것을 국의 원료로 한 것
Usukuchi(淡口) 장유	대두에 거의 등량의 소맥을 가한 것을 국의 원료로 하여 숙성 덧에 쌀을 당화한 감주를 가하여 제조공정에 있어서 색택의 농화를 억제한 것
Tamari(溜) 장유	대두 단독 또는 대두에 소량의 소맥을 가한 것을 국의 원료로 한 것
Shiro(白) 장유	소맥에 소량의 소맥을 가한 것을 국의 원료로 하여 제조공정에 있어서는 색택의 농화를 강하게 억제한 것
Saishikomi(再仕込) 장유	대두에 거의 등량의 소맥을 가한 것을 국의 원료로 하여 담금 시에 식염수 대신으로 숙성 덧의 착즙 액을 사용한 것

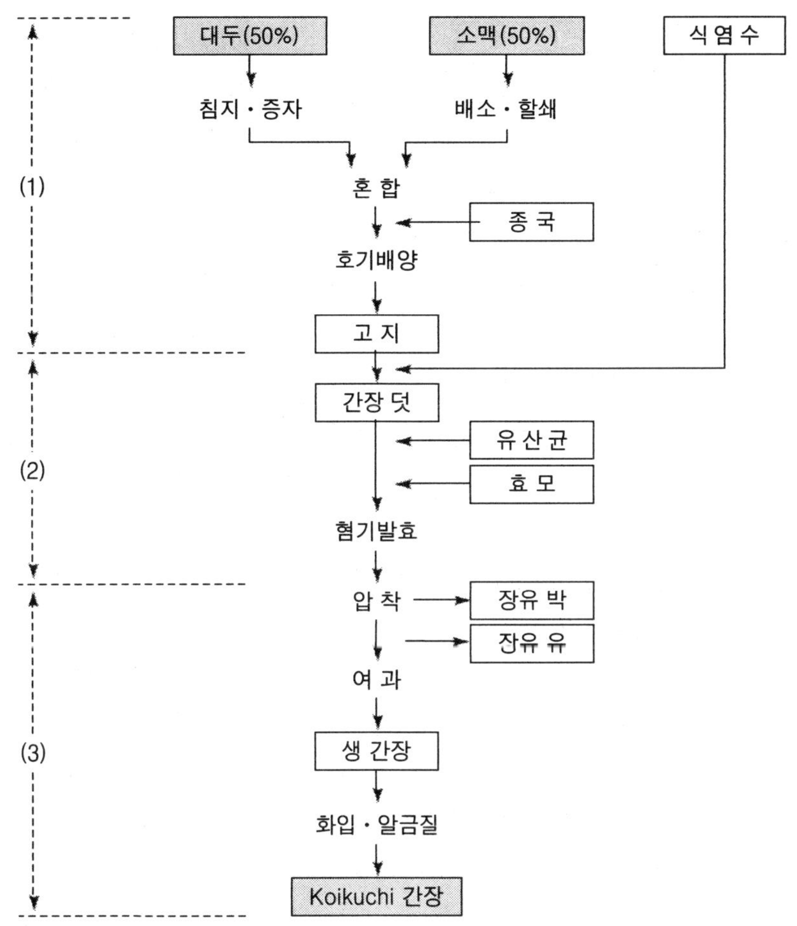

그림 4-1. Koikuchi 장유의 제조공정
(1) koji 제조공정, (2) 간장 덧 발효공정, (3) 압착 제성공정

의한 제조법을 설명한다. 그림 4-1은 그 제조공정의 개요로 국(麴 : koji) 제조공정, 간장 덧 발효공정, 압착 제성공정의 세 공정으로 되어 있다.

1) 국 제조공정

고지(koji)의 원료는 단백질의 원료인 콩과 전분질 원료인 밀(콩과 밀의 사용량은 거의 반 반), 여기에 소량의 종국(種麴)이다. 단백질 원료에 대하여는 제2차 세계대전까지는 환 대두(기름을 추출하지 않은 둥근 그대로의 콩, 이것을 업계에서는 환 대두라고 부른다)가 사용되었으나 전쟁 후의 물자 부족을 탈피하기 위하여 탈지대두가 사용하게 되었다.

최초에는 좀처럼 좋은 간장이 되지 못하였으나 기술과 기계장치의 진보에 따라 탈지대두를 사용하여도 우량한 간장이 언제나 안정하게 되어 대부분의 장류가 탈지가공대두(증자되기 쉽게 가공한 것)에서 만들어지게 되었다. 그러나 최근 환 대두 간장의 좋은 점이 재인식되어 다시 환 대두를 사용한 간장의 생산이 증가되고 있다. 탈지가공대두를 사용한 간장은 향이 강하고 색은 약간 진하다. 이것에 대하여 환 대두 간장은 향, 맛도 순하고 색도 상당히 연하다. 환 대두간장이 서광을 받은 배경에는 그것이 요리의 소재가 갖는 색이나 향을 이끌어 내는 것이다. 고급을 지향하는 오늘날의 삶의 질에 매치하고 있다.

여하간 환 대두는 물에 침지하여 흡수시킨 후 가압 증자한다. 탈지가공대두의 경우는 물을 살포하여 흡수시킨 후 마찬가지로 가압 증자한다. 1955년경에는 흡수시켜 콩 원료를 정치부에 넣어 115℃ 정도의 온도에서 1시간 정도 증자 후 증자대두를 곧 바로 꺼내지 않고 솥에 그대로 방치하여 익일(약 20시간 후)에 꺼내서 사용하였다(꺼낼 때의 증자대두의 온도는 96~97℃). 오랜 동안 솥 안에서 보관되어 이것을 유부(留釜)라고 하였고, 이 방법이 대두를 증자할 때의 업계의 습관으로 되어 있었다. 그런데 증자대두를 장시간 고온으로 솥에 두는 것은 대두단백질의 효소분해속도를 현저히 저하시키는 것이 밝혀져서 이 유부(留釜)는 1955년에 폐지되었다.

대두단백질은 증자에 의하여 그 입체구조가 파괴되어 고지(koji) 균의 단백질 분해효소의 작용을 쉽게 받게 되나 동시에 효소로 분해하기 어려운 부차반응(분자 간 가교반응, 환원당의 반응 등)도 진행한다. 유부(留釜)에 의한 이 부차반응이 현저히 진행하면 결과적으로 효소에 의한 분해도 저하된다. 이와 같이 되어 간장의 원료질소의 이용률은 유부(留釜)의 폐지에 의하여 60대에서 70대로 크게 향상되었다. 그런데 마치 이때 증자 대신으로 콩을 알코올로 처리하는 알코올 처리법이 개발되었다. 이 알코올 처리법에 따르면 간장의 질소 이용률은 90%에 달한다. 이것은 위에서 설명한 부차반응 없이 단백질 분자의 입체구조의 파괴만이 일어나기 때문이다. 이와 같이 하여 탈지대두를 1일 10톤 규모로 알코올 처리하는 대형의 파일로트 플랜트가 건설되었다.

이 장치는 1962년부터 1971까지 9년간 가동을 계속하게 되었다. 따라서 이 사이에 알코올을 사용하지 않고 알코올처리와 마찬가지의 효과를 내는 처리가 없는가를 검토한 결과 고온순간살균법의 원리를 응용하므로 열화반응을 동반하지 않아도 단백질의 입체구조를 파괴하는 것에 성공하였다. 그 결과를 표 4-2에 나타내었다. 이 표에 나타낸 바와 같이 온도(따라서, 압력)는 높으면 높을수록 시간은 짧으면 짧을

수록 효소분해속도는 향상한다.

실제의 처리장치는 최초에는 batch식(회분식)의 큰 솥이 사용되었으나 최근에는 연속식의 대형장치가 사용하게 되었다. 즉 산수된 탈지가공대두를 160~170℃(게이지 압 5~7 kg / cm^3)의 포화수증기에서 15~60초 처리하는 연속 팽화처리장치, 산수하지 않는 탈지가공대두를 270℃(게이지 압 6 kg / cm^3)로 과열한 불포화수증기에서 5~6초간 처리하는 연속 팽화처리장치, 128~132℃(게이지 압 1.6~1.8 kg / cm^3)의 포화수증기에서 3분간 처리하는 연속 증자장치 등이 있다.

다음으로 탄수화물 원료인 소맥인데 이것은 볶아서 할쇄(割碎)한다. 이것에 의하여 미리 전분은 알파(α)화하여 고지(koji) 균의 전분 분해효소의 작용을 쉽게 받는다. 밀의 배초(焙炒)장치로 고압단시간 팽화처리장치(위에서 설명한 대두 처리장치와 겸용), 열풍에 의한 유동 배초장치, 모래를 가열촉매로 한 연속배양장치 등이 있다. 배초(焙炒)의 온도는 160~180℃이다. 이와 같이 하여 증자 또는 가열처리된 대두 또는 탈지가공대두를 할쇄 소맥 그리고 종국을 혼합한다.

이때 할쇄 시에 생긴 밀가루나 콩의 표면 수분을 흡수하여 제국시의 세균오염을 방지하여 국 만들기를 쉽게 한다. 옛날에는 이들의 혼합물을 작고 낮은 목상에 넣어 국실이라 부르는 방에 쌓아 국(koji)을 제조하였다. 이 방법에는 온도나 습도의 관리가 어렵고 잡균에 오염되거나 하여 언제나 좋은 고지(koji)를 만드는 것은 불가능하였다.

1950년대에 이르러 일정 온도와 습도를 갖는 공기를 원료 층을 통과시켜 강제적

표 4-2. 포화수증기에 의한 대두의 증자조건과 국균효소에 의한 대두 단백질의 분해도와의 관계

대두의 증자조건			대두 단백질의 분해도(%)
온 도 (℃)	증기압 (kg/㎠)	최적 증자시간 (분)	
117	0.9	45	86.1
131	1.8	8	91.4
133	2.0	5	91.6
143	3.0	3	93.0
152	4.0	2	93.7
159	5.0	1	94.5
165	6.0	1/2	94.9
170	7.0.	1/4	95.1

으로 순환시켜 고지(koji)의 품온이나 습도를 최적으로 관리할 수 있는 장치가 개발되었다. 이것에 의하여 우량한 고지(koji)가 사계절을 통하여 만들 수 있게 되었다. 간장의 품질은 현저히 향상되었다. 이 장치에는 연속식과 회분식이 있고, 회분식에는 고정식과 회전식 등이 있는데 최근에는 회전식 제국장치가 주류로 되어 있다.

통상 증자된 대두 또는 탈지가공대두, 할쇄 소맥, 종국의 혼합물을 다수의 소공을 갖는 다공판 상에서 25～50 cm^3의 두께로 퇴적한다(이것을 담기라 한다). 이 층의 하부에서 온도 27～30℃, 습도는 거의 100%의 공기를 통풍한다. 이것에 의하여 고지 균은 발아하여 생장하고, 결국 포자(분생자)가 착생하여 42～25시간 후에 국(고지)이 완성된다. 이 사이 고지 균의 호흡 열로 품온이 상승하고 균사의 생장과 건조에 따라 물료가 굳어진다. 여기에서 통풍온도를 내려 기계적 교반이 이루어져 고지 균사의 정상 신장을 조장하여 두면 효소 역가가 높은 우량한 고지가 된다. 이 교반은 보통 담기에서 16～18시간 후와 21～23시간 후로서 2회 실시한다.

2) 간장 덧 발효공정

만들어진 고지는 곧 약 23～25%의 식염수와 혼합하여 발효탱크에 투입한다. 이 조작을 담금이라 한다. 식염수와 혼합된 고지는 발효에 의하여 걸쭉한 죽 모양으로 되며 이것을 간정 덧이라 한다. 담금 수의 양은 사용된 대두와 소맥의 최초 용량(살수나 가열을 하기 전의 용량)의 1.1～1.2배로 원료성분이 용출되어 나오기 때문에 간장 덧 액즙의 식염농도는 최종적으로 17～18%(w/w)로 된다.

담금 초기에는 간장 덧의 온도를 비교적 저온(15～20℃)으로 유지하여 유산균을 서서히 증식시켜 pH를 급격히 저하시킨다. 이것은 원료 성분의 효소분해를 촉진하기 위해서이다. 그 후 온도를 서서히 올려 간장효모의 증식, 발효를 조장하여 최후에 품온을 내려서 숙성시키면 양질의 숙성간장 덧이 얻어진다.

발효, 숙성기간은 5～8개월로 그 사이에 교반을 행한다. 최근에는 질이 좋은 유산균(*Tetragenococcus halophilus*)나 효모(*Zygosaccharomyces rouxii*)를 선택하여 이것을 순수 배양하여 적당한 때에 간장 덧에 첨가하여 발효를 촉진시키는 것이 상례이다. 간장 덧의 담금 용기에 관하여는 옛날에는 삼재(杉材)로 만든 통이나 콘크리트 탱크가 사용되었으나 현재는 공기교반장치를 가진 수지 라이닝의 개량 형 철제 발효탱크가 사용되고 있다.

3) 간장 덧 압착 제성공정

숙성된 간장 덧은 이것을 사각으로 아주 등이 낮은 탑 모양의 압착장치에 나일론제의 천에 연속적으로 충전 투입하여 최초는 자체 무게에 의하여 다음은 서서히 압력을 걸어서 수일간으로 액즙과 간장박을 분리한다. 압착장치도 최근에는 대형화, 자동화가 되어 아주 능률이 좋은 것으로 되어 있다.

압착한 즙액은 탱크 내에 정치하여 상층의 유분(油分 : 간장 유라고 한다)과 하층의 앙금을 제거한 후에 여과하여 생 간장을 얻는다. 생 간장은 보통의 플레이트 히터로 80℃ 전후로 가열한다. 이것을 화입(火入)이라 한다. 화입의 목적은 두 가지가 있다. 그 하나는 품질의 안정화, 다른 하나는 향의 부여이다. 생 간장은 효소가 활성화 상태로 들어 있으므로 화입에 의하여 각각을 불활성화하여 품질을 안정화시킨다.

또 생 간장을 화입(火入) 함에 따라 독특한 향다운 향(화향)과 색이 부여된다. 또 동시에 앙금의 발생도 있다. 이 앙금은 주로 효소 단백질 유래의 혼탁물질로 탱크 내에서 수일간 침전시켜 제거하면 청징한 간장이 얻어진다. 이것을 무균에 가까운 상태에서 병조림한 것이 시판되고 있는 간장이다.

[장유(醬油)의 각종 미생물과 그 역할]

1) 고지(koji)균의 역할

장유(간장) 제조에 사용되는 국균(고지 균)은 *Aspergillus*속에 속하는 곰팡이 중에서 분류학상 *Aspergillus oryzae* 또는 *Aspergillus sojae*라고 이름 지어진 균주이다. 원료에 고지 균을 육성시켜 국을 만드는 목적은 국균에 의하여 각종 효소를 만들어 그 효소에 의하여 원료 중의 단백질이나 전분 기타의 성분을 분해하기 위해서이다. 따라서 효소 역가가 강한 국균을 육종하는 것은 아주 중요하다. 국균 어버이 균주에 X-선이나 자외선을 조사하거나 또는 nitrosoguanidine 등으로 처리하면 돌연변이 균주가 얻어진다.

이와 같이 하여 단백질 분해효소의 활성이 어버이 균주의 2~3배인 인공변이 균주가 조성되어 이것이 실제로 사용되어 원료질소의 이용률이 수% 향상된다. 그런데 국을 식염수와 섞어서 담금을 하면 국균은 사멸된다. 대신으로 국균에 의하여 생성된 각종 효소가 식염 17~18%의 간장 덧 액즙 중에서 활동을 개시한다. 즉 원료 중의 단백질은 우선 국균의 endoproteinase(proteinase)에 의하여 분해되어 peptide로 되어 급속하게 가용화된다. 다음으로 이 peptide가 국균의 exopeptidase 의하여 분해되어 간장의 umami의 주체인 아미노산이 생성된다.

국균의 endopeptidase로서는 alkaline proteinase, semialkaline proteinase, 중성 proteinase Ⅰ, Ⅱ, 산성 proteinase Ⅰ～Ⅲ의 7종류가 분리되어 있고, 또 국균의 exopeptidase로서는 산성 carboxypeptidase Ⅰ～Ⅶ, leucine aminopeptidase Ⅰ～Ⅶ, X-prolyldipeptidylaminopeptidase, 세포내 exopeptidase 등의 13종류가 분리되어 있다. 역시 umami가 강한 glutamic acid가 exopeptidase에 의하여 직접 생성되는 외에 glutamine이 glutaminase에 의하여 탈 amine화 되므로 생성된다.

원료 중의 또 하나의 중요한 성분은 전분이다. 이것은 국균이 생산한 α-amylase나 glucoamylase에 의하여 분해하여 glucose로 된다. 이 glucose는 간장의 중요한 감미 성분일 뿐만 아니라 간장 덧의 발효에 있어서 없어서는 안 될 성분이다. 이것은 유산균이나 효모가 직접 전분을 이용할 수 없으므로 glucose로 분해하여 처음으로 유산균이나 효모에 의한 간장 덧의 발효가 가능하다. 그래서 간장에 있어서도 중요한 각종의 성분이 생성되는 것이다.

이외에 국균은 cellulase, pectianse, pentosan 분해효소 등의 각종의 효소를 생산한다. 이들의 효소는 콩이나 밀의 조직을 구성하고 있는 cellulose, pectin, pentosan 등에 작용하여 간장 덧의 압착효과를 높이고 생산 비율의 향상에 기여한다.

2) 장유(간장) 덧 중의 유산균 그리고 효모와 그 역할

장유(간장) 덧의 액즙은 식염농도가 높아 비 내염성의 미생물은 살아남지 못한다. 따라서 국 중의 미생물(국균이나 기타의 비 내염성 미생물 균)은 담금 후 단시간에 사멸되고 대신으로 내염성 또는 호염성의 미생물이 살아남는다. 그림 4-2에 간장 덧 중에 생육하는 미생물의 소장을 나타내었다. 우선 최초로 살아가는 것이 호염성의 간장 유산균 *Tetragenococcus halophilus*이고, 간장 덧 중에는 이 균 이외의 세균은 존재하지 않는다. 간장 유산균은 구균 amylase에 의하여 생성된 glucose를 주로 하여 유산으로, 또 대두 중에 존재하는 구연산을 주로 하여 초산으로 변환한다. 그 결과 간장 덧의 pH가 5.3 정도까지 저하될 때 주 발효효모 *Zygosaccharomyces rouxii*가 살아간다. 이 효모는 간장의 향미에 있어서 아주 중요한 영향을 주는 발효를 행한다.

그 대표적인 것은 알코올 발효이고 또 4-hydroxy-2(혹은 5)-ethyl-5-(혹은 2)-methyl-3(2H)-furanone(HEMF) 발효이다. 알코올 발효는 간장 덧 중의 glucose를 알코올과 소량의 glycerine으로 변환하는 보통의 알코올 발효이나 HEMF 발효에서는 국균의 효소의 작용에 의하여 대두나 소맥에서 만들러진 D-xylose 5-phodphate를 재료로 하여 여기에서 HEMF를 생성하는 비정상인 유니크 한 발효

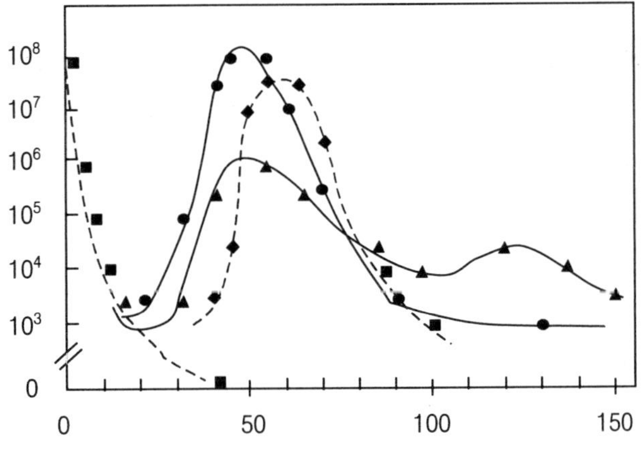

그림 4-2. 간장 덧 중의 미생물의 동태

- - -■- - - 비내염성미생물
——●—— *Tetragenococcus halophilus*
·······◆······· *Zygosaccharomyces rourii*
——▲—— 내염성 *Candida*속 효모

이다. 더욱이 이 HEMF는 koikuchi 간장의 향기의 주성분으로 이 향기에 대한 기여율은 75%로 아주 크다. 그리고 최근 마우스를 사용한 동물시험에서 HEMF는 가주 강력한 항암작용(체중 1 kg당 4 mg의 섭취로 현저한 효과)을 가지는 것이 밝혀졌다. HEMF는 보통의 koikuchi 간장 중에 100～250 ppm으로 상당히 다량 함유되어 있다. 일본사람의 1일 간장 소비량을 약 30㎖로 가정하면 보통 사람은 매일 체중 1 kg당 0.06～0.15 mg의 HEMF를 장유에서 취하는 것이 된다.

이상의 것 외에 간장 덧 중의 효모로서는 간장 덧 후숙기까지 활동하는 내염성의 효모 *Candida versatilis*나 *Candida etchellsii* 등이 있고, 후숙 효모라고 부르고 있다. 이들 후숙 효모는 주 발효 효모와 마찬가지로 알코올 발효나 HEMF 발효를 행하나 4-ethylguyacol(EG)이나 4-ethylphenol(4 EP)를 만드는 것이 특징이다. 4-EG를 1 ppm 정도 함유한 간장은 향기적으로 우수하다고 한다. 여하간에 간장 덧 중에서 번식하는 이들 효모(주 발효효모, 후숙 효모)는 각종의 알코올류, aldehyde류, phenol류 등을 생성한다. 주 향기성분이 HEMF에 이들의 화합물이 더해져서 koikuchi 간장 독특의 향기가 형성되는 것이다.

이들 외에 아미노산이나 peptide와 당과의 melanoid(또는 Maillard) 반응에 의하여 melanoidin이 생성하여 장유(간장) 특유의 색이 형성되고 있다.

[장유(醬油)의 금후 동향]

오랜 역사와 전통을 과시하는 간장이기는 하나 여기에 대하여는 과학적 메스가 들어가 그 기술이 비약적으로 비약한 것은 제2차 세계대전 후부터이다. 우선 대두의 원료처리와 국균의 개량에 의하여 간장의 원료 질소 이용률은 종래의 60% 대에서 90% 대로 비약적으로 향상하였다. 또 간장 덧의 미생물에 대해서도 여러 가지가 분리되고 있으나 어느 것이 유용한지 어느 균이 유용한지 또 어느 균이 어떤 역할을 하는지 전혀 몰랐다. 이것이 전후의 기초적인 연구의 집적에 의하여 1970년대 처음으로 지금까지 유용한 균과 그 역할이 거의 밝혀졌다. 순수 배양한 유효균주의 첨가 등 간장 덧의 관리기술은 급격히 진일보하였다.

한편, 간장 양조장치의 진보도 발전하여 환경에 영향됨이 없이 언제 어디서나 우량한 간장을 재현성 좋게 만들 수가 있었다. 그래서 키코만(주)이 미국에 koikuchi 간장의 본격적인 양조공장을 만든 것은 꼭 이와 같은 간장의 양조기술이 거의 완성한 시기(1973년)였다. 당시 미국에는 라초이, 찬킹이라는 두 회사가 간장을 생산하고 있었으나 이들은 이미 일본에서는 간장으로서 인정하지 않는 염산분해의 화학간유(아미노산 액)이었다.

일본에서 본 양조간장이 수출되고 있었으나 그 대부분은 일인계(日人系)나 일본사람이 바라는 것이었다. 그러나 위에서 설명한 것과 같이 키코만(주)이 1973년 미국의 위스콘신 주에 간장 양조공장을 만들고 적극적으로 서구시장을 개척한 결과 그 생산량은 비약적으로 신장하여 1998년에는 캘리포니아 주에 제2공장을 건설하기까기 발전하였다. 즉 그 초년도(1973년)의 생산량은 연 6,000 kℓ로 적었으나 1999년에는 실은 그 13배의 연 80,000 kℓ에 달하고 있다.

이외에 야마사 간장(주)도 미국으로 진출하고 1994년에 오리건 주에 koikuchi 간장의 공장을 건설하였다. 이와 같이 미국에 있어서 양조간장의 신장은 현저하였고, 이것은 간장이 육고기와 맞아 미국요리의 맛내기에 직접 사용할 수 있었다는 점이 크다. 미국 이외에서도 1983년에는 싱가포르에, 1990년에는 대만, 그리고 1996년에는 유럽(네덜란드)에도 키코만(주)이 차차 공장을 건설하여 어느 것이나 높은 성장을 계속하고 있다. 지금까지 설명한 것과 같이 일본형의 koikuchi 간장은 효모에 의하여 왕성한 발효를 이루게 한 것이 특징이다.

3000년 전에 중국에서 발생하여 다음으로 일본에서 개량하여 왕성한 koikuchi 간장이 동아시아 독특의 조미료에서 널리 세계의 조미료로서 탈피하여 그 소비량은 금후 착실히 증대되어 갈 것으로 예측한다.

2. 타마리 장유(醬油)

[개 요]

타마리 장유(溜醬油 : Tamari type soy sauc, Tamari shoyu : 타마리 간장)는 기후(岐阜), 아이치(愛知), 미에(三重)의 3현 지방에 있어서 옛날부터 양조되고 있는 액체 조미식품이다. 원료의 대부분은 대두 또는 탈지대두이기 때문에 그 맛은 아주 농후하고 향도 다른 간장과 다른 독특한 방향을 가진다.

[타마리 장유(醬油)의 역사]

생선이나 조류나 수육류의 고기를 원료로 한 양조 조미료는 중국에서는 기원전부터 만들어져 주(奏)의 시대에는 장(醬)이라고 불렀다. 대두와 같은 곡류를 원료로 한 양조 조미료는 고대 중국의 농업기술서인 『제민요술(齊民要述)』(530~550년 사이에 성립된 것으로 추정)에는 처음으로 게재되어 있다.

일본에서는 한반도를 경유하여 증자된 대두를 으깨서 굳힌 미증 덩이(味噌玉 misotama : 여기에서는 메주 덩이라고 한다)이라는 병국(餠麴)을 사용하여 양조하는 방법이 전해져 『정창원문서미장국정세장(正倉院文書尾張國正稅帳)』(730년)에는 말장(末醬) 2말 1승(升)의 기술이 있다. 여기에서 말장(末醬)이란 된장 덩이국(米噌玉麴)을 절구에 찧어 담금한 장이다.

1228년에는 대륙에서 경산사(經山寺) 미증(味噌 : 된장)과 같이 대두를 할쇄하여 여기에 보리의 산국(散麴)을 가하여 양조하는 방법이 전래되었다. 된장 덩이에 국균을 번식시켜 양조하는 방식은 현재의 기후(岐阜), 아이치(愛知), 에이메(三重)의 지역에 있어서 콩된장 그리고 tamari 간장의 제조로 발전하여 다른 미국(米麴) 혹은 백국(白麴)을 가하는 쌀된장, 보리된장 등의 양조방식도 일본열도의 각지로 널리 피지게 되었디.

된장이 조미료의 주체가 된 시대, 된장을 물에 녹여서 주머니에 넣어 물방울로

흘리는 즙액을 액체 조미료로 하는 흘리는 된장이 출현하였다. 또 된장을 담금 한 표면의 움푹 파진 곳에 모인 액체를 퍼 올려 조미료로 하는 것이었다. 에이로쿠 년간(永綠年間)(1558～1570년)에 장(醬)의 tamari(溜)를 취하여 맑게 하여 가와나카시마 고요 타마리 쇼유(川中島御用溜醬油)로 하여 타케다세(武田勢)에 바치거나 다마리(多麻利), 다미리(多未利)라는 말이 숙성된 말장의 통에 소쿠리를 넣어 즙액을 취한다는 해설로 150～300년 정도 전의 고문서에 보인다. 따라서 현재 양조되고 있는 tamiari(溜) 장유(간장)의 선구라고 보아도 좋을 것이다.

[타마리 장유(醬油)의 제조방법]

주원료는 대두이나 탈지대두를 사용하는 경우는 소량의 밀을 병용한다. 일련의 제조공정을 도해하면 그림 4-3과 같다. Tamari 간장(장유)의 양조에 있어서 더욱 특징적인 것은 증자한 대두를 으깨서 된장 덩이로 한 후에 제국공정으로 들어가는 점이다.

옛날은 증자된 대두를 절구에 찧은 후에 손으로 축구공 크기로 굳게 하여 처마끝에 매달거나 발 평상에 늘어놓고 가마니로 덮어서 국균의 번식을 기다려 된장 덩이를 작게 쪼개서 새로운 쪼개진 단면 그리고 된장 덩이의 내부구석 깊이까지 국균이 번식하는 것을 뒤풀이 하여 날을 거듭하면서 담금을 하는 것이 보통이었다. 현재에는 육만기(肉挽機)를 대형화시킨 기계로 된장 덩이 기계라는 장치로 임의의 직경의 된장 덩이를 연속적으로 만들어 향전(香煎 : 미숫가루)으로 증량한 국균의 포자를 살포한 후 제조공정에 들어간다.

증자한 콩은 고초균, 시금치 균 군에 침입받기 쉬운 기질이고, 일단 이들의 세균

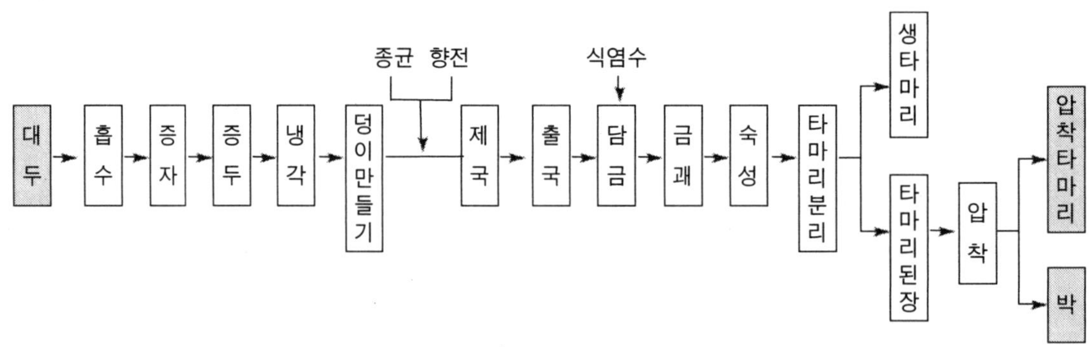

그림 4-3. Tamari 장유(간장)의 제조공정

균의 생육이 우세하게 되면 국균의 생육은 억제됨과 동시에 암모니아, amine 등의 발생이 뒤따른다. 이와 같은 현상을 방지하면서 좋은 국을 만들기 위하여 국 자체의 표면적을 적게 하는 방법으로서 된장 덩이 모양의 성형 국이 고안된 것으로 생각된다. 된장 덩이 국의 표면부는 호기적(산소적), 그래서 내부는 혐기적(무산소적)인 환경으로 된다.

국균은 표면부에 생육하여 그 균사를 수분이 많은 내부 층으로 침입시켜 간다. 혐기적(무산소적) 환경의 내층부에서는 통성혐기성(무산소성) 세균의 유산균이 증식하여 왕성하게 유산의 생성이 이루어진다. 또 콩의 증자 시에 있어서 수분이 많을수록 대두 단백질의 변성이 용이하게 이루어져 protease에 의한 분해성이 향상된다. 그러나 된장 덩이의 수분함량이 지나치게 많으면 국균의 protease 생산이 저하됨과 동시에 된장 덩이 조직이 지나치게 치밀하여 국균 균사의 파정(破精 : 균사의 내부 침투)이 나빠지고 국의 질이 저하된다. 이 때문에 제국공정의 후반에서 온습도를 조정하여 된장 덩이의 수분을 날려 보내고 파정입(破精込)을 촉진할 필요가 있다.

[타마리 장유(醬油)의 발효에 관여하는 미생물]

국균에 대하여는 기후(岐阜), 아이치(愛知)현의 양 현 내에서 tamari 장유의 공장에서 채취한 시료에서 단세포 분리하여 44균주를 배양하고 형태학적 성질 그리고 국산의 생성능력 여부의 검사에 의하여 *Aspergillus tamari-oryzae group*의 일군으로 정리한 보고가 있다.

된장 덩이 국의 미생물 콜로니에 관한 연구에 따르면 *Bacillus*, *Streptococcus faecalis*, *Micrococcus* 등의 분포가 보고되어 있다. 균수는 일반적으로 10^6 이하이나 생균수는 출국 1 g 중 10^8～10^{11}에 이른 것을 알게 되었다. 이들 세균류의 동일 된장 덩이 국에 있어서 분포에 대하여는 된장 덩이의 표면부에 *Bacillus*가 많고 된장 덩이의 내부에는 통성혐기성(통성 무산소성)의 유산균이 많다.

된장 덩이의 직경이 클수록 유산균의 비율이 높게 된다. pH는 표면부보다 내부가 낮고, 된장 덩이 국의 내부에 있어서 현저히 산 생산 활성을 뒷받침하고 있다. 효모의 증식은 일반적인 간장 국보다 적은 결과가 얻어지고 있다.

[타마리 장유(醬油)의 발효 내용과 실제]

된장 덩이 국을 용기에 담아 tamari 간장의 간장 덧으로 할 때의 전통적인 수치

기준은 콩 1석(180 ℓ)을 용적으로 측정하지 않고 중량으로 환산하여 35관(131 kg)으로 정하고 이것을 원 1석(石)으로 한다.

콩 1석을 증자하여 6분 덩어리(직경 18 mm)의 된장 덩이 국을 만들면 건조하여 약 1석 2두 5승(약 225 ℓ)으로 된다. 담시의 급수(식염수) 양은 원료 콩의 원석에 대하여서도 더욱 적은 것으로 2분(50%)에서 6분, 8분, 10～11분(10수～11수)과 tamari 간장의 용도에 따라서 변한다.

담금 시에는 된장 덩이 국의 사이에 공극이 있고, 급수는 이 공극을 채우고 그리고 된장 덩이에 흡수되지만 여분의 물은 담금 용기의 밑에 모이고 국은 그 위에 부상하고 있다. 액즙의 순환을 꾀하기 위하여 밑에 머무르고 있는 즙액을 끌어 올려 상면에 살포하는 급괘법(汲掛法)이 이루어지고 있다. 대개의 된장 덩이에는 국균이 생산한 protease를 위시하는 각종의 효소군, 제국 중에 증식한 산 생산균 등의 세균류를 위시한 각종의 미생물 그리고 생성물이 존재한다.

급괘(汲掛)에 즙액이 순환되면 간장 덧 중의 반응 생성물은 된장 덩이의 내부나 주위에 편재하는 것이 아니고 간장 덧 전체에 분산하여 숙성반응이 양호하게 진행한다. 급괘(汲掛) 즙액을 머물게 하는 것은 간장 덧의 중앙에 밑바닥에 이르는 굵은 파이프를 설치하여 둔다. 숙성 후에는 생인(生引) tamari를 분리하기 위하여 담금 용기의 밑과 노미구치(呑口)에 미리 거친 그물코의 그물과 세관으로 조립한 간단한 여과장치를 설치한다.

[타마리 장유(醬油)의 용도]

사시미, 수시, 어패류의 테리야케(照燒 : 양념장을 발라 윤이 나게 굽는 생선), 불고기 조림 등의 조미료로서 본거지에서는 물론이고 전국 각지에서도 단독으로 사용하거나 다른 장유와 조합하여 사용하고 있다. 또 제과업계에서는 그 농후한 풍미가 미과용의 조미료로서 활용되고 있다. 어패류의 가공분야에서는 장어 양념 장국, 모시조개나 대합의 조리용 조미료 등에 tamari 간장의 특징이 활성화 된다.

3. 미증(味噌)

[개 요]

국을 사용하는 것으로 이미 미증(味噌 : Miso : 이하 미증 또는 미소는 일본된장으로 통일한다)은 미생물 활동의 소산이라 할 수 있으나 협의로는 발효라 할 수 없는 미증(味噌 : 일본된장)이 존재한다. 백색 감미 일본된장이나 에도(江戶)시대의 감미된장은 55℃ 전후의 고온으로 담금을 하기 때문에 효모나 유산균은 활동을 할 수 없다.

콩된장도 전분질이 전혀 없으므로 마찬가지로 효모에 의한 발효는 일어나지 않는다. 국의 효소에 의한 분해만이 진행되므로 이들을 분해형 된장이라 한다. 신구(辛口 : karakuchi : 맛이 달콤하지 않고 쌉쌀함) 쌀된장이나 보리된장에서도 분해가 일어나지만 순수 배양한 효모(청주의 효모에 상당)를 가하여 발효하므로 발효형 된장이라 부른다.

[미증(味噌)의 역사]

미증(味噌 : 일본된장)은 중국을 발상지로 생각을 할 수 있으나 현재의 중국에서는 미증(일본된장)은 존재하지 않는다. 단 보리된장의 일부는 장(醬)과 시(豉)이다. 대두의 발효식품은 기원 100년경에 쓰여진 『설문해자(說文解字)』에 처음으로 나타난다. 여기게 따르면 시(豉)는 콩, 완두 등을 원료로 한 발효식품으로 오늘날의 하마납두(浜納豆)나 다이도쿠지 납두(大德寺 納豆)에 유사한 것이 있은 것 같다(두시 항 참조).

6세기 중반에 쓰여진 『제민요술(齊民要術)』이라는 세계 최고의 농업기술 책에 장(醬)과 시(豉)의 상세한 제조법이 기록되어 있다. 장(醬)은 흑두(黑豆), 염(塩), 향신료(香辛料) 등을 혼합하여 발효시킨 것으로 보리된장의 원조로 생각된다. 시(豉)는 증자대두로 국을 만들고 그대로를 발효시키거나 염을 가하여 발효시킨다.

이것이 오늘날의 콩된장으로 발전된 것으로 생각된다.

일본에서는 701년에 정해진 대보령(大寶令)에서 미장(未醬)이라는 발효식품이 기록되어 있으나 원료나 제법에 관하여는 밝혀지지 않았다. 이들의 발효식품은 상류 계급에서만 먹어온 귀중품이었으나 나라(奈良)시대(710～784년)에 상당히 보급되어 겨우 상식의 필수품으로 되어 갔다. 시대가 내려가 카마쿠라(鎌倉)시대(1192～1333년)에는 일상 식으로 되었다. 무로마치(室町)시대(1338～1573년)에 이르러 상공업의 발달과 더불어 된장제조의 전업자가 나타나기 시작하였다. 이들은 국균의 포자를 전문으로 만드는 조합이 있었다고 한다.

그러나 공업적인 규모로 된장의 생산이 이루어진 것은 17세기에 들어와서이고 선다이 번[仙台藩 : 藩(울타리 번 : 에도시대의 영주의 영지나 그 정치 형태)]에는 어염증장(御塩噌醬)이 만들어지고 전문 직업인이 된장의 제조를 행하였다. 삼주(三州)에서는 두시(豆豉)라는 일종의 콩된장을 공업적으로 생산하게 되었다. 그 이후 미증장(味噌藏)은 점차 수를 증가하여 메이지 유신 후(1868～1912년)에도 제2차 세계대전이 시작할 때까지 이 경향이 계속되었다.

전쟁 중이나 전후에는 통제령이 나와 원료의 할당에서 생산량에 이르기까지 엄한 제한을 받았다. 그러나 이 시기에는 군수용으로서 건조된장이 출현하였다. 또 이것도 군수용을 목적으로 속양법이 개발되어 단기간에 대량으로 된장을 만드는 기술이 개발되었다. 1950년에는 통제령이 철폐되고 각 도, 부, 현에 된장공업조합이 설립되고 된장의 황금시대를 구축하였다. 그러나 1970년대에 들어와서 많은 식품이 풍부하게 출하하게 되어 된장의 소비가 한계점에 이르렀다. 연간 생산량은 50수 만 톤으로 추이되고 기업간 격차도 점차 확대되었다.

1981년에는 전국적으로 감염 캠페인이 전개되어 된장의 수요가 많이 떨어졌다. 그러나 그 후 된장이 건강에 좋다는 연구결과가 계속 발표되어서 최근 수년간은 소비가 약간씩 증가하는 경향으로 전환하였으며, 감염 캠페인 중에서도 저 식염 된장이나 감염된장 그리고 무염된장까지 개발되었다.

[미증(味噌)의 제조방법]

미증(味噌)의 간단한 제조공정을 그림 4-4에 나타내었다. 신구(辛口 : 맛이 달콤하지 않고 쌉쌀함) 쌀된장 타입이 더 많고, 색에 따라서 담색(淡色) 된장과 적색(赤色) 된장(미증)이 있다. 각각 이들 된장(미증)은 다시 입(粒 : 알갱이) 된장과 녹(漉 : 거른) 된장으로 나눈다.

쌀된장 · 보리된장의 제조공정

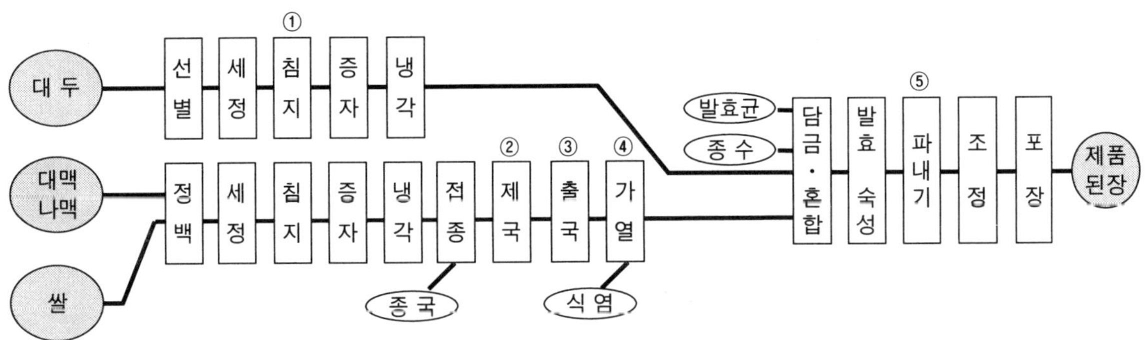

쌀된장 · 보리된장의 제조공정

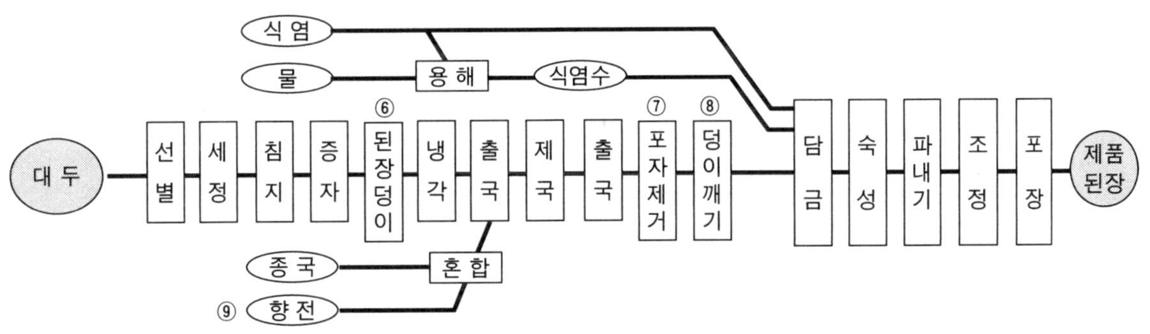

그림 4-4. 일본된장(미소 : 味噌)의 제조공정

① 침지 : 콩에 수분을 흡수시키기 위하여 하룻밤, 15℃의 물에서 담가 놓는 것

② 제국 : 쌀, 보리 등의 곡류나 두류를 쪄서 국균의 종자(포자)를 접종하여 30℃ 전후의 온도에서 배양하는 것

③ 출국 : 국이 충분히 발육한 시점에서 국실에서 밖으로 꺼내는 것 또는 나와 있는 국을 말한다.

④ 가염 : 출국에 30~40% 상당의 식염을 혼합하여 국균의 발육을 정지하는 것.

⑤ 계출 : 발효 종료된 된장을 통이나 탱크에서 파내는 것

⑥ 된장 포자제거 : 대두 국에 다량의 포자가 착생하여 있으므로 이것을 수세미로 제거하는 것

⑧ 덩이 으깨기 : 대두 국을 압쇄하여 담금 후 염수를 흡수되기 쉽게 헌다.

⑨ 향전(香煎) : 대맥이나 쌀보리를 볶아서 분쇄한 것

1) 쌀과 보리의 처리

쌀은 일반적으로 파쇄정미를 사용하여 정선 후 세정(실제에는 연속적으로 세정하면서 침지 탱크에 물과 같이 수송되는 것이 많다)하여 침지한다. 쌀은 침지 3시간에서 물이 거의 포화되지만 특정 미곡(규격 외미)은 흡수속도가 빠르기 때문에 5분 정도의 단시간 침지를 하는 수가 많다.

침지가 끝나면 탱크의 저부에서 물을 빼고 1～2시간 방치한다(물 빼기). 이것은 미립 간에 잔류물을 빼는 것과 함께 미립 표면의 물을 내부에 침투시켜 물의 분포를 균일화하는 것도 목적으로 한다. 침지 미의 수분은 31～35%이다. 단 indica종의 쌀에서는 40% 가까이 달한다.

침지 미는 시루, 횡형 연속증미기, 수형 연속증미기 등에서 증자하나 0.1 kg/cm^2 정도의 저압 습기증기를 사용하지 않으면 안 된다. 압력이 강하거나 건조증기를 사용하여도 미립 표면이 건조되어 버리기 때문이다. 40～50분 증자하나 indica종에서는 일단 증자 후 쌀의 10～15%의 물이나 온탕을 살포하고 다시 증자한다. 압력 관에서 증자하는 경우에는 0.5 kg/cm^2 이하의 압력에서 증자하지 않으면 쌀이 찰지거나 갈변한다. 보리된장의 경우 보리도 거의 마찬가지의 공정을 거치며 흡수가 쌀보다 빠르다.

2) 미증(味噌)의 제국

증미는 35℃ 전후까지 냉각하여 국균 포자를 식균(접종)한다. 이것을 제국실 또는 제국기에 옮겨(재우기) 온도 저하와 건조를 막는다. 4시간이 지나면 포자의 발아가 시작되고, 15시간을 경과하면 발아 열과 호흡 열에 의하여 품온이 40℃를 초과하게 된다. 이때 신장된 균사에 의하여 덩어리로 되어 쌀을 기계적으로 부수어 분산하거나(손질, 뒤지기), 냉풍을 보내서 온도의 과승을 막는다. 다른 방에 옮기거나 같은 장소에서 엷게 펴서(담기) 온도관리를 하기 쉽게 하는 수도 많다.

30시간 후에는 출국하고 재우기의 품온과 같은 수준으로 온도를 내린다. 출국은 그 날 중에 사용할 수 있게 하는 것이 좋으나 저장을 할 때는 국균의 재 증식을 방지하고, 그 결과 일어나는 품온 상승을 억제하기 위하여 13℃ 이하로 보존한다. 소금과 혼합(가염 국)하여 저장하는 방법도 있으나 국균의 생육은 정지하여도 내염성 세균이 증식되는 염려가 있어 좋지는 않다. 보리도 마찬가지 공정으로 제국을 한다. 최근 증가경향이 있는 쌀과 보리를 합한 된장에서는 증자 미맥(米麥)을 혼합하여 제국을 하는 쪽이 좋은 결과를 얻는다.

3) 대두의 처리

쌀과 보리와 마찬가지로 정선, 세정, 침지한 콩은 종종의 방법으로 삶거나 찐다. 증자된 대두의 경도(압박하여 변형시키는 데 요하는 것을 힘으로 측정한다)는 400~500 g를 표준으로 하나 된장의 종류에 따라서는 상당히 큰 차이가 있다. 증자된 대두는 30℃ 가까이 까지 통풍냉각하나 시간이 걸리면 대두의 착색이 진행한다. 최근에는 냉풍을 보내 냉각하거나 담금 속도를 올려서 증자대두가 체류되지 않게 연구되어 있다.

4) 담금과 발효

국, 대두, 소금, 발효미생물, 물(종수)을 사양에 따라 계량하여 혼합한다. 계량은 비례 제어시스템이 더욱 정도가 높고 효율적이다. 뢰쇄(민치를 걸어서 마쇄한다)한 대두는 덩어리로 되기 쉽고 계량오차가 생기기 쉽다. 이 시스템은 계량기에 투입된 대두를 계량하여 여기에 비례된 양의 국과 소금이 가해진다. 혼합시간은 20초 정도로 좋고, 균일하게 하려고 오래시간 교반을 계속하면 그을음(공기산화에 의한 변색)의 발생이나 된장의 점성으로 발효가 지연되는 원인이 된다.

담금 탱크는 500 kg에서 100톤까지이고 발효탱크를 겸하고 있다. 담금 후에는 위에서 눌러서(밟아주기) 밟아서 들어간 공기를 뺀다. 밟아주기를 하지 않으면 공기가 머물러 된장이 변색되고, 여기에 유액이 유입되어 된장의 색이나 물성이 불균일로 된다. 100톤급의 대형탱크에서는 1~2주간 후에 1~5톤급의 탱크에 옮긴다(위아래 뒤지기를 하는 수가 있다). 5톤 정도의 탱크에서도 발효를 촉진시키기 위하여 위아래를 뒤집기 하는 수가 있다.

발효온도는 이전에는 저온 담금으로 하여 서서히 품온을 올려 최종적으로 다시 온도를 내리는 소위 피라미드형이 채용되었으나 현재에는 전 기간을 통하여 30℃ 부근의 온도에서 관리하여 최종적으로 실온까지 내려서 발효를 정지시킨다. 관리항목은 온도와 된장 색의 변화이다.

[미증(味噌)의 발효에 관여하는 미생물]

1) 고지(koji)균

된장용 국균(koji균)으로서는 *Aspergillus oryzae*가 사용된다. 기질인 찐 쌀과 보리의 수분이 50%까지는 수분이 많을수록 발아는 빠르고, 이후의 생육은 30℃ 이하가 되면 극단으로 늦어진다. 효소생성의 최적온도는 glucoamylase는 30℃, α-amylase와 산성 carboxypeptidase는 35℃, protease는 30℃ 이하이다.

시판 종 국균의 포자수는 입상 종국이 8×10^8, 분말 종국이 2×10^9 정도이고, 원료에 대하여 입상 종국은 1/1000, 분말 종국은 1/10,000이 사용된다. 혼합할 때 얼룩이 지지 않게 보통은 10배 정도의 분산제(증량제)를 사용하나 최근에는 분산제를 사용하지 않고도 균일하게 혼합하는 장치가 개발되어 있다.

2) 유산균

1960년대의 후반부터 유산균의 이용이 시작되었다. 사용되는 것은 *Tetragenococcus halophilus*의 일종이고 또 *Streptococcus faecalis*도 추천되어 있으나 내열성이 떨어지기 때문에 지금은 전연 사용하지 않는다. *T. halophilus*는 호적의 생양(生揚) 배양배지(생 간장을 주체로 한 배지)에서 배양하나 배양 시에도 유산을 생산하여 배지의 pH를 저하시키나 pH가 5.0 이하로 되면 균체가 사멸되므로 주의하지 않으면 안 된다.

무통기 교반배양에서 10^9이상의 균수에 달하여 된장 1 g당 10^5가 되게 첨가하는 것이 표준이다. 유산균 사용의 효용은 생성된 유산에 의하여 염 순양이 일어난다고 하나 실제는 유산은 염의 염신미(塩辛味)를 조장하는 경향이 있고, 유산균이 갖는 환원력에 의하여 된장의 산화 착색방지나 항균력에 기대가 기여된다.

3) 효 모

1970년 전후에 효모의 본격적인 이용이 시작하였다. 내염성의 *Zygosaccharomyces rouxii*가 주발효형 효모로서 그 후 *Candida versatilis*와 *Candida etchellsii*가 후숙형 효모로서 주목하게 되었다. *Z. rouxii*는 여러 된장에 사용되고 있고, 생양(生揚)배지에서 통기교반하면 10^8에 달한다. 된장 1 g에 10^5가 되게 첨가하는 것이 표준이나 최근에는 10^6까지 첨가하는 것도 있다. 이것은 왕성한 발효를 행하여 된장의 품질을 향상시키기 위하여 저온화 경향으로 잡균에 침입되는 것을 방지하기 위함이다.

[미증(味噌)의 발효 내용]

미증(된장)은 국을 사용하는 다른 양조물과 마찬가지로 분해의 시작이 발효에 약간 선행된 것이다. 이후는 동시에 진행한다. 청주, 장유(간장)와 마찬가지로 국의 효소활성이 크게 주목되나 현재에는 된장용 국의 효소활성은 충족하고 있다고 생각한다. 된장의 단백질 용해율은 70% 이하로 간장과 같이 90%를 넘을 필요는 없다. 따라서 된장의 국은 균사가 미맥(米麥)의 내부 깊이 신장[파정(破精)]할 필요는 없고 표면에 남김없이 국균이 생육하고 있는 것[파정회(破精廻)]을 중요시 할 뿐이다.

파정회가 나쁘면[파정락(破精落)] 확실히 된장의 색이 선명하지 않다. 담금 후도 효소활성은 거의 실활 되지 않고 8개월간이니 장기 안정하다. 그러나 단백질의 분해만을 보면 아미노산의 유리는 비교적 조기로 완료되고 만다. 효모는 대부분의 발효형의 된장에서 이용되고 있고 그리고 증가의 추세에 있다. 그러나 2주간 정도의 단기발효형의 된장에 까지 효모를 첨가하는 것은 문제가 있다. 발효가 시작된 시점에서 출하되기 때문에 효모가 그대로 발효를 계속한다. 그 결과 포장 재료가 팽창하여 클레임의 원인으로 된다.

[미증(味噌)의 최근 진보]

1960년대 초반부터 1980년대 말기에 걸쳐 된장업계에서는 급속한 기계화가 진행되었다. 그 목적은 성력화, speed up, 대량 생산이었다. 감속되지는 않고 이 경향이 지금도 계속되고 있으며 위생면 향상이 더해졌다. 1980년대 후반부터 개발된 제품이나 시스템을 열거하면 다음과 같다.

(1) 대두의 고압연속증자
(2) 랙크식, 자동연속발효장치
(3) 저염 조미료
(4) 무염된장
(5) 우려낸 국물 넣은 된장
(6) 인스턴트 생 된장국
(7) 살수식 대두 증자관
(8) 삼점식 비례제어 계량기
(9) 원반식 자동 제국기
(10) 대두탈피기술
(11) 태국미의 이용
(12) 고 활성 분말국
(13) *Rhizopus*국을 이용한 된장
(14) Heat pipe를 사용한 된장의 냉각
(15) 백색 변이 간장 국균의 된장에의 이용
(16) 내염성 호흡결손효모의 작출
(17) 담색화 유산균의 된장에의 이용
(18) 효모의 냉동손상을 이용한 된장의 보장방법이 있다.

[미증(味噌)의 문제점과 장래 희망]

된장 그 자체에 의한 위생적 위해발생의 예는 없다. 또 대장균, 장염비브리오, 황색포도상구균, *Salmonella* 등의 위생세균을 고농도로 오염시켜 두어도 단시일에 사멸되고 마는 안전한 식품으로 인식되어 왔다. 그 원인으로서 식염의 기능을 들 수 있으나 무염된장에서 거의 마찬가지의 결과가 얻어지고 있다. 현재로서는 된장의 pH, 수분활성, 알코올 등의 복합작용이라고 생각하고 있다.

된장제조업은 HACCP의 인정대상 업종은 아니나 HACCP의 관리가 필요하다. 왜냐하면 된장은 클레임에 의한 반품이 상당히 많은 식품이다. 클레임이 많은 이유는 된장이 비교적 개방적 분위기에서 만들어지고 있는 것과 출하 후에도 분해나 발효가 진행하고 있기 때문이다.

개방조건 하에서는 이물의 혼입이 쉽다. 특히 문제가 되는 것은 곤충 등의 동물성 이물이다. 원료 유래의 것도 있으나 양조물은 곤충류를 유인하는 향미를 생성하기 때문에 제조공정에서 혼입되는 위험성은 언제나 있다. 이것을 회피하기 위한 유효수단은 ① 원료창고에서 원료 세정공정과 그 후의 제조공정을 격리할 것, ② 제국기, 증자한 쌀 · 보리 · 대두의 냉각을 하기 위하여 대량의 바람을 보내므로 이것을 청징, 정화 할 것, ③ 제국실의 청소, 세정, 살균을 행할 것, ④ 포장실은 격리하여 된장의 흐름과 포장 재료의 흐름을 역으로 행할 것 등이다.

출하 후의 된장의 변질은 부패는 아니지만 분명히 눈으로 보이는 클레임의 대상이다. 착색 원인으로 되는 당이나 아미노산의 함량이 많고 비교적 색이 흰 된장이 선호되기 때문에 색의 변화가 클레임의 원인으로 된다. 색의 변화에는 공기산화에 의한 변색과 공기가 관여하지 않아도 일어나는 착색(갈색)이 있다. 또 대부분의 된장은 효모 등의 미생물이 살균되지 않은 채 출하되기 때문에 온도나 시간의 조건에 따라서 알코올을 첨가하는 것만으로는 활동을 완전히 억제시킬 수 없기 때문에 유통 도중이나 점포에서 재 발효에 의한 팽창이나 파대가 간혹 발생한다.

이들의 문제에 대하는 종래의 포장 자재, 유통경로의 문제로서 포착할 수 있으나 발효온도나 효모의 첨가방법을 검토하는 등 된장 만들기의 단계에서 해결되는 요소는 적지 않다. 건강된장 만들기 위원회가 된장의 생체조절 기능에 대하여 연구기관에 위탁연구를 많이 실시하였다.

그 성과를 소개하면 다음과 같다.

① 항 변이원성
② 항 종양성

③ 방사선에 대한 방어작용
④ 항산화작용과 활성산소 보조작용
⑤ Cholesterol 저하작용
⑥ 혈압 강하작용
⑦ 간장 내에 있어서 약물대사 촉진작용
⑧ 생체 방어기구의 부활작용이 있다.

[미증(味噌)의 용도]

된장 용도의 90%는 된장국용으로 사용되고 있다. 최근 급증하고 있는 인스턴트 생 된장국은 이름과 같이 100% 된장국 용도로서 된장을 이용한 가공품인 초 된장, 된장 드레싱 등의 복합조미료, 참깨된장 등의 핥는 된장 등은 점차 증가되는 경향이다. 최근에는 생선이나 고기의 된장 절임용으로서 백색 감미된장도 된장국 이외의 조미된장으로서 발전되고 있다. 흥미 있는 것은 된장을 이용한 핸드크림 등과 같이 된장 제조업계에서도 이와 같은 순풍을 적극적으로 이용할 것으로 기대된다.

4. 납두(納豆)

[개 요]

납두(納豆 : Natto : 낫토)는 일반적으로 증자된 환 대두(丸大豆)의 표면에 납두균을 생육시켜 독특한 점성과 냄새를 양성시킨 것이다. 제품은 환 대두의 형상을 넘겨둔 것이 많고, 인도네시아의 temph와 같이 콩을 눌러 부서 발효하여도 일본간장(장유)이나 된장(미증)과 같이 액상 혹은 페이스트 모양으로 되지는 않는다.

[납두(納豆)의 내용]

일본의 납두는 언제나 환 대두를 원료로 하여 이토히키(絲引) 납두는 납두균[*Bacillus subtilis*(*natto*)]를 사용하여 염(신)[塩(辛)] 납두 계통의 납두는 납두균 대신으로 국균(*Aspergillus oryzae* 또는 *A. sojae*)를 생육시켜 그 후 식염수에 담가 숙성한다. 제품은 갈색을 띤다. Tempeh는 증자대두를 굳게 하여 바나나 잎에 싸서 발효시키면 대두 표면에 백색의 *Rhizopus oligosporus*가 생육한 제품으로 되어 납두의 일종으로 생각된다(Tempeh항 참조).

[납두(納豆)의 발효 내용]

이토히키(絲引) 납두의 특징은 독특한 점도와 향이 있다. 점도의 성분은 γ-polyglutamic acjd, γ-PGA)와 levan(또는 frucrtan)이라고 한다. γ-PGA는 L-또는 D-glutamic acid를 기질로 하여 합성된다. 배지 중의 L-glutamic acid와 D-glutamic acid의 비율을 바꾸므로 γ-PGA 중의 양자 비율이 변한다. Levan은 levan sucrase(EC 2.4.1.10)에 의하여 sucrose와 lactosyl기를 가지는 대두의 구성 다당류인 fructose, sucrose, raffinose, stachyose에서 합성되는 것으로 추정하고 있다. *B. subtilis*의 levan sucrase의 분자량은 39～40 kDa이다. *B. subtilis*(*natto*)에서

sucrose와 lactose로부터 lactosucrose를 합성하는 levan sucrase(분자량 55 kDa)가 발견되었다.

[납두(納豆)의 역사]

납두는 환 대두에 납두균 또는 국균을 표면에 생육시켜 발효한 식품이다. 일본의 이토히키(糸引) 납두, 태국의 tua'nao, 네팔, 버마지방의 kinema, 한국의 청국장, 중국의 두시(豆豉) 등이 동남아시아에 널리 분포하고 있다.

일본에서는 중국에서 당승감진(唐僧鑑眞)에 의하여 전해졌다는 소위 두시에 유래하는 당 납두(唐納豆)나 염신 납두(塩辛納豆) 계통의 다이토쿠지(大德寺) 납두(교토: 京都)와 하마 납두(浜納豆)(하마마쓰: 浜松), 일본 고유의 이토히키 납두(糸引納豆), 이토히키 납두(糸引納豆)와 국을 섞은 고지납두(麴納豆) 등이 있었다. 이토히키 납두의 발상에는 여러 설이 있으나 11세기경 9년의 전쟁(1051년), 3년의 전쟁(1083년)에서 원의가(源義家)가 발견하여 군량으로서 사용하였다는 설과 남북조의 전쟁에서 패한 광엄법황(光嚴法皇)이 단바산코쿠(丹波山國)로 도망가 상조황사(常照皇寺)에 들어가 불전에서 독경을 할 때 마을주민이 헌납한 중자대두가 발효하였다는 설 등이 있다.

[납두(納豆)의 발효균]

이토히키(糸引) 납두균은 1903년에 사와무라(澤村)에 의하여 순수 분리되어 *Bacillus natto*라고 명명되었으나 Bergey's Manual of Determinative Bacteriology 7판에 *Bacillus subtilis*(고초균)에 속하는 것으로 기록되어 있다. 그러나 납두균 이외의 *B. subtilis*로는 납두가 제조가 되지 않으므로 일본에서는 *Bacillus subtilis*(*natto*)로 표기하는 것이 많다.

분류학적 성질은 고초균에 유사하나 고초균을 콩에 생육시키면 점질물질을 생성하는 균주가 있으나 이토히키 납두(絲引納豆) 특유의 냄새를 내는 것이 없다. 현재 시판되는 납두균에는 미야기노균[宮城野菌 : 미우라균(三浦菌이라고도 한다)], 나루세균(成瀨菌), 타카하시균(高橋菌)이 있고, 이토히키 납두(絲引納豆)를 제조할 때 각각의 특징이 있는 납두가 된다.

납두의 스타터로서 사용할 때는 포자를 증류수에 현탁한 액으로 하여 사용한다. 시판되고 있는 납두균은 $1 \sim 4 \times 10^8$개 / mℓ의 농도에서 현탁되어 있거나 또는 동결건조 균체로 되어 있다.

[납두(納豆)의 발효 실제]

이토히키 납두용 대두로서는 칸토(關東) 이북에서 직경 5 mm 이하의 소립 대두가 우수하다고 하였으나 칸사이(關西)에서는 대립 대두가 좋다고 한다. 일반적으로 백목(白目) 대두가 사용되고 드물게는 흑목(黑目) 대두, 흑대두, 청대두가 사용되는 수도 있다. 유기재배 대두나 무농약 대두가 사용되는 수가 있다.

납두균의 생육적온이 37～41℃이므로 증자대두에 납두균 포자를 살포하여 용기에 담고 구멍을 몇 개 내어 폴리에틸렌 필름을 덮어서 뚜껑을 하여 40℃ 전후에서 약 18～24시간 발효한 후 24시간, 10℃ 이하의 온도에서 숙성하여 unami(감칠맛)를 양성한다. 메이커에 따라서는 저온(37～38℃)에서 다시 장기간 발효시켜 제조하는 방법을 채용하는 수도 있다.

발효 중의 습도는 납두균이 대수기의 생육을 종료할 때까지 고습도(80% 이상)로 유지하여 납두균의 생육과 점성물질의 생산을 촉진하나 생육종료 후는 저습도(40% 전후)로 내려서 실(糸)의 점질을 증강되게 한다. 용기로서는 볏짚으로 싸거나 무늬목이 사용되고 있으나 현재에는 polyethylene paper(PSP) 용기 또는 종이컵 용기가 많이 사용되고 용량은 25～100 g 들이가 많다. 유통은 저온에서 수송되어 상미기한은 7일간으로 되어 있다.

납두는 대두 이외 원료를 섞지 않으나 드물게는 곤포 등을 unami의 원료로 하여 가하는 수도 있다. 용기의 PSP의 위에 고추, 파 양념국물, 자소, 김 등의 부속품을 붙이는 수가 많다. 이 경우에는 제조 사정상 부속품을 용기에 넣어서 발효를 한다.

[납두(納豆)의 최근 진보]

납두용 소립대두로서는 옛날부터 이바라기 산(茨城産), 아키다 산(秋田産) 콩을 귀중하게 생각하였으나 이바라기 현의 납두소립, 농림수산성 동북농업시험장을 중심으로 육종이 이루어진 코스즈, 령(鈴)의 음(音, 방울소리), 아와모리 현의 원예시험장에서 스즈마루가 작출되어 히라(平)는 납두용 대두의 가공적성으로서 대두의 유리당 조성 중 raffinose와 stachyose 함량이 높은 대두가 납두용으로서 좋다는 것이 밝혀졌다.

납두는 옛부터 건강식품으로서 여겨왔고 식품기능성이 주목되고 있다. 납두의 nattokinase를 보고하고 있으니 kinase로서가 아니고 선용계 효소인 urokinase의 일종으로 subtilisin계의 serine protease에 속한다. Nattokinase의 아미노산 서열이 subtilisin NAT의 그것과 일치하고 있다는 보고가 있다.

본 효소는 혈전용해 활성을 가지며 혈전증의 치료약으로서 기대되고 있다. 납두는 대두에는 적은 비타민 B_2, B_6, B_{12}, E, K 등의 비타민류를 풍부히 함유하고 있다. 특히 비타민 K는 혈액응고 작용이 있고 γ-carboxyglutamic acid를 함유한 단백질이 비타민 K 의존성으로 Ca와 결합한 뼈의 석회화에 중요한 역할을 하고 있다.

시판의 납두균 이외의 신규 납두균으로서 냄새를 억제한 납두균, 점성물질을 거의 생산하지 않는 납두균, nattokinase 고 생산균, 비타민 B_{12} 생산균, esterase 생산균을 보고하고 있다. 하라(原) 등에 의하여 DNA의 염기서열에서 납두균 plasmid의 계통수가 작제되어 분자진화와 무염발효식품의 기원에 대하여 제안되고 있다. DNA의 염기서열에서 Chynema의 pNKH(7.4 kb)에서 두시의 pGTP(6.3 kb)의 그룹과 Toanao의 pTNH14(9.7 kb), 발효연구소 보존균주 pLS11(8.6 kb)의 그룹이 나누어진 것으로 생각하고 있다.

Polyglutamic acid(γ-PGA)의 가교결합효소로서 γ-glutamyltransferase(γ-GTA, EC 2.3.2.2)가 알려져 있다. 납두균, Asahikawa 균주의 γ-GTP 유전자는 plasmid에 존재한다는 보고와 염색체에 존재한다는 보고가 있다. 전자에서는 curing한 균주에서는 γ-PGA는 생산되지 않고 고초균으로 전환되지 않았다. 한편, 후자에서는 curing한 균주를 작제하였으나 염색체 상의 유전자에 의하여 γ-PGA는 합성되었다고 한다.

[납두(納豆)의 응용 · 공업화 실적]

제2차 세계대전 전, 생산기계 설비가 고안되기 이전은 저온(37~38℃) 장시간 발효법이 사용되어 왔으나 제2차 세계대전 후 노동시간의 단축이나 대형 냉장설비 개발, 가정용 냉장고의 보급 등에 의하여 24시간 체제로 생산하는 기술이 개발되어 현재로서는 거의 대부분의 메이커가 이 체제로 생산하고 있다. 납두공장의 설비에는 사일로탱크. 원료대두의 정선, 세두, 증자와 그 수송시스템, 증자대두의 충전시스템, 발효시스템, 포장시스템 등이 있으나 각 공정 공히 컴퓨터제어에 의한 기계화가 진행되어 자동화되고 있다.

[납두(納豆)의 용도]

일본에서 이토히키 납두는 잘 휘저어 끈기를 내어 밥에 넣어 먹는다. 이때 간장으로 조미하고 파, 알, 김 등을 가하는 수가 많다. 조리로서는 된장국이나 무침이 일반적이나 김밥 재료나 스파게티, 피자의 건더기로서 사용된다. 염 납두는 술안주나 과자로서 제공된다. 동남아시아의 아나오나 키네마는 샐러드의 건더기로서 이용된다.

5. 테라 납두, 다이토쿠지 납두, 하마 납두

[개 요]

대두나 흑두를 증자 후 향전(香煎 : 미싯가루)을 혼합하여 가마니로 싸서 하룻밤 유산발효를 촉진하고 pH가 저하된 증자대두에 곰팡이를 증식시켜 두국(豆麴)을 만든다. 이 출국(出麴)을 천일건조 하여 염수를 가하여 충분히 누름돌을 하여 내염성 효모를 발효시켜 풍미를 내고 천일건조 후 제품으로 한다.

[테라 납두 · 다이토쿠지 납두 · 하마 납두의 역사]

중국의 함 두시(鹹豆豉)가 유수사(遣隋使)나 유당사(遣唐使)에 의하여 일본으로 소개되었다. 753년 당승(唐僧), 감진화상(鑑眞和尙)은 배에 함 두시(鹹豆豉)를 싣고 왔다. 이 함 두시(鹹豆豉)가 염신 납두(塩辛納豆)로 당에서 전래된 것에서 당 납두(唐納豆)라고 하고 또 절의 납소(納所)에서 납두의 자(字)가 유래하여 『본조삭감(本朝食鑑)』(1697년)에 기록되어 있다. 테라 납두(寺納豆 : tera natto)로서 절에서는 살생의 금단 가르침을 지키고 동물단백질의 대신으로 두류에서 단백질을 보급하여 정진요리(精進料理)로 되었다.

교토의 대덕사(大德寺)나 다나베시(田辺市) 보은암(酬恩庵)[일명 일휴사(一休寺)]에서 만들어진 염신(塩辛) 납두가 있고, 1286년 등원명형(藤原明衡)저 『신원락기(新猿樂記)』(1286년)에 염신 납두가 기록되어 있고, 하마나(浜名) 호반의 대복사(大福寺)나 법림사(法林寺)에서는 하마나(浜名) 납두 → 하마 납두(浜納豆 : hama natto)가 전해져 전국시대(1477～1573년)에 대복사(大福寺)의 승려가 아시카가(足利) 7대 장군 의승공(義勝公)에 헌납한 것으로 시작하여 전국시대(1477～

1573년)에 이마이(今川), 토요토미(豊臣), 도쿠가와(德川)에 헌상하였다.

[테라 납두 · 다이토쿠지 납두 · 하마 납두의 발효균]

절에서는 오랫동안 사용한 가마니나 국개(麴蓋)를 천일건조 하여 이들에 살고 있는 곰팡이(*Aspergillus oryzae, Asp. sojae, A. niger*와 *Rhizopus*균)와 건조에 강한 유산균 *Pediococcus pentosaceus*를 사용하여 이전에 사용한 *Tetragenococcus halophilus*나 내염성 효모의 *Zygosaccharomyces rouxii*가 포함한 종덧을 담금에 가하였다. 납두의 입형을 남겨 두기 위하여 검출된 곰팡이의 protease나 amylase의 역가는 시판의 종국보다 활성이 약한 균을 사용한다.

[테라 납두 · 다이토쿠지 납두 · 하마 납두의 발효 실제]

절에서는 열탕에 콩을 넣어 7~8분 증자 후 7시간 정도 시루에서 찌고 뒷날 아침까지 시루에 그대로 두어 갈색으로 변화시키고, 증자대두를 멍석에 펴서 냉각 후 수분이 많은 경우에는 볕에 말린 다음 향전(香煎 : 미싯가루)을 섞어 오랫동안 사용한 가마니로 싸서 처음에는 유산발효를 시키고 25~30℃에서 7~10일간 제국을 하고, 출국을 천일건조 후 18~20%의 염수 또는 생 간장(일본 생 장유) 통에 담그고 2~3배의 누름돌을 하여 여름은 90일, 겨울은 150일 효모의 발효 성숙으로 향이 좋은 맛의 콩된장에 유한 삽미가 있는 독특한 테라(寺) 납두가 된다.

다이토쿠지(大德寺) 납두는 7월의 입하 전에 제국을 시작하여 담금에는 간장의 덧을 가하여 담금하고 옥외의 통 주위에 거적으로 싸고 보온하여 비 오는 날에는 뚜껑을 덮고 날씨 좋은 날은 햇볕으로 숙성과 건조하면서 매일 2~3회 교반하여 약 3개월간에 걸쳐 제품으로 한다.

[테라 납두 · 다이토쿠지 납두 · 하마 납두의 최근 진보]

저염화로 증자대두의 수분을 적게 하기 위하여 콩을 1.5배의 중량비로 침지를 멈추고 4~5시간 물 빼기를 한 후 5~6시간 증자하여 하룻밤 솥에 그대로 두어둔다. 증자대두가 갈변하여 생성된 pyrazine에 의하여 *Bacillus*나 산막효모의 오염을 막고 유산균만이 증식 후 순수한 종국과 향전(香煎 : 미싯가루)을 섞고 30~35℃에서 4일 국을 만들어 수분 35% 이하에서 천일 건조시켜 자비 후 냉각하여 10%의 염수에 담그고 모양이 붕괴되지 않게 3배의 누름돌을 하고 2개월간 이상 숙성 발효시킨다. Tamari 덧에 담근 생강이나 산초의 열매를 담금에 가하고 통을 통풍이 좋은 곳에서 발효시켜 산막효모의 증식을 방지한다.

[테라 납두 · 다이토쿠지 납두 · 하마 납두의 용도]

테라(寺) 납두는 술안주나 차 절임, 정진요리의 맛내기나 숨겨진 맛으로서 마파(痲波)두부에 사용된다. 다이토쿠지의 문전에서 차과자의 염함(鹽餡)으로서 사용된다.

6. 템페(tempeh)

[템페(tempeh)의 발효 개요]

템페(tempeh)는 인도네시아의 전통적 무염발효식품으로 유산 발효하여 산성으로 된 침지대두를 증자 후 거미줄곰팡이(*Rhizopus*속의 곰팡이)를 생육시킨 흰 균사로 콩 전체가 덮어져 굳어져 있는 발효식품이다. 인도네시아는 대두 이외에 여러 가지 원료로 도제되며, 대두를 사용한 Tempe kedelai(대두 템페)가 일반적인 템페이다.

[템페(tempeh)의 역사]

Tempeh는 인도네시아에서 500년 이상의 역사가 있고 원래 동부, 중부 자바 섬 주민의 상용 식으로서 전해져 온 것이다. 인도네시아 독립 후 급격한 인구 증가와 주민의 이동과 함께 동아시아 각지로 넓혀졌고 미국, 캐나다, 일본 등에서도 생산되고 있다. 템페는 우수한 단백질 식품으로 튀김이나 요리의 가공소재로서 조리되어 부식으로서 사용되고 있으며, 생으로 직접 먹지는 않는다. 템페는 14~15세기에 복건(福建) 광주(廣州)에서 하문(厦門)의 항구를 거쳐 화교(華僑)의 이민과 함께 동남아시아나 자바로 정주하여 이 발효기술이 전해졌다. 대두를 발효시킨 무염의 템페나 납두를 담두시(淡豆豉)라고 한다. 매두사파(霉豆渣粑)라는 비지 템페가 호북성(湖北省)에서 만들어지고 있다.

[템페(tempeh)의 발효균]

증자대두는 산성에서 곰팡이가 번식하기 쉽게 된다. 대두를 침지하면 유산발효에 의하여 pH가 3.5~4.0까지 내려가 낮은 pH는 세균의 증식을 막고 곰팡이만 증식되기 쉽게 된다. 이 유산균은 *Leuconostoc mesenteroides*가 처음에 작용하여 유산, 초산, 이산화탄소를 생성하고 그리고 pH를 내려 *L. plantarum*이 작용하여 pH를 3.5

이하로 내린다. 인도네시아에서는 실온이 높기 때문에 전회 사용한 탱크나 물에서 혼입된다. 산성 증자대두에 털곰팡이를 증식시킨다. 이 균은 1895년 네덜란드의 Went 등이 처음으로 템페에서 분리, 동정하여 *Chlamydomucor oryzae*라고 이름 붙였다. 그 후 *Rhizopus oryzae*로 개명되었다. 인도네시아의 Lo 등은 *R. oryzae*와 성질이 다른 *R. oligosporus* Saitoi, *R. stolonifer* Lind, *R. arrhizus* Fisher 등의 균주를 자바와 스마트라 지방의 템페에서 분리, 동정하였다.

이들의 4균주가 인도네시아에서 종균으로서 사용되고 있다. 이들 외에 *R. oligosporus*는 37~38℃, 습도 75~85%에서 잘 증식하고 포자의 착생이 적고 산소요구가 일반의 곰팡이에 비하여 비교적 적기 때문에 대량 생산이 가능하고 템페의 제조에 알맞다. 인도네시아에서는 순수배양의 종(Ragi)을 사용하는 대신으로 잘 된 템페의 절편을 건조 후 분쇄하여 증자대두에 섞거나 혹은 템페 표면의 균사를 끊어 내어 음건 후 분말로 하여 사용한다.

인도네시아의 우사루(와루 혹은 로레루 라고 부르는 잎)의 생의 이면에 *Rhizopus* 균사나 포자가 부착하여 덮어져 있다. 이 잎 한 장을 가루 내어 종으로 하여 사용한다. 이외에 템페 발효 중에 비타민 B_2, B_{12}는 증가하고 B_1은 감소된다. 비타민 B_{12}는 템페에 수반되는 *Klebsiella pneumoniae*를 위시하여 *Pseudomonas*속의 균주에 의하여 생성된다. 순수 배양한 템페에는 비타민 B_{12}가 없으나 인도네시아의 템페에는 비타민 B_{12}가 30 μg/g 함유된다.

[템페(tempeh)의 발효 실제]

Tempeh의 제조공정은 그림 4-5와 같다. 대두를 세정 후 비등 수에 넣고 약 5~10분간 물에서 삶은 후 유수 중에서 심하게 교반하여 탈피하고 pH가 3.5~4.0으로 내려간 침지대두를 다시 40~60분간 물에 삶거나 찐다. 증자 후 냉각하여 증자대두

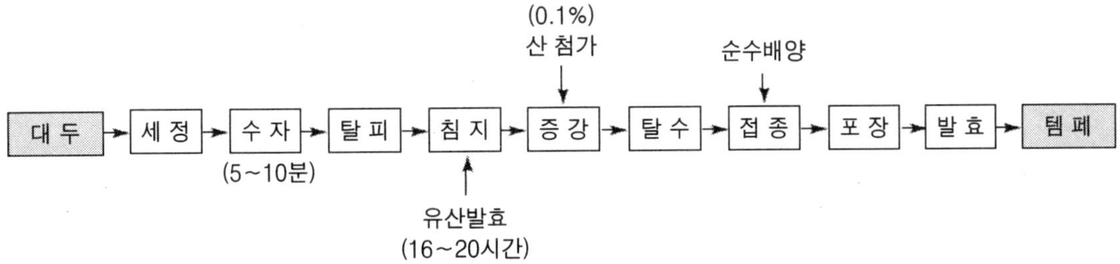

그림 4-5. Tempeh의 제조공정

가 40℃ 이하가 될 때 유산균이 증식되지 않는 경우 0.1% 초산 또는 유산을 가하여 증자대두 1 kg에 대하여 약 3 g의 ragi tempeh(*R. oligosporus*는 포자가 적기 때문에 균사와 다른 두 균주는 포자수 1×10^7/ g을 혼합한 스타터)를 접종한다.

증자대두의 표면에 물방울이 남으면 균사가 신장하지 못하므로 표면을 건조하여 균을 잘 혼합한 증자대두를 길이 25 cm, 폭 15 cm의 크기로 끊은 바나나 잎 2~3매를 겹쳐 중앙에 20~40 g씩 얹어서 싸고 볏짚으로 묶는다. 혹은 작은 구멍을 내고 비닐주머니에 접종한 증자대두를 넣어 4 cm의 두께로 굳게 하고 25~30℃의 발효실의 선반에 늘어놓는다.

수 시간 후에 곰팡이의 포자가 발아하고 서서히 균사가 신장하여 약 20시간 후부터 균의 자기발열에 의하여 품온이 상승하고 그 후 급속하게 균사가 신장하여 품온이 실온보다 높아지고, 약 30시간 후에 품온이 40℃를 넘고 다시 상승하여 50℃에 달한다. 고열 때문에 균의 생육이 억제되어 그 후 자연히 온도가 내려가기 시작한다.

발효 종료 시에는 증자대두의 알갱이 사이에 균사가 들어가서 서로 엉키고 굳어진 찐 콩의 덩어리로 되고 표면은 흰 균사로 덮어져 매트모양으로 된다. 단 *R. oligosporus*(템페균)를 접종하고 25℃의 발효실에 옮기는 경우 발효시간은 40~48시간으로 길어지나 잡균의 혼입을 방지하고 템페를 만들기 쉽다. 그러나 37℃에서 75~85%의 습도로 조절하여 잡균의 오염이 없는 순수배양을 하면 18~24시간으로 단축된다.

[인도네시아의 주요 템페(tempeh) 유사 발효식품]

1) Tempe gembus

대두를 대체하여 두부제조의 부산물인 비지를 원료로 하여 Tempe와 마찬가지 공정으로 제조하는 발효식품으로 대두에서 제조하는 Tempe보다 값이 싸다. 비지가 원료이기 때문에 보통의 Tempe에 비하여 단백질, 지질이 적다.

2) Tempe bongkrek

대두를 대체하여 코코넛 과육의 착유 잔사 혹은 코코넛 밀크의 착즙 박을 원료로 하여 Tempe와 마찬가지로 *Rhizopus*속으로 제조한 발효식품이다. 간혹 *Pseudomonas cocovenenans* 오염으로 식중독을 일으키는 수가 있다.

3) Oncom

온촘(oncom)도 템페와 마찬가지로 일상의 식품 자재이고, 템페 만큼 다량으로 생산되지 않는다. 상세한 것은 뒷장에서 설명한다.

[템페(tempeh)의 최근 진보]

Tempeh 균은 lipase 활성이 있으므로 중성 지방을 가수분해하여 발효기 종료할 때까지 총 지방의 1/3이 분해하여 유리지방산으로 되고 linoleic acid가 더욱 많아진다. 한편, α-linolenic acid는 *Rhizopus* 균에 의하여 40%가 소비된다. 또 발효 중에 linoleic acid에서 α-linolenic acid가 0.1～0.3% 생산된다.

대두 템페의 평균 단백질 효율(문제로 되는 단백질을 10% 함유 사료를 성장기 쥐에 일정기간 투여한 경우의 체중 증가량에 대한 섭취 단백질 양의 비. 단백질의 영양가 판정법)은 2.4(카세인 2.5), 생물가(식품단백질로서 섭취된 질소량과 체외로 배설된 질소량을 기초로 한 단백질의 영양가 판정법)는 58.7(고기 80), 정미 단백질의 이용률은 56(계육 60), 소화율은 86.1%이고 동물성 단백질에 가까운 값을 나타낸다. 또 템페의 ethanol 추출물에는 증자대두와 달라 아주 강한 항변이원성이 인정된다.

또 템페에는 강한 항산화성이 있는 물질(isoflavone, tocopherol 등)이 함유되어 건조분말은 유지의 산회에 대하여 안정성이 높다. 유지의 산패 비율을 나타내는 과산화물가에 대하여 3개월간 보존한 템페 분말은 증자대두나 납두 분말에 비교하여 아주 과산화물가가 낮고 안정하다. 이와 같이 템페 분말은 기름의 산화가 늦어지므로 비타민, 단백질 등의 변질도 막을 수 있다. 또 장기간 저장하여도 안전한 식품이다.

[템페(tempeh)의 응용실제]

Tempeh는 대두 이외에서도 만든다. 이 종류와 원료를 표 4-3에 나타내었다. 인도네시아에서는 원료를 단독으로 사용하는 것과 이것을 섞은 것이 있다. 예를 들면 대두에 peanut cake나 coconut press cake의 탈지박을 섞은 것, 대두에 옥수수 녹말을 얻고 남은 박을 섞은 것, 대두를 전혀 사용하지 않은 peanut cake 탈지박, coconut press 탈지박 등이 있다.

일본은 건강식품으로서 템페나 비지 템페가 만들어지고 있고, 요리방법도 연구되고 있다. 또 *R. oligosporus*는 두유의 청두 취(대두 취)를 탈취한다.

[템페(tempeh)의 용도]

Tempeh 균은 cellulase 활성이 강하기 때문에 비지의 섬유를 분해하여 부드러운

표 4-3. 템페의 종류와 원료

템페의 명칭	원료	
	영어명	학 명
Tempeh kedelai	Soybean	*Glycine max*
Tempeh benguk	Velvet bean	*Mucuna puiens*
Tempeh koro pedang	Jack bean	*Canavalia ensiformis*
Tempeh kecipir	Winged bean	*Psophocarpus tetragonolobus*
Tempeh gude	Pigeon pea	*Cajanus cajan*
Tempeh lamtoro	Wild tamarind	*Leucaena leucocephala*
Tempeh bungkil	Peanut cake	
Tempeh bongkrek	Coconut press cake	
Tempeh gembus	Residue tabu	

표 4-4. 비지국의 효소 역가

	R. oligosporus	*A. oryzae*		*A. oryzae*	*R. niveus*
α-Amylase	1,030	7,500	Protease pH 3.0	230	320
SP	240	1,040	pH 6.0	440	140
산성protease	122	140	pH 7.5	270	200
Cellulae	0.7	흔 적	산성	-	-
			carboxypeptidase	-	-
			(ACP) I	660	흔적
			II, III, IV	280	흔적
			Leucineamino	-	-
			peptidase(LAP) I	300	10
			II, III	25	흔적

Protease 역가 : 효소용액 1 mℓ가 30℃에서 30분간에 1 μg의 tyrosine을 생성하는 효소역가를 1국제단위로 한다. Tyrosine unit/min, SP : 총합 당화력

식품소재가 된다. 비지 템페의 효소 역가는 표 4-4와 같다. 이 때문에 섬유가 많은 미이용 자원의 개발(맥주박, 소두박, 커피 박, 차박 등을 분해한 식품 소재)이 된다. 또 식물 소재를 분해한 당류가 많은 조미료(국균을 병용한 간장, 된장이나 납두의 양념 국, 침채류의 조미액 등) 그리고 유산균 음료(대두 올리고당 음료, 두유)가 된다.

7. 온촘(oncom, ontjom)

[개 요]

온촘(oncom, ontjom)은 인도네시아의 전통적 발효식품이다. 자바 서부지방에서 생산되는 peanut press cake 탈지박, 두부박(비지), cassava 녹말을 원료로 하여 스타터로서 *Neurospora*속의 곰팡이(붉은빵 곰팡이, 호박곰팡이) 또는 *Rhizopus*를 배양, 발효시킨 식품이다. 인도네시아의 온촘의 생산량도 템페(tempeh)에 비하여 그만큼 많지는 않다. *Neurospora*속이 생육하면 그 외관에서 oncom merah(온촘 메라 : 붉은 온촘), *Rhizopus*속이 생육하면 그 외관에서 oncom hitan(온촘 히탐 : 검은 온촘)이라 부른다.

[온촘(oncom, ontjom)의 역사]

인도네시아에 있어서 제조 역사는 템페(tempeh)의 역사와 거의 마찬가지이다. 중국의 곰팡이를 무염 발효대두의 담두시(淡豆豉)를 조사하면 중국이 기원으로 『시애승암(豉涯勝覽)』 내용 중에 14~15세기 이후에 대두의 발효기술이 인도네시아에 전해졌다는 기록이 있다. 중국의 남쪽에 템페(tempeh)와 온촘(oncom, ontjom)의 제조방법의 뿌리가 남아 있다.

인도네시아 자바 섬의 동부에서는 탈지박에 *Neurospora*균이 생육하여 그 포자가 오렌지색이므로 붉은 온촘(oncom merah)이라고 한다. 한편 *Rhizopus*균이 증식하여 검게 된 것을 검정 온촘(oncom hitam)이라고 한다. 자바 섬의 서부나 중부에서는 *Rhizopus*균이 증식한 환 대두와 여러 가지 탈지박의 대부분을 템페라고 하고, 자바 섬의 동부와 서부에서는 템페와 온촘이라 불러 이름이 다르다. 그러나 명칭에는 명확한 구별이 없다.

[온촘(oncom, ontjom)의 발효균]

온촘(oncom, ontjom)의 발효에 사용되는 곰팡이는 *Neurospora*나 *Ascomycetes*에 속한다. 오렌지색의 포자를 착생하는 자낭균으로 1843년 처음으로 *Monilia sitophila* Sacc로서 동정되었으나 그 후 *Neurospora sitophila*로 개정되었다. 또 *N. sitophila*, *N. crass*나 *N. intermedia*의 3종이 온촘에서 분리 동정되어 현재 인도네시아에서는 이들 균을 혼합하여 사용하고 있다.

이 중에서 *N. intermedia*가 비지 온촘의 스타터로서 순수 배양하여 사용되고 있다. 또 인도네시아에서는 잘 만들어진 온촘 표면의 균총을 긁어서 모아 천일건조하고 분말 혹은 잘 된 온촘을 직접 분쇄하여 종으로서 가한다. 또 밀기울이나 옥수수 녹말 분을 살균 후 순수 배양한 *Neurospora*균을 접종하여 27℃, 3~4일간 배양 후 저온건조하면 포자가 탈락되기 쉬므로 포자만을 체질하여 종으로 사용한다.

온촘은 피넛 착유 잔사를 원료로 하기 때문에 발암성 유곡 곰팡이를 함유할 위험성이 있다. 온촘의 스타터 균인 *Rhizopus*, *Rhizopus*균은 aflatoxin을 생산하지 않으나 착유 전의 피넛에 대한 aflatoxin 생산 균인 *Asp. flavus*, *Asp. parasiticus* 오염의 걱정은 면치 못한다.

[온촘(oncom, ontjom)의 발효 실제]

1) 비지의 원료처리

인도네시아에 있어서 대두를 침지하면 유산 발효하여 pH가 저하된다. 이 때문에 비지도 산성화되고 이 비지를 압착하여 수분을 제거하고 약 3시간 증자 후 냉각하고 나서 cassava 전분을 10~20% 가하고 섞어서 약 40 × 20 cm 크기의 틀에서 성형한다. 다음에 대로 엮은 약 55 × 25 cm의 광주리에 바나나 잎이나 천을 갈고 그 위에 성형된 비지 등을 넣고 전회에서 잘된 온촘을 비벼서 비지 위에 뿌리고, 즉 접종하여 발효시킨다.

2) Peanut cake의 원료처리

Peanut cake를 20~25℃, 14시간 침지 후 충분히 흡수되면 1.3배의 증량에서 수분 35~40% 정도로 되고, *Meurospora*균의 국이 쉽게 만들어진다. 침지 peanut-cake를 가압부에서 110℃, 30분 증자한 후 냉각, 접종하여 발효시킨다.

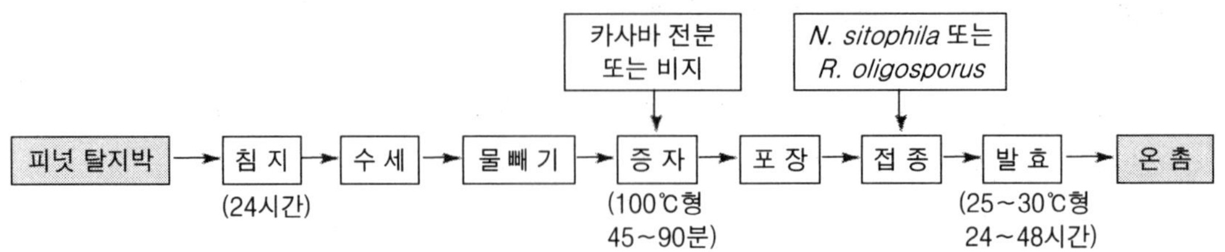

그림 4-6. 온춈(oncom, ontjom)의 제조공정

3) Peanut cake 탈지박의 원료처리

Peanut cake 탈지박에 1~1.5배의 열수를 산수 후 균일하게 흡수시키기 위하여 1시간 방치한다. 그 후 유산 발효한 것 혹은 유산이나 초산을 가하여 산성으로 하고 박과 박과의 사이의 연결을 좋게 하고 수분조절을 위하여 peanut cake 탈지박에 대하여 10~20% cassava 전분 또는 옥수수 전분을 가하여 혼합하고 100℃에서 45~90분 증자한다. 증자 후 이 증자박을 성형하여 이 표면에 건조한 온춈의 종을 뿌리고 25~30℃의 발효실 선반 위에 놓고 접종한 후 12시간 하면 포자가 발생하기 시작한다.

그러나 상면에만 곰팡이가 생육하므로 1일간 발효시킨 온춈은 상하 반전하여 하면에도 곰팡이를 생육시킨다. 48시간 후에는 두텁고 연한 균사가 매트모양으로 덮이고 오렌지색의 포자가 착생하여 감미와 과일 향을 내는 온춈이 된다. 이 peanut cake 탈지박 그리고 비지의 온춈의 제조공정을 그림 4-6에 나타내었다.

[온춈(oncom, ontjom)의 최근 진보]

Peanut cake 박은 사료로서 사용되고 있다. 섬유나 불소화 부분이 많고 사람의 먹거리로는 되지 못하였으나 *Neurospora*균을 사용하여 전통적인 발효방법으로 양질의 식품으로 바꿀 수 있다. 템페와 마찬가지로 발효 중에 비타민 B_{12}는 많고 비지의 붉은 온춈에는 1 g 중에 23 ± 2 μg, 탈지 peanut cake의 검정 온춈에는 1 g 중에 31 ± 7 μg이 생성된다. 이외에 철분도 붉은 온춈에는 100 g 중에 9.6 mg, 검정 온춈에는 100 g 중에 55.7 mg로 높은 값이다. 무기원의 공급원도 된다.

[온춈(oncom, ontjom)의 응용실적]

온촘은 서부 자바에서는 식생활에 없어서는 안 된다. 가정이나 소규모 공장에서 만들고 있으며, 템페보다 값이 싸고 소화가 좋으므로 인도네시아 중에 널리 펴져 있다. 표 4-5에 온촘의 종류와 그 성분을 나타내었다.

탈지박이나 비지에서 만든 붉은 온촘(oncom merah)은 단백질이나 지질함량이 낮으나 *Neurospora*균의 균사가 박 안으로 침입하여 곰팡이가 생산하는 효소가 단백질이나 지질을 분해하여 소화성을 높여 곰팡이 보다 향이 좋게 된다. 온촘에 사용된 *Neurospora*균은 단백질을 가용화하는 역가가 강하나 유리 아미노산을 분해하는 역가는 약하다. 그러나 녹말의 분해력이나 섬유소의 분해력은 강하고 알코올 제조의 amylo법에 있어서 국균과 함께 밀기울에 생육시켜 당화를 촉진할 수가 있다. 또 콩이나 peanut cake에 생육시키면 방향성의 ester를 만들기 때문에 *Neurospora*균을 미 이용의 곡류, 탈지박이나 녹말 박 등의 섬유가 많은 것을 소화가 좋은 식품이나 사료로 변환하는 균으로서 유효 이용이 가능하고, 금후 템페와 함께 미 이용자원의 개발에 기대되는 균이다.

예로서 비지, 맥주박, 주박, 홍차껍질, 쌀겨나 커피박 등의 재자원화에서 cellulase를 사용하여 이들 박의 곡피나 섬유를 분해한다. 국균의 국보다 녹말이나 단백질 분해효소가 약하므로 미국이나 간장국을 가하여 분해효소를 증강하면 알코올 음료나 유산균 음료 그리고 양념 국을 간단히 만들 수 있다. 또 중국에서는 섬유가 많은 잡곡류를 cellulase가 강한 곰팡이로 분해하여 중국 술(주로 증류주)의 제조에 사용된다.

[온촘(oncom, ontjom)의 용도]

온촘은 튀김이나 야채의 수프에 넣어 먹는 것 이외에 고춧가루를 섞어서 먹는다. 인도네시아의 요리 소재로서 사용되고 있다.

표 4-5. 온촘의 종류와 성분(시료 100 g 중)

온촘의 종류	수분	에너지 (kcal)	단백질 (g)	지 질 (g)	탄수회물 (g)	회 분 (g)
붉은 온촘(peanut cake 탈지박)	77		8.8	3.6	-	1.4
검정 온촘(peanut cake 탈지박	57	187	13.6	6.0	22.6	1.4
붉은 온cha(비지)	84		4.0	2.1	8.4	-

제 5 장

초산 발효식품

1. 식 초

[개 요]

식초(食醋 : vinegar)는 초산을 주성분으로 하는 산성 조미료이고, 보통의 시판 식초(가정용)는 초산산도가 4~5%이다. 또 가공용 초로서는 보통의 초산농도가 있고, 10~15%의 고산도 초(업무용)가 있다. 일본농림규격에서 식초는 표 5-1과 같이 정의되고 있다. 식초는 크게 양조초[곡물초(쌀초), 과실초(사과초, 포도초)]와 합성초로 나누고, 양조초에는 『초산 발효한 액체 조미료로서 빙초산 또는 초산을 전혀 사용하지 않는 것』으로 되어 있다. 현재 제조 판매되고 있는 식초의 대부분은 양조초이다.

초산은 과즙에 함유되어 있는 구연산이나 사과산과 마찬가지의 유기산 일종으로서 식초에 산미를 주는 성분이다. 양조초에는 초산 이외의 유기산이나 아미노산류, 무기염류 등의 여러 성분이 함유되어 있고, 이들 성분은 원료에서 유래되는 것과 발효에 의하여 생성되는 것으로 각종 양조초에는 독특한 풍미를 양성하고 있다. 상세한 것은 식초에 관한 다른 참고서를 참조하길 바란다.

[식초의 제조방법]

양조초는 곡물, 과실, 양조용 알코올 등을 원료로 하여 초산발효 등의 공정을 거쳐 제조된다. 대표적인 예로서 쌀초 제조공정을 그림 5-1에 나타내었다. 여기에서 알 수 있듯이 쌀초를 예로 하면 기본적으로는 쌀을 원료로 하여 술을 만드는 공정, 즉 당화·알코올(주정) 발효공정과 술을(알코올)를 식초(초산)로 변하는 초산발효 공정으로 대별한다. 현재 공업생산에 이용되고 있는 초산발효법은 정치 발효조를 사용하는 표면발효법과 통기교반발효장치(Acetator와 Cavitator로 대표된다)를 사용하는 심부발효법으로 대별된다.

이외에 고정화 발효법(주로 서양에서 Generator를 사용하는 방법), 고체발효법

표 5-1. 식초의 일본농림규격(JAS)의 정의

용 어	정 의	비 고
식 초	양조식초와 합성식초를 말한다.	종류 (옛날 것)
양조초	다음에 게시한 것을 말한다. 1. 곡류(주박 등의 가공품을 함유한다. 이하 같음) 혹은 과실(과실의 착즙, 과실초 등의 가공품을 함유한다. 이하 같음)을 원료로 한 덧 또는 이들 알코올 혹은 다당류를 가하지 않는 것을 초산 발효시킨 액체 조미료로서 또한 빙초산 또는 초산을 사용하지 않는 것 2. 알코올 또는 여기에 곡류를 당화시킨 것의 혹은 과실을 가한 것을 초산 발효시켜 액체 조미료로서 또한 빙초산 또는 초산을 사용하지 않는 것 3. 1과 2를 혼합한 것 4. 1, 2 또는 3에 당류, 산미료(빙초산 그리고 초산을 제외한다. 이하 같음), 화학조미료 등(향신료를 제외한다. 이하 같음)을 가한 것으로 또한 불휘발산, 총 당 또는 총 질소의 함유율이 각각 1.0%, 10.0% 또는 0.25 미만의 것	청주초
합성초	다음에 게시한 것을 말한다. 1. 빙초산 또는 초산의 희석용액에 당류, 산미료, 화학조미료, 식 등을 가한 액체 조미료이고 또한 불휘발산, 총 당, 또는 총 질소의 함유율이 각각 1.0%. 10.0% 또는 0.2% 미만의 것 2. 빙초산 혹은 초산의 희석용액에 양조초를 혼합한 것	
곡물초	곡물초 중, 원재료로서 1종 또는 2종 이상의 과실을 사용한 것으로 그 사용 총량이 양조초 1 ℓ 당 40 g 이상의 것을 말한다.	맥아초, 박초
과실초	양조초 중 원재료로서 1종 또는 2종 이상의 과실을 사용한 것으로 그 사용 총량이 양조초 1 ℓ 당 과실의 착즙으로서 300 g 이상의 것을 말한다.	
쌀 초	곡물 중 쌀의 사용량이 곡물초 1 ℓ 당 40 g 이상을 것을 말한다.	쌀초
사과초	과실초 중 포도즙액의 사용량이 과실초 1 ℓ 당 300 g 이상의 것을 말한다.	사과초
포도초	과실초 중 포도즙액의 사용량이 과실초 1 ℓ 당 300 g 이상의 것을 말한다.	포도초

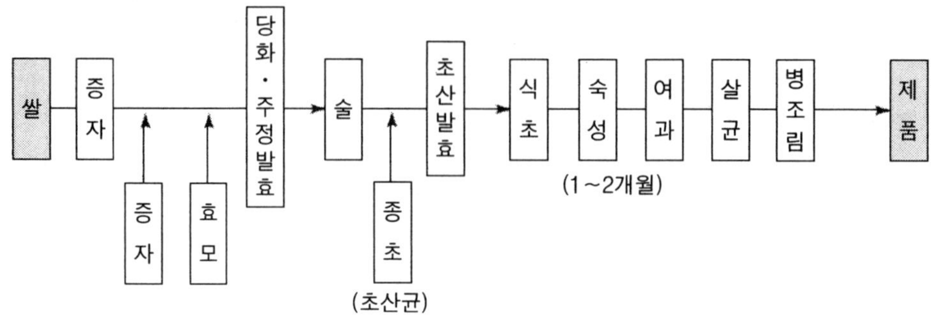

그림 5-1. 쌀초의 제조공정

(중국에서 300년 이상 이어서 계속하고 있다)이 있다. 그림 5-1의 쌀초제조의 경우에는 표면발효법이 사용되고 있고, 심부발효법은 주로 가공용의 고산도 초(주정초)의 제조에 사용되고 있다.

아래에 대표적인 식초 제조공정에 대하여 쌀초와 주정초(양조초)를 예로 들어 설명한다.

1) 쌀초(米醋, 표면발효법)

원료 미와 미국과 알코올 발효 효모를 가하여 초덧(醋醪)으로 하여 15~30℃에서 약 1주간 당화·알코올 발효를 행한다(병행복식발효). 발효를 종료한 초산 덧은 종초(種醋)를 가하여 세법상의 불 가식의(변성처리를 행한 후 압착한다. 이 압착액[초밑(醋酛)]를 초산발효에 알맞은 온도로 가온한 후 종초가 들어있는 정치발효조로 옮겨 혼합한다(담금 액). 그 후 담금 표면 액에는 초산균의 균막(菌膜)이 형성되어 그대로 약 2~3주간 발효를 계속하면 산도 5% 정도의 초산발효액(식초 반제품)이 얻어진다. 이 초산 발효액을 여과하여 약 1~2개월간 숙성한다. 그 후 다시 정제·여과, 살균하여 제품(쌀초)으로 한다.

2) 주정초(酒精醋, 심부발효법)

양조용 알코올(변성처리 한 것)에 초산발효에 필요한 영양소를 가하여 원료용액으로 한다. 통기교반 발효장치에 필요한 영양소를 가하여 원료용액으로 한다. 통기교반 발효장치에 종초(種醋)와 원료 액을 가하여 담금 액으로 하여 발효를 개시한다. 약 4~6일간 발효하면 초산산도 10% 이상의 고도 산도(주정초)가 얻어진다.

[식초의 역사]

식초는 동서를 불문하고 식염과 더불어 아주 옛날부터 이용되어 온 기초 조미료의 하나이다. 바빌로니아에서는 기원전 5,000년경에 최초의 양조초(vinegar)의 존재를 증명하는 기록이 남아 있다. 또 기원전 3,000년경에는 이미 상업적 생산도 시작하였다고 하며 식초양조의 역사는 아주 오래이다.

중국에서는 주(奏)시대(기원전 1,000년경)에 혜인(醯人)이라는 직위가 있었다. 혜(醯)란 초(醋)를 말하는데 이 관리는 식초의 모든 것을 담당한 것으로 해석된다. 일본에서는 4세기경에 술의 양조법과 전후하여 중국 대륙에서 식초 양조법이 전래한 것이라 한다.

식초는 고대에는 신주(辛酒)나 고주(苦酒)라 하여 술의 일종으로 생각하였다. 또 초(醋)라는 문자는 식초가 술에서 만들어진 것을 의미하고 있다. 영어에서는 vinegar라고 하며, 이 말의 어원은 프랑스어의 vinaigre로 vin(포도주)과 aigre(신 것)가 복합한 말이라 한다. 이 어원에서도 초와 술은 밀접한 관계가 있고, 식초의 역사는 주류와 함께 태고로 거슬려 올라가나 그 발상에서 『식초는 주류가 초산 발효하여 생긴 것』으로 생각된다.

[식초의 발효에 관여하는 미생물]

식초제조에 있어서 중심적 역할을 담당하고 있는 미생물은 초산발효에 관여하는 초산균이나 곡물이나 과실에서 식초를 제조하는 경우에는 전분을 당화하는 국균이나 당질을 알코올로 발효하는 알코올발효 효모가 관련하고 있다. 국균으로서는 *Aspergillus oryzae*(청주용의 종국)가 사용되고, 알코올발효 효모로서는 *Saccharomyces cerevisiae*(빵효모 또는 알코올발효 효모의 압착효모)가 주로 사용되고 있다. 이들 미생물에 관하여는 청주나 과실주에 준하므로 상세한 것은 청주의 항 등에서 참조할 것이고, 여기에서는 초산균에 대하여 설명을 한다.

1) 초산균이란

초산균이란 ethanol을 산화하여 초산을 생성하는 세균의 총칭이고 어느 것이나 그람음성의 호기성 간균이다. 초산균의 분류로서는 지금까지 여러 설이 있으나 현시점에서 제창되고 있는 분류와 분류 균의 특징은 다음과 같다. 본래의 초산균은 Acetobacteriaceae(과)의 *Acetobacter*속과 *Gluconobacter*속에 속하는 것이고, 후자는 gluconic acid균이라고 부르고 있으며, *Acetobacter*속에 속하는 일종이다.

*A. methanolicus*로서 새로운 속의 종 *Acidomonas methanolicus*로 분류하는 설도 있다. 또 광의로는 Pseudomonadaceae(과)의 일종 *Frateuria aurantina*도 포함하여 본 종은 가성 초상균이라고 부르고 있다.

*Acetobacter*속과 *Gluconobacter*속의 초산균 중에 식초양조에 있어서 초산발효와 비타민 C 제조에 있어서 sorbose 발효라는 두 개의 산업에서 중요한 역할을 하는 종이 포함되어 있다. *Acetobacter*속에 속하는 *A. aceti, A. pasteurianus, A. pomorum, A. hansenii, A. xylinus*(*A. xylinum*), *A. europaeus*, A. *oboediens, A. intermedius, A. polyoxogenes* 등의 종은 초산발효능이 강하고, 이미 기재한 종 이외에 *Acetobacter diazotrophicus. A. liquefaciens, Gluconobacter oxydans, G. asaii, G. cerinus, G. grateurii* 등의 종이 있다.

2) 식초발효에 관여하는 초산균

일본에서 공업적인 식초양조법은 표면발효법과 심부발효법(중산도 그리고 고산도)으로 대별되나 어느 발효법에서도 순 초산균을 사용하는 것은 드물고, 소위 종초(種醋)라 하여 전회에 양호한 발효성적을 낸 식초 덧을 되풀이 하여 사용하는 혼합배양을 행하는 것이 실태이다. 그러므로 장년의 식초양조의 과정에서 발효원료나 발효방법의 영향을 받은 순양, 선택된 초산균이 주요 발효균으로 된 것으로 생각한다.

따라서 각 회사, 각 공장의 양조 현장마다 발효에 관여하는 초산균이 다른 것으로 예상되고, 이 실태는 한결같지는 않지만 여기에서는 한 양조 현장에서의 해석예(실태)를 소개한다.

(1) 표면발효법의 초산균

표면발효법에서의 주요 초산균은 *A. pastorianus*로 동정되어 있으나 통속으로 축면(縮緬 : 견직물의 한 가지) 균이라 부르고 있고, 그 이름과 같이 견사포(絹絲布)의 축면(縮緬)과 같이 아름다운 광택과 특유한 주름을 가진 균막(菌膜)을 형성하고 있다. 이 균막은 액 표면에 굳게 유지되어 그대로 발효를 완결시킨다.

한편 유해한 초산균으로서는 식초용액 표면에서 cellulose로 된 후막을 형성하는 *A. xylinus*가 있다. 이 균은 속칭 곤약균이라 부르고 있는 것으로 표면발효법에서의 초산발효 중에 이 균으로 오염되면 초산 생성속도는 저하하게 된다. 또 식초의 숙성 저장 중에 오염되면 초산이 분해하여 과산화취라고 부르는 이취가 발생한다.

(2) 중산도 심부발효법의 초산균

중산도 심부발효법(초산 농도 5～10%)에서의 주요 초산균은 *A. xylinus*의 cellulose 생산능력 결손 균주로 동정되고 있다. *A. xylinus*의 cellulose 생산능력은 결손하기 쉽다는 것은 옛날부터 알려져 있었고, 심부배양을 되풀이함으로써 *A. xylinus*의 cellulose 생산능력 결손 균주가 주체를 하는 것으로 생각하고 있으나 전기와 같이 종래 불량 초산균이라 알려진 *A. xylinus*(특히 표면발효법에 있어서)가 중산도 심부배양법에서의 주요 초산균으로 되어 있는 것은 균의 순양, 선택이라는 관점에서 흥미 있는 현상이다.

(3) 고산도 심부발효법의 초산균

고산도 심부발효 (초산 농도 10～20%)에서의 주요 초산균은 *A. polyoxogenes*이다. 이 균은 보통의 초산균용 한천배지 상에서는 콜로니를 형성하지 않는 점에 특징이 있고, 특수한 중층 한천평판 배지를 사용하여 가습 배양함으로써 콜로니를 형성시킬 수 있다. *A. polyoxogenes*는 최근까지 불가능이라고 생각한 20% 이상의 초산을 생산하는 능력을 가지고 있고 산업적으로 아주 유용한 초산균이다.

[식초의 발효 내용]

초산발효는 식초제조상 가장 중요한 공정의 하나이고, 초산균에 의한 ethanol에서 초산으로의 호기적인 산화발효이다.

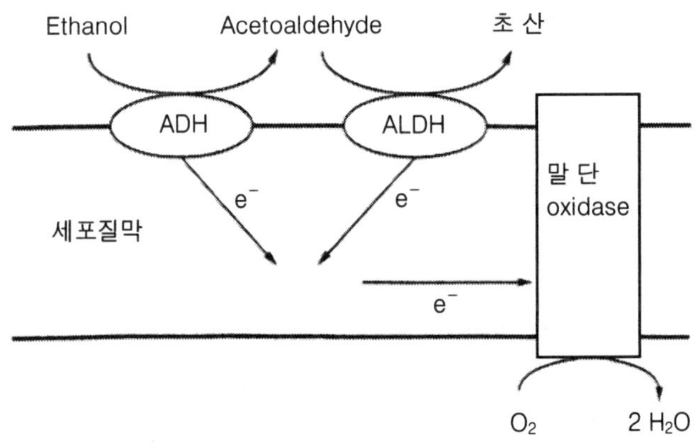

그림 5-2. 초산균의 알코올 산화효소계

ADH : Alcohol dehydrogenase

ALDH : Aldehyde dehydrogenase

초산균에 의한 초산발효의 메커니즘은 그림 5-2에 나타낸 것과 같이 초산균의 세포막에 존재하는 알코올 산화효소계의 작용이라는 것이 밝혀지게 되었다. 즉 탈수소효소계인 alcohol dehydrogenase(ADH)와 aldehyde dehydrogenase(ALDH)와 보효소인 pyroquinolinquinone)(PQQ)에 의하여 알코올이 초산으로 산화되는 효소반응이다. 그 반응은

Ethanol + 산소 → 초산 + 물 + 114.6 kcal

로 요약된다. 초산발효에 대한 상세한 내용은 초산발효의 항을 참조 바란다.

[식초의 최근 진보]

식초제조의 기술혁신에는 발효법의 개량과 초산균의 개량(분리 육종) 등이 중요하며 지금까지 여러 연구가 이루어졌다. 여기에서는 최근의 지견으로서 말하기 어려운 것과 기술혁신의 고비로 생각되는 보고 예를 소개한다.

1) 발효법의 개량

(1) 표면발효법

교반기가 붙은 각조(角槽)에서 표면에 초산균 막을 띄운 그대로 발효 중의 액을 외부로 인출하여 순환시키면서 알코올을 축차 첨가하는 방법이 고안되어 있다. 이 방법에는 초산농도 9%의 식초를 생산할 수 있고, 표면발효법으로서는 더욱 고산도의 것이다.

(2) 심부배양법

*A. polyoxogenes*를 사용한 고산도 심부발효법에 있어서 발효를 개시하여 발효액의 산도가 12%에 달한 후에 서서히 냉각하면서 최종적으로 15℃까지 저하시키는 방법으로 제안되어 있다. 이 방법에서는 최종적으로 초산농도 21%를 넘는 발효액이 얻어져 심부배양법으로서는 더욱더 고산도이다.

(3) 기타 발효법

심부초산발효법의 도입으로 비약적으로 생산효율이 향상되었으나 그래도 향상할 여러 가지 발효법의 검토가 되고 있다. 이들의 대부분은 고정화 등의 수단에 의하

여 발효조 내에서 초산균을 보지하여 균체농도를 높여서 생산속도를 향상하자는 것이다(고정화발효법).

이 중에는 심부발효장치와 여과장치의 병용에 의하여 또 동시에 부족 되는 산소를 공급하는 산소 강화장치 등을 사용하여 산소 농도를 높인 공기를 통기함으로써 종래의 심부배양법의 약 70배 이상의 아주 높은 생산속도를 달성한 예가 있으나 현재로서는 어느 것이나 실용화에 이르지 못하고 있다.

2) 초산균의 개량

(1) 고온도 발효초산균의 분리

표면발효에서는 최성기의 액체 온도는 보통 40℃ 가까이 까지 상승되나 보통의 심부배양에서서의 최적온도는 30℃ 전후이고, 심부배양에서는 냉각에 많은 경비를 필요로 한다. 이 냉각경비를 삭감하는 식초발효액(표면발효)에서 35℃에서도 30℃와 거의 동등의 발효능력을 가지는 고온도 발효초산균이 분리되어 *A. aceti*로 동정되었다. 그 후 나시 실용적인 고온도 발효초산균이 취득되어 고온도 초산발효법의 도입에 의한 냉각경비의 삭감에 공헌하고 있다.

(2) 고산도 발효초산균의 분리

보다 고산도의 식초를 제조하는 것을 목적으로 고산도 발효초산균의 분리가 시도되었다. 그 결과 종래의 분리방법에서는 분리되지 않았던 신규의 초산균이 특수한 분리방법의 고안에 의하여 처음으로 분리되었으나 그 초산균은 초산농도 20% 이상까지 발효 가능한 고초산도 발효초산균이었다. 이 균은 4% 이상의 초산을 함유하는 배지에서 또한 가습배양하지 않으면 생육되지 않는 등 기지의 초산균과는 분명히 다른 성질을 가진 사실에서 신종 *A. polyoxogenes*라고 명명되어 초산농도 10% 내지 15% 이상의 고산도 초산 발효균으로서 실용에 제공되고 있다.

(3) 세포융합에 의한 초산균의 육종

*Acetobacter*속의 초산균의 세포융합법이 개발되어 초산균의 온도 내성의 향상이 가능하였다. 즉 온도 내성은 가지나 초산발효능이 그렇게 강하지 않는 초산균주(*A. aceti*)와 초산발효 능력은 강하나 온도 내성이 그렇게 강하지 않는 초산균(*A. xylinus*)과를 세포융합을 하여 고온도 발효능력을 가지는 균주가 취득되었다.

(4) 유전자 재조합에 의한 초산균의 육종

실용 초산균주(*A. aceti*)에 aldehyde dehydrogenase 유전자를 도입하여 초산 생산속도나 최종 도달 산도를 증대시킬 수 있어서 유전자 재조합 기술이 초산균의 육종 개량에 유효하다는 것을 예시하고 있다.

[식초의 응용 · 공업화 실적]

식초의 연도별 생산량은 최근 수년간은 약간의 증가의 경향이 계속되고 있고, 1997년도의 생산량은 416,900 kℓ로 국민 1인당의 연간 소비량은 3.32 ℓ 이다. 그런데 이 숫자는 소위 가공용으로 사용되고 있는 것도 포함되어 있고, 가정용으로 한정하면 동년의 한 세대당의 연간 구입량은 2,537 mℓ이다.

[식초의 용도]

식초는 여러 가지 기능을 함께 가지는 흥미 있는 조미료이고, 그 사용목적은 조미 만에 한정되지 않고 그 조리기능(항균작용을 포함)을 이용하여 식품분야에 있어서 폭 넓게 사용되고 있다. 또 건강기능이 최근 해명되고 있어 주목되고 있다. 그리고 이들의 기능을 비 식품분야에 이용하려는 시도도 옛날부터 행하고 있다.

1) 식품분야

(1) 조리기능

식초의 조리에 있어서의 기능은 다섯 가지로 대별할 수 있다.

① 정미작용: 식품에 산미를 부여하고 산미를 느끼는 정도는 아니나 맛을 조정하고 염신미(塩辛味)를 억제하고 기름기 많은 것을 억제하는 등의 작용
② 항균작용: 식품의 유통기간을 향상시키는 작용
③ pH 저하작용: 채소, 과실의 anthocyanin계 색소를 깨끗이 보존하여 갈변을 막고 비타민 C의 분해를 막고 식감을 바꾸고 단백질을 변성시키는 작용
④ 중화작용: 암모니아, trimethylamine 등의 알칼리성의 생취성분을 중화시키는 작용
⑤ 용해작용: 칼슘염을 녹이는 작용 등 다섯 가지가 있다.

(2) 항균작용

식초의 항균작용(정균작용 · 살균장용)의 본체는 초산이고, 구연산 등의 다른 유

기산과 비교하여 그 항균작용(특히 정균작용)은 아주 강하여 생선의 초로 씻기, 초절이, 식초에 무친 요리, 초밥 등의 요리에서 보는 바와 같이 옛날부터 식품을 보존하기 위한 조리수단으로서 생활의 지혜로서 이용되어 온 것은 주지의 사실이다. 최근에는 1996년부터 사회문제로 된 장 혈관 출혈성 대장균 O-157 : H-7(이하 O : 157)에 의한 집단 식중독 중독(감염증)의 발생으로 여러 연구가 이루어지고 있어 그 일련의 보고를 중심으로 하여 소개한다.

식초의 항균작용은 정균작용, 즉 균체의 증식억제·저해작용(방부작용) 그리고 살균작용, 즉 생균수의 저감화작용으로 나누어서 설명할 수 있다. 식품의 방부라는 의미에 맞는 것으로 정균작용과 살균작용이 더욱 중요하다. 식중독 균을 포함한 세균류에 대하여 식초의 정균효과에 대하여는 0.1%이라는 낮은 초산농도에서 증식이 저지되어 강한 정균효과가 인정되고 있다. 또 그 효과는 식염보다 강하고 glucose보다 약한 경향이다. 진균류에 대하여는 효모는 0.1~0.6%, 곰팡이는 0.1~0.3%의 초산 산도로 증식이 저지되어 세균보다는 약간 내성이 있으나 강한 정균효과가 인정된다.

세균성 식중독 대책이라는 관점에서 정균작용보다 살균작용이 중요하다. 특히 O : 157을 위시한 감염형의 식중독 대책에 대하여는 살균력이 요구된다. 식초 그리고 혼합식초의 살균효과를 조사한 결과 다음과 같은 지견을 얻었다. 식초는 포자형성 세균을 제외하고 어느 공시식품에도 살균효과가 나타나나 O : 157에 대하여는 식초 단독으로는 살균효과가 약하고 실용적인 초산산도에서는 살균을 요하는 시간이 길어졌다. 기타의 포자를 형성하지 않는 식중독 세균에 대하여는 식초는 강한 살균작용을 나타내었다.

식초의 살균력은 식염의 병용에 의하여 강하게 되어 이배초(二杯醋)로 한 경우 살균력이 증가하였다. 특히 장관출혈성 대장균에 대하여는 식염의 병용효과가 아주 현저하고 일반의 식중독 균과 비교하여 거의 동등의 살균효과가 얻어진다. 또 온도의 영향도 현저하고 식염의 병용과 열의 인지를 가미하므로 식초의 살균력을 현저하게 높일 수 있다는 것을 알았다. 또 O : 157을 위시하여 주된 식중독 균에 대하여 식초용액의 살균효과를 예측하는 수학 모델을 구축하였다.

식초는 조미료이고 지금까지 설명한 식중독 균을 포함한 세균류에 대하여 식초의 살균 특성을 확인하는 뜻에서 조리의 관점에서 연구되어 조리기구, 생채소의 세정, 살균이나 식품의 조리에 있어서 그 유효성이 확인되고 있다.

(3) 건강기능

식초가 건강의 기능에 좋다고 하나 그 건강기능은 과학적으로 충분히 뒷받침되지 않고 있다. 현대 과학적으로 입증되고 있는 건강기능(식초의 주성분인 초산을 유효성분으로 하는 것)으로는 아래의 예를 들 수 있다.

① 타액 등의 분비 촉진, 소화흡수를 돕는 작용
② 피로회복에 관련되는 glycogen의 회복 촉진작용
③ 당분 섭취시의 혈당치의 급격한 상승 억제작용
④ 칼슘 흡수 촉진작용 등이다.

또 식초에는 염미를 강하게 하는 작용이 있고, 식염의 과잉섭취를 억제하는 감염효과가 있다.

2) 비식품분야

일상생활에 있어서 비 식품분야에의 식품이용으로서는 보온병의 플레크스 생성방지, 담배의 진 제거 등에 많이 이용되는 것은 옛날부터 알려져 있다. 최근의 예로서 식물병원균에 대한 식초(초산)의 항균작용(정균작용, 살균작용)에 착안하여 농약(살충제)으로서 이용이 검토되어 벼의 종자 소독으로서 농약으로 등록되어 이용된 경위가 있다. 또 토양 개량제나 사료의 원료로서도 이용되고 있다.

2. 후쿠야마 흑초

[개 요]

식초의 일종이다. 식초 중의 쌀초와 아주 유사하나 원료에 현미 또는 정백도가 낮은 쌀을 사용한다. 특히 식초의 색이 호박색 또는 검정색이므로 흑초(黑醋) 또는 제조에 항아리를 사용하므로 항아리 초라고도 한다. 조미료로서 일부 사용되고 있으나 일반적으로 건강음료로서 널리 사용되는 경우가 많다.

[후쿠야마 흑초의 역사]

일본에서 흑초(黑醋 : black vinegar)의 역사는 1800년 한다시[半田市 : 현재의 아이치(愛知)현]의 박초(粕醋) 만들기와 이상하게도 같은 시기에 시작되었다. 일본에서 흑초 마을은 카고시마현 후쿠야마정(福山町)이다. 가고시마 시가의 동쪽으로 치솟은 사쿠라(櫻) 섬이 킨코만(錦江灣 : 가고시마 만)을 차단하는 구석에 후쿠야마 마치(福山町)가 있다. 후쿠야마 마을은 세 방향 언덕으로 둘러싸인 절벽의 높이 360 m에 이르는 아이라(始良) 칼루데라이다. 전방에 킨코만(錦江灣 : 가고시마 만)을 바라보고, 뒤에는 아이라(始良) 칼루데라로 둘러싸인 후쿠야마정(福山町)은 연중 기온이 온난하여 귤을 위시한 과실의 산지이다.

[후쿠야마 흑초의 발효에 관여하는 미생물]

발효에 관여하는 중요 미생물로서는 국균, 유산균, 효모와 초산균이다. 흑초 제조의 경우 인위적으로 육종된 것이 사용되는 균은 국을 만드는 종국만이다. 주로 *Aspergillus*속의 단백질 분해효소가 강한 된장용의 종국을 구입하여 사용한다. 다른 균은 첨가하지 않고 용기나 제국 중에 생육되는 미생물을 이용한다.

[후쿠야마 흑초의 발효 내용]

발효의 용기로서는 옛날 항아리는 사쓰마 구이(薩摩燒)라고 하는 고융마(古隆摩)의 부류에 들어간다. 둘레 약 43 cm, 높이 62 cm, 구경 14 cm 표면에서 안쪽까지 상약(上藥)이 도포되어 내용 4말(52 ℓ) 들이, 색은 흑자회색과 가마에서 변색된 가고시마 미쥬인 정(伊集院町)의 나와시로가와(苗代川)산이라 한다. 최근에는 항아리가 부족하여 대만, 중국, 한국에서 거의 같은 항아리를 수입하고 있다. 담금은 봄, 여름의 2회로 하나 봄 담금이 성적이 좋다. 이유는 역시 남국이라 하여도 가을 후반에서는 기온이 내려가 발효가 잘 진행되지 않기 때문이다.

앞의 항아리에 쌀 8 kg, 미국 3 kg와 물 30 ℓ를 가하여 담금을 끝낸다. 담금 직후나 작업의 형편에 따라 익일, 미국의 10%에 상당하는 0.3 kg의 노국의 건조 국을 항아리 중의 표면에 뜨게 살포한다. 이것을 부국[浮麴 또는 진국(振麴)]이라 한다. 유산균이 1일째로 $10^8 \sim 10^9$ / mℓ 증가하여 1주간에서 10일간 생존하여 유산을 생성한다.

청주 양조의 속양법에서는 유산을 첨가하여 공중이나 용기에 부착된 불용인 유해한 미생물에 의한 오염을 액의 pH를 내려 방지한다. 이 항아리의 용량은 주간 태양의 광선으로 물료의 품온을 상승하고, 액은 기온이 내려가는 즉 주조의 난기조작과 마찬가지로 품온을 서서히 올려 당화와 미생물의 생육촉진을 하는데 알맞게 한다. 여기에서 유산균은 제국시의 고지 유래한 *Lactobacillus plantarum*이 주요 균이다. 증미가 국에 의하여 당화되어 당분 10% 정도로 되면 효모균이 살아나서 알코올발효가 진행된다.

유산균은 자신으로 생성된 유산과 알코올 발효로 생성된 알코올에 의하여 사멸되고, 결국 효모 균으로 변한다. 마치 지금까지는 청주제조와 마찬가지로 당화와 알코올 발효가 동시에 이루어지는 병행복발효이다. 알코올 발효가 왕성하게 되고 당분이 감소되면서 알코올이 증가될 때의 효모 수는 $10^5 \sim 10^6$ / mℓ로 된다.

발효 중의 효모균으로서는 균총으로 보면 주요한 균은 *Saccharomyces cerevisiae*이라는 것을 알 수 있다. 원인은 미국을 사용하였기 때문으로 생각된다. 기후에도 좌우되나 2~3개월 지나면 알코올 분이 7~8%로 된다. 물론 그 이상의 10% 이상으로 되는 수가 있으나 알코올 도수가 10% 이상을 넘으면 초산발효가 약하거나 또는 초산균의 증식이 저해되어 초산발효에 이행되지 않는 경우도 있다.

결국 앞에서 설명한 액면을 덮은 진국(振麴)이 젖혀진 것과 같이 가라앉는 것과 동시에 이번에는 초산균의 엷은 피막이 액면을 덮어 진국(振麴)을 대신한다. 초산발효에 관여하는 초산균은 *Acetobacter aceti*와 *Acetobacter pastorianus*가 주로 하여 작용한다. 결국 알코올이 감소하여 산이 상승된다. 대략 반년으로 초산발효가 종료되고 이후는 수숙성에 들어간다.

미생물의 균총은 국에서 유래하는 국균, 이 국균의 당화작용으로 생긴 당을 이용하여 1일에서 생육하는 유산균, 1주간에서 10일 후에 효모, 알코올 발효가 종료하면 초산균과 아주 교묘히 균군의 변천에 의하여 흑초가 되는 것이다.

일본에서의 청주도 당화 알코올 발효라는 세계 중에서 보기 드문 병행복발효라는 고도한 기술을 구사하여 청주를 제조하나 여기에 이어져서 산 발효와 알코올 발효라는 전혀 이질의 발효를 행하는 것이다. 여기에서 연구자들은 청주의 병행복발효를 double 발효하면 흑초의 발효는 동일 항아리 중에서 알코올 발효와 초산발효를 동시에 행하므로 이것을 triple 발효라고 부르고 있다.

왜냐하면 세계나 일본의 초 제조기술을 보면 예외 없이 알코올 발효와 초산발효는 나누어서 행하고 있기 때문이다. 술 제조에서는 산이 많이 생성되면 술덧의 pH가 내려가 당화나 알코올 발효가 정지된다. 알코올 발효가 정지하면 당화만이 진행하여 감산패(甘酸敗)를 일으키고 술 제조에서 제일 싫어하는 산만이 증가하여 부조(腐造)로 되고 만다. 동일의 항아리에서 당화, 알코올 발효와 초산발효를 경유하여 생성되므로 항아리 초(壺醋)의 발효의 어려움을 상상하여 볼 수 있다.

앞서 흑초 발효에서의 진국(振麴)의 중요성을 설명하였으나 사실은 이 조작이 triple 발효의 기본 요점으로 되어 있다. 옛날의 이스미초(泉醋)의 제조에 있어서도 항아리를 사용하여 액면을 두꺼운 종이로 덮어서 안 뚜껑으로 한다고 하였으나 마치 이것도 진국(振麴)에 상당되는 것이다. 그 옛날의 제법에서는 국이나 증미를 항아리에 넣으면 반국(飯麴)이 부상하여 표면에 흩어져 그 표면에 공기 중에서 낙하균이 떨어져 와서 각종 곰팡이나 세균이 생육된다. 진국(振麴)의 제1의 역할은 부상하는 반국(飯麴)에 세균오염의 방지라고 한다.

제2는 초산균의 조기 증식의 방지이다. 사용하는 항아리나 기구류는 완전한 살균이나 소독을 행하지 않고 가볍게 열탕을 통과하는 정도이다. 그 결과 소소(燒素)의 항아리에 존재하는 미세한 세공이 세라믹효과를 가진다. 그 항아리 살결의 세공에 여러 균이 고정화되어 있다. 이 때문에 소량의 알코올이 생성되면 초산균의 증식이 염려되나 진국(振麴) 때문에 균 막의 생성이 저해된다. 그 반면에 유산균은 혐기성, 효모는 보통혐기성으로 공기가 조금만 있어도 번식한다.

제3은 항아리 중의 증미가 국의 작용에 의하여 용해되고, 분해하면 미생물의 영양이 부족하다. 이 경우 이 진국(振麴)이 액 중으로 가라앉아 용해 성분이 액 중에 용해하여 균의 영양원으로서 역할을 하는 것으로 생각된다.

[후쿠야마 흑초의 용도]

일부는 식초 본래의 조미료로서 사용되나 대부분은 건강음료로서 사용된다. 효용으로서는 소화액의 분비 촉진작용, 피로회복, 당뇨병, 비만방지, 혈압상승 방지, 노화방지, 혈중 알코올 농도 상승지연, 항종양물질, 영양공급, 혈류 개선 등을 들 수 있다.

3. 산서노진초(山西老鎭醋)

[개 요]

중국의 가장 유명한 초의 산지는 산서성(山西省)의 성도(成都) 태원시(太元市) 부근이고, 제품은 산서노진초(山西老鎭醋)로서 특히 유명하다. 식초의 생산은 300년 이상 청시대의 순치 연간에서 시작된다. 청서현(靑西縣)의 노진초 공장에서 생산되는 상표 『동호』의 제품이 그 대표적이다. 흑자색의 농후한 액으로 향미기 상쾌하여 품질이 균일로 변화가 어려운 특징을 가진다.

[산서노진초(山西老鎭醋)의 제조공정]

산서노진초(山西老鎭醋)의 제조공정은 그림 5-3과 같다.

[산서노진초(山西老鎭醋)의 대국(大麴) 제조]

*Rhizopus*속, *Aspergillus*속, *Mucor*속 등의 곰팡이류 그리고 *Saccharomyces*속, *Candida*속 등의 효모를 중심으로 하는 많은 야생 균을 함유하는 국(koji)으로 이

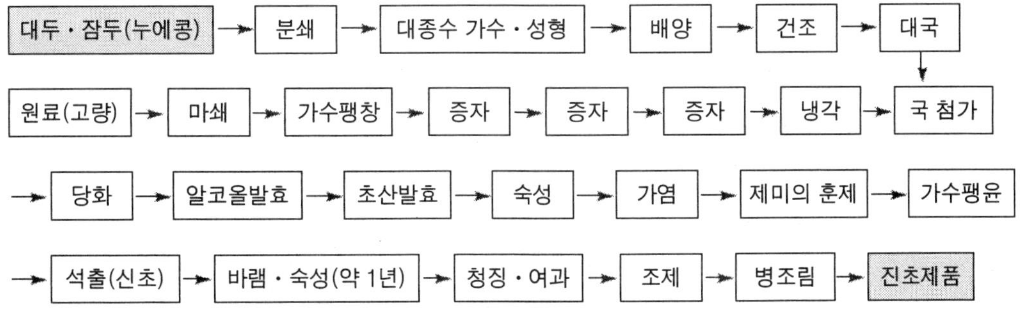

그림 5-3. 산서노진초의 제조공정

외에도 유산균, 초산균, 포자 형성세균 등도 많이 함유하고 역사적으로 가장 오랜 국(麴)이다.

쌀가루, 분쇄된 소맥 등에 오래된 대국(大麴)을 물에서 우려낸 물을 가하여 반죽하고 성형하여 만든 국배(麴坯 : 반제품, 미완성품의 것)를 전용의 국실에 넣어 온도와 수분을 관리하여 만든 당화제이다. 고로 산서노진초(山西老鎭醋)의 대국(大麴) 대맥 70%, 잠두(蠶豆 : 누에콩) 30%를 혼합하여 국(麴)을 만든다. 쌀가루를 사용한 병국(餠麴)도 이 일종이다. 중국의 국병(麴餠)과 같은 고지(麴), 발효 스타터는 동남아시아 지역에 널리 분포하고 있다.

대국(大麴)을 사용하는 경우는 종균의 접종은 필요하지 않고 발효스타터의 보관·수송에 편리하므로 유용미생물의 종류도 많다. 제품으로 된 식초는 풍미가 좋고 맛도 진하고 품질이 좋다. 원료의 선택 범위가 넓고 소비자가 환영하는 명초·특산초에는 주로 이 대국(大麴)이 사용된다. 결점은 당화력이 약하고, 국(麴)의 사용량이 많아지고, 초의 생산량이 상대적으로 적다는 것이다.

[산서노진초(山西老鎭醋)의 제조방법]

원료 고량을 거칠게 분쇄하고 소량의 물을 가하여 증자한다. 이것을 탱크에 옮겨 열수를 가하여 균일하게 냉각한 후 파쇄 된 대국(大麴)을 약 반량 가하고 당화와 알코올 발효를 동시에 행한다. 주 발효는 4일 정도로 종료하고 후 발효, 후숙 발효에 들어간다. 탱크를 밀봉하여서 행하는 후숙 발효는 노진초(老鎭醋)의 풍미를 양성하는 중요한 공정으로 되어 있다. 알코올 발효는 전체로 15~16일을 요하고, 이 제미(諸味)에는 알코올이 7% 정도, 초산이 1.5 g /100 mℓ 정도 함유된다.

알코올 발효가 종료 후는 초산발효로 옮겨진다. 우선 밀기울과 쌀겨를 4 : 6의 비율로 섞어서 약 1.5 배양의 부원료를 혼합하면서 첨가하고 단단한 제미(諸味)를 만든다. 이 상태를 중국어로 초배(醋醅 : 쓰 페이)라고 하는데, 배(醅)란 여과·추출하지 않는 제미를 의미한다.

고체상태의 제미인 초배(醋醅)를 밑이 낮은 소형의 탱크에 30 kg 정도 옮기고 고체상태에서 초산발효를 행한다. 처음의 3일간에서 발효를 시작하면 40℃ 이하의 온도관리를 하면서 발효를 계속하여 알코올 농도가 저하하여 발효가 저하된 9일째에 식염을 가하여 초산균의 활성을 정지시킨다.

온도가 26~28℃로 된 고체상태의 제미를 훈제(薰製)한다. 이 훈제공정은 산서성(山西省)에서 많이 채용되나 다른 지방에서는 그렇게 행하지 않는다. 제미를 훈제하면 저분자의 당류·아미노산·함질소 화합물이 화학변화를 일으켜 흑자색의

melanoidine이 생성되어 초의 색이 아름답게 되고 맛도 다시 방순하게 된다. 훈제는 85~100℃에서 4일간 행하고 훈제된 제미는 흑자색을 띤 홍제미[紅諸味 또는 홍배(紅醅) : 혼 뻬이]라 부른다.

훈제된 홍제미를 추출용 탱크에 넣어 2배량의 냉수에 12시간 침지한다. 이때 용출되는 1회째의 초를 백제미초[白諸味醋 : 백배(白醅) : 바이 뻬이쓰]라고 부르고, 조(糟)를 백제미[白製味 또는 백배(白醅) : 바이뻬이쓰]라고 한다. 백제미초에 화초(花椒), 회향(茴香) 등의 향신료를 가하여 냄비에서 끓여 향을 낸다. 이것을 다시 홍제미에 가하여 4시간 침지하고 추출하면 신초(新醋)가 된다. 3회째에 추출한 초는 담초(淡醋 : 탄쓰)라도 하며 홍제미(紅諸味), 백제미(白諸味)의 추출용으로만 사용한다.

추출된 새로운 신초(新醋)는 반제품이고 적어도 1년 이상 숙성시켜서 노진초(老鎭醋)로 한다. 숙성과정에서는 신초를 항아리에 넣고 더운 여름의 태양에 바래고, 엄동에는 표면의 얼음을 걷어주는 조작이 필요하고, 10~12개월을 거쳐 진초는 숙성과정에서 대량의 수분을 발산하여 양이 반 정도 농축된다. 이 사이 산도, 풍미물질의 농도도 상승되며 숙성된 노진초는 색조도 깊이가 증가되고, 산미와 구미도 진하고 감미도 증가한다.

일반적으로 고량 100 kg에서 신초 약 700 kg이 제조되고, 초산은 3.5 g /100 ㎖이상 함유된다. 노진초는 초산이 6.5 g /100 ㎖ 이상 함유되어야 하므로 일반적으로 고량 100 kg에서 노진초 약 400 kg 정도 제조된다.

[산서노진초(山西老鎭醋)의 제품화와 조미]

숙성된 노진초(老鎭醋)는 여과하고서 병조림하여 출하한다. 제품에는 표준품 이외에 신미, 마늘 맛, 생강 맛이 나는 풍미초도 있다. 또 노진초는 아미노산, 비타민, 무기질 등을 대량으로 함유하므로 식욕증진, 소화촉진, 혈압저하, 피부의 활성화, 간기능화, 항암 등의 목적으로 음료의 보건초가 판매되고 있다.

4. 진강향초(鎭江香醋)

[개 요]

진강향초(鎭江香醋)는 강소성(江蘇省)에서 만드는 유명한 식초로 150년 이상의 역사가 있다. 색, 향기, 방순, 산도, 농순 등의 모든 면에서 우수하고 중국의 전통 명초의 하나이다. 전통적으로는 노주(老酒)의 조(糟 : 지게미)를 원료로 하여 제조하나 노주의 조(糟 : 지게미)는 알코올이 낮고 향이 있는 식초가 되지 않으므로 현재로는 품질이 좋은 나미(糯米)를 원료로 하여 그 대부분이 제조되고 있다.

[진강향초(鎭江香醋)의 제조공정]

진강향초(鎭江香醋)의 제조공정은 그림 5-4와 같다.

[진강향초(鎭江香醋)의 소국(小麴) 제조]

이강과 소량의 쇄미에 *Rhizopus*속과 효모를 생육시킨 것으로 압도적으로 *Rhizo-*

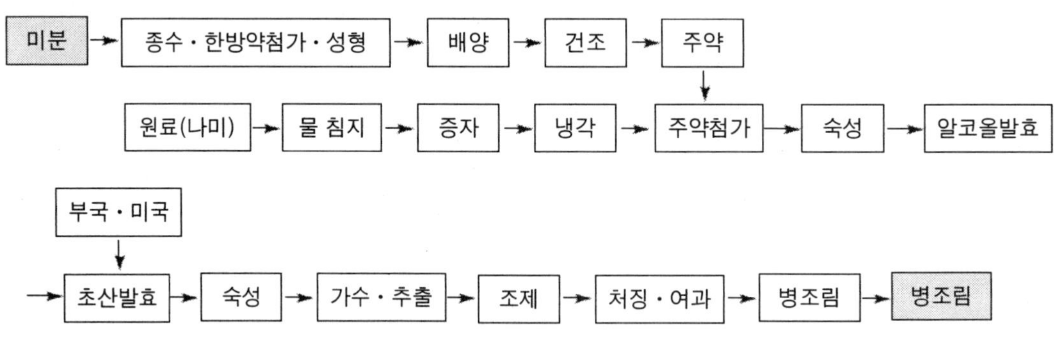

그림 5-4. 진강향초의 제조공정

*pus*속을 많이 함유하는 국이다 생의 소맥을 원료로 하는 맥국(麥麴)도 소국(小麴)의 일종으로 분쇄된 소맥에 오래된 국을 물에서 우려낸 물을 혼합하여 섞어 굳게 한 덩어리를 볏짚으로 싸서 국실(麴室)에서 배양하여 만든다. 또 쌀가루에 한방약을 가하여 굳게 하여 배양실에서 건조하여 만든 주약(酒藥)도 소국(小麴)의 일종으로 노주(老酒)·라오쥬나 노조의 조(糟)로 만드는 진강향초(鎭江香醋) 등의 제조에도 사용된다.

소국(小麴)은 당화력이 강하고 국의 첨가량이 적어도 끝마무리가 좋은 특징이 있다. 원료의 선택성이 강하고 쌀이나 고량에는 알맞으나 우류(芋類)나 야생원료에는 적합하지 않다. 소국으로 만든 식초는 맑은 맛으로 강소성(江蘇省), 절강성(浙江省), 광동성(廣東省) 등의 남쪽 사람들이 좋아한다.

[진강향초(鎭江香醋)의 부국(麩麴) 제조]

플라스크에서 전배양한 고지 균을 밀기울에 접종하여 인공적으로 배양한 분체의 고체 국이고, 역사적으로는 오래 되지는 않으니 식초 양조기업에서는 우수한 제국법으로서 환영받고 있다. 당화력이 강하고 식초의 생산능력이 높고 기계화도 앞서 있으므로 노력도 경감된다. 제국의 주기가 짧고 원가가 싸고 원료에 대한 적응성도 높다.

[진강향초(鎭江香醋)의 제조방법]

품질이 좋은 나미를 물에 침지한 다음 물을 빼고 나서 시류에 넣어 증자하고 이것을 냉수에 담가 냉각한다. 탱크에 넣은 증미에 0.4%의 주약[酒藥 : 소국(小麯(麴)의 일종인 맥국을 사용한다]을 넣고 교반하여 약간 시간이 경과하면 주약 중의 *Rhizopus*가 생육을 시작하여 당화가 시작되어 제미[諸味 : 여기에서는 액체이므로 제미로서 본래는 탁한 술이라는 의미에서 요(醪)라는 글자를 사용한다]의 온도가 상승하기 시작된다.

품온을 제어하여 60~72시간 정도 저온 당화발효를 행한다. 미반 입자는 탱크의 밑에서 떠오르기 시작하고, 대부분의 녹말은 저분자의 당으로 변한다. 이때 주약에 함유되는 효모가 증식하여 알코올 발효가 시작된다. 당화는 일반적으로 약 4일이고, 당 농도는 약 30%, 알코올 농도는 4~5%로 된다.

저온 당화발효의 과정에서 주약 중의 효모가 증식하여 알코올 발효의 제1단계가 시작된다. 이 당화 제미는 6% 양의 맥국을 가하고 물을 가하여 당화제미를 희석하여 알코올 발효의 제2단계로 들어간다. 맥국을 가하면 알코올 발효는 왕성하고 당화는 급속하게 저하된다. 이 알코올 발효의 기간은 주약을 가하여 저온 당화발효를 시키는 기간을 합해서 10～14일간이다.

나미 100 kg에서 겨울 양조장에서는 술 제미 330 kg이 제조되고, 알코올 농도는 13～14%, 산도는 0.5 g /100 mℓ 이하이고, 여름 양조장에서는 술 제미 300 kg이 제조되어 알코올 농도는 10% 이상, 산도는 0.8 g /100 mℓ 이하이다.

초산발효는 이전에는 큰 항아리(독)를 사용하였으나 현재는 콘크리트제의 발효탱크를 사용한다. 일반적으로 항아리의 용량은 350～4000 kg, 발효탱크는 5～6 ton이다. 술 제미(술덧)를 발효탱크에 반 정도 넣고 여기에 일정량의 밀기울국과 숙성된 초 제미를 넣고서 균일하게 교반한다.

표면에 미강을 뿌리고 뚜껑을 하지 않고 발효시킨다. 발효 2일째는 발효된 상부의 층과 미발효의 하층부를 균일하게 교반하여 수회 분할하여 다른 탱크에 옮긴다. 전통적으로는 하나의 항아리에서 다른 항아리로 옮기는 조작이 행해진다. 이 상태로 1일 발효시켜 또 일정량의 미강을 가하고 또 교반하여 적량의 온수를 가한다. 이와 같이 하여 10일 정도 경과하면 초 제미가 만들어지나 초산발효에 필요한 균농도에 달한다. 이 시점에서 초산발효는 최고에 달하고 충분히 산소를 공급하면서 발효시키나 온도가 45℃를 넘지 않게 한다. 7일 정도의 사이에 발효가 왕성하게 진행하나 제미의 온도가 서서히 저하하여 산도가 최고치에 달한다.

[진강향초(鎭江香醋)의 제품화와 조미]

발효가 종료하면 식염 2～5% 양을 제미에 가하고 표면에도 식염을 조금 뿌려 초산균의 활성을 정지시킨다. 항아리의 경우에는 입을 플라스틱 시트로 덮고 탱크에서는 뚜껑을 하여 1주간 숙성시킨다. 그 후 교반하여 항아리를 옮기고 또 다시 한 번 더 밀봉하여 숙성시킨다. 진강향초(鎭江香醋)에서는 20～30일간 숙성을 행하나 이 사이에 독특한 풍미가 조성된다.

이와 같이 만든 초 제미를 추출용 탱크에 80% 양 정도 넣고 2회째에 추출하여 얻은 담초(淡醋)를 넣고서 수시간 방치시킨 다음 이것을 퍼내어 신초(新醋)로 한다. 이 신초에 일정량의 식용 당을 가하고 온도와 풍미를 조제하여 정치하여 맑게 한 후 가열 살균한다. 이것을 일정 용기에 넣어 열시에 병조림하고 포장하여 출하한다.

제 6 장

채소 발효식품

1. Tsukemono(漬物 : 일본 침채류)

[개 요]

된장절임(味噌漬), 주박절임(酒粕漬), 간장절임(醬油漬), 고지절임(麴漬), 타쿠앙[澤庵漬(택암지)의 준말. 택암(澤庵)은 만든 법을 고안한 스님의 이름)], 우메보시(梅干 : 매실장아찌) 등이 옛날부터 만들어 온 Tsukemono(漬物 : 일본 침채류 : 지물)를 위시하여 최근 생산량이 증기되고 있는 김치나 Asatsuke(淺漬 : 천물) 등 다종다양한 Tsukemono 제품이 있다. 대부분의 Tsukemono의 풍미형성이나 변패에는 유산균이나 효모가 크게 관여되고 있으나 현재의 Tsukemono 제조 기술에서는 발효의 제어가 과제로 되어 있고, 과도한 발효는 산패 경우가 많고, 낮은 온도의 이용과 항생물질 이용에 의한 변패방지 기술이 선행되고 있는 분야이다.

[Tsukemono(漬物)의 발효식]

대부분의 Tsukemono에서는 발효는 유해하나 산패로 표현되는 경우가 많으나 유산발효에서는 Kiso(木曾)의 Sunkitsuke(소금을 사용하지 않고 유산발효로 생성된 산에 의하여 풍미가 양성되어 보존되는 절임), Kyoto의 Shibatsuke(紫葉漬 : 자엽지 : 가지를 엷게 썰어 자소의 잎과 함께 3～5%의 소금물에 담그고 매실 초를 보충

$2C_3H_6O_3$ (유산) — Homo 유산발효

$C_6H_{12}O_6$ — $C_3H_6O_3$ (유산) + C_2H_5OH (Ethanol) + CO_2 (이산화탄소) — Hetero 유산발효

$2C_2H_5OH$ (Ethanol) + CO_2 (이산화탄소) — Alcohol 발효

한다. 압개(壓蓋)로 강하게 누름돌을 한다. 염분이 적어 유산발효에 의하여 산이 생성되어 가지와 자소의 색에 의하여 적색으로 물든 절임], Sugukitsuke(酸莖漬 : 방추형의 600 g 전후의 순무로 시게 담근 왜김치, 교토의 명산) 등이 있다. 건조 Takuantsuke(澤庵漬), Hinonatsuke(日野菜漬 ; 순무의 일종인 붉은 색의 긴 순무 절임), Tsuda Kabutsuke(津田 순무절임), Nukamisotsuke(糠味噌漬 : 겨된장절임) 등도 발효 Tsukemono라고 하나 그 생산량은 적다.

[Tsukemono(漬物)의 역사]

해수를 이용하거나 해수에서 채취한 식염으로 채소나 산채를 담근 것이 Tsukemono 가공의 시작이라고 보여 지므로 그 역사는 오래일 것이다. 담그거나 건조하거나 하여 보존성 향상도 꾀한 것으로 생각되어 인류의 발명으로서 최고의 것으로 현재에 이른 것으로 생각한다.

일본의 4세기 고문헌 나라 도다이지(奈良東大寺) 정창원(正倉阮) 자료 중에는 야채를 염장한 염지(塩漬)와 장지(醬漬)라는 문자가 발견되고, 927년『엔키시키(延喜式)』에 산채나 야채, 과물을 주박이나 술덧에 담아 이용하였으며, 비로서『지물(漬物』이라는 문자가 등장하였다. 그 후에도 고문헌에서『지물(漬物)』에 대한 것을 많이 볼 수 있다.

야채를 잘게 썬 절임도 장유양조가 성행하게 되어 된장절임에서 간장절임으로 되었으나 그 역사는 오래 되지 않다. Hukushintsuke(福紳漬)는 1877년경이고 카러라이스와 마주치는 시대였다. 산미가 강하고 당분이 많은 야채를 잘게 썬 간장절임 [Hukushintsuke : 福神漬(복신지)]이 일본 사람의 미각에 맞아 호평되었기 때문이다.

미식을 중심으로 한 식생활 중에서 Tsukemono는 부식의 지리를 차지하고 각 가정의 부엌에는 겨된장의 독이 있고, 겨된장 통은 시집가는 도구로 된 지방도 있었다. 여름철의 매실짱아지 만들기, 늦가을의 단무지, 배추 담그기가 주부들의 일거리로 되었다. 전시의 군인들의 양식으로 되고, 농가의 중요한 부업으로 되었다. 결국 이들의 부업이 Tsukemono 제조업으로 이어지게 되었다.

1955년경부터 슈퍼마켓 등의 양산 판매점의 진출과 플라스틱 포장 필름의 출현 등의 유통혁명으로 종래의 대면판매에서 소구 포장이 요구되어 이들이 가능하게 되어 Tsukemono 제조업이 약진하게 되었다. 양산 판매점에 대응하여 단일 품목을 대량 생산하는 라인이 가동하게 되어 단무지, 간장절인, 박절임, 된장절임 등의 전문 공장이 출현하였다.

가열처리 등으로 장기보전이 가능하게 된 반면 발효 Tsukemono가 조미액절임 등으로 대체된 Shibatsuke 등도 출현하였다. 종래부터의 발효 Tsukemono를 한쪽 구석으로 물아내고 발효취가 없는 선명한 색채로 비로소 Tsukemono 제조업으로서 성립된 것이 현실로 생각된다. 발효라는 것을 잊어버리고 미생물의 살균, 제어를 우선시키고, 다음으로는 반 발효, 반조미 등을 생각하여 보다 건강적인 Tsukemono로 생각하면 도달하여야 할 것은 역시 발효 Tsukemono가 상상된다.

[Tsukemono(漬物)의 발효균]

Saccharomyces, *Zygosaccharomyces rouxii* 등 Tsukemono에 풍미를 발효 생산하는 효모가 있고, 한편 Tsukemono에 변패를 일으키는 유해한 효모도 다수 존재한다. Tsukemono의 표면에 막을 형성하여 피막을 생성하는 것, 탄산가스를 발생시켜 팽창의 원인으로 되는 것, Tsukemono를 착색하거나 변색하는 경우, 또 이취를 발생하거나 품질의 저하, 열화의 원인으로 되는 것이 있다(표 6-1).

피막형성의 원인 효모는 산막효모라는 것이고, 표면에 흰 피막을 만들고 net를 생성하거나 풍미를 나쁘게 한다. *Pichia*, *Hansenula*, *Debaryomyces*, *Torulaspora*, *Candida*속의 효모가 이들이다. Tsukemono에서는 *Pichia membranefaciens*, *P. anomala*, *Hansenula anomara*, *H. subpelliculosa*, *Debaryomyces nicotianae*, *D. hansenii*, *Torulopsis delbrueckii*, *Candida fomata*, *C. krusei* 등이 분리되어 있다. 산막효모는 흰곰팡이라고도 하고 Tsukemono나 겨층의 표면에 생육하여 때로는 두꺼운 층을 이루어 생육한다.

산막효모는 ethyl alcohol이나 유기산을 소비하여 풍미를 저하시키고, 불쾌 취를 발생하며, pH의 상승으로 부패세균의 생육을 야기하는 요인으로 된다. Tsukemono에서 생육하는 산막효모는 식염 20%의 고염분(내염성)이나 pH 2.0의 산성에서(내산성)에서도 생육하는 것이 많다.

플라스틱의 작은 주머니 제품에서 Tsukemono의 내부에서 증식한 효모가 생성하는 이산화탄소로 포장된 주머니가 팽창하여 때로는 파열되는 수가 있다. 이산화탄소를 생성하는 효모는 *Saccharomyces*, *Zygosacchatomyces*, *Candida*, *Torulopsis*속의 것이 많다. 특히 *Zygosaccharomyces rouxii*나 *Z. bailii*는 내 삼투압성의 효모로 식염농도가 높은 Tsukemono의 팽창원인으로 알려져 있다. Tsukemono 제품의 팽창원인은 주로 효모가 많으나 유산균이 원인인 경우도 있다.

Hetero 유산발효를 행하는 *Leuconostoc mesenteroides*나 *Lactobacillus brevis* 등으로 살균공정에서 가열부족으로 생긴다. 상기의 유산균은 어느 것이나 겨된장 층

표 6-1. Tsukemono의 주요 효모

균 주		오이염수담금	쌀겨절임	쌀겨된장절임	타쿠앙절임	나라쓰케	된장절임	후쿠신쓰케	벳타라쓰케	오이초절임	사워크라우트
Saccharomyces				○		○		○		○	○
Zygosaccharomyces rouxii	식염 내송 18% 이상			◎			○	○	○		
(*Z. rouxii* var. *halomembranis*)	식염함유 하에서만 산막효모						○	○		○	
Debaryomyces hansenii	빌효싱 - ~ + (Glucose, sucrose)				○						
Candida famata	발효성 - ~ +(Glucose)				○						
C. famata[a]	발효성 - ~ + (Glucose, sucrose)					○					
C. versatilis	식염내성 20~24%, 발효성 ++(여러 종)	○			○						
C. etchellsii	식염내성 20%, 내당성 40%	○									
C. holmii		○							○		
Hansenula anomala	Ester생성 강함			○					◎	○	
H. subpelliculosa		○							○		
Pichia membranaefaciens		○	○						○	○	
Mycoderma											○
Debaryomyces nicotianae[b]		○		◎	◎					○	
Candida krusei		○				○		○			○
Kloeckera apiculata		○									

◎는 쓰메모노에 다발하는 것을 나타냄

a) : *Torulopsis candida*

b) : *Debaryontce*

(床)이나 단무지의 겨층(糠床), 김치류에서도 분리되어 Tsukemono의 제조과정에서 중요한 역할을 하고 있는 것으로 해석되나 상품으로서 유통을 고려할 때는 유해한 미생물로서 상품의 품질 보존에는 마이너스로 작용한다. 또 Tsukemono의 변색에 미생물이 관여하고 있는 경우가 있다. *Rhodotorula glutinus*, *R. minuta* 등 색소를 가지고 있는 효모가 Tsukemono의 표면에 증식하여 이것이 원인으로 되어

Tsukemono를 붉게 착색하는 수가 있다. 그리고 효모가 가지고 있는 효소로 Tsukemono에 첨가된 착색색소를 분해하는 경우가 있다.

*Torulopsis*나 *Candida*속의 효모가 식용 황색색소 4호를 환원하여 적변으로 하는 경우가 있다. 효모 이외의 *Pseudomonas aeruginosa*, *P. geniculata*, *Micrococcus varians*, *Alcaligenes viscolactis*, *Bacillus circulans*로도 적변된다는 보고가 있다. 단무지(Takuantsuke)나 Iburitsuke(Akida 특산) 등에서 Takuantsuke(단무지)의 풍미를 형성한다는 *Saccharomyces servazzii*가 분리되어 일시 저온저장 등으로 실용화를 꾀하는 보고가 있다.

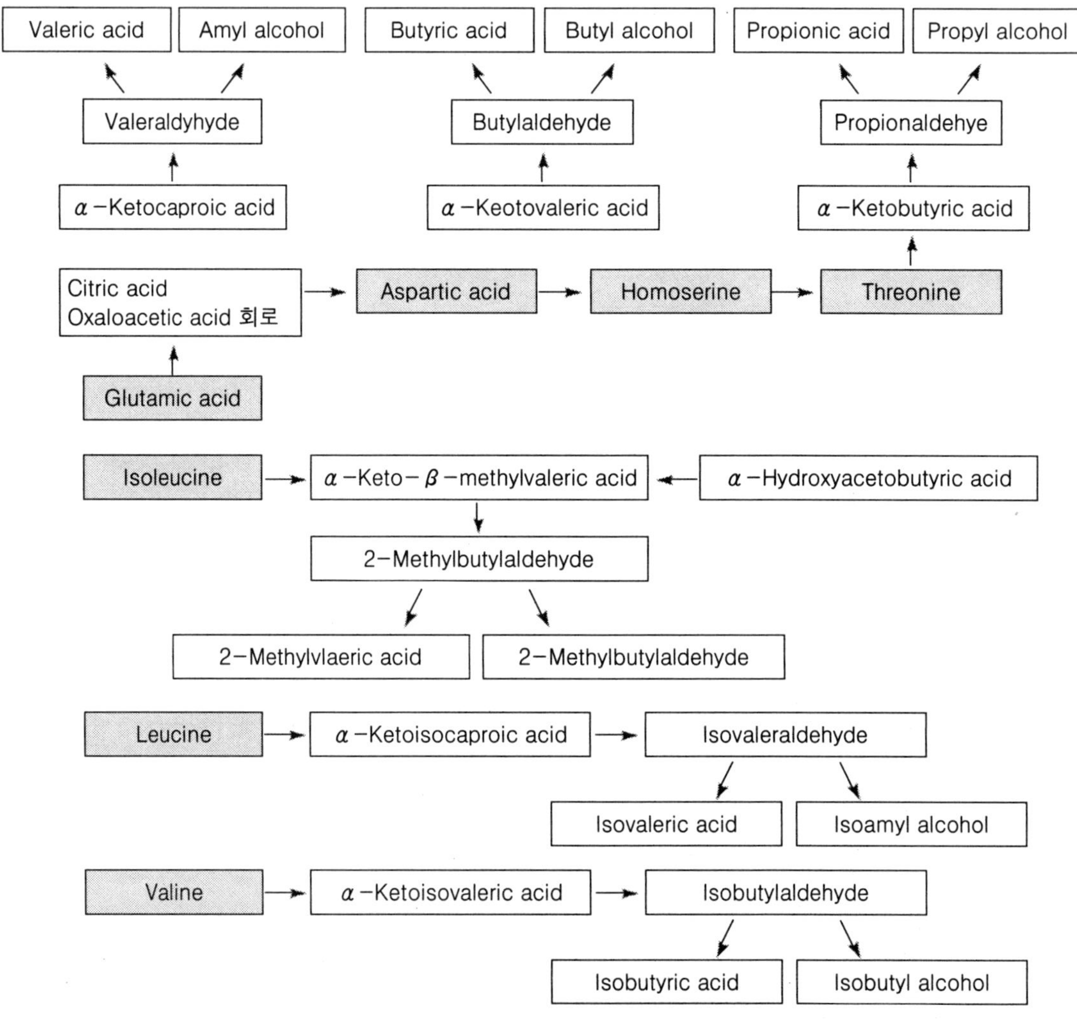

그림 6-1. 향을 생성하는 겨된장 층(床)의 발효경과의 한 예

[Tsukemono(漬物)의 발효경과]

Imai(今井) 씨의 겨된장 층(床)의 연구에서 설명한 것을 그림 6-1에 나타내었다. 겨된장 층(床)이 봄에서 가을까지인데 대하여 미국(米麴) 층(床)은 가을에서 봄까지인 것은 흥미롭고 온도, 기후가 발효에 관련되고 있는 것으로 알 수 있다. 김치의 발효미생물 상의 추이에서 보면 국지(麴漬)의 균상이나 Iburitsuke의 균상이 서로 닮고 있는 것이다.

담금 초기의 품온이 15℃의 경우는 기온이 서서히 저하되어 가는 계절 중에서 유산발효가 완만하게 효과적으로 진행하고 있으나 초기의 품온이 7.5℃의 경우는 유산발효가 효과적으로는 진행되지 않고 60일 후도 산도 0.2%로 낮고 유산발효가 진행이 잘 안 되는 것을 시사한다. 즉 담금 시기가 빠르면 산미가 강한 김치로 되

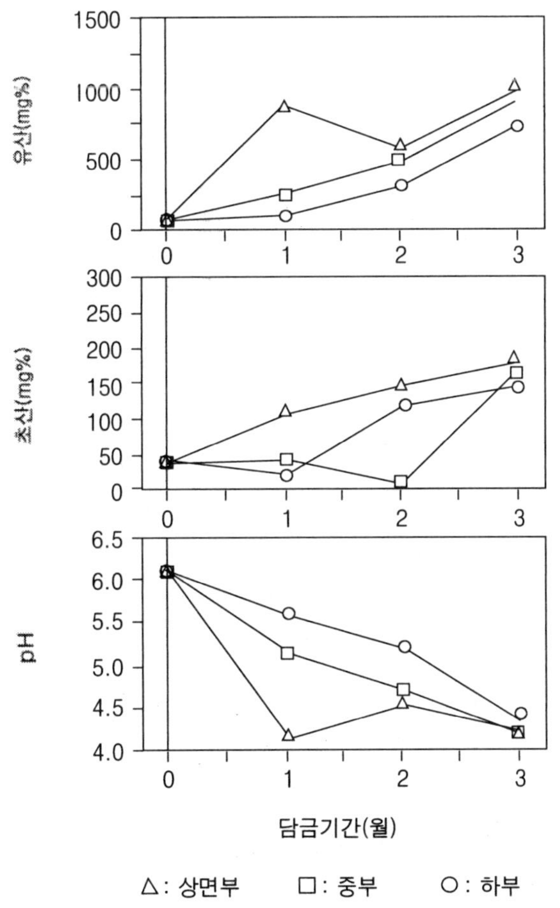

그림 6-2. 5% 쌀겨그룹의 유기산 및 pH의 변화

고, 지연되면 발효가의 진행이 잘 안되어 산미가 약한 김치가 된다. 겨 담금 단무지의 경우도 마찬가지로 담금 온도가 중요하고, 온도에 따라서 60～90일의 담금 기간을 필요로 하고 있다. 북국에서의 Tsukemono가 산미가 부족으로 지적되는 경우의 대부분은 이것과 거의 일치되고 있다(그림 6-2).

[Tsukemono(漬物)의 발효 실제]

1) 발효염장

채소를 저온에서 담그고 유산 발효시켜 저장하는 발효염장, Tohoku(동북) 등의 업자가 여름철의 오이염장에 고지(古漬)를 조기에 만드는 기술로서 정착되었다.

2) Shibatsuke(紫葉漬), Senmaitsuke(千枚漬), Sugukitsuke(酸莖漬)

도쿄(東京)에는 유산 발효한 Tsukemono가 많이 보인다. 종래부터 전통적인 수법으로 만들어져 유용미생물의 이용과 활용이 과제로 되고 있다. 어느 경우에도 중요한 유산균은 *Leuconostoc mesenteroides*, *Lactobacillus brevis*, *L. plantarum*이고 발효 조기에는 *Leuconostoc*속, 후기에는 *Lcatobacillus*속의 균으로 발효시키는 것이 중요하다. Sugukitsuke(酸莖漬, 보온실)라는 온양(온도 35℃ 전후)으로 발효가 이루어진다. *Enterococcus*, *Leuconostoc*, *Pediococcus*, *Lactobacillus*속의 균이 분리되나 우세한 것은 *Lactobacillus plantarum*이다.

[Tsukemono(漬物)의 최근 진보]

Kato(加藤) 등은 질소가스를 충전하여 염지 무의 통년 저장을 가능하게 하였다. 즉 밀폐된 용기를 사용하여 6～10%의 식염을 사용하여 담그고 질소 충전을 하여 *S. servazzii* 그리고 자신이 생산하는 이산화탄소로 *Debaryomyces hansenii* 등 유해미생물의 생육을 저지하는 것으로 종래보다도 장기의 저장을 가능하게 하였다. 또 Shonomato(園元) 씨는 겨된장 층(床)에서 *Lactococcus lactis* IO-1(JCM7638)을 분리하고 bacteriocin를 발견하여 이로부터 발효의 조절이 Tsukemono에서도 가능하다는 것을 시사하였다.

또 보존성의 향상이나 발효의 억제에 보존성 항생물질을 첨가하는 것으로 품질의 열화를 방지하는 것도 중요한 요점이 되고 있다. 효모의 증식억제에 효과적인 것으로 sorbic acid, 유기산, glycerin 지방산 ester류, thiamine sulfate laurate, 겨자 추출물, hinokithiol, allyl 겨자유 등이 있다. 유산균의 증식을 억제하는 데 효과적인 것으로는 chitosan, glycine, galacturonic acid, 홉 추출물 등이 사용된다. 효모의 증식을 저지하면서 유산균의 증식을 가능하게 하는 보존성 향상물질을 유용하게 사용하므로 발효의 조정도 가능하게 되는 것이 현황으로 생각된다.

[Tsukemono(漬物)의 변패와 주요 원인균]

식염 농도가 2% 전후의 Asatsuke류(淺漬類)는 미생물 관리가 가장 어려운 Tsukemono의 하나로 보존 중 원료 채소 유래의 다종 세균이 증식하여 품질의 저하가 기 쉽고 초발균수의 저감이 중요하다. 소금을 함유하는 Tsukempno이지만 상염 비브리오, 대장균 등의 식중독 균이 증식할 염려가 있고 제조공정에서의 세균오염, 유통단계의 온도관리에 충분한 주의를 요한다. Tsukemono의 변패와 주요 원인균은 표 6-2와 같다.

표 6-2. Tsukemono의 변패와 주요 원인 균

변패의 상태	주요 원인균
조미액의 혼탁	유산균, 대장균군, *Pseudomonas, Flavobacterium*
산 패	유산균, 초산균, *Bacillus*
낙산취의 생성	*Clostridium*
점성화	*Pseudomonas, Bacillus, Leuconostoc*
변 색	*Pseudomonas, Micrococcus, Alcaligenes, Candida, Bacillus*
착 색	*Micrococcus, Rhodotorula, Halobacterium*
연 화	*Erwinia, Pseudomonas, Bacillus, Penicillium, Cladosporium*
팽 창	*Leuconostoc mesenteroides, Lactobacillus brenis* *Saccharomyces, Zygosaccharopmyces*
산 막	*Debaryomyces, Pichia, Kloeckella, Candida*
초산에틸 생성	*Hansenulla anomala*
진공현상	*Micrococcus*, 효모

2. Sauerkraut(사우워크라우트 : 서양 침채류)

[개 요]

한국과 일본과 같이 된장이나 간장이 없는 서양에서는 소금 절임(塩漬)과 초절임(醋漬)이 주체로 대표적인 침채류는 Sauerkraut와 pickle이 있다. Sauerkraut는 잘게 썬 양배추를 2～3% 소금용액에서 유산발효를 행하여 산과 특유의 풍미를 부여시킨 것으로 생산지는 독일을 중심으로 한 유럽이나 미국의 일부이다. Pickle에는 유산발효를 한 것이나 초절이, 겨자 절임이 있고 일본의 Tsukemono보다 향신료를 많이 사용하는 경향이 있다. 이 장에서는 Suerkraut와 발효 pickle를 중심으로 하여 설명한다.

[Sauerkraut(사우워크라우트)의 제조방법]

1) Sauerkraut(사우워크라우트)

Sauerkraut의 원료로 사용되는 양배추의 조건으로서 결구가 단단하고 잎 색이 희고 당분이 많고 섬유가 연한 것이 사용된다. 제조의 시초는 시들기(위조 : wilting)를 행한다. 이것은 수확 직후의 양배추는 잎이 수분으로 충실하게 있기 때문에 세절할 때 부스러기가 많이 나오기 때문이다. 시들기를 한 양배추는 절단한 모양도 좋고 가늘고 긴 것이 얻어진다. 시들기는 나무상자에 양배추를 늘어세워 공장의 넓은 장소에서 약 1시간 정도 바랜다. 시들기가 끝난 양배추는 심 절단기를 사용하여 심 빼기(coring)를 기계적으로 한 후 칼로 외엽 제거를 한다(trimming).

다음에 수세(washing)하고 세절기에서 양배추를 약 2 mm 폭 정도로 세절(cutting)한다. 다음은 담금을 한다. 이때 사용하는 식염 양은 보통 2～3%이다. 가능한 한 빈틈이 없게 담가 표면에는 플라스틱제 시트를 펴고 그 위에 누름뚜껑이나 누름돌을 얹는다. 담금이 끝나면 발효공정으로 들어간다. 발효온도는 일반적으로 16

~25℃이다. 발효기간은 24℃에서 14~18일, 20℃에서는 18~25일 정도 걸린다. 발효가 끝난 것은 통조림이나 병조림하는 것이 보통이고, 살균은 1 kg 담은 것은 100℃에서 35~40분 정도의 가열살균을 하는 것이 많다.

2) 발효 pickle

Pickle에는 염지(塩漬) pickle, 초지(醋漬) pickle 등 여러 종류가 있으나 발효 pickle은 염지 pickle로 분류된다. Pickle은 모양이 중요시 되므로 강한 누름돌을 사용하지 않고 띄운 담금(浮漬)의 경우가 대부분이다. 미리부터 조제된 식염수를 원료채소에 넣은 통에 붓고 담금을 한다.

대표적인 발효 pickle의 하나인 benuine dill pickle은 통 밑에 향초의 dill을 깔아 채우고 그 위에 오이를 늘어세우면서 쌓아 올리고 통의 중간까지 채워지면 다시 dill을 깔아 채우고 다시 오이를 쌓아 올린다. 통의 위에까지 오이를 쌓아올리면 한 번 더 dill을 깔고 띄운 담금으로 되게 압개(壓蓋)를 하여 가벼운 누름돌을 얹는다. 다음에 소량의 식초의 농도가 약 8%의 식염수를 오이 중량과 동량이거나 약간 적게 주입하여 유산발효를 행한다. 보통, 3~6주간 발효하면 산 농도는 1.3% 전후로 되어 완성된다.

향신료로서 dill이외에 allspice, clove, sage, thyme 등 여러 가지가 이용된다. Dill pickle에는 over night dill pickle이라 부르는 pickle이 있다. 제조법은 genuine dill pickle과 거의 같으나 식염수의 농도가 5%와 저 농도의 것을 사용한다. 따라서 발효기간은 짧고 약 1주간이다. 별명 fresh fermented pickle이라고 부르며 그 신선함을 맛보는 것으로 보통 포장 후에는 냉장 보존한다.

[Sauerkraut(사우워크라우트)의 발효에 관여하는 미생물]

Sauerkraut, 발효 pickle도 발효에 관여하는 미생물은 유산균으로 유산구균으로 *Leuconostoc mesenteroides*, *Enterococcus faecalis*, *E. faecium*, *Pediococcus pentosaceus*, *P. cerevisiae*, *P. acidilactici*, 유산간균으로는 *Lactobacillus plantarum*, *L. brevis* 등이 주요 균이 되는 수가 많다.

[Sauerkraut(사우워크라우트)의 발효 내용]

Sauerkraut의 발효의 초기는 양배추, 토양 등에 부착되어 있는 미생물이 시초로 된다. 그 주된 것은 *Micrococcus*, *Bacillus*, *Corynebacterium*, *Pseudomonas*, *Enterobacter*, *Klebsiella*속 등이다. 보통의 발효에서는 발효초기에 출현되는 유산균의 대부분은 유산구균으로 *Enterococcus*, *Leuconostoc*, *Pediococcus*속 균이 증식한다. 그 결과 유산이나 초산이 생산하게 되어 산에 약한 *Pseudomonas*나 *Enterobacter*속 균등의 추가 증식에서만 보이는 세균류가 감소, 사멸하여 유산구균이 우세하게 된다.

발효가 진행되면 유산균의 *Lactobacillus*속 균의 생육이 왕성하게 되어 활발하게 유산이 생성되게 pH가 저하된다. 그 결과 산에 대한 저항성이 유산 간균보다 약한 유산구균은 감소된다. 유산 간균으로는 *L. plantarum*이나 *L. brevis*가 우세균으로 되는 경우가 일반적이다.

실제 발효에 있어서 미생물의 변화는 복잡하여 미생물의 변화를 본 경우 초기의 미생물의 종류, 균의 양, 식염농도, 발효온도, 당 농도 등의 요인에 따라 다르게 된다. 식염 농도가 2～3%의 Sauerkraut에서는 발효온도가 10℃ 이하의 경우는 *Leuconostoc mesenteroides*가 우세로 되는 기간이 오래 계속되고 70～80일 후가 되어 *P. plantarum*이 서서히 우세하게 되어 여기에 겸하여 유산농도도 1% 전후에서 급속하게 2%로 된다. 적도의 20℃ 전후에서 발효가 이루어지는 경우에는 밸런스가 좋고, 미생물총의 변천이 이루어진다.

발효 초기의 3～5일째까지는 *Leuconostoc mesenteroides*의 급속한 증식이 인정된 후 잇따라 *L. plantarum*, *L. brevis* 등의 유산 간균이 우세하게 되어 18～25일째까지는 2% 가까운 산 농도에 달하고 미각적으로 우수하게 된다. 30℃ 이상의 고온에서 발효가 이루어지는 경우에는 7～10일의 단기간 중에 발효가 이루어진다. 1～2일 후에는 *L. plantarum*, *L. brevis*가 증식하여 8～10일째에서 산도가 2%에 달한다. 또 식염농도의 영향도 크다. 발효를 20℃ 전후에서 행하는 경우에는 식염농도가 1%와 저농도일 때는 *Leuconostoc mesenteroides*의 생육이 *L. plantarum*보다도 상당히 양호하다.

역으로 식염농도가 4% 전후와 높은 경우에는 전반적으로 미생물의 생육상태가 저하하여 산의 생성이 억제되고 만다. 식염 농도가 2～3%일째는 유산구균과 유산 간균의 생육 밸런스가 좋아하는 유산발효가 진행된다. 따라서 Sauerkraut의 제조는 발효온도는 20℃ 전후, 식염농도는 2～3%에서 이루어질 때 더욱 품질이 좋은 것이 얻어진다. 이와 같이 발효온도, 식염농도 조건은 Sauerkraut의 발효의 양부에 있어서 영향을 미친다.

발효 Pickle의 발효에 관여하는 미생물의 거동은 Sauerkraut와 거의 마찬가지로 발효의 주요 균은 *Leuconostoc mesenteroides*와 *L. plantarum*이다. Sauerkraut나 발효 Pickle이 변패되는 수가 있다. Sauerkraut는 담금 탱크의 표면의 공기에 접촉되는 부분에서 생기는 수가 많다. *Debaryomyces*나 *Candida* 같은 산막효모가 증식하면 발효로 생성된 유산이 소비되어 pH가 상승하므로 외부에서 오염 균이 증식가능하게 되어 변패한다.

곰팡이가 생육하면 곰팡이 생산하는 cellulase에 의하여 제품이 연화되는 수가 있다. 또 pink Sauerkraut이라는 제품이 핑크색으로 띠는 수가 있다. 화학적인 변화에 의한 것이 되나 대부분은 *Rhodotorula*라는 적색 색소를 생산하는 효모가 증식하면 생긴다. 발효의 초기 단계에서 질산 환원 균이 왕성하게 증식하면 아질산이 과도하게 축적되어 아질산이 유산균의 생육을 억제하기 때문에 발효가 양호하게 진행되지 않는 수가 있다. 심한 경우에는 유산의 생성이 억제되어 부패에 이르는 수가 있다. 발효 Pickle의 주요 부패로는 연화와 팽창이 있다.

연화의 원인은 곰팡이 생육에 의한 것으로는 그 대표적인 것은 *Penucillium*, *Fusarium*, *Alternaria*, *Cladosporium*속에 속하는 곰팡이류로 pectinase를 생산하므로 제품의 오이를 연화시킨다. 또 팽창은 제조공정에서 오이의 내부에 침입한 *Torulopsis*, *Saccharomyces*속과 같은 발효성 효모나 hetero형의 유산발효를 행하는 *L. brevis*가 생산하는 이산화탄소에 의하여 생긴다.

제 7 장

수산물 발효식품

1. Kusaya

[개 요]

Kusaya는 주로 Izu(伊豆)제도에서 만들고 있는 생선을 말린 것의 일종으로 독특한 냄새와 풍미를 가지며, 보통으로 말린 것보다는 부패냄새가 있는 것이 특색이다. 현재에는 특유한 풍미가 중요하여 술안주로서 상용되는 수가 많다. 생선의 품질이 떨어져 소금절이 생선으로 값싼 것이다.

이 Kusaya의 발상에 대해서는 상세한 기록이 없어 잘 모르지만 다음과 같이 생각하고 있다. 즉 Edo시대(江戶時代 : 1600~1867년)에 Izu(伊豆)제도에서 전매염을 만들고 있었으나 징수가 어렵고 섬에서는 소금은 극도로 부족하여 귀중품이 되었다고 한다.

Izu(伊豆)제도 부근 바다는 갈고등어, 전갱이, 고등어, 정어리 등의 좋은 어장이나 이것을 염간품(鹽干品)으로 하는데도 소금을 절약하기 위하여 부득이 같은 염수(鹽水)를 되풀이하여 사용하였다. 그러는 사이 염수는 특유의 이취(異臭)를 가지게 되어 이것으로 절어 만든 제품도 강한 냄새를 가지게 되었으나 먹으면 그래도 맛이 좋았고 보존기간도 늘어나 섬사람 사이에 정착하게 된 것 같다.

오늘날 Kusaya가 제조되고 있는 곳 Izu(伊豆)제도에서는 Nishima(新島), Oshima(大島), Hachizoshima(八丈島), Miyakeshima(三宅島), Shikikonshima(式根島), Kamitsushima(神津島)의 여섯 섬으로 최근에는 Ito(伊東), Makurazaki(枕崎), Chichishima(父島), Moshima(母島) 등에서도 만들고 있다. 각지의 가공공장 수는 1975년의 조사에서는 Nishima(新島)에서 28가옥, Oshima(大島)에서 18가옥의 순으로 많고, 다른 곳은 5가옥 이하였다. 어느 가공공장도 가족 중심의 가공형태로 한 가공공장의 종업원 수는 많아야 10명 정도였다.

Kusaya의 생산량이 많은 곳은 Nishima(新島), Hachiozoshima(八丈島), Oshima(大島)의 세 섬으로 대략 그 생산량은 각각 600톤, 450톤, 100톤이다. Nishima(新島)에서는 Aomuro가 200 톤, 갈고등어가 350톤, 비어가 10만 마리이고

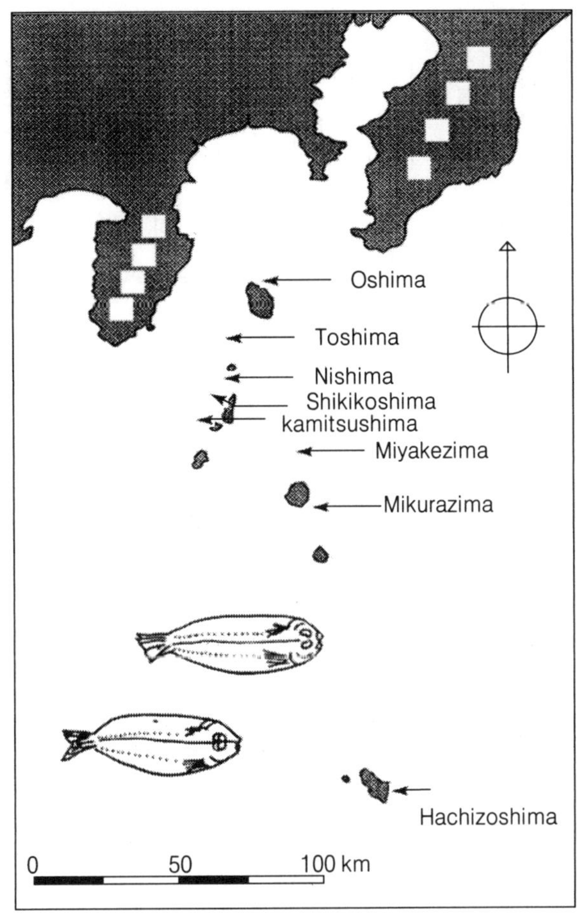

그림 7-1. Izu제도

Hachizoshma(八丈島)에서는 Aomuro가 400톤, 비어가 30만 마리, Oshima(大島)에서는 갈고등어와 Aomuro가 주이며 합계 100톤이다. 제품은 상기의 섬에서 소비되는 외에 대부분이 도쿄(東京)와 주변 도시로 출하 판매되고 있다고 한다.

[Kusaya의 제조]

Kusaya의 원료 생선는 Nishima(新島)에서는 Aomuro과 갈고등어가 주이고, 다른 곳에서는 비어 등도 사용되고 있다. 원료어의 70% 가까이는 Kyushu(九州), Shikoku(四國) 방면에서 그리고 30%는 Hachizoshima(八丈島), Ogasawara(小笠原) 방면에서 구입하고 있다. 가능하면 신선하고 기름이 적은 것이 좋고, 냉동원료

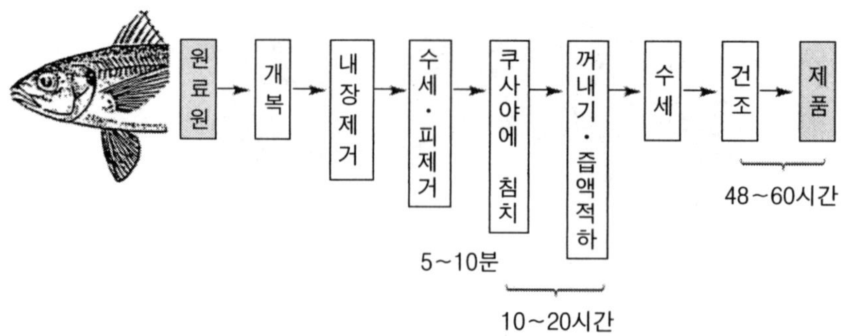

그림 7-2. Kusaya의 제조공정

는 좋지 않다고 한다. 대표적인 제조법으로서 Nishima(新島)에서의 제조법을 소개하면 다음과 같다.

(1) 원료 생선은 배를 따고 내장을 제거한다. 비어는 등 따기를, 다른 고기는 배를 딴다.

(2) 대바구니(소쿠리)에 옮겨 물통 안에서 충분히 씻고 피를 깨끗이 뺀다. 이때 사용하는 물은 우물 물을 사용하고 소요시간은 5~10분 정도이다.

(3) 물 빼기를 한 후 전용의 Kusaya 국물에 침지(浸漬)한다. 국물과 고기의 비율은 7 : 3 정도가 좋고, 5 : 5로 되면 국물의 진이 빠져 양질의 Kusaya가 될 수 없다고 한다. 침지 시의 Kusaya 국물의 염분과 침지시간은 기후나 어체(魚体)의 크기, 선도, 기름의 함량에 따라 조절되지만 일반적으로 국물은 Be 6~8도에서 10~20시간 정도 담근다. 염분의 조절은 다음에 설명하는 수세 시의 최초의 통 물을 바꾸지 아니하고 되풀이하여 사용하는 것에 식염을 고농도로 가하여 보존하여 둔 것을 사용한다.

(4) 어체(魚体)를 대바구니(소쿠리)에서 꺼내어 국물을 뺀 후 수세한다. 수세는 우물물을 채운 물통을 3개 준비하여 대바구니 채를 그대로 넣어 고기를 뜨게 하여 순차로 통을 옮겨간다. 공정시간은 합하여 30초 정도이다.

(5) 수세가 끝난 어체(魚体)는 등을 아래로 하여 대발에 늘어 세워 천일 건조, 또는 통풍 건조한다. 건조시간은 천일 건조로 48~60시간 정도이나, 연한 제품을 원하는 경우에는 건조시간을 단축한다. 제품의 수율은 보통의 어체(魚体)에서 33% 정도, 큰 어체(魚体)에서 40% 정도이다. 제품이 출하될 때까지 동결 저장한다.

Hachizoshima(八丈島)와 Kogasawara(小笠原)제도의 제조법은 위에서 설명한 것과 달라 먼저 원료 어는 어장의 관계로 비어와 Aomuro가 주이다. 피 빼기의 시간은 약 30분～3시간으로 길고, Kusaya 국물의 비중은 Be 12～14 정도로 높다. 침지시간은 Nishima(新島)의 경우와 다르지 않으나 침지 후 맑은 물 안에서 40분～4시간 정도 소금빼기를 하는 것이 특징이다.

[Kusaya의 품질과 성분]

양질의 Kusaya는 육질이 윤기가 있는 물엿 색을 띠고 자극취가 적은 연한 취기를 가진다. 양질의 Kusaya를 만들기 위해서는 원료의 선도, Kusaya 국물의 관리, 침지 시의 염분 조절과 시간, 건조조건 그리고 제조과정에서 어체(魚体)의 취급에도 세심한 주의를 기울려야 한다.

표 7-1에 Kusaya의 분석 예를 나타내었다. Kusaya는 수분 30～35% 정도로 건조된 제품이 많았으나 최근에는 수분이 많은 연한 것을 선호하고 있다. 그리고 일반적인 형태의 제품 이외에 약간 구운 다음 어체(魚体)의 살을 발기고 병조림한 제품(구운 Kusaya)과 훈제제품도 만들고 있다.

Kusaya의 취기 성분으로서 Kasahara 등은 산성 성분으로서 8성분(acetic acid, propionic acid, isobutyric acid, *n*-butyric acid, isovaleric acid 등), 염기성분으로서 3성분(trimethylamine, dimethyl amine 또는 monomethylamine, ammonia), carbonyl 성분으로서 6성분(propionaldehyde, methylethylketone 등)을 검출하고 Kusaya의 취기에는 산성 획분인 *n*-butyric aicid가 중요하고 그리고 carbonyl 성분 중의 propioaldehyde가 Kusaya의 취기에 영향을 준다고 하였다. 한편 다른 연구에 의하면 Kusaya의 주요 성분으로서 황화합물도 중요하다고 하였다. Kusaya 특유의 취기 성분의 생성에는 Kusaya 국물 중의 *Clostridium*속이나 기타의 혐기성(무산소성) 세균이 관하는 것으로 생각하였다.

표 7-1. Kusaya의 성분

	건제품	반건제품
수분(%)	31.3	51.6
식염 (%)	4.9	3.2
총 질소(%)	8.8	6.3
조지방질(%)	5.6	4.4

[Kusaya의 특징]

1) Kusaya 국물의 성분과 미생물

Kusaya가 보통의 염간 어와 다른 제조상의 특징은 염수 대신 Kusaya 국물을 사용하는 점이다. 이 Kusaya 국물은 약간 자색을 띠고 자색의 점조성 액으로 100년 이상을 계속 사용하여 Kusaya 제조에 사용하고 있는 것이다.

Nishima(新島)의 큰 공장에서는 10 톤 정도의 Kusaya 국물을 지하의 저장탱크에 보관하여 이것을 지상의 침지 조(70×70×60 cm)에 퍼 올려 제조에 사용하고 있다. 같은 국물을 계속하여 사용하면 양질의 제품이 되지 않기 때문에 사용 후는 매회 지하의 저장 조(탱크)로 되돌려 보관한다. 또한 Kusaya 국물을 사용하지 않고 수개월 간 방치하면 못쓰게 된다고 한다.

Izu제도의 공장에서 채취한 Kusaya 국물의 성분은 표 7-2와 같다. 이 중 pH, 총소, 생균 수 등은 만드는 섬에 따라 큰 차이 없다고 하였다. 식염 농도와 trimethylamine(TMA)에는 현저한 차가 있었다. 즉 식염 농도는 Nishima(新島), Miyakeshima(三宅島), Shikionshima(式根島), Kamitsushima(神津島)의 Kusaya 국물은 2.7~5.5%인데 대하여 Hachizoshima(八丈島) 제품은 8.0~11.1%로 높아 차이를 보였다. TMA는 Nishima(新島)의 Kusaya 국물에서만 검출되지 않았다는 것이 특징이 있었다. 이 원인은 다음에 설명하는 것과 같이 Kusaya 국물에는 곰팡이(*Pennicilium*)가 존재하고, 이것이 TMA를 소비하기 때문으로 생각하였다.

Nishima(新島), Ooshima(大島)의 Kusaya 국물 중의 유리아미노산 함량은 glu-

표 7-2. Izu제도의 Kusaya 국물의 성분

	Nishima	Oshima	Hachizo	Hachizo	Miyake shima	Shikikon shima	Kamitsu shima
pH	7.12	6.93	7.06	7.55	7.20	7.16	7.52
회분(%)	2.7	3.1	9.5	10.7	5.1	5.8	5.3
수분(%)	95.7	93.3	86.3	86.7	92.5	93.0	93.4
식염(%)	2.7	3.3	8.9	8.0	4.5	5.5	5.1
조지방(%)	0.7	1.2	0.9	0.8	-	-	-
총 질소(mg/100 mℓ)	397	419	457	440	534	441	431
TMA(mg-N/100 mℓ)	0	4.4	3.4	2.9	2.7	0.4	0.4
생균수(cells / mℓ)	2.7×10^7	1.7×10^8	3.4×10^7	9.4×10^7	6.5×10^7	1.3×10^8	1.5×10^8

*-: 측정하지 않음

tamic acid가 2～14 mg /100 mℓ, glycine 1～3 mg /100 mℓ, alanine 1～21 mg / 100 mℓ 정도로 어느 것이나 아미노산이 적고 또한 inosinic acid 등의 핵산관련 물질도 거의 검출되지 않았다. Kusaya 특유의 맛이 무엇에 의한 것인지는 알려져 있지 않으나 이와 같이 Kusaya 국물 중의 정미성분이 직접적으로 영향을 주는 것은 없다

표 7-3. Kusaya 국물의 휘발성 황성분과 휘발성 산

	Nishima Kusaya 국물	Oshima Kusaya 국물
황화수소(ng / mℓ)	1000～1950	410～570
Methylmercaptan(ng / mℓ)	110～140	100～480
Dimethylsulfide(ng / mℓ)	150～230	650～1000
Formic acid(μg / mℓ)	±～33	±
Acetic acid(μg / mℓ)	209～1452	2393～3025
Propionic acid, isobutyric acid(μg/mℓ)	59～449	792～1382
Isovaleric acid(μg / mℓ)	92～528	766～1606
n-Valeric acid(μg / mℓ)	16～23	26～28
Isocaproic aci (μg / mℓ)	0～13	53～70
n-Caproic acid(μg / mℓ)	92～176	88～202

표 7-4. Izu제도의 kusaya 국물의 세균 상

	Nishima	Oshima	Hachizo		Miyake shima	Shikikon shima	Kamitsu shima
	M(144)*	O(107)	A(20)	I(40)	G(30)	L(26)	MB(17)
Corynebacterium	0	0	5.0	1.7	0	0	0
Corynebacterium	56.8	56.4	15.0	3.3	80.0	57.7	35.3
Pseudomonas	36.7	21.8	15.0	56.6	6.7	19.2	29.4
Moraxella	2,2	7.9	65.0	38.3	13.;3	23.1	5.9
Acinetobacter	0	0	0	0	0	0	5.9
Flavobacterium	0	2.0	0	0	0	0	0
Micrococcus	1.4	1.0	0	0	0	0	0
Staphylococcus	0.7	3.0	0	0	0	0	0
Streptococcus	0	5.9	0	0	0	0	0
Oxeanospirillum	2.2	0	0	0	0	0	0

* ( ) 내는 분리균주 수, ** 한천평판 상에서의 콜로니가 미소한 것.

표 7-5. Nishima(新島)의 Kusaya 국물 중의 곰팡이에 의한 trimethylamine의 소비

가공공장	균주(속)	증식(건중량) mg/100 mℓ	잔존 trimethylamine mg-N/10 mℓ
M	Mf1(*Penicillium*)	186	0.0
	Mf2(*Penicillium*)	159	0.0
	Mf3 미동정	32	1.5
	Mf4(*Aspergillus*)	159	4.0
N	Nf1(*Penicillium*)	187	0.0
	Nf2(*Penicillium*)	175	0.0
-	비접종	-	4.1

25℃, 10일간 배양

고 생각된다.

Nishima(新島)와 Ooshim(大島)의 Kusaya 국물의 취기 성분은 휘발성 염기성 질소(표 7-3) 외에 표 7-5에 나타낸 것과 같이 휘발성 황 성분으로서 황화수소 그리고 dimethyl sulfide가 휘발성 성분으로서 acetic acid, propionic acid, isovaleric acid, *n*-caproic acid 등이 양적으로 많이 검출되고 있다.

위에서 설명한 것과 같이 Kusaya 국물 중의 식염농도의 차이는 그 미생물상에 영향을 주는 것으로 생각된다. 각 섬의 Kusaya 국물의 호기성(산소성) 세균의 미생물 균총을 조사한 결과 표 7-4에 나타낸 것과 같이 우세 균주는 Nishima(新島), Oshima(大島), Miyakeshima(三宅島), Shikikonshima(式根島) 그리고 Kamitsu-shima(神津島)는 *Corynebacterium*이고 Hachizoshima(八丈島) 제품과는 다른 차이가 있었다.

여러 간균과 구균 기타 활발하게 운동하는 나선균이 다수 인정되나 이와 같은 나선균의 존재는 어느 Kusaya 국물에도 공통으로 인정되는 특징이나 평판배지 상에는 거의 분리되지 않았다. 그런데 Kusaya 국물에서 *Spirochaeta*가 있는 것으로 문제되고 있으나 이는 상기의 나선균을 오인한 것으로 생각된다. 또한 Kusaya 국물의 혐기성 세균도 10^6/mℓ 정도 존재하고 주된 세균 군은 *Sarcina*, *Peptostreptococcus*, *Clostridium*이 발견되었다. Kusaya 국물의 미생물에 대하여는 Kato 등이 조사하였다. 그 결과에 의하면 균수는 $8.5\times10^2\sim5.0\times10^5$/ mℓ로 적으나 *Citrobacter*, *Micrococcus*, *Peptococcus*, *Bacillus*, *Clostridium*, *Sporosarcina*가 존재하는 것을 알았다.

2) Kusaya 국물 중의 미생물 증식과 유기물 농도

Kusaya 국물에서 분리된 *Corynebacterium*이나 *Pseudomonas*는 Kusaya 국물 중에서는 우세한데도 불구하고 보통의 생균(生菌) 수 계수용 평판에서는 거의 증식하지 않는 것이다. 이 이유에 대하여 검토한 결과 이 균주는 배지 중의 유기물 농도를 5～10배 정도로 높이면 보통의 크기의 콜로니를 형성하는 것을 알 수 있었다.

그림 7-3은 이 현상을 정량적으로 조사한 것이나 *Corynebacterium*(M17)은 25 g/ℓ 의 peptone 농도에서는 생육되지 않고 비증식 속도는 75～100 g / 1 ℓ 의 농도에서 최대였다. *Pseudomonas*(M17)도 25 g / ℓ 이상에서는 생육을 나타냈다. 이와 같은 유기물 요구성의 메커니즘에 대해서는 금후의 검토 문제이다.

최근 토양이나 해양과 같은 낮은 영양 환경에서 주목되고 있는 저영양(底營養) 세균(보통 1 mg - C/ ℓ 에서도 증식 가능한 미생물)과 대조적인 균주(菌株)로 흥미가 있다.

3) Kusaya 국물 중의 TMA 함량 차이의 원인

Kusaya 국물 성분의 취기의 TMA는 Nishima(新島)의 Kusaya 국물에서만 검출되지 않는 특징이 있었다. TMA는 해산 어패류에 함유되는 trimethylamine oxide-

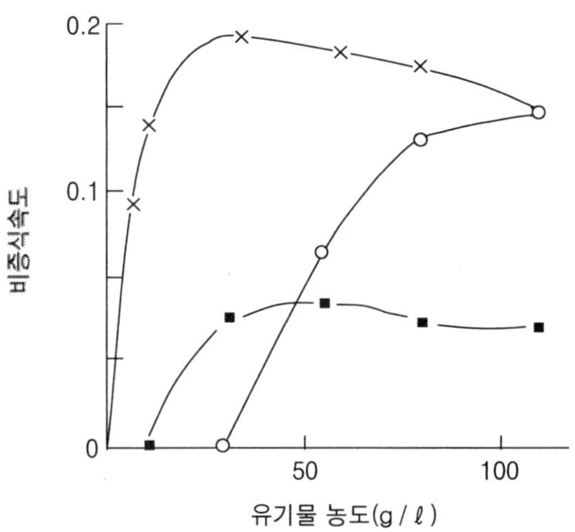

그림 7-3. Kusaya 국물 중의 세균 증식과 유기물 농도

-×- : Kusaya 국물 중의 우세 균(*Corynebacterium* M17)
-■- : Kusaya 국물 중의 세균(*Pscudomonas* M7)
-○-: Kusaya 국물 중의 세균(*Vibrio* A403)

(TMAO)가 세균의 작용에 의하여 환원되어 생성되는 것으로 보통은 그 이상은 분해하지 않는 것으로 생각된다. 그런 곰팡이 중식은 TMA 소비능력을 가진 것이 있으므로 Kusaya 국물의 TMA 함량의 차이에도 곰팡이가 관여 가능성이 생각된다.

표 7-5는 Nishima(新島)의 Kusaya 공장(M과 N)에서 채취한 Kusaya 국물에서 분리된 곰팡이(*Pencilium* 4균주, *Aspergillus* 2균주, 미 동정 1균주)를 TMA(4.1 mg-N / 100 mℓ)를 함유한 배지에 각각 한 백금이씩 접종하여 25℃, 10일간 정치배양한 경우의 TMA 소비능력을 조사한 결과이다. M공장의 Kuaya 국물에서 분리한 *Aspergillus* 1균주를 제외한 모든 균주가 TMA 소비능력을 가지며 그 중에서도 M, N 두 공장의 Kusaya 국물에서 분리된 *Penicilium* 4균주는 배지 중에 첨가한 TMA를 완전히 소비하는 것을 알았다.

따라서 Nishima(新島) Kusaya 국물에 있어서 TMA가 검출되지 않았든 원인은 이들 곰팡이의 작용에 의한 것으로 추정된다. 그런데 곰팡이는 Nishima(新島)의 Kusaya 국물에서만 분리되고 Oshima(大島)나 Hasizoshima(八丈島)의 Kusaya 국물에서 발견되지 않았다. Nishima(新島)의 Kusaya 공장에서는 갈고등어나 고등어를 원료로 사용한 것이 Nishima(新島)의 Kusaya 국물에 있어서 곰팡이에 의한 한 원인으로 생각하고 있다.

4) Kusaya 국물에서 식품위생 세균의 거동

Kusaya 국물 종에는 $10^7 \sim 10^8$/ g의 세균이 존재하는 사실과 그 냄새, 성상 등에서 식품위생적인 위험을 가지고 있다. 그러나 Kusaya 국물 중의 식중독 균이나 위생지표 세균에 대하여 조사한 결과는 표 7-6과 같이 대장균군, 포도상구균, 장염비

표 7-6. Kusaya 국물에서의 식품위생 세균의 검출(1mℓ당)

	채취시기			
	1987년 9월	1987년 11월	1988년 9월	1988년 11월
생균수(BPG 배지)	6.2×10^7	2.0×10^8	1.1×10^8	-**
대장균수(DCA 배지)	ND*	ND	ND	ND
Staphylococcus aureus(MSA 배지)	MD	ND	ND	ND
Vibrio parahaemolyticus(TCBS 배지)	2.0×10^1	ND	ND	ND
Salmonella(DHL 배지)	ND	ND	ND	-
Proteus(DHL 배지)	ND	ND	ND	-

브리오, 살모넬라, 프로테우스 등은 거의 검출되지 않고 Kusaya 국물 중에 이들 세균류를 접종한 실험에서도 사멸의 정도 차가 있는 것으로 보아 어느 균군(菌群) 모두가 증식하는 것은 불가능한 사실에서 적어도 이들 균군에 관하여는 식품위생상의 위험이 없는 것으로 사료된다.

[Kusaya의 보존성]

1) Kusaya의 보존성

Kusaya의 보존성에 관하여 생각하기 전에 먼저 염간어(鹽干魚) 보다도 보존성이 좋은가를 확인하여야 할 것이다. 그래서 Nishima(新島)의 Kusaya 가공공장에서 동시에 제조한 Kusaya와 염간어에 대하여 이들의 보존성을 비교하였다. 이 염간어는 Kusaya 국물 대신으로 이것과 거의 같은 염분농도(3%)의 식염수에 Kusaya와 같은 원료 어(魚)를 침지하여 조제한 것이다. 이들 제품은 원래 수분 50%로 섬 안에서 소비용으로 만들고 있는 정도의 건조기 비교적 연한 제품이다.

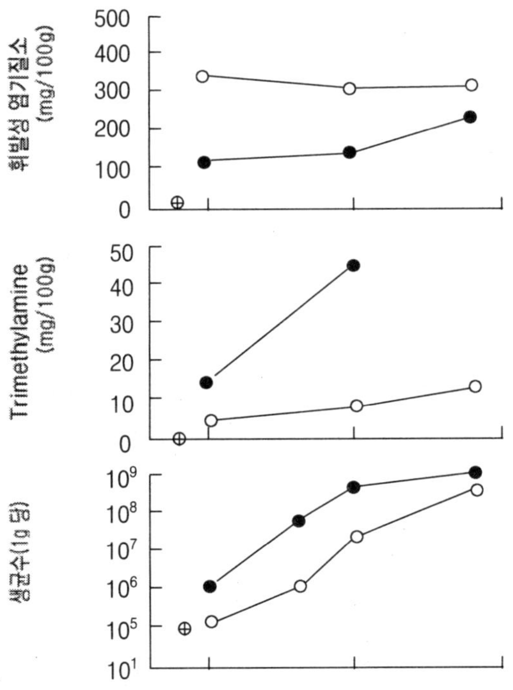

그림 7-4. Kusaya 염간어의 보존성 비교(20℃ 저장)

-○-: Kusaya, -●-: 염간어, -⊕-: 원료 어(魚)

이것은 20℃로 저장하여 이때의 휘발성 염기질소(VBN), TMA 그리고 생균의 수 변화를 조사하였다(그림 7-4). 해산어류의 부패의 지표에는 VBN과 TMA가 자주 사용되나 Kusaya의 경우에 VBN은 Kuaya 국물에서 이행되는 양이 많으므로 부적당하다고 생각된다. 이에 대하여 TMA는 Nishima(新島)의 Kusaya 국물에는 검출되지 않으므로 Kusaya의 부패 지표로서 좋다.

그림 7-4에서 TMA의 변화는 건조 직후의 Kusaya에서 3.2 mg-N /100 g, 5일째에서 7.5 mg-N /100 g로 비교적 낮은 값을 나타내고 있으나 염간어(鹽干魚)에서는 건조 직후의 14 mg-N /100 g에 대하여 5일째에는 55 mg-N /100 g에 이르고, 그 증가량이 Kusaya의 경우에 비하여 현저히 많고 부패 진행의 속도를 알 수 있다. 생균수의 변화도 염간어 쪽이 높은 증가율을 나타내었다. 또 0일째의 TMA와 생균수의 값이 Kusaya와 염간어에서 현저히 다르고 있는 것으로 이들 제품에는 건조 중의 부패의 진행도 큰 차이가 있다고 생각하였다.

이상의 결과에서 Kusaya는 염간어(鹽干魚)보다 보존성이 좋다는 것이 인정되었다. Kusaya의 보존성이 좋은 원인으로서는 지금까지 Kusaya 국물 중의 우세균 군인 *Corynebacterium*이 생성하는 항생물질에 의한다는 설과 Kusaya 국물의 pH가 나선균 등의 작용에 의하여 변함없이 8.5라는 높은 값을 유지하고 있기 때문이라는 두 가지 설이 있다.

2) 항생물질설

Nishima(新島) Oshima(大島), Miyakeshima(三宅島), Shikikonshima(式根島) 그리고 Kamitsushima(神津島)의 Kusaya 국물에서 우세 균주로서 분리된 *Coryne-bactreium*의 어느 것이나 다른 연구자들이 분리한 부리 균주와 마찬가지로 *S. aureus*, *Alteromonas* 등의 균주에 대하여 항균작용을 나타내고 Kusaya 국물 자체도 *B. aureus*, *Bacillus*속 등에 대하여 항균성을 나타내므로 이들의 *Corynebacterium*속이 생성하는 항생물질이 Kusaya의 방부성의 원인이라고 시사하고 있다. 그래서 다시 상세히 어체 침지 중과 저장 중의 제품에 대하여 이들의 *Corynebacterium*의 거동을 조사하였다.

먼저 침지 중의 생균수와 미생물상의 변화를 조사한바 생균수는 $8.2 \times 10^7 \sim 1.6 \times 10^8$/ mℓ의 범위에서 거의 변하지 않고 우세 균주도 항생물질 생성능력을 가지는 *Corynebacteriujm*속이었다. 단 이 비율은 침지 직전에서 침지 6시간째까지는 약 80～90%를 차지하였으나 침지 12시간째 이후는 감소하는 경향을 나타내고 침지 종료 시에는 58%이었다(표 7-7). *Corynebacterium*의 이와 같은 비율의 저하가

Kusaya 제조에 같은 국물을 연속 사용하면 양질의 제품이 되지 않는다고 말하는 원인이라고 생각한다. 이 점에 대하여는 더욱 검토되어야 할 것이다

다음에 Kusaya를 20℃로 저장한 경우의 미생물상의 변화를 조사하였다. 표 7-8은 그림 7-4에서 보존성을 비교할 때의 Kusaya 외 염간어에 대하여 저장 중의 미생물상의 변화를 비교한 것이다. Kusaya의 경우와 염간어의 경우도 저장 5일째에는 염간어의 주된 부패 원인균인 *Micrococcus*가 90%를 차지하게 되나 저장 초기의 Kusaya는 Kusaya 국물 유래의 항생물질을 생산하는 *Corynebacterium*이 75%를 차지하고 염건어와 달라진 미생물 상이었다. 이와 같이 *Corynebacttium*은 당연히 건조 중의 어체(魚体)에 있어서도 우세하다고 생각되고, 이 사실은 그림 7-4에서 볼 수 있는 것과 같은 건조 중과 저장 초기의 Kusaya에 있어서 부패의 진행이 억제되는 하나의 원인으로 생각된다.

표 7-7. 어체 침지 중의 Kusaya 국물 중의 세균상의 변화

세균군	침지시간			
	0	6	12	18
Corynebacterium	8.3%	8.3%	8.3%	33.3%
Corynebacterium	91.7	91.7	83.4	58.4
Moraxella, Pseudomonas	0	0	8.3	8.3

* 평판 상의 콜로니가 미소한 것

표 7-8. 원료 어(魚) Kusaya와 염간어 저장 중의 미생물상의 변화

미생물 군	원료어	Kusaya			염간어	
		0일째	5일째	9일째	0일째	5일째
Corynebacterium	0%	0%	0%	0%	8.3%	4.2%
*Corynebacterium**	0	75.0	0	0	0	0
Moraxella	50.0	0	0	0	0	0
Pseudomonas	16.7	0	0	0	8.3	0
Vibrio	8.3	0	0	0	41.7	0
Micrococcus	0	8.3	91.7	100	33.3	87.5
Staphylococcus	0	8.3	0	0	0	0
효 모	8.3	8.3	0	0	0	4.2
미동정	16.7	0	8.3	0	8.3	4.2

* Kusaya 국물 중의 우세균주와 동일성상의 균군

이들의 *Corynebcterium*의 항균작용을 원료 어(魚), Kusaya 그리고 염간어에서 분리한 균주에 대하여 조사한 결과 이들의 원료 어(魚)에서 분리 균주 11균주 중 9균주에 대하여 Kusaya에서 분리 균주 13균주 중의 6균주에 대하여 또한 염간어에서 분리한 12균주 중 3균주에 대하여 상당히 강한 증식 억제작용을 나타내었으나 Kusaya에서의 분리 균주 내에서도(특히 저장 후기의 제품에서의 분리 균주에) 강하게 억제하는 것이 있다는 사실에서 *Corynebacterium*의 항균작용은 제품 중에서 장기간에 걸쳐 효력을 가지는 것이 아니고 Kusaya의 저장 초기에 있어서 효력이 현저하다고 생각된다.

이상의 결과에서 Kusaya의 보존성이 보통의 염간어 보다 우수한 이유는 다음과 같이 설명할 수 있다. 즉 Kusaya 국물에 침지 전 원료로는 10^5/g 정도의 세균이 부착하고 있으나 이들의 대부분은 Kusaya 국물 중의 우세 균주인 *Corynebacterium*이 생산하는 항생물질에 의하여 증식이 억제된다. 한 침지 중에 Kusay 국물 중의 항생물질이 어체(魚体)에 침투함과 동시에 *Corynebacterium*도 부착하고 있기 때문에 건조 중의 어체에는 부패세균의 증식은 억제되는 것으로 생각된다. 따라서 건조 직후의 제품 세균 수의 증식은 억제되는 것으로 생각한다. 따라서 건조 직후의 제품의 세균 수는 염간어의 경우의 1/10 정도로 멈추고 더욱이 그 세균상의 대부분은 Kusaya 국물 유래의 *Corynebacterium*으로 점유된다.

이 때문에 저장 초기의 Kusaya에서는 부패세균의 수는 염간어 경우의 1/10보다도 적다는 것이 된다. 이와 같은 세균 수의 차이는 Kusaya 방부성의 큰 원인으로 생각된다. 또한 제품 중의 항생물질 작용에 의하여 부패세균의 증식이 억제되어 부패의 진행이 지연되게 된다. Kusaya의 가공에 종사하는 사람은 손에 부상을 입어도 화농하지 않는다고 하지만 이것도 상기의 설명을 뒷받침하고 있다.

Shimisu(淸水) 등에 의하면 이 항생물질은 극히 불안정하여 분자량 10만~30만의 순 단백질로 생각하고 Gram 양성, 음성의 세균, 곰팡이, 효모에 폭넓은 항균 스펙트럼을 가진다.

3) 높은 pH설

Kusaya가 보통의 염건어에 비하여 보존성이 좋다는 원인으로서는 항생물질인 것으로 생각으로는 설명하기 어렵고 설사 Kusaya 국물의 pH가 나선균 등의 증식에 pH 8.5라는 비교적 높은 값을 유지하는 것이 그 원인으로 생각하는 것이 제창되고 있다. 그래서 항생물질 설에서는 같은 Kusaya 국물을 연속 사용하여도 양질의 Kusaya는 되지 않는다고 하나 설명되지 않고 pH 회복 때문이라면 쉽게 설명된다고 하였다.

이 높은 pH설은 Kusaya 국물(pH 8.5)을 비커에 넣어 여기에 어체(魚体)를 침지하면 pH는 6.5부근까지 내려가나 그 후 나선균의 증식과 함께 서서히 상승하여 48시간 사이에 원래의 pH 8.5로 되돌아가는 관찰의 결과(그림 7-5)에 기초한 것이다. 아래에서는 이 설을 검정해 보려고 한다.

먼저 높은 pH설의 근거가 된 실험을 가시험을 하기 위하여 pH 약 8.5와 7.0의 2조의 Kusaya 국물을 비커에 준비하고 여기에 전갱이의 살을 침지하여 보았다. 그 결과(그림 7-6), pH 7.0의 Kusaya 국물에서는 어체 침지(浸漬) 후의 pH는 약 30시간에서는 8.3부근까지 상승하고 pH 8.5의 Kusaya 국물에서는 그림 7-7의 결과와 현저하지는 않으나 침지 중에 pH의 저하가 있었고, 침지 후에 다시 상승되는 것이 인정되었다. 또한 이들의 pH가 상승된 Kusaya 국물에는 다수의 나선균이 관찰되었다.

따라서 이 실험에서 불충분하면서 pH변동이 일어나는 것이 시사되고 있으나 그러나 높은 pH설에는 의문이 생겼다. 그것은 만약 고 pH설이 옳다고 하면 실제의 Kusaya 가공공장의 Kusaya 국물에서도 이와 같은 급격한 pH 변화가 관찰되지만 Nishima(新島)의 가공공장에서 실제로 어체를 침지 중에 Kusaya 국물의 pH를 경시적으로 관찰한 결과 그 값은 6.7～7.0의 사이에 있고 수일간의 방치 후에도 pH의 현저한 변화는 보이지 않았다. 또한 Nishima(新島), Oshima (大島), Hachizoshima(八丈島), Shikikonshima(式根島), Kamitsushima(神津島) 그리고 Ito(伊東)의 Kusaya 공장에서 채취한 26종류의 Kusaya 국물의 pH를 측정한 결과에도 사용 중의 Kusaya 국물(24시료)에서는 어느 것이나 그 값은 6.7～7.5의 사이에 있

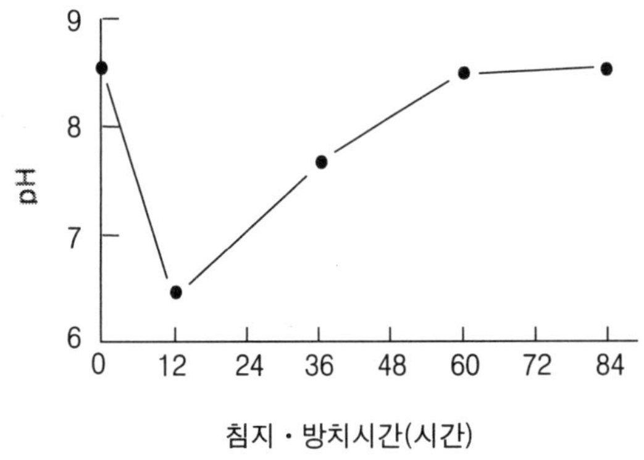

그림 7-5. 높은 pH설의 근거로 한 어체 침지 전후에 있어서 Kusaya 국물의 pH 변화

고 높은 pH(8.5~8.9)를 나타낸 남은 2시료는 어느 것이나 장기간 불사용의 그대로 저장되어 있었든 것이다.

Kusaya 국물의 pH 변동에 대하여 검토한 결과 Kusaya 국물의 pH는 저장의 방법에 따라 현저히 다르다는 것이 판명되었다. 그림 7-8에 나타낸 것과 같이 Nishima(新島)에서 채취하여 사용 중인 Kusaya 국물을 50 mℓ들이 비커에 20 mℓ를 넣고 실온(약 15~20℃)에 방치한 경우의 pH는 6 이내에서 8.5 부근까지 현저히 상승되었으나 같은 국물을 101 mℓ들이의 폴리병에 50 mℓ를 넣어 마개를 하여 방치

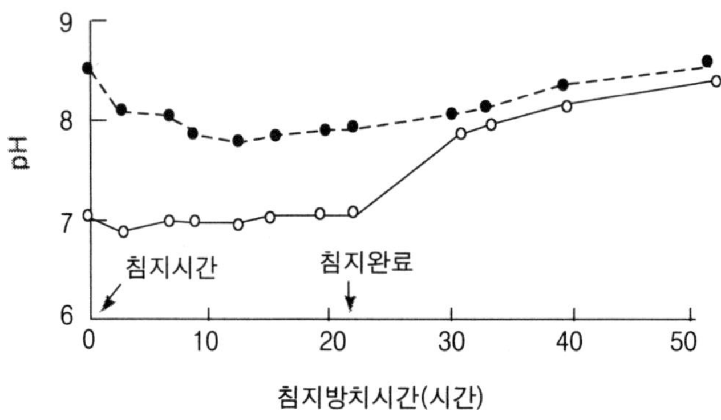

그림 7-6. 비커 중에서의 어체 침지 전후에 있어서 Kusaya 국물의 pH 변화(추가실험)

-○- : pH 7.0의 Kusaya 국물을 사용한 경우
-●- : pH 8.5의 Kusaya 국물을 사용한 경우

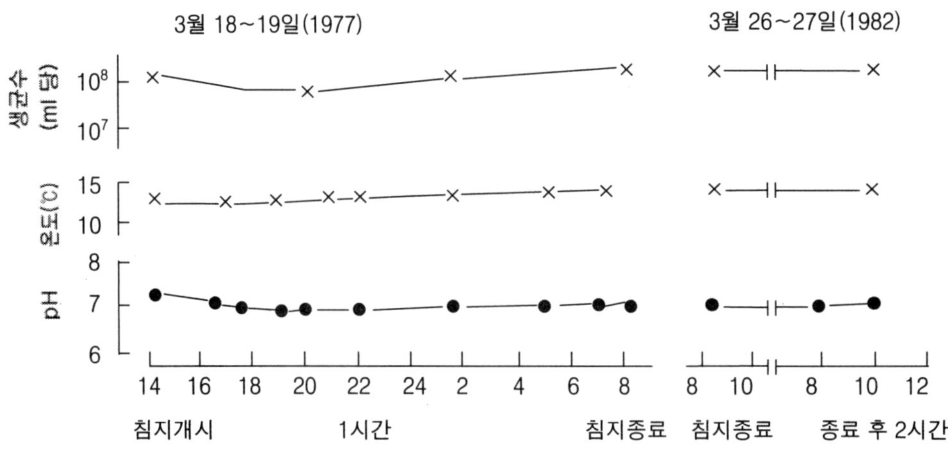

그림 7-7. Nishima(新島) 공장에서의 어체 침지 중과 침지 후의 Kusaya 국물의 생균수, 액온과 pH의 변화

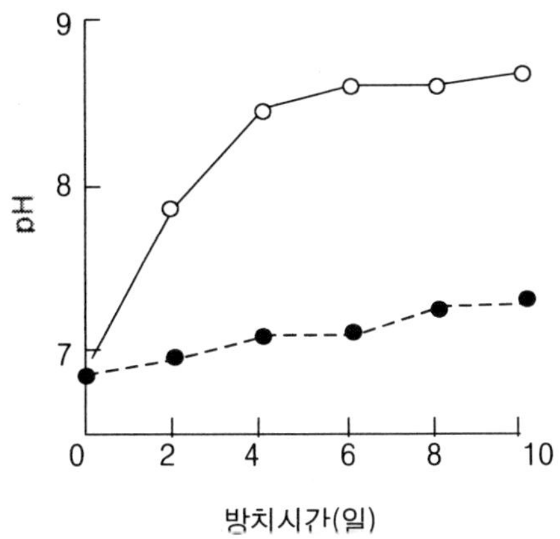

그림 7-8. Kusaya 국물을 폴리병과 비커에 넣어 보존할 때의 pH 변화
-●- : 폴리병, -○- : 비커

한 경우에는 pH의 변화는 약간이었다. 마찬가지의 경향은 Hachizoshima(八丈島), Shikikonshima(式根島), Kamitsushima(神津島). Ito(伊東)에서 채취한 Kusaya 국물에서도 인정하였다.

또 내경 1.4 cm의 시험관에 Nishima(新島)에서 채취한 상기와 같은 Kusaya 국물(pH 7.08)을 2, 4, 6 그리고 10 mℓ(액의 높이는 각각 약 1.2, 3.4 그리고 6.0 cm) 씩을 넣고 실온에서 방치한 바 2일 후의 pH는 순차로 각각 8.26, 7.95, 7.82 그리고 7.44이고 액체량이 작은 것일수록 pH 상승이 현저한 것이 인정되었고 어느 것이나 표층에는 나선균의 증식이 현미경으로 관찰되었다.

이와 같은 사실에서 Kusaya 국물을 방치한 경우의 pH 상승은 공기와 접촉하는 액 표면층 부위에서 현저하고, 액의 내부에서 일어나는 현상으로 생각된다. 실제의 가공공장의 탱크에 저장 중의 Kusaya 국물에는 액의 두께가 50 cm 이상은 있고 또한 액의 표면을 잿물과 같은 고형물로 덮어져 있는 경우도 있어 액 내부에는 pH의 변동이 어려운 조건 하에 있다고 생각한다.

이상의 결과에서 높은 pH 방부설은 Kusaya 가공공장에서의 실제 조건과는 다른 실험조건에서의 관찰 결과를 기초로 한 것이고 Kusaya의 보존성을 설명하여 얻은 것이 아닌 결론이다.

4) Kusaya 국물의 나선균

Kusaya 중의 나선균은 높은 pH설과의 관계에서 그 역할은 부정되었으나 어느

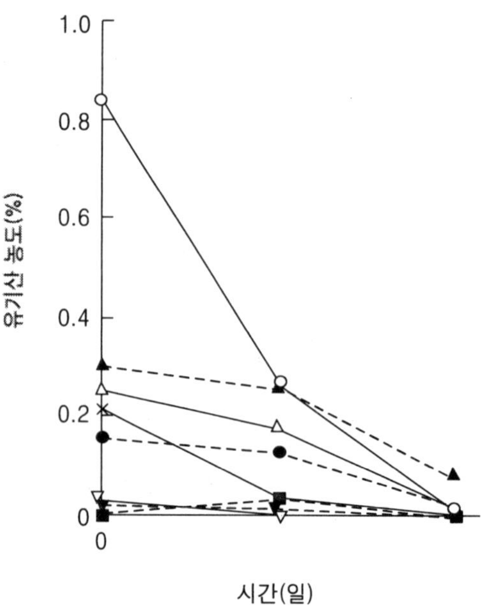

그림 7-9. 나선균의 증식에 있어서 Kusaya 국물 중의 유기산 양의 변화

-○- : Acetic acid, -▲- : Isobutyric acid,
-△- : n-Butyric acid, -×- : n-Propionic acid.
-●- : Isopropionic acid, -▽- : Isocaproic acid,
-▼- : n-Valeric acid, -■- : n-Caproic acid

Kusaya 국물에도 존재하는 사실에서 Kusaya의 제조에 어떤 역할을 하는지도 모른다. 그러나 이들 나선균은 보통의 평판법(平板法)에서는 배지조성의 문제나 증식이 빠른 균군이 독점하기 때문에 분리하는 것은 곤란하다.

Fuji 등은 특수한 분리기를 사용한 나선균은 *Oceanospirillum*에 해당하고 그 증식시 Kusaya 국물 중의 acetic aid, *n*-propionic acid를 위시하여 유기물을 빨리 소비하는 것을 알았으나(그림 7-9), 그 생리적 역할은 아직 해명되지 않고 있다.

2. 젓갈

[개 요]

젓갈은 어패류의 근육, 내장 등을 식염을 가하여 부패를 방지하면서 원료를 소화하고 동시에 특유의 풍미를 발효 숙성 양성시킨 것이다. 젓갈의 기원에 대하여는 Heian(平安)시대(794～1192년)의 고전에 기록이 남아 있다고 한다. 아마도 그 전부터 어패류는 보존하는 수단으로 소금 절임(鹽漬, 염지)한 것으로 시작되었을 것이다. 이 시대는 각지에서 여러 가지의 어패류가 소금 절임(염지)이 되어 있었다고 생각된다. 이 중 어느 것은 소금 절임 중에 원료의 맛과는 다른 독특한 지미(旨味)를 가지게 되는 것을 알고 이들이 각종의 젓갈이나 어간장으로서 전해되어 온 것이다. 현재 젓갈은 오징어젓갈, 가다랭이젓갈, 성게젓갈, 문어(Ani)의 내장젓갈, 해삼젓갈, 연어의 신장젓갈 등이 있다. 이들 중 오징어젓갈이 가장 일반적으로 생산량이 많으므로 여기에서는 주로 오징어젓갈에 대하여 설명한다.

[젓갈의 생산과 소비]

일본의 오징어젓갈 생산량은 표 7-9와 같다. 연대별의 생산량을 보면 1970년에는 약 9.600 톤, 1985년에는 23.700 톤, 1989년에는 35.500 톤으로 매년 증가하고 있음을 알 수 있다. 그리고 젓갈류 중 오징어젓갈이 차지하는 비율도 1975년 이후에는 80%를 차지하고 있다.

이와 같이 오징어젓갈의 급증 경향은 다른 젓갈류가 늘어나는 것과 같은 오징어제품인 오징어나 훈제품에 비하여 특이하기 때문이다. 지역적으로 보면 젓갈 생산량이 많은 곳은 Hokkaido(北海島), Aoamori(青森)현, Iwate(岩手)현, Miyashiro(宮城)현으로 이들 4개 현에서 일본 총생산량의 대부분을 차지하고 있다. 가공공장의 수는 소규모의 것이 많으므로 정확하게 집계되지 않았으나 Hachinohe(八戶) 시내에는 약 20 가옥, Hakodate(函館)에는 비교적 대규모의 것이 5～6가옥이고 종

표 7-9. 중요 가공제품의 일본 생산량(1000 톤)

	1970년	1975년	1980년	1985년	1990년
Surimi	11.1	12.2	11.5	10.2	15.9
훈 제	0.5	0.6	3.8	5.7	5.9
염장 오징어	-	0.9	1.3	0.3	-
오징어 장조림	9.9	3.7	3.5	3.7	-
젓 갈	9.6	13.3	17.0	23.7	35.5
조미가공품	48.1	44.7	65.5	43.6	54.9
통조림	5.9	5.9	4.0	2.7	3.3

주 : 오징어는 오징어통조림도 포함함

업원 50명 이상으로 연 1.000～1.500 톤 정도를 생산하는 것도 적지 않다.

이런 젓갈의 소비지는 거의 전국에 걸쳐 있으며, 양적으로는 점차 증가되는 경향이다. 지방별로는 한 세대당의 구입 양은 Hokkaido(北海島, 1.1 kg), Dobuku(東北), Kanto(關東), Kitariku(北陸)의 순으로 많고 Okinawa(沖繩)와 Shikoku(四國, 0.1 kg)가 적은 경향이다.

[젓갈의 제조방법]

1) 젓갈의 원료

오징어류의 어획량은 1965년까지는 근해산(近海産)의 갑오징어(살오징어)가 주를 차지하였으나 그 후는 표 7-10에서 보는 바와 같이 크게 감소되는 경향이다. 1969년부터 빨강오징어가 대체자원으로 어획량이 많아졌고 또한 뉴질랜드나 아르헨티나 연안의 해외어장의 개발에 의하여 가공원료의 부족을 보충하고 있다. 1984년도의 오징어류의 수요실적은 빨강오징어와 뉴질랜드 갑오징어, 아르헨티나 반디오징어의 의존도 높은 것을 알 수 있다.

종래 오징어젓갈의 원료는 근해산(近海産)의 갑오징어가 사용되었으나 최근에는 이와 같은 사정을 반영하여 오징어젓갈의 원료도 근해산의 갑오징어 이외에 뉴질랜드나 아르헨티나의 오징어가 사용되게 되었다. 그러나 젓갈의 원료에는 근해산의 갑오징어(살오징어)가 최적이고, 가공공장에 따라서는 갑오징어 만을 사용한 제품을 만들고 있는 곳도 있다.

외국산의 오징어는 육질이나 맛, 색조 등의 점에서 떨어지고 또 해외 어장에서의

표 7-10. 오징어 어획량과 수입량(1000 톤)

내역	년도	1970년	1975년	1980년	1985년	1990년
어획량	오징어류	520	531	687	531	734
	갑오징어	412	378	331	133	212
수입량	오징어류	15	56	94	113	116

선상 동결 수송에 의한 품질상의 문제도 지적되고 있다. 또한 빨강오징어는 근육이 풀리기 쉽기 때문에 귀오징어 만을 사용하는 곳도 있으나 젓갈 원료로서는 바람직하지 않다. 어느 오징어를 사용하는 경우에도 간장(肝臟)은 갑오징어(살오징어) 것만을 사용한다.

2) 젓갈의 전통적 제조

오징어젓갈은 그 제조법에 따라 적색제조, 백색제조, 흑색제조의 3종이 있다. 이 중 적색제조의 오징어의 살 조각(토막)에 간장과 식염을 가하여 숙성시킨 것으로 가장 일반적인 젓갈로서 생산량도 많다. 백색제조는 껍질 벗긴 오징어의 몸통고기를 사용하는 것이고, 흑색제조는 오징어의 흑즙(먹물)을 가하여 제조한 것으로 Toyama(富山)현의 특색이다. 젓갈의 제조법은 비교적 간단하여 세절(細切)한 오징어에 간장과 10～20% 정도의 식염을 가하여 때때로 교반(攪拌)하면서 담그는 것이 옛날부터의 기본적인 제조방법으로 적색제조의 대표적인 제조법을 소개하면

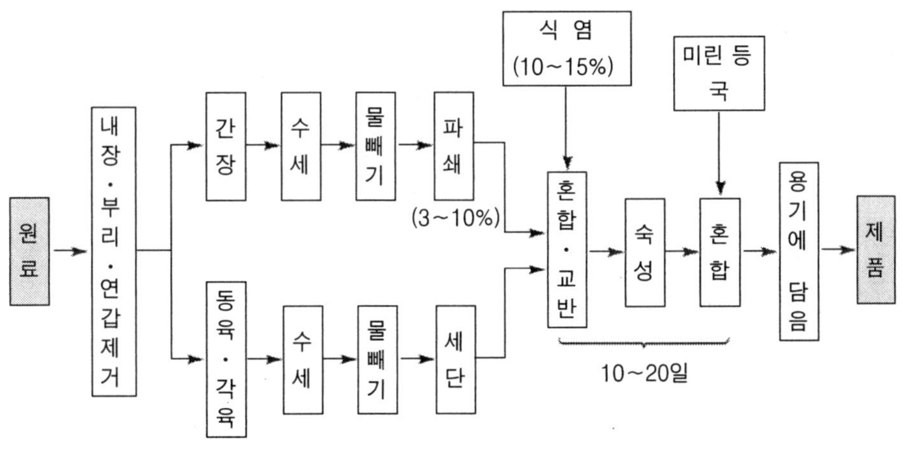

그림 7-10. 전통적인 젓갈의 제조법

다음과 같다(그림 7-10).

(1) 먹 주머니가 찢어지지 않게 하여 두각육(頭脚肉)과 동육(胴肉)을 분리하고 내장을 분리, 연갑(軟甲)을 제거한다. 간장은 별도의 용기에 모아 놓는다.
(2) 동육, 두각부를 수세한다. 흡반(吸盤)의 각질환(各質環)을 제거한다.
(3) 물기를 충분히 뺀 후 동육을 열고 가로로 3등분한다. 이것은 절단기에 걸어 폭 3~5 cm로 세단(細斷)한다. 다리는 chopper로 세단한다.
(4) 세절한 동육과 두각육을 큰 통에 넣는다.
(5) 여기에 간장과 식염을 가하여 충분히 교반(攪拌), 혼합한다. 식염만을 가하여 교반하여 2~3일 후 간장을 가하는 수도 있다. 식염은 보통 오징어 양의 1~20%이나 최근에는 감소하는 경향이 있다. 간장은 미리 흐르는 물에서 잘 씻어 내고 물기를 빼고 껍질을 제거하고 파쇄(破碎)한다. 간장의 중량은 3~10% 정도이다.
(6) 매일 2회 이상 충분히 교반하여 숙성을 기다린다.
(7) 10~14일간 숙성시킨 후 용기에 담고 제품으로 한다. 출하 전에 쌀고지(米麴), 미린(味淋), 향신료 등을 가하는 수도 있다.

3) 최근의 젓갈 제조법

최근은 전통적 제조법과 같이 시간이 오래 되어 숙성시켜 만드는 제조법은 점차로 줄어들고 약간 간이형의 젓갈이 주류를 이루고 있다. 이 제조법은 1975년경부터 이루어진 것으로 그 한 예를 나타내면 다음과 같다(그림 7-11).

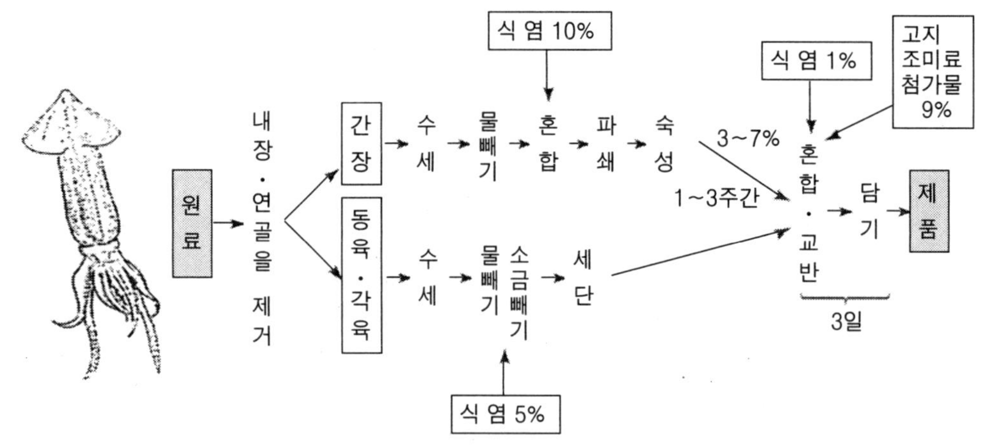

그림 7-11. 최근의 저염분(底鹽分) 젓갈의 제조법

(1) 원료는 미리 1차 가공(상기와 마찬가지로 내장, 각(다리)과 동(胴)으로 나누고 동결한 것을 사용하고 유수 중에서 해동한다.
(2) 해동 후 소쿠리에 건져 약간씩 절단하고 세단기(細斷機)에 건다.
(3) 밑바닥에 대발을 한 통에 넣어 식염(5～10%량)을 섞어 교반한다.
(4) 누름돌(고기 500 kg에 대하여 100～200 kg 무게)을 하여 15시간 정도 압력을 주어 탈수를 한다. 이외에 판지법[板漬法, 세단하지 않는 동육(胴肉)을 연 상태에서 염지를 하는 방법]이나 건조법으로 탈수하는 경우도 있다. 일반 가정에서는 말려서 사용하는 수도 있다.
(5) 간장(肝臟)에 미리 식염을 5～10% 혼합하고 1～3주간 정도 실온에서 숙성 후 chopper를 사용하여 껍질을 제거하고 페이스트(paste) 모양으로 한다. 이것을 (4)의 동육에 가하여 3～7%의 식염 이외에 sorbitol. sodium glutamate, 방부제, 감미료 등의 조미료를 7～10% 정도 첨가한다(표 7-11).
(6) 잘 혼합한 다음에 대형의 통, 또는 호로 용기에 넣어 30일간 정도 숙성시켜 제품으로 한다. 이 사이 전기와 마찬가지로 아침, 저녁으로 2회 정도 교반한다.

표 7-11. 젓갈에 사용되고 있는 첨가물의 배합 예(오징어 고기에 대한 %)

첨가물	배합 예(A)	배합 예(B)
소 금	4.00	8.0
Sorbitol	3.06	2.0
MSG	1.89	0.5
Glycine	0.94	0.2
Alanine	-	0.1
천연방부제	0.47	-
천연감미료	0.14	0.3
종합아미노산	0.09	적량
천연호료	0.09	0.4
염화칼슘	1.13	-
Malic acid 용액	1.42	-
Alcohol	1.25	0.4
천연색소	0.05	-
조미 고지	5.00	-
식 초	-	(0.8)
벌 꿀	-	적량

주 : 식염을 제외함

제조공정 중 원료처리는 수작업으로 행하나 고기의 탈수나 세단, 조미료와의 혼합 교반 등은 기계를 사용하는 경우가 많다. 또한 막대기 찌르기를 행하는 것은 적어지고 지금은 기계화한 공장에서는 5 톤 들이 스텐리스 스틸제 탱크 중에서 1일 수회 자동적으로 교반한다. 이와 같은 간이제법이 전통적 제조(종래법)에 비하여 크게 다른 점은 다음의 네 가지이다.

(1) 종래법에서는 세절육(細切肉)과 간장(肝臟)을 같이 하여 숙성하는데 대하여 간이법(簡易法)에서는 간장만을 숙성시켜 세절육에 가하고 있다. 최근에는 간장(肝臟)은 전연 숙성시키지 않고 조미혼합물(조미한 간장)을 사용하는 수도 있다.
(2) 종래법에서는 15~20% 가까운 식염 양을 현저히 감소하였다.
(3) 숙성기간도 종래법에서는 여름철에서 1주간, 겨울철에서는 20~30일 가까이 단축되었다.
(4) 종래법에서는 거의 조미료 등을 첨가하지 않고 사용하는 경우에도 출하 전에 쌀 고지(米麴)나 미림(味淋)을 가하는 정도의 것이었으나 최근의 간이법에서는 여러 종류의 첨가물이 상당량 사용되고 있다.

4) 젓갈의 제조 원리의 변화

제조 원리에서 상기의 두 가지 제법이 크게 다른 점은 전통적 방법에서는 자기소화 효소 그리고 미생물 작용을 활용하여 만드는 것에 대하여 간이법에서는 이들의 의존도가 적다는 것이다. 원래 젓갈에 10% 이상의 식염을 사용하는 것은 부패세균의 증식을 억제시키면서 오징어의 근육이나 간장에 함유되고 있는 효소작용과 높은 소금농도에서도 증식이 가능한 유용 미생물의 작용에 의하여 숙성을 촉진시키기 위한 것이라고 생각된다.

10% 이상의 식염 존재 하에서는 장염 비브리오나 포도상 구균 등의 식중독 세균도 거의 증식할 수 없다. 미생물 면에서 보면 약 10% 식염에 의하여 유해 미생물과 유용 미생물을 잘 억제하고 있다고 볼 수 있다. 따라서 최근의 젓갈과 같이 식염농도를 낮게 하면 부패세균의 증식을 억제 할 수 없어 장기간의 담금은 할 수 없고 또 자기소화 효소나 유용 미생물을 활용하는 것이다.

간이법에서 여러 종류의 첨가물을 사용하는 큰 이유는 이 때문이다. 즉 이들의 첨가물에 의한 수분활성의 저하와 방부제의 작용으로 부패방지를 꾀하는 한편 본래 미생물 효소에 의하여 발효 숙성되어 양성되는 나오는 풍미를 조미료로 치환하는 것이다.

[젓갈의 품질과 성분]

시판 젓갈의 분석 예를 표 7-12에 나타내었다. 앞에서 설명한 것과 같이 오징어 젓갈은 최근 저염화(底鹽化) 경향이 있으나 이와 같은 저염화(低鹽化)가 시작한 것은 1975년 이후이다. 이 사실은 표 7-13에 나타낸 1939에서 1974년의 32분석 예에서는 4시료를 제외하고 모두가 식염농도가 10% 이상(최저 19%)인데 대하여 Fukuda 등이 1975년에서 1981년 사이에 제조한 39시료에 대하여 조사한 결과에서는 모두가 4~11%의 범위였으나 Kawanabe 등이 1983년에 조사한 41시료에서는 모두가 3~10%의 범위에 있다는 것을 알 수 있다.

마찬가지로 Oishi 등은 1974년 1986년의 사이에 제조된 오징어 젓국의 식염농도를 연도별로 분석한 결과에서도 명료하게 나타내고 있고(그림 7-12), 연도 히스토그램이 1985년 이후는 7.5%와 12%를 최고로 하는 하나의 커브만이 인정되는데 대하여 1985년 이후는 7.5%와 12%의 두 개의 피크가 존재하고, 다시 1983년 이후는

표 7-12. 오징어젓갈의 일반 성분

보고자(년)	Higashi (1959)	Takedani (1960)	Iida (1973)	Uno (1974)	Fukuda 등(1981)		Fujii 등 (1991)
					고 기	간 장	
pH	-	-	5.29~ 5.82	-	6.05~ 6.25	6.17~ 6.34	5.83~ 6.7
회분(%)	11.4~ 16.0	-	-	10.4~ 18.2	5.6~ 8.6	5.6~ 8.9	-
식염(%)	60.5~ 67.3	62.5~ 66.4	61.6~ 70.1	53.3~ 69.1	67.2~ 72.0	64.2~ 71.7	-
조단백질(%)	10.3~ 11.7	9.0~ 18.9	5.52~ 16.3	10.2~ 17.8	5.0~ 7.7	4.9~ 8.1	4.0~ 6.8
휘발염기질소	14.6~ 20.6	14.5 ~ 18.3	12.4~ 16.8	9.1~ 14.9	15.2~ 17.4	11.3~ 14.0	-
(mg/100g)	-	84.4 ~ 255	26.0~ 79.7	-	-	-	16.4~ 6.8
달질((%)	-	-	0.2~ 1.6	0.1~ 18.1	-	-	-
조지방질(%)	0.1~ 3.5	2.1~ 6.8	1.1~ 4.3	0.3~ 2.2	1.5~ 3.8	5.6~ 10.0	-

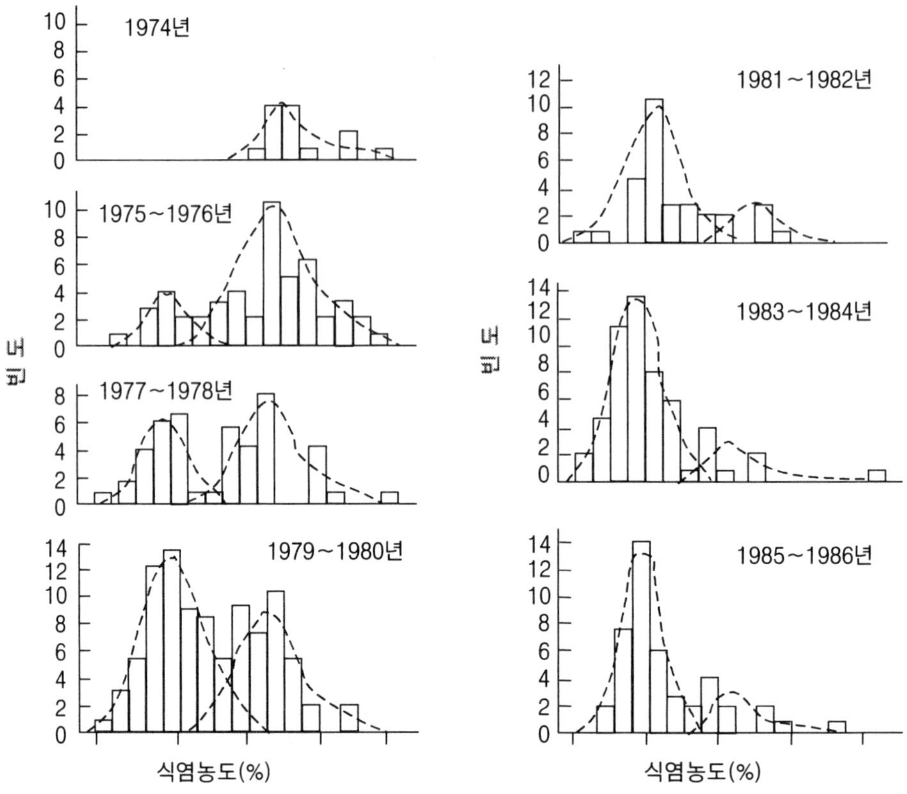

그림 7-12. 오징어젓갈의 염분농도 분포의 변화

6.5%와 11%의 두 개의 피크로 이행하여 더욱이 낮은 농도의 피크가 커져 있다. 또 Yamahi 등은 1989년 7월에서 10월의 사이에 수집한 21품목의 시판 젓갈에 대하여 조사한 결과 염분은 3.5~8.5%에서 5.0~5.5% 범위의 빈도로 높았다.

또 Fujii 등은 1989년, 1990년에 시판 젓갈에 대하여 조사한 결과에서도 식염농도는 5.0%(13시료)과 11.6%(1시료)을 피크로 는 2군으로 나눌 수 있어 그 분포상태에서 다시 저염화(底鹽化) 경향에 있는 것을 알 수 있다. Sazaki 등은 오징어 염분의 연차별 변화를 조사한 결과에서는 1984년 이후 4% 이하의 제품이 만들어지고 있었다.

염분 이외의 몇 가지의 성분분석 결과도 표 7-14에 나타내었다. pH나 휘발성 염기질소(VBN)는 젓갈의 숙성 중이나 보존 중에 증가하므로 일반적으로 전통적으로 전통적인 젓갈에서 높은 경향이다. 저염화 젓갈의 성분은 많으나 pH 6.10~6.39,

수분활성 0.92～0.96. VBN은 16.4～56.1 mg/100 g이었다.

젓갈의 유리 아미노산 조성은 Fukuda 등에 의하면 taurine, glutamic acid, leucine, arginine, proline, lysine 등이 양적으로는 많고 또 젓갈에 특징적인 것으로 sulfoserine, α-amino-n-butyric aicd, β-aminoisobutyric aicd, methylhistidine 등이 검출되고 있다. 휘발성 성분은 Teshima에 의하면 중요한 휘발성 산으로서 butyric acid, propionic acid, isobutyric acid를 그리고 휘발성 염기로서 ammonia와 isobutylamine을 검출하였다. Iida(飯田) 등은 유기산으로서 유산과 succinic acid를 검출하였다.

[젓갈의 미생물]

전통적인 젓갈의 생균(生菌) 수는 Jenidani(錢谷)가 10% 식염 육즙 배지를 사용하여 시판 젓갈 중의 생균수를 조사한 결과에 의하면 가다랭이 젓갈에서는 1.5×10^2～2.3×10^3/g, 오징어 젓갈에서는 3.6×10^6～2.4×10^7/g이었다. 한편 저염(底鹽) 젓갈의 생균수는 2.5% 식염배지에서 9.0×10^3～1.3×10^6/g, 10% 식염배지에서 2.5×10^6～2.4×10^7/g이었다.

전통적인 제조법에 의한 젓갈의 세균 상에 대해서는 Sazaki(佐佐木) 등과 Nakao(長尾) 등이 조사한 바 있다. Sazaki 등은 시판의 오징어젓갈, 성게젓갈 중의 단백질을 분해하는 균으로서 *Bacillus*, *Vibrio*, *Micrococcus*, *Escherchia*, *Achromobacter*, *Bacteroides*를 분리하였다. Nakao 등은 사용 식염 양의 20% 오징어젓갈에서 1～10% 식염을 함유하는 육즙한천을 사용하여 *Bacillus*, *Vibrio*, *Micrococcus*, *Escherchia*, *Achromobacter*, *Bacteroides*를 분리하였다.

Nagao 등은 사용 식염 양 20%의 오징어젓갈에서 1～10% 식염을 함유하는 육즙한천배지를 사용하여 *Bacillus*, *Micrococcus* 그리고 *Lactobacillus*를 분리하고 이들 중에 간균은 숙성 초기(5～8일째)에, *Micrococcus*는 주로 8일째 이후에 존재하는 것을 보고하였다.

Zenidani는 Kyushu(九州)산의 각종 젓갈에서 10% 식염 육즙 한천배지를 사용하여 *Micrococcus*, *Vibrio*, *Bacillus*, *Achromobacter* 그리고 *Flavobacterium*을 분리하였고, 이들 중 가장 보편적으로 존재하고 숙성에 관여하는 세균으로서 *Micrococcus*를 열거하였다. 또한 Mori(森) 등은 사용 식염 양 10%, 15% 그리고 20%의 오징어젓갈의 세균 상을 3% 식염첨가 표준 한천배지를 사용 조사하여 숙성 과정에서 우수한 균종은 사용 식염 양에 불문하고 *Staphylococcus* II아과에 속하는 동일 균군이고, 간균은 거의 인정되지 않았다고 하였다.

오징어젓갈의 숙성과정에서 *Staphylococcus* II아군이 우수한데도 불구하고 이것과 동속 이종의 식중독균이 *S. aureus*가 전연 검출되지 않는 원인에 대하여 Nishimura (西村) 등은 오징어 육 엑기스 중에 trimethylamine oxide가 고농도의 식염과 협동적으로 작용하여 *S. aureus*를 선택적으로 사멸시키기 때문으로 생각하였다. 그러나 최근 Fujii(藤井)가 식염 10%의 오징어젓갈의 미생물상에 관하여 조사한 결과에서는 *Staphylococcus* II아군은 반드시 우수하다고는 할 수 없고 또 검출되는 미생물상은 배지의 식염 농도에 따라 다르다. 즉 10% 식염첨가 배지에서는 *Staphylococcus* II아군은 숙성 초기에 출현하는 것, 중기, 후기에는 그 외에 *Staphylococcus* 그리고

표 7-13. 전통적 제법에 의한 젓갈류의 세균, 효모의 분리 예

보고자(년)	배 지	미 생 물
Sasaki(1942)	육즙한전	*Vibrio* sp. *Micrococcus* sp. *Escherchia* sp. *Achromobacter sp*, *Bacillus* sp.
Nagano(1949)	1～3% 식염첨가 육즙배지	*Bacillus* sp, *Micrococcus* sp, *Lactobacillus* sp
Zenidani(1955)	10% 식염첨가 육즙배지	*Vibrio* sp. *Micrococcus* sp, *Achromobacter* sp. *Flavobacterium* sp, *Bacillus* sp.
(Mori(1979)	3% 식염첨가 육즙배지	*Staphylococcus* Ⅴ, *Micrococcus* Ⅳ, Ⅴ
Fujii(1992)	2.5% 식염첨가 BPG한천 10% 식염첨가 BPG한천	*Staphylococcus* 미동정균, Ⅳ, Ⅴ, *Vibrio*, *Acinebacter* *Micrococcus* 미동정균, *Staphylococcus* Ⅱ, Ⅵ, *Vibrio*, *Moraxella*
Zenidani(1952)	15% 식염첨가 맥아즙한천	*Candida*, *Torulopsis*, *Debaryomyces*, *Saccharomyces*, *Hansenula*, *Zygosacharomyces*, *Hansenula*, *Willia*, *Monolia*, *Mycotoruloides*
Nobuazu(1975)	감자포도당 한천	*Torulopsis* sp, *Rhodotorula* sp.
Mori(1977)	감자포도당 한천	*Rhodptorula mucilagiaosa*, *Debaryomyces kloeckeri*, *Rhododoturula minula*, *Candida* sp. *Cryptococcus* sp, *Torulopsis* sp, *Tricosporon* sp, *Sporobolomyces* sp.

표 7-14. 저염분 오징어젓갈의 세균 상(%)

시 료	M		N	
배지 식염농도 (분리 균주 수)	2.5% NaCl (17)	10% NaCl (13)	2.5% NaCl (19)	10% NaCl (17)
Bacillus	6		5	
Corynebact. Arthrobacter	6	15	5	
Moraxella	6		5	
Acinebacter	18			
Micrococcus	40	62	37	88
Staphylococcus	12		42	6
미동정 구균	12	23	5	6

*Micrococcus*군이 우수하고 또한 2.5% 식염첨가 배지에서는 *Staphylococcus*가 우세하였으나 이들은 *Staphylcoccus* II아군 이외의 균군이다. Kakai(高井) 등은 식염 10%의 오징어젓갈에 대하여 조사한 결과에서 숙성 초기에 있어서 중기에 걸쳐서는 *Staphylococcus* II아과에는 해당되지 않는 *S. xylosus* 등의 균군이 우세한 것을 알았다.

이들 결과는 준거한 분류체계가 같지 않으므로 일률적으로는 비교되지 않으나 *Staphylococcus* 또는 *Micrococcus*에 해당하는 구균류가 많이 존재하는 점에서 공통되는 특징이라 할 수 있다. 그러나 그 이상의 균군의 종별에 대해서는 현재로서는 특징을 지울 수 없고 상당히 폭넓은 균군에 이어지는 것으로 생각된다.

효모 균총에 대하여 Zenidani(錢谷)는 시판 젓갈 21종에서 15% 식염첨가 배지를 사용하여 효모를 조사한 결과 *Debaryomyces*와 *Zygosaccharomyces*속 효모가 젓갈 중에 특징적으로 검출되는 것을 밝혔다. 또한 Nobonomi(信濃) 등은 2종의 시판 젓갈에서 *Torulopsis*와 *Rhodotorula*를 검출하였다.

Mori(森) 등도 사용 식염 양 10%의 오징어젓갈의 우세 균으로서 *Debaryomyces kloeckeri*를, 그리고 20%, 30% 오징어 젓갈에서 *Rhodotorula mucilaginosa* 등을 분리하였다. 이상 설명한 전통적인 제법에 의하여 젓갈에서 분리한 미생물 이름을 표 7-13에 정리하였다.

한편, 저염(底鹽) 젓갈의 세균상은 표 7-14에 나타낸 것과 같고, 2.5% 식염첨가 배지에서는 *Micrococcus*가 37～40%, *Staphylococcus*가 12～42%를 자지하고, 이외에 *Bacillus*, *Corynebacterium*, *Arthrobacter*, *Moraxella*, *Acinebacter*가 검출되었다. 또한 10% 식염첨가 배지에 있어서도 *Micrococcus*가 62～88%를 점유하였다.

[젓갈의 숙성]

전통적인 젓갈의 담금 중에는 다음과 같은 변화가 보인다. 담근 후 세절육(細切肉)은 점차로 생산 비린내가 없어지고 숙성이 진행되어 육질도 유연하고 원래의 고기와는 다른 젓갈이며, 또한 맛과 향기 그리고 색조가 증강되어 액즙은 점조성이 증가하게 된다(표 7-15). 이와 같은 변화가 진행하여 지미가 증가되는 것을 숙성이라고 한다. 사용 식염 양 10%의 경우를 예로 하면 기온 10℃에서 담금 후 10~15일째, 기온 25℃에서는 5일째쯤이 각각 식용에 가장 적합하다.

젓갈의 숙성에 관련이 깊은 성분으로서 아미노산과 취기 성분을 조사하였다. 숙성 중의 아미노산의 소장에 대하여 Fukuda(福田)는 식염농도 7.6% 그리고 13.7%의 2종류의 젓갈에 대하여 10℃에서 저장 중의 변화를 조사하였다. 이에 의하면, 양자 모두 식용 최적기(식염 7.6%의 젓갈에서는 6~13일 후, 13.7%의 것에서는 22~48일 후)에는 아미노태 질소가 저장 개시시의 2배 이상에 이르고, 그 시기의 아미노산 조성은 서로 유사하고 있는 것을 밝혀 주었다.

저장 중에 증가속도가 빠른 아미노산은 보통 glutamic aicd, leucine, lysine, alanine 등으로 이들은 어느 것이나 오징어고기 단백질 구성 아미노산으로서 그 조성비는 높은 것이다(표 7-16). 숙성 중의 취기 성분에 대하여 Teshima(手島) 등은 사용 식염 양 20%의 젓갈을 20℃에서 숙성할 때의 변화를 조사하여 acetic acid, propionic acid, isobutyric acid, ammonia 그리고 isobutylamine은 담금 초기의 젓

표 7-15. 10℃ 숙성 중에서 오징어 젓갈의 관능적 검사

시 료	저 장 일 수								
	0일	4일	6일	13일	19일	22일	33일	48일	6일
오징어 젓갈(1) NaCl (7.6%)	미숙성	미숙성	적정 지미 텍스쳐 양호	적정 지미 텍스쳐 양호	과숙성 자극취	과숙성 자극취	주패 부패취		
오징어 젓갈(2) NaCl (13.5%)	미숙성 짜다.	미숙성 짜다.	미숙성 짜다. 텍스쳐 양호	미숙성 짜다. 텍스쳐 양호	미숙성 짜다. 텍스쳐 양호	약간 작당 짜다/ 텍스쳐 양호	적정 지미 텍스쳐 양호 기름탄내	적정 지미 텍스쳐 양호 기름탄내	과숙성 지미 짜다. 약간 자극취(그름탄내)

갈에도 존재하지만 formic acid, *n*-butyric acid, *n*-valeric acid, *n*-capronic acid, trimethylamine, dimethylamine은 숙성 후기에 나타나는 것으로 보아 오징어젓갈의 담금 후 20～40일에 걸쳐 겨우 숙성의 시기로 생각된다. 또한 숙성 중의 근육의 연화에 대한 연구는 적으나 10% 이상의 식염 존재 하에 서 안정한 간장 중의 catep-

표 7-16. 10℃에서 숙성 중의 오징어젓갈(식염 13.7%)의 유리아미노산 조성의 변화(mg /100g)

Amino acid	제조일시 (0일 후)	숙성시 (33일 후)	과숙성시 (67일 후)
Amino acid	11	43	15
Phosphoserine	690	738	695
Taurine	44	298	366
Aspartic acid	39	153	186
Threonine	32	145	180
Serine	84	546	621
Glutamic acid	75	146	156
Glycine	102	270	336
Alanine	5	18	13
Aminobutyric acid	45	212	288
Valine	39	46	47
Cystine	42	172	221
Methionine	46	225	293
Isoleucine	96	444	534
Leucine	49	162	199
Tyrosine	54	209	246
Phenylalanine	15	23	15
Aminoisobutyric acid	8	32	33
Ornithine	60	331	451`
Lysine	78	124	145
Histidine	5	16	11
3-Methylhistidine	85	194	230
Carnosine	41	393	473
Arginine	141	-	-
Asparagine	36	432	465
Proline	380		
합 계	2,214	5,389	6,226

주 : 양적으로 적은 것은 제외하였다.

sin B 그리고 효소에 의한 근원섬유의 분해가 관여하는 것을 밝히게 되었다.

젓갈의 숙성에 있어서 미생물의 관여에 대하여 아미노산의 생성을 중심으로 옛날부터 논의하였다. 예로서 Shimisu(清水)는 15% 식염을 함유하는 가다랭이 젓갈에 toluene을 가하여 미생물의 작용을 억제하여 여름철 숙성 중의 화학변화를 비교하였다. 이 비교에 의하면 아미노산은 1개월 후에 약 2배로 증가하고 이것은 주로 자기소화효소에 의하나 이 작용은 1～1.5개월 후에 거의 정지하고 생성된 아미노산의 일부는 주로 미생물의 작용에 의하여 암모니아 등으로 변화한다.

오징어젓갈에 대하여 Nakao(長尾) 등은 toluene 첨가와 그리고 첨가하지 않는 시료 사용 식염 양 20%에 대해서도 숙성 중의 성분 변화를 조사하였다. 이 결과 젓갈의 숙성에는 제조 후 20일 사이에 주로 자기소화 효소에 의하여 진행되고 세균의 영향은 적어 VBN의 증가는 거의 보이지 않았다.

Mori(森) 등이 사용 식염 양 10～20%, 25℃에서 숙성 중의 오징어젓갈의 성분과 미생물의 소장을 조사한 결과에 의하면 사용 식염 양 10%에서는 담금 후 5～11일째, 또 사용 식염 양 15%에서 9～35일째, 20%에서는 10～57일째가 식용 최적기지만 사용 식염 양 10%와 20%의 젓갈에서는 이 시기에 있어서 생균수의 변동과 아미노산 양의 증가 경향은 평형관계가 있다는 사실에서 이들의 숙성에 호기성 세균이 관여가 크다는 것을 시사한다(그림 7-13).

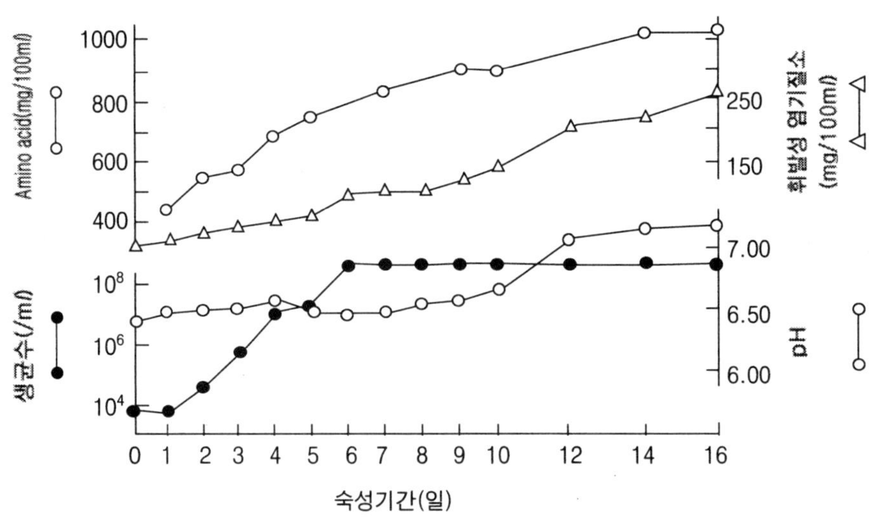

그림 7-13. 사용 식염 양 10% 오징어의 숙성 중의 호기성 세균, 아미노태 질소, 휘발성 염기질소, pH의 변화

한편, 사용 식염 양 20%에서는 아미노태 질소의 생성이 억제되어 생균수도 감소되는 것으로 호기성(산소성) 세균의 관여가 적다고 설명하고 있다(그림 7-14). 또 성숙과정에 있어서 우세 균종은 사용 식염 양에 관계없이 *Staphylococcus*이고 간균은 거의 인정되지 않다고 하였다.

Mori 등은 다른 시험으로 효모를 조사하여 사용식염 양 10%의 젓갈에서 담금 후의 초기에는 *Rhodotorula mucilaginosa*가 우세하고 그 후 *Debaryomyces kloeckeri*가 우세로 되어 숙성에 유의의 역할을 하고 있으나 사용 식염 양 20～30%에서는 효모 수는 일방적으로 감소하는 것이나 유용종으로 생각되는 효모가 인정되지 않는 것으로서 효모의 직접적인 관여는 인정하기 어렵다고 하였다.

젓갈의 숙성에 호기성 세균의 관여가 크다는 상기의 추론은 여러 교과서에서 젓갈에 관한 기술에서 인용되고 있으나 젓갈의 숙성에 있어서 세균의 관여에 대한 논의의 결론은 내리기 어렵다. 왜냐하면 자기소화 효소의 작용과 세균작용이 구별되지 않기 때문에 그 어느(또는 양방 모두) 것이 아미노산 생성의 주역인가를 판정하는 것은 될 수 없기 때문이다. 또 생균 수 측정용 배지로서 3% 식염첨가 배지만 사용하기 때문에 고함량 염분 젓갈 중에서 증식하려는 중도・고도 호염성 세균에 대하여는 불명이다.

Fujii 등은 젓갈 중의 미생물의 역할을 재검토하기 위하여 항생물질을 첨가한 식염 10%의 오징어젓갈과 무첨가(無添加)의 오징어젓갈에 대하여 생균수와 아미노산의 변화를 조사하였다. 그 결과 숙성 중의 젓갈(무첨가 구)의 생균수의 증가와

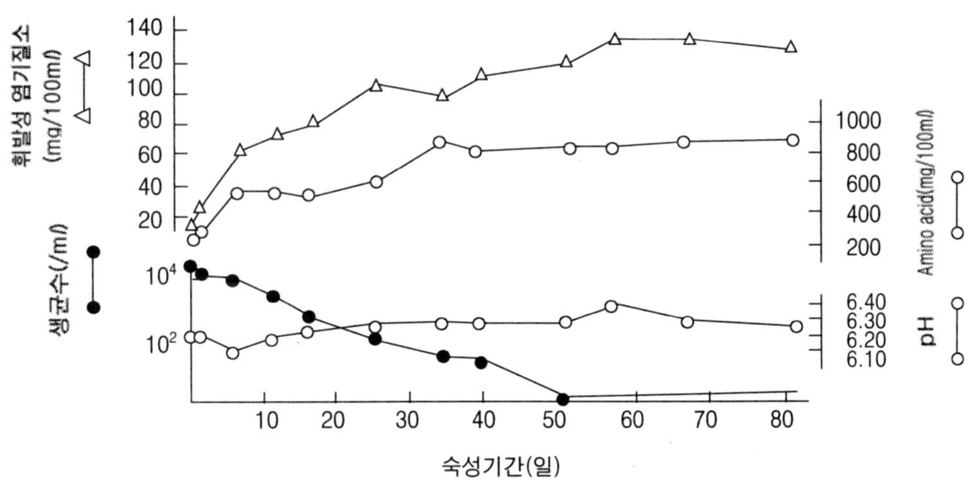

그림 7-14. 사용 식염 양 20% 오징어의 수성 중의 수용성 세균, 아미노태 질소, 휘발성 염기질소

아미노산의 증가 경향 사이에는 특히 상관관계가 있다는 것을 생각하지 않고 또한 숙성 중에 증가하는 아미노산 양은 항생물질 첨가 구에서 숙성의 중기는 약간 높은 경향이 인정되는 것은 현저한 차는 아니므로 아미노산 생성에 있어서 미생물의 역할은 적다고 결론을 내렸다(그림 7-15).

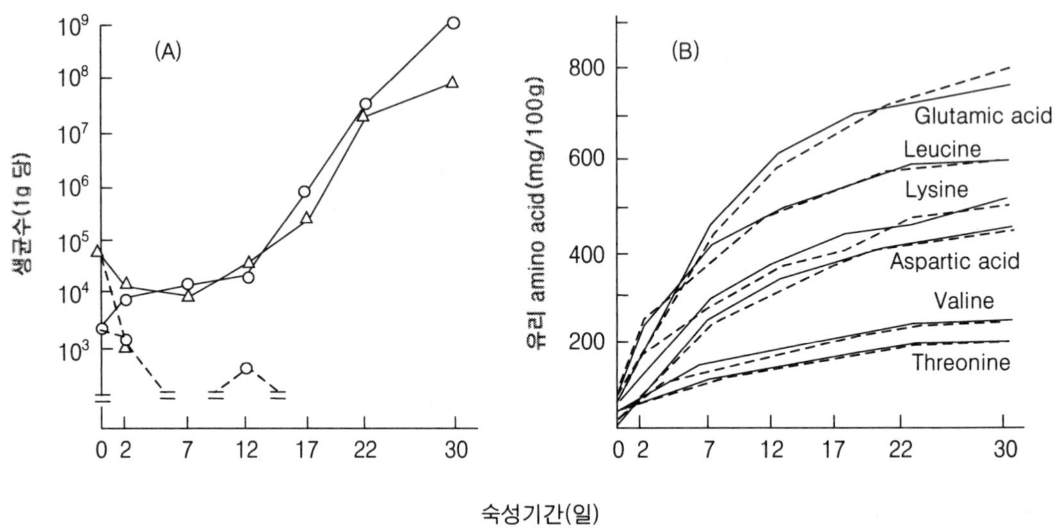

그림 7-15. 20℃에서 숙성 중의 오징어젓갈(식염 10%)의 세균 수(A)와 아미노산(B)의 변화

— : 항생물질 무첨가 구, ······ : 항생물질 첨가 구,
-△- : 2.5% 식염첨가 배지, - ○- : 10% 식염첨가 배지

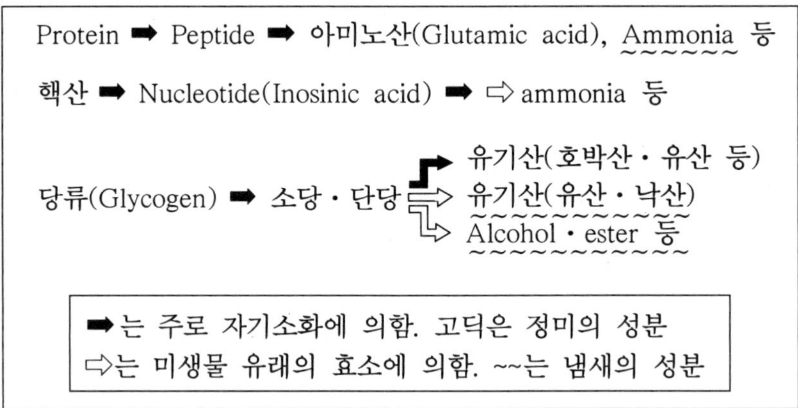

그림 7-16. 젓의 숙성 중에 있어서 정미 · 냄새 성분의 생성

젓갈 숙성 중에 있어서 미생물의 작용은 아마도 향기 성분의 생성에 중요하다고 생각되나 이들 미생물과 각종 성분의 소장과 풍미(風味) 관계에 대하여는 아직 충분히 알지 못하고 금후의 과제로 생각된다.

[젓갈의 부패]

젓갈의 부패 양식은 염분농도와 저장온도 등에 따라 다르다. Fukuda(福田) 등의 관찰에 따르면 식염농도 7.6% 젓갈에서는 10℃ 저장 후 6～13일 정도 적정기 후의 과성숙기(19일째)에 이르면 고깃살이 줄어들고(고기마름), 유리수도 나오기 쉽고 암모니아 냄새가 섞인 자극취가 느껴지게 되어 33일째에는 완전히 부패된다. 한편 13.7% 식염농도의 젓갈에서는 과숙성기(67일째)에 들어가 암모니아 냄새보다 기름탄내가 느껴진다(그림 7-16).

위의 관찰에서도 어느 것이나 다 같이 숙성과 부패의 경계는 명료하지 않으므로 Uno(宇野) 등은 젓갈 중의 VBN가 100 mg /100 g를 넘으면 이미 이취가 나고 식용으로 부적당하게 된다. 각종 젓갈(전통적 제품)의 보통 부패균으로서 *Vibrio*와 *Achromobacter*속 세균이 알려져 있으나 이외에 오징어젓갈의 이상발효 원인균으로 *Bacteriodes halophilus* 그리고 섬게젓갈의 이상발효 원인균으로 *Sacharomyces rouxii*와 *Sacharomyces kyushuensis*가 분리되었다.

최근 저염(底鹽) 젓갈에서는 앞에서 설명한 것과 같이 식염만으로는 보존성이 떨어지기 때문에 방부제의 작용이나 수분활성을 저하시켜 저장성을 높이려는 경향이 있다. 이와 같은 목적 때문에 첨가물로서 각종 천연 살균제 외에 alcohol, sorbitol, monoglyceride, maltite, lactic acid, glycerin, xylose 등이 검토되고 있다.

시판 저염 젓갈에 대한 조사 결과에서도 시료의 수분활성과 식염농도 사이에는 관계는 보이지 않고 수분활성이 식염농도에 상당하는 값보다 낮은 것이 많은 사실에서 이들 젓갈의 수분활성은 제조 시에 조미나 수분활성 저하의 목적 등에 사용되는 첨가물의 영향이 크다고 생각된다. 또 20℃에 저장한 젓갈 중에서 생균수의 변화를 조사한 실험(그림 7-17)에 있어서 예를 들면 시료 H와 L에서는 pH, 식염농도, 수분활성(*Aw*)이 같은 데도 불구하고 생균 수 변화의 경향은 분명히 다르고 생균수의 변화와 시료의 pH, 식염 농도나 수분활성의 사이에 상관관계를 발견할 수는 없었다.

위생관련 세균의 소장을 조사한 실험(그림 7-18)에 있어서도 시료와 L에서는 균수 변화의 경향이 다르다. 시료 I와 L은 함께 장염비브리오의 증식이 가능한 식염농도이므로 어느 시료에서도 급속히 사멸하였다. 이들 사실에서 생균 수 변화의 경향 차이가 젓갈의 pH, 식염농도나 수분활성 등의 요인보다도 제조 시에 첨가하는 것이 많은 천연 살균료 등의 첨가물 종류나 양의 차이에 의한 것이 많은 것이 시사된다.

이들의 저염 젓갈의 부패시의 세균 균총은 표 7-17에 나타낸 것과 같이 2.5% 식염첨가 배지에서는 시료에 따라 다르나 *Corynebacterium*, *Arthrobacter*, *Micrococcus* 그리고 미동정의 간균, 구균이 공통으로 출현하였다. 한편 10% 식염첨가 배

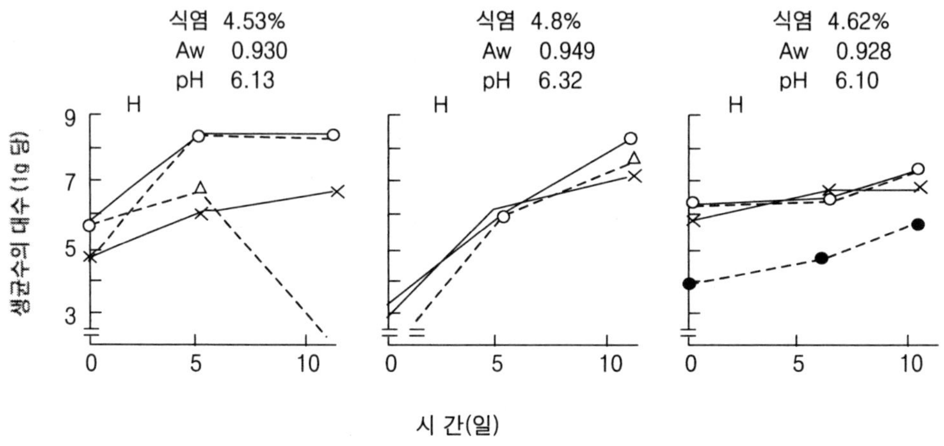

그림 7-17. 저염분 젓갈(20℃에서)에 있어서 생균수의 변화

-○- : 2,5% 식염첨가 BPG 배지, -×- : 10% 식염첨가 BPG 배지,
-●- : 2.5% 식염첨가 ABCM 배지, -△- : 2.5% 식염첨가 PDA 배지

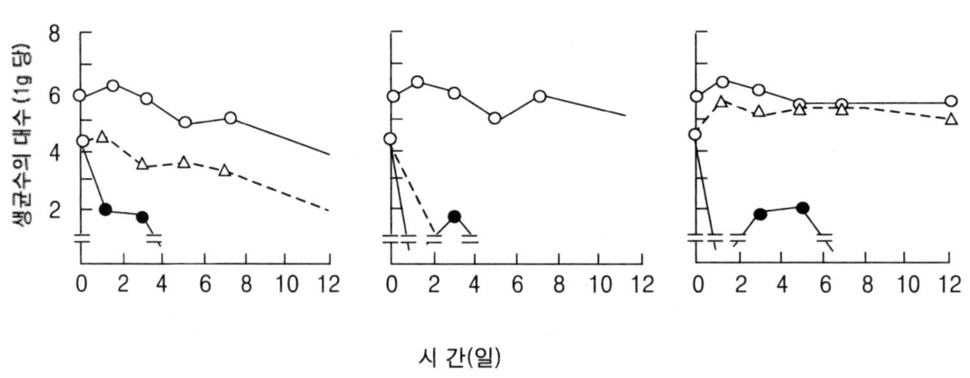

그림 7-18. 저염분 젓갈(20℃ 저장)에서 위생관련 세균의 소장

-△- : *Escherichia coli*, -○- : *Staphylococcus aureus*,
-●- : *Vibrio parahaemolyticus*

표 7-17. 저염분 오징어젓갈의 부패 시의 세균 수(%)

	Mp		Np	
배지 식염농도 (분리균주 수)	2.5% NaCl (16)	10% NaCl (20)	2.5% NaCl (20)	10% NaCl (23)
Bacillus	6			
Corynebact. Arthrobacter	13		10	
Lactobacillus			10	
Moraxella	25			
Micrococcus	19	70	10	78
Staphylococcus		20		17
Streptopcoccus		5		4
미동정 간균	19		65	
미동정 구균	19	5	5	

주 : Mp, Np는 각각 표 2-6의 M,P의 부패한 것

지는 어느 시료에서도 같고 *Micrococcus*를 중심으로 하는 구균만이 출현하였다. 위에서 설명한 바와 같이 *Micrococcus*는 전통적 젓갈의 숙성 중 그리고 제품 중에도 출현되는 우세점유 균군으로 이들의 구균류의 이동에 대해서는 흥미가 있다. 전통적 젓갈의 숙성과 부패의 성질 차이에 따라서도 미생물학적 측면에서 관심이 모아지고 있는 실정이다.

보존성에 관련하여 오징어 간장(肝臟)의 첨가가 식중독 균의 증식억제와 젓갈의 부패 억제작용이 있다는 것을 알게 되었다. 또한 흑색 만들기의 묵즙에 방부효과가 있는 것으로 알고 있으나 이 방부성은 오징어 묵즙 중의 lysozyme 또는 그와 근연 효소인 것으로 생각한다.

[최근 젓갈의 문제점]

최근 젓갈의 생산 소비량의 급증은 실로 젓갈 자체의 내용의 변화에 의한 것이 크다. 현재 시판되고 있는 것은 젓갈의 대부분은 앞에서 설명한 것과 같이 식염이 6~9% 정도로 조미료로서 맛을 가미한 제품이다. 담금 중에서 효소나 미생물에 의한 풍미의 발효 숙성 양성은 기대되지 않고 과정이 많고 오징어의 생선토막 무침과 같은 젓갈이 주류로 되어 있다. 최근 건강상의 이유나 냉장고의 보급 등에 의하여 저염 식품이 선호되어 제조회사도 소비자의 기호에 맞추어 만들고 있으므로 대개의

식품이 저염화의 경향이다. 젓갈도 예외는 아니다.

젓갈은 원래 보존을 위하여 만들어진 것이다. 최근의 간이형 젓갈은 상온에서 부패되기 쉽고 제품의 염분이나 pH 등으로 보아 포도상 구균이나 장염비브리오 등의 식중독 세균도 충분히 증식 가능이 있고, 현실로는 식중독 사례도 보고되고 있다. 따라서 이들 저염 젓갈에서는 저온저장 등 다른 보존수단을 강구할 필요가 있다. 따라서 전통적 방법인 젓갈에서는 이와 같은 걱정은 없고 상온 유통이 가능하다. 그러나 가게에서 소비자가 이것을 발견되기 어렵고, 양자를 같이 진열하여 질적인 차이를 충분히 이해할 수 있는 품질관리와 위생대책이 요망된다.

3. Shottsuru

[개 요]

Shottsuru란 Akida(秋田) 지방의 특산품으로 어패류를 고농도의 식염과 함께 1~수년간 숙성하여 만든 어간장의 일종이다. 젓갈과 어(생선)간장은 다 같이 어패류와 식염을 주원료로 하여 만드는 점은 공통이다. 양자는 앞에서 설명한 것과 같이 식염의 농도와 숙성의 기간 등이 다르나 이용형태상으로 보아 어체(魚体)가 분해할 때까지 숙성시켜 그 액화된 부분만을 취하여 조미료로 한 것이 어(생선)간상이고, 원료 어패의 형태를 남겨 두고 고형분을 식용으로 하는 것이 젓갈이라 할 수 있다. 일본에서도 지방에 따라 다른 이름으로 부르고 있다. 이와 유사한 제품은 동남아시아 제국에서 널리 상용하고 있으며 필리핀의 Patis, 베트남의 Yokumum, 태국의 Nampla 등이 유명하다.

Shottsuru는 약 50년 전까지는 Akida(秋田)지방의 여러 가정에서 만들어져 왔으나 현재는 Akida시 Shinya(新屋) 지구의 4개 가공공장, Noshiru(能代)시, Minami-akida(南秋田)군, Tennoumachi(天王町), Yuri(由利)군 Kisakatamachi(象潟町)의 각 1~2개 가공공장에서 제조되고 있다. 그 대다수는 겸업이고, 종업원 수는 수명 정도의 수공업적인 것이 많다. Shottsuru의 정확한 생산량은 집계된 것이 없으나 한 가공공장 당 약 5.5~11 kℓ이다. 제품의 20%는 도쿄 지방으로 출하되지만 대부분은 소재지에서 냄비요리의 조미료로서 사용되고 있다.

[Shottsuru의 제조법]

1) Shottsuru의 원료

Shottsuru의 원료로서는 도루묵이 유명하여 이전부터 많이 사용하였으나 최근 원료부족으로 지금은 사정이 다르다. 도루묵을 사용하면 그렇게 지미(旨味)의 것이 만들어지지 않고 정어리가 가장 좋다는 업자도 많다. 원료에는 이상의 것 외에 Sanriku(三陸)나 근해산(近海產)의 멸치나 작은 고등어가 사용되고 있다. 착색 때문에 강하(젓 새우)를 20% 정도 병용하는 수도 있다.

Ono(大野)는 각종 원료 어(魚)를 사용하여 Shottsuru를 실험제조(160~183일간)하여 다음과 같은 관능적 소견을 얻었다.

① 도루묵: 맛이 약간 미흡함을 느낀다.
② 전갱이: 구겨진 것이 적고 약간 맛의 미흡함을 느낀다.
③ 멸치: 가장 맛이 좋고 구겨진 것이 적고 특히 감미를 느낀다.
④ 고등어: 지미(旨味)가 많으나 자극취를 느낀다.
⑤ 강하(젓 새우): 원료 자체의 냄새가 남으며, 지미의 부족을 느끼고 삽미(澁味)와 같은 자극적인 맛을 느낀다.

2) Shottsuru의 제조

Shottsuru의 제조법을 공개하는 업자는 많지 않으나 한 예를 들면 다음과 같다(그림 7-19).

(1) 원료 생선에 대하여 약 20%의 식염을 혼합하고 탱크나 통에 넣어둔다.
(2) 체액(국물)이 침출하여 탈수된 어체(魚體)를 1주간 정도 이내에 다른 통(용기 360~1,800 ℓ 정도)에 옮긴다.
(3) (2)의 국물을 비등할 정도로 솥에서 푹 끓인 다음 마대로 여과하고 강하(젓 새우)의 껍질을 제거한다.
(4) (2)의 어체에 새로운 소금을 뿌리면서 여기에 (3)의 국물을 뿌린다.
(5) 나무뚜껑을 하고 누름돌을 얹고 1~수년간 둔다.

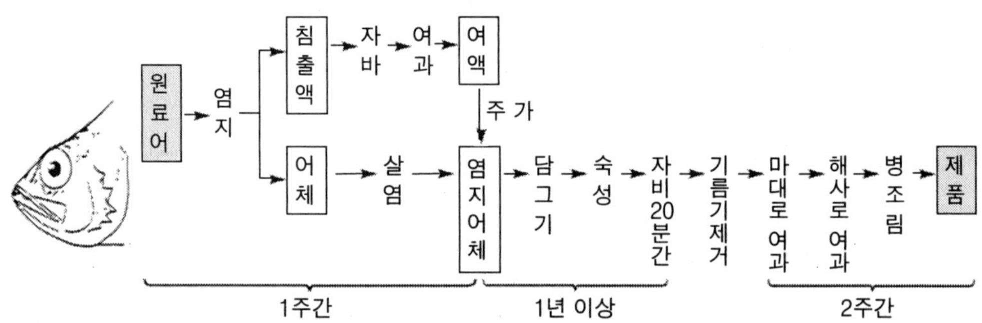

그림 7-19. Sottsuru의 제조공정

(6) 통의 위쪽에서 국물과 어체를 끌어 올려 솥에서 함께 푹 끓인다. 비등 후 약 20분 정도 가열한다.

(7) 위로 뜬 기름을 제거하고 마대에서 거른다. 여액을 잠시 방치하여 침전을 제거한다.

(8) 통에 모래를 채운 여과조에서 여과한다. 이 여액은 투명하여 위스키와 같은 색을 띤다.

(9) 200 mℓ나 180 mℓ 병에 넣어 상품으로 한다.

제조법에서 다른 방법으로 (2)~(4)를 생략하는 방법, 자비 시에 식염수를 첨가하는 방법, 끓일 때 10~20% 상당의 국(고지)을 사용하는 방법, 숙성 후의 국물만을 사용하여 자비하는 방법 등이 있다.

[Shottsuru의 품질과 성분]

시판 Shottsuru의 성분은 그 원료나 제조법이 달라 각양각색이며, 표 7-18에 그 분석 예를 나타낸 것과 같이 제품에 따라 크게 다르다. 이와 같은 성분의 차이는 Shottsuru의 정미나 보존성에도 크게 영향이 되는 것으로 생각되므로 아래에 Aki-

표 7-18. 시판 Shottsuru의 일반 성분

보고자 원 료	Okamoto 등 정어리	Ono 등 불 명	Abe 등		Momura 등 도루묵
			정어리	도루묵	
pH	4.6~4.8	5.27~6.20	5.8~ 6.4	6.2~ 6.5	6.00
식 염((%)	17.8	24.0~29.1	24.7~26.4	27.8~28.5	-
총 질 소(%)	2.21	0.39~2.01	3.00~3.08	1.17~1.41	-
Formol질소(%)	1.32	0.20~1.08	0.87~1.80	0.66~0.84	-
휘발성 염기질소(%)	0.14	(0.07~0.20)	(0.27~0.40)	(0.37~0.49)	0.12~0.29

Abe등 불 명	Akida 양조시험소		Fujii등 정어리	Ito등 불 명	Musudani 등 불 명
	정어리	도루묵			
6.85	5.2~ 5.7	5.1	6,0	5.15~6.69	5.6~ 5.7
22.0	29.4~29.9	21.5	27.5~27.8	28.2~29.8	23.6~26.6
0.46	0.51~0.67	0.64	0.64~0.74	0.40~1,08	1.97~2.36
-	0.22~0.59	0.14	-	0.12~0.37	1.10~1.49
-	-	-	0.07~0.09	0.06~0.52	(0.08~0.17)

da(秋田) 시내의 소점포에서 구입한 제조원이 다른 4종의 Shottsuru에 대하여 분석한 결과이다.

이들 시판제품은 표 7-19에 나타낸 것과 같이 pH 4.54～5.56. 식염농도 26.2～30.4%, 총 질소는 약 300～1600 mg/100 mℓ로 크게 다르고 있다. 또 제품 중의 생균수도 1 mℓ당 10 이하 ～10^3로 다르다. 우선 지미에서 가장 중요하다고 생각되는 아미노산 조성은 그림 7-20과 같이 시료 F, H, J에서는 그 조성과 함량이 유사한데 대하여 시료 I에서는 이들과 아주 다르다.

특히 aspartic acid, glutamic acid, alanine, lysine 등의 아미노산 양이 시료 I에서는 다른 3시료에 비하여 현저히 높고, 예를 들면 glutamic acid는 시료 F, H, J가 378～572 mg/100 mℓ인데 대하여 시료 I에서는 108 l mℓ /100 mℓ, aspartic acid는 시료 F, J가 80～128 mg /100 mℓ에 대하여 시료 I가 646 mg /100 mℓ, lysine은 시료

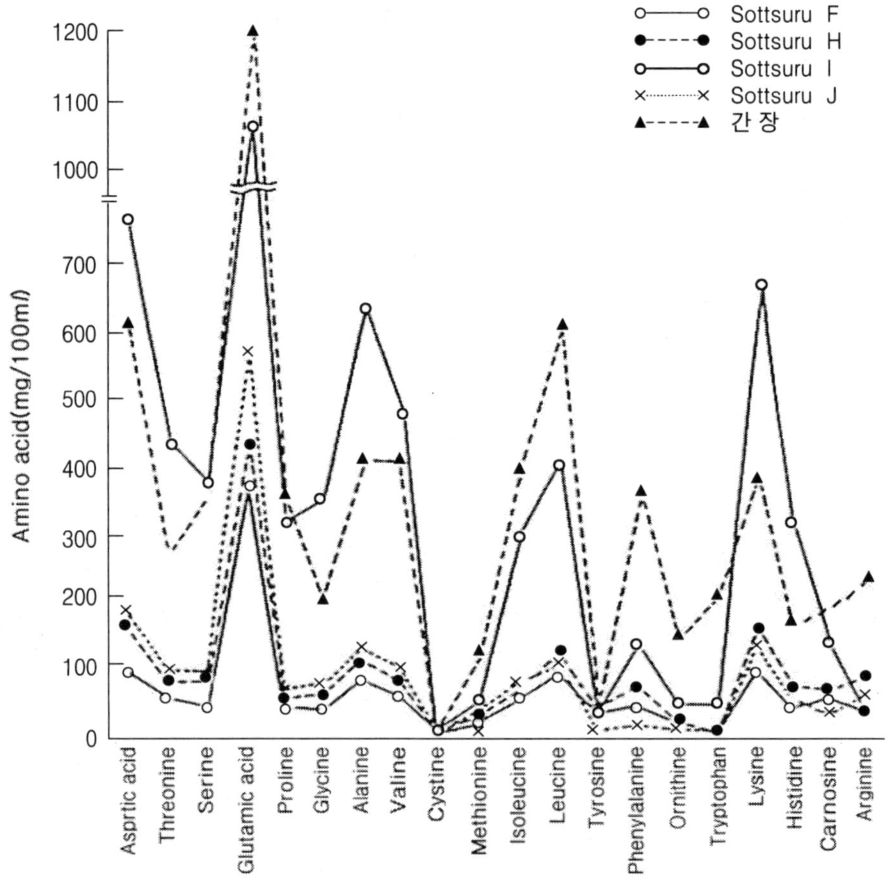

그림 7-20. 시판 Shottsuru의 불휘발성 amine 함량(mg /100 mℓ)

표 7-19. 시판 Shottsuru 4종의 성분과 생균 수

	F	H	I	J
pH	5.56	5.02	5.35	4.54
식염(%)	26.2	28.9	28.8	30.4
총 질소(mg-N/100 mℓ)	301.3	406.4	1598	406.4
휘방성 염기질소(mg-N/100 mℓ)	36.2	40.0	170.3	77.4
Trimethylamine(mg-N/100 mℓ)	16.5	16.2	44.2	19.7
생균수(cells/mℓ)				
2.5% 식염첨가 BPG배지	1.3×10^3	1.5×10^3	8.3×10^4	〈 10
20% 식염첨가 BPG배지	5.9×10^5	9.6×10^3	2.0×10^3	〈 10

표 7-20. 시판 Shottsuru의 유기산 함량(mg /100 mℓ)

	F	H	I	j
Pyroglutamic acid	51.5	26.8	300.8	50.5
Lactic acid	87.6	160.1*	460.7	66.8
Acetic acid	33.2	+*	79.5	178.9
Levulinic acid	-**	102.4	-	+*
Pyruvic acid	-	-	-	-
Formic acid	2.8	17.9	17.1	10.4
Malic acid	trace	5.7	12.6	1.5
Propionic acid	-	-	5.2	1.3
Citric acid	3.8	32.6	14.2	17.6
Succinic acid	2.0	3.6	10.1	6.8
Butyric acid	1.3	-	13.2	2.5
α-Ketoglutaric acid	-	-	-	-
Isovaleric acid	1.4	-	8.4	13.8
Valeric acid	-	-	-	-

*+ : 지전의 피크(a 또는 b)의 어깨로서 검출

**- : 불검출

F, H, J,가 99～160 mg /100 mℓ에 대하여 I에서는 677 mg /100 mℓ이다. 그러나 Ono(大野) 등은 수종의 어류를 사용하여 실험 제조한 Shottsuru에 대하여 조사한 값에 비하여 현저히 높았다.

Leucine과 lysine이 많은 점은 도루묵을 원료로 한 시제품에 가깝게 생각되나 진체적으로 시료 I의 함량과 조성은 Shottsuru 보다는 오히려 간장의 분석 예에 유사

하다고 생각된다. 다음에 이들 시료의 유기산 조성을 표 7-20에 나타내었다. 유기산 함량도 전반적으로 시료 I가 높고, 특히 pyroglutamic acid 그리고 lactic acid가 많은 양이다. 시료 J에서는 pH가 4.5로 낮고 이 시료 중에는 acetic acid 함량이 높은 것으로 검출되었다.

Ono(大野) 등의 실험제조 제품의 pH가 2.12~5.88인 것을 고려하여 이와 같이 낮은 pH는 전통적 제법에 의하여 만든 것으로는 생각되기 어렵다. 또 시료 H와 J에서는 levulinic acid가 검출되었으나 levulinic acid는 어육을 소화한 어(생선)간장이나 본 양조간장에는 함유하지 않는 사실에서 이들의 시료에는 식물 단백질을 산분해한 아미노산 액이 혼합된 것으로 생각된다.

표에서는 나타내지 않았으나 inosinic acid는 어느 시료에서도 4.5~9.7 mg /100 mℓ 사이에 있다. 또 불휘발성 amine 함량(표 7-21)도 시료 I에서 높고, 특히 histamine과 tyramine이 다른 시료에 비하여 다량으로 검출되었다. 간장에 대하여 조사한 결과에서 특히 tyramine과 histamine이 높은 함량으로 검출되어 각각 평균 35.6 그리고 23.2 mg /100 mℓ이었다.

시료 I는 불휘발성 amine의 조성에서도 간장과 유사한 경향을 나타내었다. 또 시료 H에서는 hitamine이 6.0 mg /100 mℓ 검출되었으나 F와 J에서는 어느 불휘발성 amine도 1.2 mg /100 mℓ 이하로 간장 분석의 예보다도 상당히 낮은 값이다.

Shottsuru의 향기에 대한 연구는 적으나 휘발성 구분으로서 휘발성 구분으로서 acetaldehyde, acetone, isopropanol, ethanol, 2-butanol, 1-propanol, 1-butanol, *n*-amylalcohol, isoamylalcohol을 휘발성 산으로서 acetic acid, propionic acid, isobutyric acid, *n*-butyric acid, isovaleric acid, valeric acid, *n*-capronic acid를 그리고 휘발성 amin으로서 methylamine, dimethylamine, trimethylamine, isopropyl-

표 7-21. 시판 Shottsuru의 불휘발성 amine함량(mg /100 mℓ)

시 료	F	H	I	J
Tyramine	0.18	1.11	13.10	0.19
Putrescine	-*	-	6.00	-
Cadaverine	-	0.84	4.87	-
Histamine	0.94	6.06	16.57	0.20
Agmatine	1.19	3.12	5.41	0.58
Tributamine	0.25	0.48	2.01	0.08
Spermidine	0.14	0.1・3	1.17	0.32

*-: 검출되지 않음

표 7-22. Shottsuru의 향기 성분

산류	Acetic acid, propionic acid, isobutyric acid, *n*-butyric acid, isovaleric acid, 4-methylvaleric acid, isohexanoic acid, *n*-hexanoic acid, phenylacetic acid, phenylpropionic acid, benzoic acid
알코올류	Ethylene glycol, ethanol, butane-1-ol, hexanol, divinylcarbinol, 3-dehydrodioconiferyl alcohol
함질소화합물	2, 5-Dimethylpyrazine, 2.6-dimethylpyrazine, 2.3-dimethylpyrazine, isonicotionamide
Lctone류	-Caprolactone, 4-hydroxyhex-5-enoic acid γ-lactone, hex-2-enoic acid γ-lactone,
Carbonyl류	Benzaldehyde, cyclohexanone, 3-hydroxy-3-methyl butane-2-one, 1, 5-di-ter-butyl-3, 3-dimethyl-bicyclo(3, 1, 0)-hexane-2-one
Ester류	*n*-Butylformate, dimethyloxalate, ethyl oxalate, ethyl propionate, ethyl *n*-butyrate, ethyllactate, dibutylfumarate
Phenol류	Phenol
탄화수소류	Decane, dodecane, 3-methylbutane, 2, 2, 3-trimethylpentane, 2, 2, 4-trimethylbutane, 4-n-methylnonane, cis-3-pentane, 5-*n*-butylnonane, 2, 6, 10-trimethyltridecane, 2, 6, 10-trimethyldecane, 2, 6, 10-trimethylpentadecane

alcohol, diethylamine을 검출하였다. 한편 Sanceda 등은 시판 Shottsuru 중에서 동정된 성분은 표 7-22와 같다.

[Shottsuru의 미생물]

Shottsuru의 미생물에 대한 조사한 연구 비교는 적으나 Ito 등은 시판 Shottsuru에 대한 조사한 결과에 따르면 일반 생균(生菌) 수 $2.0 \times 10^2 \sim 2.5 \times 10^3$/mℓ, 유산균 $1.1 \times 10^2 \sim 2.0 \times 10^{31}$ mℓ, 효모 $5.0 \times 10^2 \sim 5.0 \times 10^6$/mℓ이었다. Fujii 등도 시판 제품의 생균수에 대하여 조사하였으며, 그 결과도 10 이하~10^5/mℓ로 제조회사에 따라 상당히 다르다.

제조방법이나 숙성기간, 가열살균의 유무 등의 차이에 의한 것으로 생각된다. 균수가 많은 제품에 대하여는 미생물상(표 7-23)을 조사한 바 2.5% 식염첨가 배지에서는 *Mcrococcus, Bacillus, Vibrio* 등이 그리고 20% 식염첨가 배지에서는 *Halbac-*

표 7-23. Shottsuru(정상 제품)의 미생물상(%)

시 료	A3		A4		A4-10	
배지식염농도	2.5% NaCl	20% NaCl	2.5% NaCl	20% NaCl	2.5% NaCl	20% NaCl
Pseudomanos	-	23.5	-	-	-	-
Halobacterium	-	1.1	-	80.4	-	33.3
Halococcus	-	5.6	-	-	-	-
Vibrionaceae	36.0	7.3	4.5	-	-	-
Moraxella	-	6.7	-	-	33.3	-
Acinetobacter	4.0	-	-	-	-	-
Micrococcus	44.0	21.2	-	-	-	-
Staphylococcus	8.0	-	-	-	-	-
Bacillus	8.0	24.6	90.9	7.8	66.7	25.0
Corynebacterium	-	10.1	-	-	-	16.7
미동정 간균	-	-	4.5	-	-	-
미동정 구균	-	-	-	11.8	-	25.0

terium, *Bacillus*, 미동정의 구균이 우세한 균으로서 검출되었다.

Shottsuru 중에는 대개의 경우 10^5/mℓ 정도의 균이 존재하고, 이들 대부분은 20% 이상의 염분에서 충분히 증식되는 호염성 세균이고, pH도 6.0 부근으로 미생물의 증식에 부적합하므로 Shottsuru의 숙성이나 저장 중의 변화에 미생물이 어떤 작용을 하는 것을 충분히 생각할 수 있다.

[Shottsuru의 숙성]

Shottsuru의 숙성은 적어도 1년 이상을 요한다고 한다. 이 사이 어육은 어떤 변화가 일어나는 것일까? 표 7-24는 Abe 등이 도루묵의 Shottsuru에 대하여 성분 변화를 조사한 것이다.

담금 후 1년 7개월 사이에 12.5%의 단백질이 분해하고 그 분해산물의 약 50%는 아미노산이라는 것을 알 수 있다. 이것은 젓갈의 경우와 마찬가지로 자기소화 작용에 의한 것이 크다고 생각되나 동시에 유기산도 0.46으로 증가되고 있는 것으로 보아 미생물의 관여도 생각된다. 시료는 다르나 숙성 약 5년째에서 6년째에 걸쳐 조사한 결과는 이 사이에도 더욱이 단백질 분해와 유기산 생성이 진행되고 있는 것을 의미한다.

Yamashida 등은 숙성 중의 Shottsuru 어간장 덧 중의 protease를 탐색하여 어간장 덧 중의 pH에 가까운 약 산성 영역에서 활성된 protease로서의 serine protease 그리고 aspartic acid protease의 존재를 시사하고 있다. Abe(阿部) 등은 숙성기간과 원료가 다른 Shottsuru의 유기산의 조성을 조사하여 표 7-25에 나타낸 것과 같이 숙성기간이 길어짐에 따라 여러 종류의 유기산이 증가하는 것을 알았다. 특히 butyric acid, isobutyric acid, acetic acid 등의 휘발성 산의 증가가 현저하고, 이 경향은 고지(麴)를 사용한 경우에 의하여 현저하였고 isobutyric acid, acetic acid가

표 7-24. 도루묵 Shottsuru(자가 제품) 성분 변화

숙성 기간 (연:월)	pH	고형분 (%)	식염 (%)	에기스 (%)	단백질 (%)	아미노산 N(%)	단백질 N(%)	유기염기 N(%)	암모니아 N(%)	총산 (유산)(%)	휘발산 (산)(%)	불휘발산 (유산) (%)	단백질 분해율 (%)	단백질 용해율 (%)
0 : 0	5.6	22.3	21.2	1.1	1/0	11.8	35.3	17.6	0.6	0.03	0	0.03	0.3	4.0
0 : 4	6.0	29.4	25.3	4.0	3.9	41.2	44.4	17.4	12.7	0.22	0.07	0.15	6.1	14.9
0 : 6	6.6	29.7	25.3	4.4	4.3	46.4	37.7	8.7	17.4	0.35	0.12	0.23	7.6	16.3
0 : 8	6.6	29.8	25.2	4.9	4.8	48.1	23.4	0	16.8	0.36	0.13	0.23	8.8	18.2
1 : 1	6.2	30.0	34.5	5.3	5.2	49.4	18.1	0	19.3	0.37	0.14	0.23	9.7	19.6
1 : 3	6.2	30.2	24.3	5.6	5.6	49.4	14.1	0	19.1	9.41	0.15	0.26	10.4	21.0
1 : 7	6.1	31.0	23.9	7.3	7.1	46.5	8.7	0	16.7	0.46	0.18	0.28	12.5	26.9

표 7-25. 성숙기간이 다른 Shottsuru의 유기산 조성의 변화(mg/100㎖)

Sottsuru의 종류 숙성기간	국을 넣은 고루목 7년11개월	국을 안 넣은 도루목 7년 4개월	국을 넣은 고루목 6개월	국을 넣은 정어리 4개월
n-Butyric acid	70.0	44.2	0	1.1
Isobutyric acid	196.5	44.6	0	1.7
Propionic acid	29.3	70.1	9.7	0.8
Acetic acid	185.1	107.4	69.5	49.9
Oxaloacetic acid	8.1	10.1	0.9	4.2
Pyruvic acid	19.4	18.2	17.8	20.8
Fumaric acid	0	1.5	2.8	1.7
Lactic acid(중합물)	3.8	0.9	0.1	1.1
Succinic acid	6.9	20.0	13.1	4.8
Lactic acid	57.3	46.7	21.3	51.6
Pyroglutaric acid	11.7	1.3	0	0.3
Total acid	588.1	365.0	134.5	136.2

각각 총 유기산의 30% 이상, butyric acid가 12%를 차지하였다.

Fujii 등은 숙성 중의 Shottsuru의 미생물 변동을 조사한 결과에 의하면 숙성 2년째의 세균 수는 1.4×10^4/g, 5년째의 균수는 1.6×10^5/g로 그 세균상은 *Micrococcus*, *Staphylococcus* 그리고 미동정의 구균과 기타, 호염성의 *Pseudomonas*, *Moraxella*, *Acinetobacter*, *Halococcus* 등으로 점유되어 있었다.

어간장 중의 숙성 중의 균수는 일반적으로 낮고 또 고염도이기 때문에 숙성 중에 있는 미생물의 역할은 거의 알려져 있지 않다. 그러나 숙성기간이 긴 것과 특히 어간장의 주산지인 동남아시아 지방에서는 연중 기온이 높은 것과 또 어간장 중의 세균에는 20% 이상의 고염도 하에서도 잘 번식되는 호염성 세균이 존재하는 수가 많은 것을 고려한다면 재검토의 여지가 있다고 생각된다.

[어간장의 속양(신속발효)]

어간장의 숙성에는 장기간 요하기 때문에 그 기간을 단축시키는 시도로 다음의 방법이 검토되고 있다.

① Protease를 첨가하는 방법
② Protease를 생산하는 호염성 세균을 접종하는 방법
③ 고지(국)를 첨가하는 방법
④ 어유(魚油)를 자가소화하면서 식염을 첨가하는 방법

효소제를 사용하는 방법이 가장 오래 전부터 검토되어 온 것으로 보기를 들면 Murayama 등은 protease 첨가에 의한 어간장을 시험 제조하여 그때의 원료 어종, 첨가효소의 종류, 식염농도, 온도 등의 영향에 대하여 검토하였다.

미생물의 pro-tease를 이용하는 방법으로서 Ok 등은 어간장에서 분리한 호염성의 *Bacillus*의 배양액을 가하여 시험 제조하였다. 그 결과 원료의 액화는 현저히 촉진되어 3개월 이내로 종료되었다고 하였다. 또한 Nakano 등도 해양 *Pseudomonas*가 생산하는 protease의 첨가효과에 대한 검토에서 protease 첨가에 의하여 생성되는 아미노산의 조성 수율은 거의 변하지 않으나 생성 수율을 높일 수가 있어 제품의 식미가 개선되었다고 하였다. Chae 등은 고지(koji)의 첨가에 의한 효과에 대하여 검토하여 10% 고지를 첨가하여 시험 제조한 어간장이 protease 첨가나 대조의 제품에 비하여 맛과 향이 우수하다는 것을 알았다.

Yoshinaka(吉中) 등은 먼저 어육 homogenate(pH 8로 조정)에 내장 추출액을 가하여 50℃에서 5시간 반응(단백질 분해)시킨 다음 그 상징부분을 식염을 가하는

방법으로서 어간장을 시험 제조하였다. 이 방법에 의하면 제조기간을 현저히 단축할 수가 있고 제품의 관능검사 결과도 양호하다고 하였다.

[Shottsuru의 악변]

Shottsuru는 고농도의 식염을 함유하므로 일반적으로 장기 저장이 가능한 조미료로 생각되지만 저장 중에 이들의 제품이 혼탁하여 악취를 발생하는 수가 있다. Fujii는 정상 제품과 부패 제품의 성분을 조사한 결과(표 7-26, 표 7-27), 부패한

표 7-26. Shottsuru(정상제품과 부패제품)의 화학성분과 생균 수

	정상제품		부패제품		
	A3	A4	B3	A4-20	A4-30
pH	6.00	6.01	6.30	-	-
식염(%)	27.5	-	27.0	-	-
총 질소(mg /100 mℓ)	7354	665	658	-	-
휘발성 염기질소(mg /100 mℓ)	85.0	74.4	94.1	-	-
Trimethylamine(mg - N/100 mℓ)	10.3	8.4	12.2	-	-
호기성 세균					
2.5% 식염첨가 GPG배지	1.6×10^4	3.9×10^3	1.8×10^5	9.0×10^4	2.1×10^7
15% 식염첨가 GPG배지	1.8×10^5	-	1.8×10^5	-	-
20% 식염첨가 GPG배지	2.0×10^5	1.3×10^5	1.4×10^5	1.5×10^7	5.8×10^6
혐기성 세균					
2.5% 식염첨가 GPG배지	5.8×10^5	2.3×10^3	2.2×10^7	-	2.8×10^7
20% 식염첨가 GPG배지	1.6×10^5	1.7×10^4	2.2×10^7	-	2.6×10^7

* - :측정 불가

표 7-27. Shottsuru(정상제품과 부 제품)의 휘발성 산(mg /100 mℓ)

	정상품(A3)	부패품(B3)
Acetic acid	19.3	92.9
Propionic acid	4.3	15.1
n-Butyric acid	4.9	25.8
Isovaleric acid	4.3	12.7
n-Valeric acid	1.3	14.4

표 7-28. 부패된 Shottsuru의 미생물상(%)

시 료	A4-20		A4-30		A5	
배지 식염농도	2.5% NaCl	20% NaCl	2.5% NaCl	20% NaCl	2.5% NaCl	20% NaCl
Halobacterium		79.1		42.6		64
Halococcus						32
Vibrionaceae		0.3				
Micrococcus		0.1				3
Streptococcus	100		100			
Bacillus		11.3		3.0	93.3	
Corynebacterium		3.0				
미동정 구균		6.2		54.4	6.7	

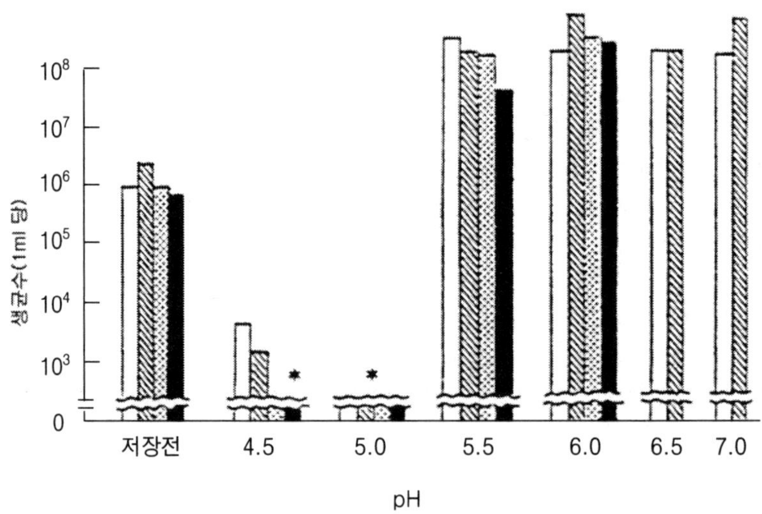

그림 7-21. Shottsuru 저장 중의 세균 증식에 미치는 pH의 영향

-□- : 2.5% 식염첨가배지(호기적)
-▧- : 20% 식염첨가 배지(호기적)
-⊡- : 2.5% 식염첨가 배지 (혐기적)
-■- : 20% 식염첨가 배지(혐기적)
*는 10^2/mℓ 이하

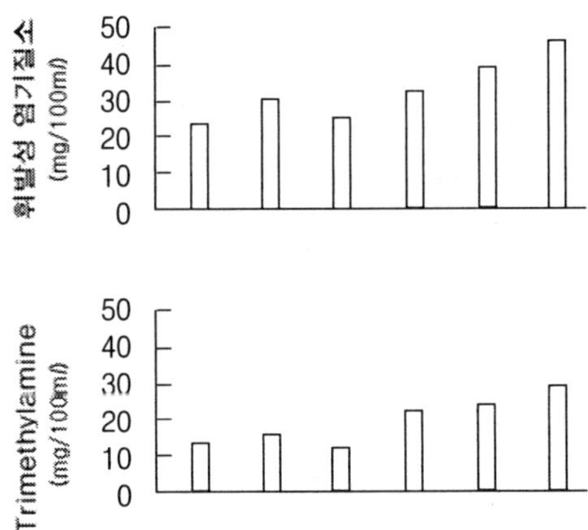

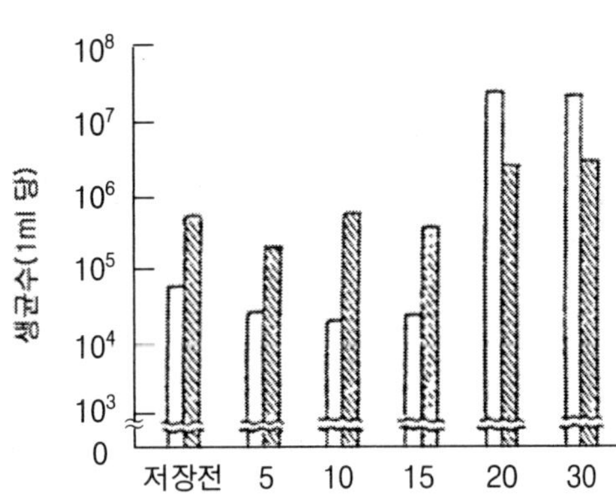

그림 7-22. 1개월간 저장 후의 Shottsuru의 휘발성 염기질소, trimethylamine, 생균수의 변화에 미치는 저장온도의 영향
생균수의 □와 ▧는 그림 3-3과 같음.

Shottsuru에서는 휘발성 염기성 질소, trimethylamine 양이 정상 제품보다 높고 휘발성 산도 정상제품에 비하여 높은 값을 나타내고 생균수도 $58 \times 10^6 \sim 2.2 \times 10^7$/mℓ로 증가하고 있었다.

부패된 Shottsuru의 미생물상(표 7-28)은 2.5% 식염첨가 배지에서는 *Streptococcus*가, 20% 식염첨가 배지에서는 *Halobacterium*, *Micrococcus*, *Bacillus*, 미동정의 구균이 우세하였다. 이 중 주요 부패 원인균은 *Halobacterium*속의 세균이라고 추정하였다. 따라서 부패는 pH 5.5 이상, 저장온도 20℃ 이상에서 현저히 발생하고 pH 5.0 이하에서는 거의 생성되지 않는다(그림 7-21, 그림 7-22). 동남아시아의 Patis는 장기간의 저장 중에도 부패는 일어나지 않으나 이것은 제품의 pH가 5.0로 낮기 때문이다.

Shottsuru 제조공정에서 생균수의 변화를 조사한 결과에서는 숙성 중에 10^5/mℓ 존재한 균이 자비 후 그대로 여과시점에서 $10^1 \sim 10^2$/mℓ로 감소되지만 그 후 해사로 여과단계에서 $10^4 \sim 10^6$ /mℓ로 급증하였다. 이들의 사실에서 Shottsuru의 부패방지에는 pH의 조정, 여과방법의 개선, 여과 후의 Shottsuru의 재살균과 10℃ 이하 저장 등이 유효하다고 생각된다. 그런데 상기의 부패와는 별도로 병조림 후의 제품 중에 struvite와 같은 침상결정이 생성되는 수가 있으므로 가공공장에서는 그 방지에 고민을 하고 있다.

[Tobishima(飛島)의 어간장]

어간장 중의 미생물의 역할에 관련하여 약간 특수한 예이기는 하나 Tobishima(飛島), Yamagata(山形)현 Sakeda시(酒田市)의 오징어간장에 대하여 설명한다. 이 어간장은 오징어의 간장(肝臟)을 고농도의 식염과 함께 담그고 1년 이상 숙성시켜 만든 것으로 다른 어간장과 같이 조미료로서 사용하는 것은 거의 없고 대부분이 오징어, 소라 등의 젓갈을 만들기 위한 양념국물용으로 사용된다.

어간장의 염분은 약 24~25%, 최종 제품의 젓갈의 식염농도는 14~17%이다. Sato 등의 관찰에 의하면 자비 살균된 어간장과 그대로(비살균)의 어간장에 각각 오징어 육을 담가둔 결과 예상외로 가열한 쪽이 생균수가 증가하는 것이 많고 빨리 부패에 이른다고 하였다. Fujii 등이 이 원인에 대하여 검토한 결과 그림 7-23과 같이 비가열의 어간장에 오징어 고기를 담근 경우의 일반 생균수는 3주간 후에서 2.1×10^6/mℓ, 가열 어간장에 담근 경우에는 2.1×10^8/mℓ이었으나 전자의 생균 수 계수에 사용된 평판 상에는 배양 중에 상당히 뒤늦게 미소콜로니가 6.9×10^7/mℓ정도 출현하는 *Staphylococcus*, *Vibrio* 것을 인정하였다.

이들 균군은 *Streptococcus*에 해당하고(표 7-29), *Staphylococcus*, *Vibrio*, *Pseudomonas*, *Alteromonas* 등 많은 균군에 항균작용을 나타나는 것을 알았다. 따라서

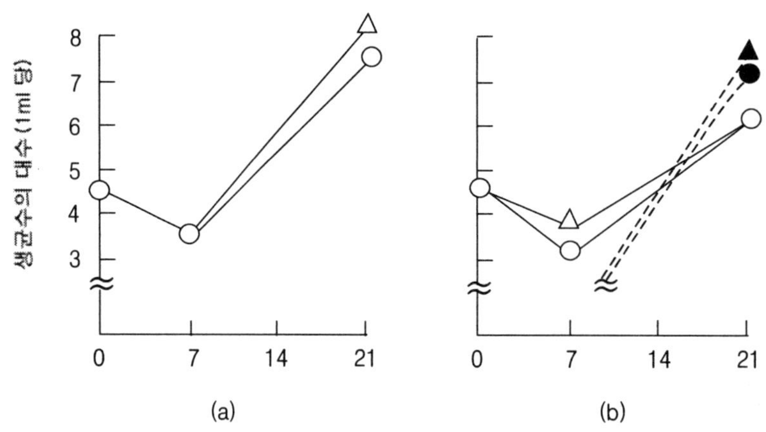

그림 7-23. 가염(a)과 비가열(b) 어간장에 오징어 고기를 담글 때의 균수의 변화

-△- : 2.5% 식염첨가 BPG배지(보통 콜로니)
-○- : 15% 식염첨가 ABCM 배지(보통 콜로니)
-▲- : 2.5% 식염첨가 BPG 배지(미소 콜로니)
-●- : 15% 식염첨가 ABCM 배지(미소 콜로니)

표 7-29. 오징어 담금 전후의 어간장의 세균상 변화 (%)

시 료	오징어 살		닥금전 의어간장	담금 3주일 후					
				가열 어간장		비가열 어간장			
						보통 콜로니		미소 콜로니	
배지 식염농도	2.5%	20%	20%	2.5%	20%	2.5%	20%	2.5%	2.0%
Bacillus			55						
Gram 양성세균			25	20					
Vibrionaceae				5					
Pseudomonas	15		20						
Moraxella	10								
Flavobacrerium	25								
Acinetobacter	25								
Micrococcus	25	80							
Stphylococcus		60		75	100	100	100		
Sreptococcus								100	100

가열 어간장에서 이들 유산균이 사멸하기 때문에 오징어 고기의 담금 중에 상기와 같은 균수 증가의 차이가 생긴다고 생각된다. 이들 유산균은 *Bacillus*에 대하여 항균성을 나타내지 않으므로 오징어 어간장 중에서는 표 7-29에 나타낸 것과 같이 *Bacillus*가 우세하다고 생각된다.

*Bacillus*는 표 7-29에 나타낸 바와 같이 일반적으로 어간장 중에 많이 발견되는 균군이지만 유산균에 대해서도 Ito 등은 일본과 태국산의 어간장 보다 $10^2 \sim 10^5$/g의 호염성 유산균을 검출한 사실에서 어간장 중에 널리 분포하고 있는 것을 알 수 있다. 이들 양자의 관계와 역할에 대하여는 금후 흥미 있는 검토 과제가 될 것이다.

4. Narezushi

[개 요]

Narezushi[숙지(熟鮨), 순자(馴鮓), 숙자(熟鮓), 식해(食醢)]는 어패류를 대부분 염장한 다음 쌀밥에 담그고 그 자연발효에 의하여 생긴 유산 등에 의하여 산미(酸味)를 부가함과 동시에 보존성을 부여한 것으로 Hunazushi(붕어 Sushi), Sabazushi(고등어 Sushi), Hadahadazushi(izushi, 도루묵 Sushi) 등 각종 제품들이 알려져 있다. Sushi는 한문으로 壽司, 壽志로 쓴다.

Narezushi는 어패류를 고농도의 식염으로 1∼2주간에서 1년 동안 경과 후 물에 담가서 소금기를 빼고 다시 물기를 뺀 후 생선에 소금을 섞은 밥을 채우고 용기에 밥과 교호히 채워서 담근다. 누름돌을 하여 거의 1년간 혐기적(무산소적)으로 발효, 숙성시킨다. 유산에 의하여 방부, 육질의 외견적인 응고, 유산균이나 효모의 protease로 뼈의 연화와 어육 단백질의 분해, 저분자를 꾀한 현대 것의 원형이다.

Narezushi의 기원은 오랜 된 것으로 일설에는 벼가 대륙에서 도래한 때부터 함께 전해진 것으로 생각한다. 현재에는 Narezushi가 그 당시의 형태로 전해진 것으로는 믿어지지 않으나 가장 오랜 형태로 생각되고 있는 Hunazushi에서는 쌀밥은 단지 담금만의 재료로 식용하는 것은 오직 생선이다. Narezushi는 원래 생선의 보존형태의 것이었으나 Sabanarezushi(고등어 Narezushi, Namanare, 生成)와 같이 조금 친숙한 것에 맛을 즐기면서 쌀밥도 함께 먹게 된 것은 Muromachi(室町)시대(1338∼1573년)에 들어와서 또한 고지(麴)를 첨가하여 숙성을 촉진시킨 Izushi가 만들어진 것으로 생각한다.

그 발전과정에서 Hunazushi(붕어 Sushi)를 전기(前期) Narezushi, 그리고 Sabanarezushi(도루묵 Sushi)와 Izushi(飯鮨)를 후기(後期) Narezushi로 분류하는 수도 있다. 또한 Shinoda 등은 일본의 전통적인 Sushi를 그 제조와 분포(그림 7-24), 전통 경로 등에 대한 고찰에서 Hunazushi와 Namanare(生成) 등의 Narezushi계의 Sushi와 Kaburazushi, Hadahadazushi, Sakeizushi(酒鮓) 등 김치계의 Sushi로

나누고 있다.

여기에서는 이들 중 Hunazushi, Sabanarezushi, Izushi(飯鮨)에 대하여 설명한다. Hunazushi는 염장된 붕어(Funa)를 쌀밥에 장기간 담아서 발효시켜 만든 것으로 독특한 강한 냄새를 가진 것이다 Shiga(滋賀)현의 특산품으로 Biyako(琵琶湖) 주변의 민가에서 자가용으로 만들고 있는 곳과 자가에서 담그지 않고 생선고기 집에서 담은 것을 구입하여 통에서 저장하는 가정도 많다.

전문업자도 Otsu(大津), Imatsu(今津), Shiotsu(鹽津), Kusatsu(草津) 등에 10개 가옥이 있으나 어느 것이나 가내 공업적으로 많이 만드는 집에서도 4~5 톤 정도의 생산규모이다. 현 내의 생산량은 약 100 톤으로 추정하고 있다.

Sabanarezushi(고등어 Narezushi)는 염지(鹽漬)한 고등어(Saba)로 쌀밥을 싸서 담그고 알맞게 숙성되었을 때 먹는 것으로 Kishu(紀州)의 Kusarizushi(腐Sushi)라고 부르고 있다. 식초 등을 사용하지 않고 자연발효에 의하여 풍미를 가지게 한 것이 특징이다. Hunazushi(붕어수시)에 비하여 숙성기간이 짧고 냄새와 친숙한 상태도 약하므로 Namanare(生成)라고도 한다. Sabanarezushi(고등어 Narezushi)는 Wakayama(和歌山)현의 북부, 특히 Kainan(海南), Arida(有田), Nikko(日高)지방의 일반 가정에서 추제용(秋祭用)으로 만드는 것이 많다.

전문 제조업자도 Wakayama시 한 집 외에 몇 집이 알려져 있다. 생산량은 불명이나 Wakayama시 업자의 경우는 7, 8월 외는 하루 평균 약 100본(本)을 생산하고 있다. 고등어 외 작은 전갱이, 꽁치, 은어 등을 사용한 것이 각지에서 만들어지

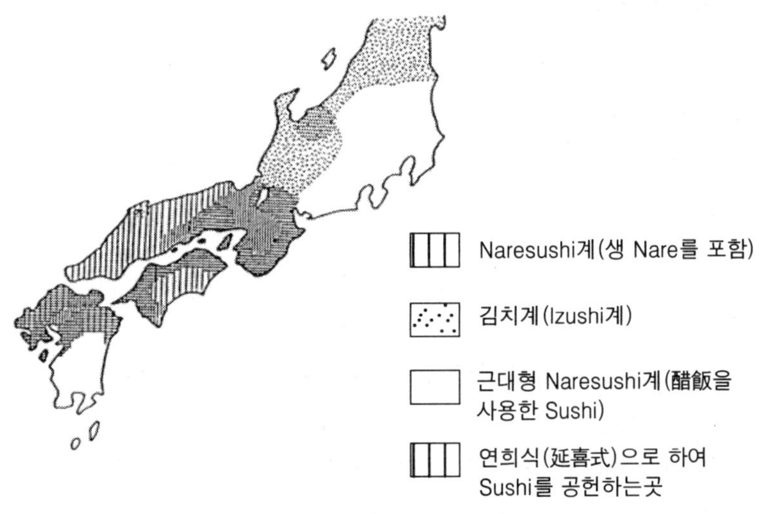

그림 7-24. 일본의 Narezushi 분포

고 있다. Biyako의 Hasuzushi, Kumano(熊野) 지방의 Shidazushi(꽁치), Heki(日置)의 Ayuzushi(은어 즈시) 등은 유사 Narezushi이다.

Hadahadazushi(도루묵 Sushi)는 Akida(秋田)현의 특산품으로 도루묵(Hadahada)를 원료로 하여 만들어지는 Izushi의 일종이다. 이 책에서는 Narezushi로 일괄하였으나 원료 고기를 반드시 염장하지 않고, 염장한다 하여도 비교적 단기간이고 또한 담금에 다량의 고지(麴)를 사용하여 숙성을 촉진하여 제품의 냄새도 강한 점이 위에서 설명한 Hunazushi(붕어 Sushi)나 Sabanarezushi(도루목 Sushi)와 다르다.

Akida(秋田) 지방에서는 오히려 여러 고기를 사용하여 Izushi를 만들고 있으나 현재는 Hadahada(도루묵) 이외는 거의 사용하지 않는다. 가을에서 겨울에 걸쳐 제조되지만 대부분은 정월 소비용으로 11～12월에 만들어진다. 그런데 유사한 Izushi는 동북지방, 북해도 지방에서 널리 만들고 있다.

Hadahadazush는 Akida(秋田) 지방에서 옛날부터 각 지방에서 만들어져 왔으나 공장규모에서도 생산이 이루어지고 있,고 현재 Shinya(新屋)에서 한 집, Tsujida(土田)에서 한 집, Kennan(縣南)에서 4～5집의 제조업자가 있다. 가을에서 겨울에 걸쳐 제조되지만 대부분은 정월 소비용의 11～12월에 제조된다. 생산고는 불명이나 주로 현 내에서 판매되고, 일부는 Tokyo 방면으로 출하된다. 1962년 조사에 의하면 현 내의 가정의 약 50%가 Izushi를 만들고 있고 63.5%는 먹는다.

[Hunazushi의 제조법]

1) Hunazushi의 제조법

Hunazushi(붕어 Sushi)의 제조법은 업자에 따라 다소 다르나 각 공장에서의 제조법에서 독자의 맛을 자랑하고 있다. 원료 어(魚)는 붕어와 그와 유사한 어종이 사용된다. 상품 소비용으로서는 3월 말에서 4월 말까지 아이들 소비용 붕어가 선호된다. 전통적 방법을 고수하고 있는 업자의 예를 다음에서 설명한다(그림 7-25).

(1) 원료 어(魚)는 살아있는 붕어를 사용하고, 칼로 껍질을 벗기는 것 같이 하여 비늘을 제거한다.
(2) 아가미를 제거하고 사공부에서 끝을 꾸부린 철사로 생선 알이 으깨지지 않게 담낭과 내장을 제거하고 어란(魚卵)은 체내에 남겨 둔다.
(3) 내장을 제거한 복강에 식염을 채운 다음 통 안에 늘어세우고 식염을 뿌린다. 이와 같이 하여 몇 층으로 겹치게 하여 누름돌(약 110 kg)을 하여 약 1년간 염지(鹽漬)한다. 일반 가정에서는 2～3월의 것도 있다.

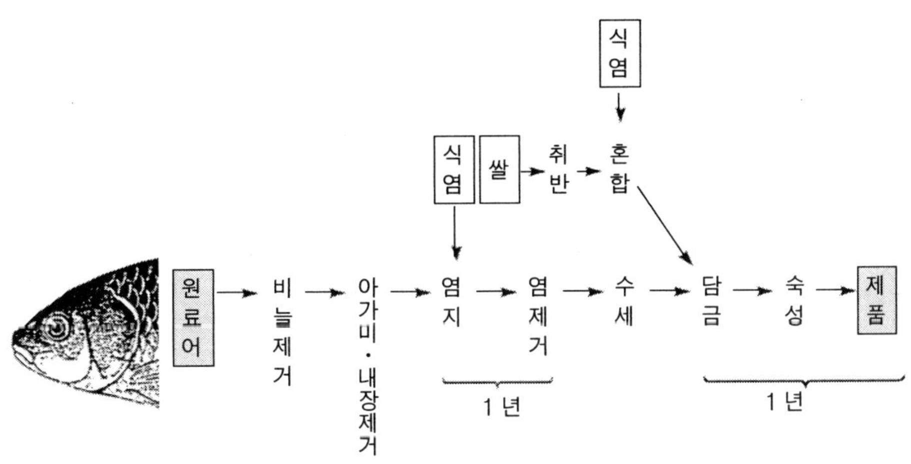

그림 7-25. Hunazushi의 제조공정

(4) 염지된 붕어에서 다시 소금을 전부 털어 내고 씻어낸다. 이때 점액도 완전히 제거한다.

(5) 약 1일간 음지에서 물 빼기를 한다.

(6) 쌀밥에 소금을 섞고 어란이 으깨지지 않게 주의하면서 사공부에서 고기의 내부까지 채운다.

(7) 통에 쌀밥과 고기를 교대로 담근다. 쌀 5되에 대하여 고기(22～250 g) 40마리의 비율이다. 이때 전년에 사용한 쌀밥에 소금을 혼합한다. 최상층은 대나무 껍질을 깔고 통의 내연에 따라 새끼를 두르고 뚜껑을 한 다음 누름돌(약 80 kg 이하)을 한다.

(8) 누름돌을 하여 2일 후 소금물을 친다. 이 상태에서 약 1년간 숙성시킨다. 일반적으로 7월경 담근 것은 정월에 식용이 가능하고, 11월경에 담근 것은 다음 해 9～10월 이후 식용하는 것이 많다.

제조법으로서는 이와 달리 쌀밥에 담근 다음 다시 고지(麴)에 담그는 방법과 주박이나 미림을 혼합하는 방법, 물을 채운 대신 종이를 발라 밀봉하는 방법도 있다.

2) Sabanarezushi의 제조법

Wakayma(和歌山) 시내에서 전통적 방법을 고수하고 있는 업자의 제조법은 다음과 같다(그림 7-26).

(1) 신선한 고등어 배를 따고 내장과 아가미를 제거한 다음 약 1개월 이상 염지를

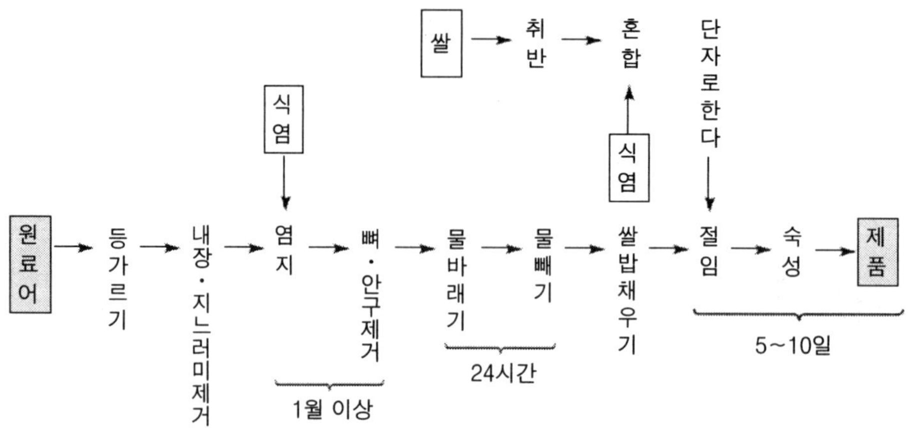

그림 7-26. Sabanarezushi의 제조공정

한다.

(2) 대골, 소골, 안구를 제거하고 물에 울어 내어 소금을 뺀다.

(3) 혀 위에 소금기가 약간 남아 있는 정도가 되면(약 24시간 후) 꺼내어 약 10~15분간 물 빼기를 한다.

(4) 쌀밥을 하여 더울 때 소금을 뿌린다. 식어지면 밥을 눌러 직경 15 cm 정도의 단자로 한다. 밥은 가을에서 겨울에 거치는 것은 연하게 짓고, 고온 시에(6개월경)는 단단하게 짓는다.

(5) 소금을 친 쌀밥은 고등어에 채우고 상추 잎으로 싼다.

(6) 상추 잎을 편 통에 빈틈이 없이 늘어 세워 전체를 상추 잎으로 싸서 뚜껑을 하고 누름돌을 한다. 5시간 정도 하면 통에 물을 뿌린다. 물을 매일 아침저녁으로 2회 넣는다.

(7) 먹을 때는 1시간 정도 소비자의 기호에 따라 다르나 10월경의 예에서는 5일째 정도를 미 친숙, 7일경을 중간 친숙, 10일경을 극히 친숙이라 부른다. 6월경에는 5일째 정도가 먹기 좋다.

3) Hadahadazushi의 제조법

Hadahadazushi(도루묵 Sushi)의 제조법은 지방에 따라 다르나 다음의 한 예를 소개한다(그림 7-27).

(1) 도루묵의 머리와 내장을 제거하고 20% 상당량의 식염을 쳐서 4~5일간 둔다.

(2) 수세 후 약 2주야 식초에 절여 소금을 빼고 동시에 고기 살을 부드럽게 한다.

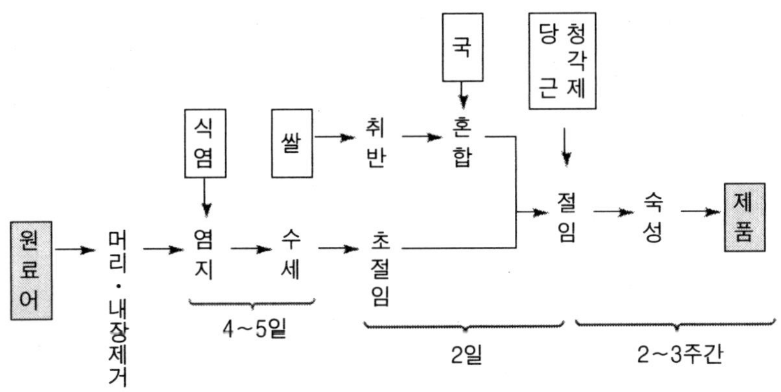

그림 7-27. Hadahadazushi의 제조공징

(3) 쌀밥을 짓고 증기가 나올 무렵 쌀밥과 거의 동량의 고지(麴)를 넣고 혼합한 후 다시 찐다. 이때 통에 넣어 서서히 식힌다.

(4) 쌀밥이 냉각되면 통에 (2)와 (3)을 6.5대 3.5 정도의 비율로 서로 놓고 누름돌을 하여 2~3주간 정도 담근다. 색채보다 향미를 부여하기 위하여 당근(마늘)이나 김을 넣는다.

또한 출혈을 하여 두부나 내장을 제거한 원료 어(魚)를 1~7일간 물에 울어 내는 것이 일반적이었으나 보툴리누스 중독대책 때문에 상술과 같이 먼저 염지하는 방법이 많아졌다.

[Narezushi의 품질과 성분]

Narezushi의 일반 성분은 표 7-30과 같이 pH 3.7~3.8. 식염 2.3~3.8%. 조지방(어육부) 4.5~6.0%이다. 미생물에 의한 발효가 성행하므로 총 산이 약 2%에 이르고 그 중 유산균이 약 1.1%이다. Hanazushi의 총 유기산은 유산균 이외에 formic acid, propionic acid, butyric acid 등이 존재하는 것을 알 수 있다. 표 7-31에 Fujii 등에 의한 유기산의 측정 예를 나타내었다. 어느 시료에서도 유산이 908~1777 mg/100 g로 제일 높은 함량이고 이외는 acetic acid(120~161 mg/100 g), *n*-butyric acid(28~37 mg/100 g), succinic acid(9~17 mg/100 g) 등이 존재한다.

Hunazushi의 유리 아미노산은 표 7-32에 나타낸 것과 같이 alanine(46~172 mg/100 g), leucine(47~94 mg/100 g), glutamic acid(21~131 mg/100 g) lysine(34~62 mg/100 g) 이외에 valine, isoleucine 등이 비교적 많이 함유된다. Kasahara는

Hunazushi의 향기성분으로서 표 7-33에 나타낸 것과 같이 산류 5종, carbonyl류 4종, 일코올류 7종, ester류 4종, 탄화수소류 2종을 동정하고, 이들 중 Hanazushi의 향기에 중요한 성분으로서 ethyl alcohol류, butyuric acid, *n*-butyric acid, β-phenylethyl alcohol 그리고 유산 ester를 열거하였다.

표 7-30. Hunazushi의 일반 성분

보 고 자	Matsushida(1937)		Kuroda(1954)			Fujii 등(미발표)	
	어체	지반(漬飯)	근육	난소	지반(漬飯)	근육	지반(漬飯)
pH	-	-	-	-	-	3.68	3.79
회 분(%)	2.04	4.02	4.53	3.80	-	-	-
수 분(%)	72.52	67.31	63.89	61.20	68.39	-	-
식 염(%)	-	-	2.27	-	0	3.49	3.75
조지방질(%)	5.97	-	4.50	4.68	0.343	-	-
조단백질(%(%)	14.38	11.31	25.09	26.27	3.45	-	-
수용성질소(%)	-	-	1.87	-	-	-	-
Monoamino 질소(%)	-	-	0.35	-	-	-	-
휘발성 염기질소(%)	-	-	-	-	-	0.017	0.032
총 산(%)	2.01	1.86	1.48	-		1.70	1.95
유 산(%)	-	-	1.10	-	1.58	1.06	1.35
초 산(%)	-	0	0.08	-	-	0.24	0.26
알코올(%)	-	3.80	-	-	-	-	-

표 7-31. Hunazushi(미반부)의 유기산 조성(mg/100g)

시 료	K	E	Y
Acetic acid	131.0	120.0	160.5
Propionic acid	32.0	ND	60.5
Isobutyric acid	ND*	31.5	ND
n-Butyric acid	34.0	37.0	28.0
Isovaleric acid	48.5	112.5	ND
Lactic acid	908	1777	1145
Oxaloacetic acid	6.5	8.2	ND
Malonic acid	ND	55.0	6.2
Fumaric acid	7.6	7.7	ND
Succinic acid	8.5	16.8	11.8

* ND : 검출되지 않음

한편 Funazushi에는 tyramine, histamine, cadaverine, putrescine 등의 불휘발성 amine도 검출되지만 그 양은 가장 많은 것이 histamine도 13～21 mg /100 g 정도로 간장 중의 함량에 비하여 약간 낮은 경향이다.

표 7-32. Hunazushi(어육부)의 유리 아미노산 조성(mg/100g)

시 료	K	E	Y
Taurine	6.8	26.5	14.8
Aspartic acid	21.8	14.4	15.5
Threonine	14.9	35.0	29.8
Serine	14.6	26.0	29.7
Asparagine	10.8	17.3	24.0
Glutaminc acid	21.2	131.2	62.7
Proline	5.6	24.7	15.3
Glycine	18.8	43.6	35.5
Alanine	45.8	171.5	105.4
Valine	24.8	53.9	45.8
Cystine	0.7	0.5	0.5
Methionine	9.9	28.3	21.6
Isoleucine	23.6	47.1	45.4
Leucine	46.8	80.7	94.0
Tyrosine	9.3	36.5	30.6
Phenylalanine	21,2	38.4	46.0
α-Aminobutyric acid	30.1	27.7	50.8
Ornithine	18.4	18.9	18.8
Lysine	34.3	59.3	62.4
Histidine	2.6	10.3	10.3
Arginine	3.0	29.5	12.9

표 7-33. Hunazushi의 향기 성분

산 류	Acetic acid, propionic acid, isobutyric acid, *n*-butyric acid, isovaleric acid
Carbonyl류	Acetaldehyde, propionaldehyde, methyl ketone, acetoin
Alcohol류	Ethyl alcohol, *n*-propionyl alcohol, *n*-butyl alcohol, *sec*-butyl alcohol, isoamyl alcohol, furfuryl alcohol, *β*-phenylethyl alcohol
Ester류	*n*-Ethyl caproate, ethyl lactate, ethyl myristate, ethyl palmitate
탄화수소류	*n*-Pentadecane, *n*-heptadecane

표 7-34. Sabanarezushi의 성분

	근육부	쌀밥부
pH	3.95	3.75
식염(%)	1.37	1.72
총산(mg /100 g)	1240	1240
유산(mg /100 g)	360	490
초산(mg /100 g)	420	180
휘발성 염기질소(mg /100 g)	17	18

Sabanarezushi의 분석 예를 표 7-34에 나타내었다. Iida 등에 의하면 Sabanarezushi의 유기산은 유산과 초산이 비교적 그 외 butyuric acid, succinic acid가 인정되고, 이들 중 succinic acid가 Narezushi의 특유의 지미(旨味) 성분으로 생각된다. 또한 유리 아미노산으로서는 lysine, alanine, leucine, isoleucine이 많이 함유되어 있고, 이들의 유기산과 아미노산이 Sabanarezushi의 미묘한 맛의 조성을 하는 것이다. Hadahadazushi의 분석 예를 나타내면 육부에는 수분 59.3%, 조단백질 21.1%, 조지방질 9.1%, 쌀밥 부위에는 63.9%, 7.4%, 0.9%의 순이다.

유기산의 분석결과에서는 초산(66 mg /100 g), 구연산(24 mg /100 g), 유산(17.2 mg /100 g) 이외에 pyruvic acid, malic acid, propionic acid, oxaloacetic acid가 검출되었다.

[Narezushi의 미생물]

Narezushi의 미생물에 대하여 조사한 것은 적으나 Fujii 등이 Hanazushi와 Sabazushi에 대하여 조사한 바와 같이 Izushi도 유산균이 $10^7 \sim 10^8$/g, 효모가 $10^4 \sim 10^5$/g이었다(표 7-35). 그리고 연어의 Izushi에 대하여 조사한 결과에서 유산균, 효모 모두 106/g이었다. Hanazushi에서는 유산균과 효모 모두 분리되었으나 Sabanarezushi, 연어의 Izushi에서는 기타의 각종 세균류가 분리되었다. 그 결과 담금 기간이 긴 Hanazushi에서는 균상이 단순하였다.

대표적인 발효균으로서 유산균(*Streptococcus lactis*, *Lactobacillus plantarum*), 효모류(*Saccharomyces*속, *Pichia*속, *Hansenula*속), 초산균(*Acetobacter*속)과 낙산균(*Propionibacterium*속) 등이다. Matsushida(松下)는 Hanazushi의 숙성에 관여하는 미생물은 담그는 과정에서 *Streptococcus faecium*(현재 *Pediococcus*에 해당), *Lactobacillus plantarum*. *L. pentoaceticus*를 분리하였다.

표 7-35. Hunazushi, Sabanarezushi 그리고 Sakeizushi의 생균수와 미생물상

배 지 생균수(1g당) (분리균주 수)	Hunatsushi			Sabanarezushi			Sakeizushi	
	ABCM 3.7×10^7 (5)	GYP 6.2×10^7 (40)	PDA 3.1×10^5 (20)	ABCM 2.0×10^7 (25)	GYP 2.4×10^8 (29)	PDA 1.4×10^4 (20)	ABCM 6.0×10^6 (16)	PDA 3.9×10^4 (19)
Lactobacillus	4	26		9	16		5	
Streptococcus		7		2	10		3	
Pediococcus	1	7						
Staphylococcus				2				
Bacillus				3				
Corynebacterium				3				
Gram 음성간균				3			6	
미동정 세균				3	3		2	
효 모			20	9		20		19

또한 Funazushi의 제조과정에 관여하는 유산균으로서 *Lactobacillus plantarum, L. alimentarius, L. sake, L. sanfrancisco, L. kefir, L. fermentum, Pediococcus parvulus* 등을 분리하였다. 또한 Sabazushi의 유산균은 어느 것이나 homo 발효형으로 *Lactobacillus plantarum, L. coryneformis, L. alimentarius* 그리고 *Strepococcus lactis*균에 해당되는 것이었다.

[Narezushi의 숙성]

Narezushi의 제조에서 가장 중요한 공정은 쌀밥 담금이고, 이 사이에 소위 숙성에 의한 풍미와 보존성이 부여된다. 이 풍미 부여는 주로 어육의 자기소화에 의하여 생산되는 엑기스 성분과 유산균, 혐기성(무산소성) 세균, 효모 등이 미반(米飯)에서 생산되는 유기산 등의 영향으로 pH가 저하되므로 잡균의 증식이 억제되기 때문에 동시에 저장성도 부여되는 것이다.

따라서 좋은 제품을 만들기 위해서는 담금 후에 빨리 충분히 발효를 행하는 것이 중요하므로 예를 들면 Hunazushi에서는 담금은 보통 입춘 전에 행하여 한여름을 넘게 한다. 또한 상기의 과정은 혐기성인 것이 중요하므로 누름돌을 하고 다시 압판 위를 물로 채워 기밀을 유지하도록 한다.

Hunazushi의 미반(米飯) 담금 중의 pH와 생균수의 변화는 그림 7-28과 같고, 담금 개시 후 곧 유산균과 다른 세균 그리고 효모가 증가한다. 그 중에서도 유산균

의 증가가 현저하고 그에 따라 pH가 저하하고, 미반부는 1주일 이내에 pH 4 이하로 된다. 담금 초기에 증가가 보이는 원료 유래의 호기성(산소성) 세균은 그 후 10^3/g 이하로 감소된다. 담금 기간을 통하여 유산균은 거의 *Lactobacillus*로 그 중 담금 초기는 homo 젖산발효형(*L. plantrum*, *L. alimentarris* 등)의 것이나 후기에는 hetro 젖산발효형(*L. kefir* 등)의 것이 많은 경향이다. 유산균으로서는 그 외에 *Pediococcus*가 있으나 그 수는 *Lactobacillus*의 1/10 정도이다.

담금 중의 성분 변화는 표 7-36에 나타낸 것과 같이 아미노산이나 유산 등의 증가가 있으며 맛과 보존성을 부여하는 것을 알 수 있다. Makinoda 등은 붕어근육 중의 catepsin D에 대하여 조사하여 이 효소는 pH 2～6.0에서 안정하고 고농도의 식염 존재에서 거의 완전히 실활 되나 식염을 제거하면 활성의 회복하고 pH 5.0, 2.3%, 2.3% 식염에서 붕어 근원섬유 단백질을 분해하는 사실에서 본 효소가 Hunazushi의 숙성의 한 요인으로 생각된다. 또한 미반 담금의 전 처리로서 행하는

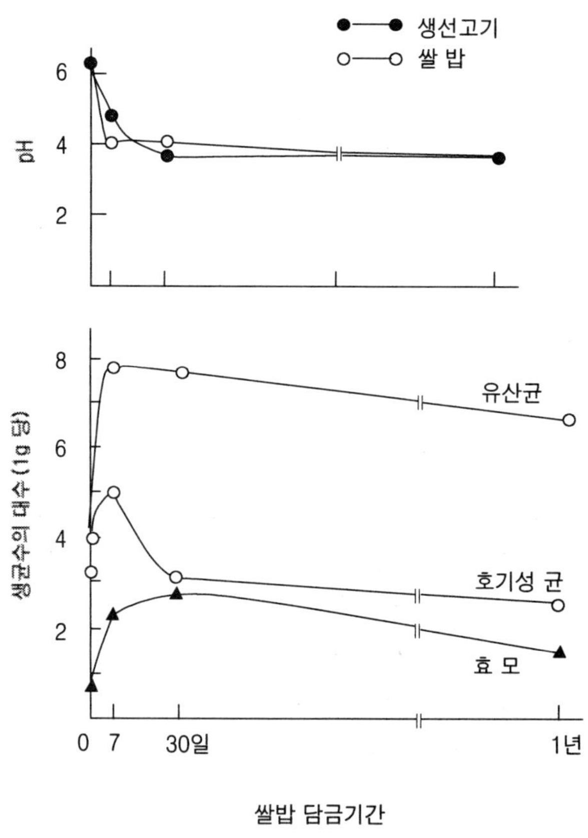

그림 7-28. Hunazushi의 미반절임 중의 pH 생균수의 변화

표 7-36. Hunazushi의 제조과정에 있어서 붕어 근육 성분의 변화

시 료	선 어		소금절이		밥절이	
시료채취 월일	6월 1일		7월 20일(50일)		11월 4일(104일)	
성 분	%	건량계산 (%)	%	건량계산 (%)	%	건량계산 (%)
수 분	80.45		53.31		63.89	
무수물	19.55		46.69		36.11	
총 질소	2.64	13.40	4.556	9.775	4.014	11.12
조단백질	16.49	84.40	28.48	60.98	25.09	69.48
수용성 질소	0.988	5.05	1.07	2.30	1.87	5.20
Monoamino태 질소	0.032	0.163	0.24	0.514	0.35	0.97
조지방질	1.70	8.69	3.78	8.09	4.50	12.48
회 분	1.27	6.50	14.31	30.65	4.53	12.56
식 염			11.34	24.28	2.27	6.28
유 산	0.008	0.04	0.025	0.053	1.10	3.04
초 산			0.096	0.02	0.08	0.22
기타 산류	0.0043		0.0.61		0.30	

원료의 염장도 중요한 공정이다.

이 과정에서 어육은 탈수되면 동시에 식염이 침투한다. Hunazushi의 예에서는 염장 후 2~3주간에서 식염의 침투를 완료하고 어체의 탈수율 26~29%, 염분농도 약 15%로 된다. 이 염장에 의하여 어육 중에서 부패세균의 증식억제, 자기소화의 진행의 초기, 육질의 탈수, 경화, 혈발 등의 다방면적인 효과가 있다고 생각되나 Kuroda 등에 의하여 Hanazushi에서는 염장 중에 이미 Hunazushi 특유의 냄새가 발생하고 또한 어체(魚體)에서의 침출액의 산도가 시간과 더불어 증가되는 것으로 보아 염장 중에도 발효가 일어난다고 생각되고, Fujii 등이 조사한 결과도 미반 담금 전에 염장 붕어 중에 acetic acid, *n*-butyric acid가 100~200 mg /100 g, lactic acid 15 mg /100 g이었다.

[Narezushi와 보툴리누스 중독]

보툴리누스 중독은 발생빈도가 적은데도 사망률은 극히 높은 식중독이다. 일본에서 1950년 이후 약 100건 발생하였고, 환자 수 약 500명 중 114명이 사망하였다(표 7-37). 이 식중독이 일본에서는 원인 식품의 90% 이상이 Izushi이고, 원인균의

대부분이 E형 균에 의한 중독이 일어났다. 먼저 보툴리누스 E형 중독이 발생하는 조건을 열거하면 다음과 같다.

(1) E형 균에 의하여 오염되는 가능성이 있는 식품이다.

(2) 가열하지 않고 먹는 식품이다. 보툴리누스 독소는 이열성이고, 80℃로 가열하면 파괴된다. 그러므로 식품 중에 독소가 생성하여도 가열하면 안전하다.

(3) 제조공정에서 가열공정이 없는 식품이다. E형 균의 포자는 80℃정도의 가열로 사멸되므로 그 후의 오염의 가능성은 없다 하더라도 확률은 더욱 적어진다.

(4) 보툴리누스균이 번식되기 쉬운 식품이다. 보툴리누스균은 혐기성 세균이므로 산화환원 전위가 낮은 것이 필요하고, 이 균의 영양요구를 만족하지 않으면 안 된다. 따라서 단백질이 풍부한 당분이나 수분이 알맞게 필요하다.

(5) 보툴리누스균의 발생저해를 할 수 있는 물질이 함유되지 않는 식품이다. 식염이 다량으로 함유되었고, pH가 낮은 식품에서는 설사 균의 오염을 받아도 증식은 안 된다.

(6) 먹을 때까지 균의 발생이 증식하여 독소를 생성할 수 있는 시간경과가 있는 식품이다.

이상의 사실에서 일본 식품의 E형 균에 의한 오염의 가능성은 이 균이 전국적으로 일원하여 존재하므로 충분히 있다고 생각하지 않으면 안 된다. 또한 가열하지 않고 먹는 식품은 의외로 많다. 생선회, Sushi, 침채류, 햄, 소시지, 우유, 발효유, 통조림, 어유제품, 절류(節類) 훈제품, 젓갈, 조림류, 과자류는 완전하게 안전할 수 있을 만큼 염의 기회는 적다. 남는 것은 침채류, 생선회, 생선류 다진 것, Sushi 훈

표 7-37. 일본에서 보툴리누스 중독의 발생 상황(1950~1974년)

발생 현	건수	환자수	사망수	사망률 (%)	균형	원인식품					
						생선 Izushi	생선 토막천	생선죽 sushi	연어알 젓	생선 통조림	Caviar
Hokkaido현	47	290	52	17.9	E	39	6	1	1	0	0
Aomori현	9	22	10	45.4	E	7	0	1	0	1	0
Akida현	14	63	24	38.0	E	14	0	0	0	0	0
Iwade현	2	8	5	62.5	E	2	0	0	0	0	0
Yamakada현	1	3	3	100.0	E	0	0	0	0	1	0
Shiga현	1	3	2	66.6	E	1	0	0	0	0	0
Miyazaki현	1	21	3	14.2	E	0	0	0	0	0	1
계	75	410	99	24.1		63	6	2	1	2	1

제, 젓갈 등이다. 이 중 침채류와 젓갈에도 식염을 다량으로 사용한 것은 안전하지만 최근에는 소금의 농도가 낮은 것이 많아졌으므로 주의가 필요하다. 훈제도 최초부터 담아 수분도 적고 냉훈은 우선 안전하다.

산화환원전위는 생선의 경우 사후 급격히 저하하여 식품 호기성균이 증식하여도 간단히 저하된다. 산화환원전위는 그 만큼 제한인자로는 되지 않는다. 사실 어묵 표면에 보툴리누스균을 도말하면 부패 후이기는 하지만 독소를 생산한다. 생선회, 생선 다진 것들, Sushi 등은 선도가 저하되면 식품이 되지 않으면 보툴리누스균의 오염을 받아도 독소생성의 시간적 여유는 없을 것이다. 또 E형 균은 종래는 중독 사례에서 특히 어패류 기호성이 있다고 생각하면 역시 생선의 Izushi, 저염(底鹽)의 온훈언, 서염의 염상품 등이 원인식품이 되는 것은 충분하다.

그러나 Izushi에도 좀처럼 발생되지 않는 것이 사실임으로 그 제조법과의 관련을 검토할 필요하다. Izushi는 각 가정에서 만들고 있으므로 그 만드는 법도 천차만별이다. 1955～1965년대의 대표적인 제조법을 보면 다음과 같다.

[생선의 머리 · 내장제거] → [물 바래기] → 담그기]
[술 · 초 · 소금 · 국 · 야채 · 쌀밥] → [숙성]

물 바래기의 일수는 1～7일로 일정하지 않고 또 물 바래기 전에 염지하는 것, 물 바래기를 하지 않는 것, 식초에 담근 것 등 여러 가지 이다. 이와 같은 제조공정 중 어디서 보툴리누스균이 증식하여 독소 생성이 일어나는지에 대하여 여러 검토가 이루어져 생선을 넣지 않는 Izushi(야채 Sushi)에서는 중독이 일어나지 않는 것과 생선을 넣지 않는 Izushi에 E형 균을 접종한 실험으로도 독소의 생선이 일어나지 않는다는 사실에서 어육 중의 균이 증식하여 독화(毒化) 할 가능성이 크다. 이러한 사실에서 생성에 E형 균 포자를 주입하거나 혹은 도포하여 방치하면 20℃에서 3일에서는 독소가 검출되고, 생선에 경구적으로 균을 섭취시킨 후 죽여서 방치하여도 3일로 독화를 한다.

종래의 식중독 사례가 물 바래기 기간의 5～7일간으로 긴 것에 일어나는 결과에서 물 바래기 시의 독화(毒化)가 가장 가능성이 높다. 제조방법을 개선하여 물 바래기를 생략하거나 처음부터 염지하거나 혹은 최초부터 어육에 식초를 치는 방법을 취하므로 10℃ 이하에서는 독화(毒化)하지 않으나 15℃ 이상이 되면 독화된다. 사실 Izushi에 의한 식중독 사례의 대부분은 겨울철 외에서 만든 것이다.

증식 전에 유산발효가 일어나고, pH가 5.5 이하로 저하하면 우선 안전할 것이다. 따라서 어육을 염지하거나 식초를 치거나 균이 발생되지 못하게 하지 않는 한 유산

발효를 급격하게 일으킬 필요가 있다. 보툴리누스균의 100배 이상이 아니면 독화를 저지하지 못한다. 이상의 여러 사실에서 최근 식품의 저염화(底鹽化) 경향은 확실하다. 그래서 적어도 저염도의 식품은 냉장보존과 내장판매를 의무화하여야 할 것이다.

5. 쌀겨 절임

[개 요]

생선의 쌀겨 절임은 정어리, 청어, 북어 등을 염장 또는 염장 후 건조하여 국(麴, 고지)과 함께 쌀겨에 담금하여 숙성시킨 것이다. 쌀겨 담금의 시작은 밝혀지지 않았으나 상당히 오래 전부터 만들어 온 것으로 생각된다. Kyobo(享保) 12년(1727년)의 조세각서 중에 복어의 쌀겨 절임의 기록이 있다.

Ishigawa(石川)현을 중심으로 일본 연안에서 만들고, 주산지는 Ishigawa(石川)현의 Migawa(美川), Kanaishi(金石), Ono(大野) 지구에서 그리고 Toyama(富山), Tochi(鳥取), Kyoto(京都), Hokkaito(北海道)에서도 만들었다. Ishigawa(石川)현 내의 가공공장 수는 16가옥, 이 중 Migawa(美川)에 9가옥, Ono(大野). Kanaishi(金石)에 5가옥이고 생산량은 정어리, 복어, 청어의 순으로 많고 합계로 750～800 톤 정도이다. 주된 소비지는 Kanezawa(金澤)시와 그 근처이나 정어리의 쌀겨 담금은 Kyoto(京都) Yamage(山陰) 지방으로 출하된다.

[쌀겨 절임의 제조방법]

쌀겨 절임의 원료에는 복어(고기와 난소), 정어리, 청어, 고등어, 염장 대구 등이 사용된다. 그런데 복어는 오히려 까칠복이 주이지만 최근에는 원료 난으로 Hokkai도의 다랑어가 상당히 사용된다.

정어리 쌀겨 절임의 제조법은 다음과 같다(그림 7-29).

① 두부를 제거한다.

② 어체(魚体)에 대하여 30～35%의 식염을 뿌린다.

③ 7～0일간 두고 나서 어체를 꺼내고 소쿠리에서 물 빼기를 한다.

④ 통에 쌀겨를 깔고 그 위에 쌀겨를 혼합한 어체를 늘어 세워 쌀겨와 고지, 고춧가루를 살포하여 이것을 반복한다. 최상층에는 쌀겨와 고지를 두껍게 깔고 통의

내연에 따라 가마니를 두르고 뚜껑을 하여 누름돌을 한다. 염장 정어리 15 kg에 대하여 쌀겨 3 kg, 고지 250 g의 비율로 한다.

⑤ 1일 후에 정어리의 염장국물(20～21℃)을 상기의 중량에 대하여 5～5.5 mℓ를 가한다.

⑥ 6개월～1년간 숙성하고 나서 출하한다.

복어 쌀겨 절임의 제조법은 고기의 경우와 난소의 경우로 다르다(그림 7-30). 복

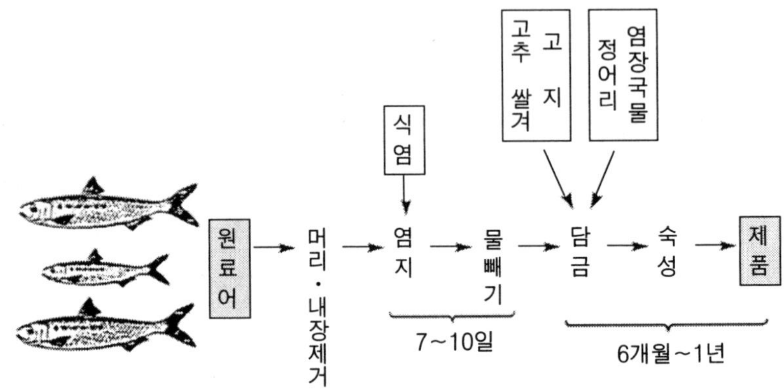

그림 7-29. 정어리 쌀겨 절임 제조공정

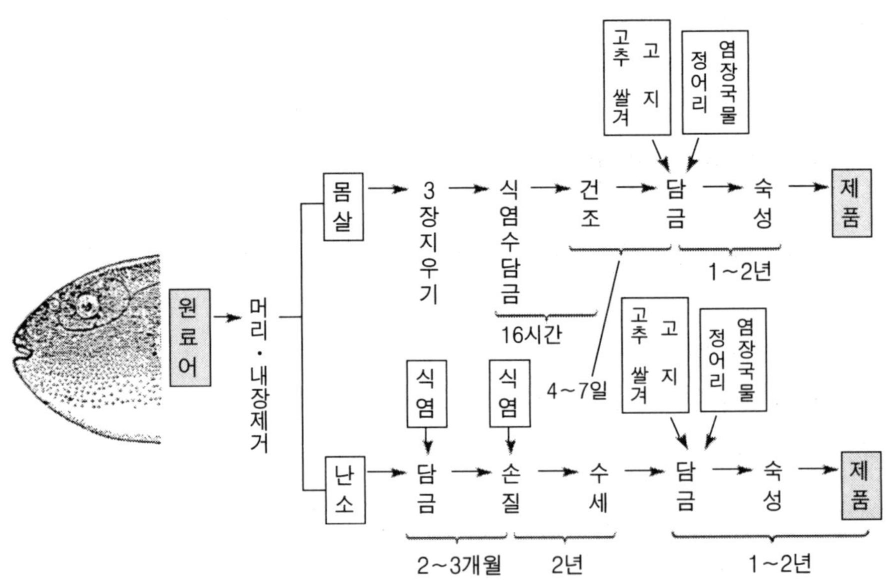

그림 7-30. 복어(살고기와 난소) 쌀겨 절임 제조공정

어고기의 쌀겨 절임은 다음과 같다.

① 두부를 제거하고 3장으로 한다. 쌀겨 절임은 두부도 좋다.
② 약 10%의 식염수에 하룻밤(약 16시간) 동안 담근다.
③ 광주리 위에 펴고 약 4～7일간 바들바들 하게 천일 건조한다.
④ 크기로 나누고 쌀겨에 담고 누름돌을 하여 1～2년간 숙성한다.

한편 난소의 절임은 다음과 같이한다.

① 난소에 35～40%의 식염을 뿌린다.
② 2～3개월간에서 소금을 바꾸기를 하여 2년 이상 염장한다.
③ 수세 후 쌀겨에 담그고 누름돌을 하여 1～2년 간 숙성한다.

[쌀겨 절임의 품질과 성분]

시판 정어리의 쌀겨 절임의 분석 예를 표 7-38에 나타내었다. pH 5.2～5.5, 수분 40～57%. 식염 9.8～4.1%. 총 질소 3.17～3.90%, 아미노태 질소 350～390 mg /100 g, 휘발성 염기질소(VBN) 32.3～98.5 mg /100 g, 총산 2150 mg /100 g, 유산 443～960 mg /100 g, 알코올 72～84 mg /100 g이었다. 쌀겨 절임의 정미성분은 어육과 쌀겨의 일부에서 분해되어 각종의 아미노산이나 유기산이다. 유기산은 lactic acid와 acetic acid가 양적으로 많고 그 이외에 malonic acid, isocitric acid, citric

표 7-38. 정어리 쌀겨 절임의 성분

	Yamase 등 (1973년)	Hara 등 (1991년)	Yanami 등 (1992년)
pH	5.3～5.4	5.4～5.5	5.28～0.13
수분(%)	48～57	43.9～45.4	43.9～4.3
식염(%)	12.8～14.0	12.2～14.1	12.2～2.4
총 질소(mg /100 g)	3170～3900	-	-
아미노태 질소(mg /100 g)	350～390	-	-
휘발성 염기질소(mg /100 g)	75.3～98.5	60.7～74.0	57.4～2511
휘발성 산(mg /100 g)	84～127	-	-
유산(mg /100 g)	910～960n	443～528	-
알코올(mg /100 g)	72～84	-	-
POV(meg/kg lipid)	-	16.8～22.1	-
TBA값(meg/kg lipid)	-	630.～82.1	-

acid, butyric acid 등이 검출된다. 또 아미노산은 glutamic acid, leucine, lysine, alanine, valine 등이다.

정어리 쌀겨 절임의 향기성분으로 Kasahara 등은 산류 9종(*n*-capronic acid, caprylic acid 등, amine류 3종(암모니아, dimethylamine, trimethylamine 등, phenol류 1종(4-vinyl guaiacol), carbonyl류 7종(acetoaldehyde, phenylacetaldehyde 등), alcohol류 5종(ethyl alcohol, 1-pentene-3-ol, furfury alcohol 등), ester류 7종(ethyl myristrate. ethyl palmitate 그리고 탄화수소류 8종(pentadecane, *n*-heptadecane 등)을 동정하였고, 이들 중의 쌀겨 절임 특유의 향기성분으로서 4-vinylguaiacol, phenylaldehyde, furfuryl alcohol, ethyl miristrate 등이라고 하였다.

정어리 쌀겨 절임에는 불휘발성 amine이 비교적 많이 함유되고, Yachinarabe(八並) 등에 의하면 histamine이 36.8 ± 42.2 mg /100 g, tyramine이 21.32 ± 71. mg /100 g, putescine이 7.4 ± 12.0 mg /100 g으로 일반적으로 이들의 함량은 VBN 함량이 높은 시료에 많은 경향이다.

[쌀겨 절임의 숙성]

쌀겨 절임의 숙성에는 Bokuriku(北陸) 특유의 고온다습이 여름을 거쳐야 한다. Yamase(山瀨) 등은 절이 시판제품(정어리)의 발효과정을 조사로 표 7-39, 표 7-40, 표 7-41에 나타낸 것과 같은 변화를 밝힌 것과 같이 pH는 숙성 초기(6월 말)의 5.5에서 종기(9～10월)에는 5.3에 약간 저하한다.

총 질소를 차지하는 수용성 비단백질태 질소의 비율은 초기의 약 15%에서 종기에는 25～28%로 증가한다. 또 lactic acid, VBN, 알코올, 휘발성 산도 증가한다. 특히 유기산은 6월에서 7월에 걸쳐 급격히 증가하고, 그 중에서도 lactic acid, malonic acid, isocitric acid, butyric acid, succinic acid의 증가가 현저하고, 총산으로 980～2.060 mg /100 g으로 약 2배로 된다.

숙성 중의 미생물은 유산균과 효모가 주이지만 담금 초기에서 성수기(7월 중순～8월 하순)에 걸쳐 급속하게 증가한다. 또한 곰팡이도 7월에서 8월에 걸쳐 상당히 나타난다. 이들 효모는 *Saccharomyces*, *Pichia*, 유산균은 *Pediococcus*, *Lactobacullus plantarum*, 곰팡이는 *Aspergillus oryzae*, *A. niger*에 속하는 것이고, 이것이 쌀겨 절임의 제조에 가장 중요한 역할을 한다고 생각된다. 그런데 정어리 쌀겨 절임 중에서 비교적 높은 함량의 histamine이 검출되는 수가 있으나 절임 중의 histmine의 소장을 조사한 결과에서는 histamine은 절임 개시 2～4개월간에 최고 44.3 mg /100 g로 높은 값을 나타내나 그 후 점차 감소하여 6개월을 지나면 5 mg

/100 g으로 감소된다는 보고도 있다.

종래 알려져 있는 histamine 생성 균은 모두 장내세균과 또는 해양 유래의 Gram 음성세균이나 Yatsunarabi(八並) 등은 정어리 쌀겨 절임의 histamine의 생성 균으로 *Staphylococcus*속 세균을 분리하였다. 상기의 실험 결과에서 쌀겨 절임의 후기에는 histamine이 점차 감소하므로 숙성 중에는 histamine 생성 균만이 아니고 분해

표 7-39. 쌀겨 절임의 발효과정에 있어서 원류 재료의 변화

	숙성의 초기 (6월~7월 상순)	성숙기 (7월 중순~ 8월 하순)	종말기 (9월 상순~이후)	기 타
염장 정어리	고깃살 단백질이 약간 액화 (조지방질 감소)	고깃살 단백질의 일부 액화	활동이 약하거나 정지	8월 중순 이후, 단백질 엑기스(아미노산) 알코올, 유산, 휘발성 유기산의 증가, pH 5.4
쌀겨	단백질의 일부 액화	단백질의 일부 액화 전분의 당화 알코올발효 유산발효	상 동	완숙된 쌀겨는 주황색
쌀 고지	단백질의 액화		상 동	
식염수	염분의 증가, 단백질, 엑기스 분 증가 유산, 유기산 증가	유산, 알코올, 당류, 기타 유기산의 증가, 단백질, 엑기스의 증가	상 동	9월 상순 이후는 거의 발효 완료로 추정
유산균 효모 곰팡이	급속하게 증가	급속하게 증가	점차 증가	
발효의 순서	발효미생물의 증가로 필요한 영양원이 생성되어 아울러 외부 기온의 상승과 더불어 발효미생물이 증가한다.	또한 유산균에 의한 유산의 생성, 곰팡이에 의한 정미성분인 유기산의 생성, 단백질의 아미노산화가 촉진된다.	정미성분으로서의 각 유기산이 생성되어 고기 중으로 침투된다.	발효 완료의 시기는 어육의 젓갈이 묽게 지고 쌀겨 절임의 특유한 향미와 맛이 나타난다.

표 7-40. 정어리 쌀겨 절임의 제조과정에서 어육의 성분 변화

	원료어	소금절이		쌀겨 절이							
	5월19일	3일째	12일째	6월 전	7월 전	8월 전	8월 후	9월 전	10월	11월
수분(%)	67.57	52.17	46.80	47.95	46.35	46.60	47.08	47.18	47.46	48.30
염분(%)	-	0.86	12.40	11.48	11.82	12.77	12.87	12.81	12.78	12.83
pH	6.44	5.61	6.18	6.0	6.0	5.81	5.65	5.48	5.40	5.40
총 질소(%)	3.07	3.94	4.40	2.41	3.15	3.51	3.59	3.77	3.76	3.88
아미노태질소(%)	-	-	-	0.13	0.18	0.27	0.28	0.35	0.40	0.41
수용성비단백질태질소(%)	-	-	-	0.42	0.50	0.75	0.85	0.95	0.97	0.94
VBN(mg /100 g)	-	-	-	56.37	64.02	65.61	65.64	75.18	77.38	75.35

표 7-41. 정어리 쌀겨 절임 제품의 제조과정에서 유기산의 변화

	6월	7월	8월	9월	10월
Formic acid	10	15	187	20	25
Acetic acid	30	42	40	45	38
Butyric acid	10	28	60	66	75
Lactic acid	460	1,200	820	650	510
Levulinic acid	25	40	35	38	30
Malonic and	105	190	215	236	255
Succinic acid	0	20	31	36	40
Fuamric cid	20	30	35	32	35
Malic acid	40	40	45	38	43
Isocitric acid	90	180	206	220	236
Citric acid	100	125	130	1309	135
Total acid	960	2,060	1,780	1,690	1,570

균도 공존하는 것으로 생각된다. 이 점은 아직까지 검토가 이루어지지 않았다.

[복어 쌀겨 절임과 복어중독]

쌀겨 절임의 원료에 사용되는 복어 난소에는 유독한 것이 많으나 지금까지 이 제품의 중독 예는 알려져 있지 않다. 복어 난소의 쌀겨 절임에서는 다른 제품에 비하여 사용 식염 양이 많고 담금 기간도 긴 것이 특징이나 옛날부터 이들의 독을 제거하기 위한 것이라 하였다고 한다. 제조공정 중의 독성변화를 조사한 예(표 7-42)에 의하면 원료 난소의 독소는 443 ± 279 MU/g로 아주 높은데도 불구하고 염지 7개

표 7-42. 소금 절임과 쌀겨 절임 중의 다랑어 난소의 독성변화

측정시기	시료 수	독성(MU*/g)			총 독량** (MU)
		평균 ± S.D.	최저	최고	
염지 전	35	44 ± 279	15	1050	1.20×10^6
염지 후					
2개월째	34	379 ± 94	163	759	14×10^5
7개월째	33	90 ± 15	65	116	3.1×10^5
쌀겨 담금 후					
1년째	32	28 ± 5	17	38	1.16×10^5

* 마우스 단위, ** 난소, 침출액과 독량의 합계

월 후에는 90 ± 15 MU/g로, ± 279 MU/g로 아주 높은데도 불구하고 염지 7개월 후에는 90 ± 15 MU/g로, 또 쌀겨 절임 2년째에는 다시 14 ± 2 MU/g로 독이 감소되었다.

이와 같이 쌀겨 절임 후의 난소의 독력(毒力)은 원료의 약 1/30으로 까지 감소되는 것을 확인하였다. 그 원인으로서는 Shukeda(右田) 등은 독이 절임 중에 쌀겨 종에 이행하여 평균화한 것을 밝혀 주었다. 이 점에 대해서 Ozawa 등은 쌀겨 절임에 의하여 침출액과 쌀겨의 독성이 난소와 거의 같게 되는 것을 알았다. 그러나 총 독량(난소, 침출액 그리도 쌀겨 중의 독량의 합계)이 쌀겨 절임 1년 후에는 원료의 1/10 정도로 감소되고 있으므로 기타의 요인도 생각된다.

여기에서는 쌀겨 절임 중의 쌀겨에서 분리된 미생물에 대하여 검토한 결과, 이들 미생물 내에 독력을 감소시키는 균주가 발견되는 것으로 쌀겨 절임은 복어 난소의 독성의 저하에는 미생물의 작용도 관여하고 있는 것으로 생각된다.

6. Katsuobushi

[개 요]

Bushi(節)란 어육(魚肉)을 자숙 후 훈연하여 충분히 건조한 제품을 말하고, 원료 어종의 차이에 따라 Katsuobushi(가다랭이포), Sababushi(고등어포), Iwashibushi(정어리포) 등의 종류로 나눈다. 이들 중 Katsubushi가 가장 대표적인 제품이다. 또한 제품의 형태에 따라서도 Bushi[절(節)] 그대로의 제품(仕上節, Shiagebushi)과 그것을 박편모양으로 깎은 Kezuribushi(削節), Bushi[절(節)]을 분쇄한 Inabushi(粉節) 등으로 나눈다.

또한 Katsuobushi의 경우 Shiagebushi(仕上節)는 비교적 소형의 가다랭이로 만들어지는 좌우 2본씩의 Bushi[절(節)]을 Kamebushushi(龜節)라 부르고, 대형의 가다랭이에서는 편신(片身)을 다시 배육부(背肉部)와 복육부(腹肉部)로 갈라 모두 4개의 Bushi[절(節)]을 만든다. 이중 배육부의 제품을 Mebushi(雄節), 복육부의 제품을 Obushi(雌節)라 하고 Mebushi(雄節)과 Obushi(雌節)은 다 함께 Honbushi(本節)라 한다.

제품 공정상 자숙 후 뼈를 골라내고 표면의 수분을 건조한 것을 Namaribushi(裸節), 건조를 끝내고 곰팡이 접종 전의 Bushi[절(節)]를 Arabushi(荒節), 괴절(傀節)이라 부른다. 그 표면을 깎은 것을 Namabushi(裸節), 곰팡이 접종 종료 후의 것을 Honkarebushi(本枯節)라고 한다.

제품의 맛과 향이 풍부하기 때문에 얇게 깎아 나물무침이나 두부 등에 쳐서 먹거나 국물을 얻을 목적으로 사용되고 있다. 최근 가정에서는 Kezuribushi가 적어지고 Kezuribushi 팩의 형태의 것이 많아지고 있다. 1990년의 절류(節類)의 생산량은 7.5만 톤으로 그 중 Katsuobushi가 3.3만 톤, Katsuonamaribushi가 8000 톤이다.

기타 Kezuribushi가 Katsuoketsuribushi, 혼합 Kezuribushi를 합하여 약 5.6만 톤 생산되었다. Katsuobushi의 주요 생산지는 Kagoshima(鹿兒島)현과 Shizuoka(靜岡)현으로 그 외는 Miyagi(宮城), Koji(高知), Chiba(千葉), Mie(三重) 등의 각

현에서 생산되고 있다. 또 Ketsuribushi의 생산은 Osaka(大坂), Shizuoka(靜岡), Aichi(愛知), Ehime(愛姬) 등이다.

Katsobushi의 기원은 불명이나 이미 Nara(奈良)시대에는 자견어(煮堅魚)라는 이름으로 제품이 등장하고 있었다. 오늘의 Katsuobushi와 같이 자숙 후 훈건(燻乾)하여 곰팡이 접종하는 제법은 지금으로부터 300년 전에 Tosa(土佐)에서 시작되었다고 전해지고 있다. 그러나 이 개량법은 비전으로 전해져 왔으므로 대부분의 가다랭이의 상육지에서 Katsuobushi 제조가 행해지고 있었는데도 이 훈건(燻乾), 곰팡이 접종하는 방법은 극히 한정된 지역에서만 이루어져 있었고, 이것이 각지로 넓혀진 것은 Meiji(明治)시대(1862～1912년)에 이르러서이다.

[Katsuobushi의 제조방법]

Katsuobushi의 원료에는 봄에서 여름에 걸쳐 근해에서 어획되는 가다랭이가 사용되어 왔다. 가다랭이는 봄 전에 Kyushu(九州) 방면에서 출현하여 점차 북상하여 여름에는 Sanrykuoki(三陸沖)에 이르므로 회유로(回遊路)에 가까운 근해 가다랭이의 하륙지(下陸地) 주변에서는 각각 독자의 개량을 가하면서 Katsuobushi의 제조가 행해지고 있다고 한다. 현재에서도 Tosabushi(土佐節), Yakitsubushi(燒津節), Izubushi(伊豆節), Sanrykubushi(三陸節)와 같은 산지의 이름을 붙여 부르는 방법이 남아 있다.

Katsuobushi의 원료에는 지방질이 적은(2～3% 정도) 가다랭이가 알맞으나 가다랭이는 북상함에 따라 지방함량이 높아지므로 8～9월경 동북(東北) 해역에서 잡히는 가다랭이는 양질의 Katsuobushi 원료로는 되기 어렵고 제품은 품질이 떨어지는 유절(油節, Aburabushi)이 되기 쉽다.

또한 원료의 선도도 중요하여 선도가 지나쳐도 역으로 선도 저하된 것도 신할(身割)이나 제품의 향미, 색조의 열화가 일어나기 때문으로 사후강직 중의 자기소화의 진행이 되지 않는 원료가 더욱 좋다고 한다. 현재 가다랭이는 원양해역에서 포획되어 동결된 것을 사용하기 때문에 연중 조업이 가능하다.

Katsuobushi의 일반 제조법은 다음과 같다(그림 7-31).

(1) 수조 중에서 해동한 원료 생선을 수세하고 머리, 복부의 살, 내장 등 지느러미를 제거하고 3매를 한 묶음으로 한다. 어체(魚體)가 큰 경우(약 3 kg 이상)는 다시 배육(背肉)과 복육(腹肉)으로 쪼갠다.

(2) 손질한 육편(肉片)을 자숙용의 소쿠리(자숙 소쿠리)에 늘어 세워 자숙 솥에

넣어 자숙한다. 가열은 현재 증기에 의한 간접가열 방식으로 한다. 자숙온도는 선도에 따라 다르나 눈 가름으로 85℃에서 투입하여 70~90℃자숙한다.

(3) 자숙용 소쿠리를 꺼내어 자연 냉각한다.

(4) 물을 넣은 물통에 Bushi[절(節)]를 1본씩 옮기고 육편(肉片)을 손으로 쥐고 부력을 이용하여 육편이 쪼개지지 않게 주의하면서 두부와 기타의 뼈를 제거한다.

(5) 뼈 볼기가 끝난 육편을 시루에 세우고 시루를 5~6장 겹쳐서 배건(焙乾)한다. 배건 중에는 때때로 상하를 바꾸어 눌리고 또 육편을 이동하여 화력이 균일하게 될 수 있게 하면서 Bushi[절(節)] 전체의 수분을 제거한다. 이 조작을 물 빼기 건조 또는 일번화(一番火)라고 한다. 이 단계의 Bushi[절(節)]를 Namari-bushi(裸節)라 한다. 건조법에는 수화산(手火山) 외에 급조고(急造庫, 그림 7-32) 훈연실(燻煙室)이나 대형 훈연 건조기를 사용하는 수도 있다.

(6) 제거한 나머지의 작은 뼈를 뺀다.

(7) 자숙 육과 생육을 뢰궤, 혼합하여 거른 으깬 육을 뼈 제거 시에 생긴 상처나 자숙 시의 탕류 부분에 큰 주걱으로 눌러 정형한다. 이 작업을 수선(修膳)이라 한다.

(8) 수선을 끝낸 Bushi[절(節)]를 다시 시루에 늘어 세워 건조한다(二番火). 이번화 이후 1일 5~6시간 훈연 건조하여 불에서 내리고 밤사이에 방치한다.

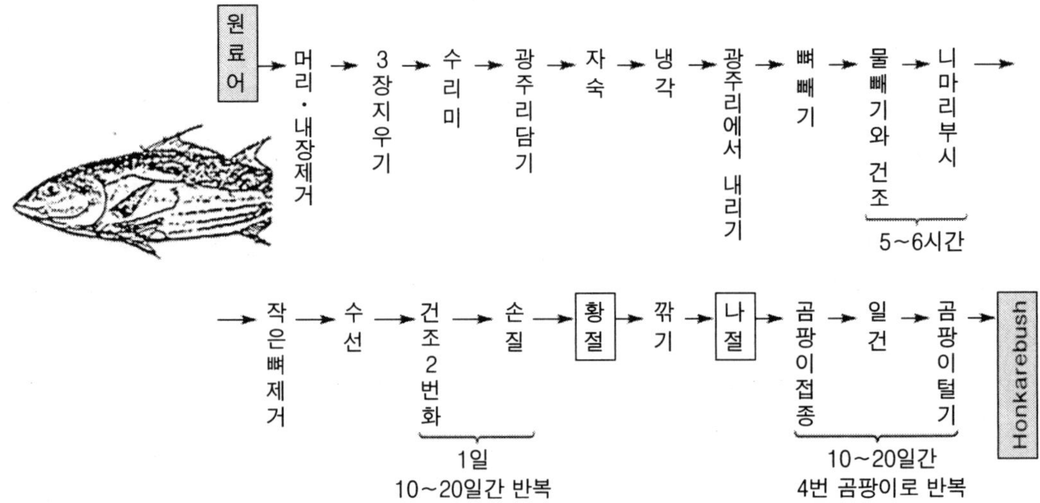

그림 7-31. Katsuobushi의 제조공정

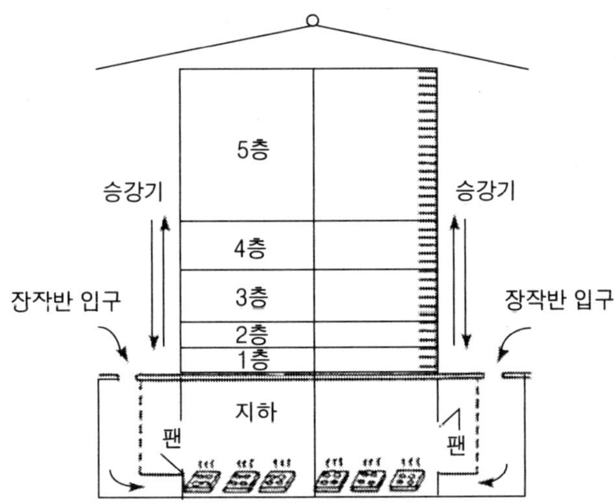

그림 7-32. 급조고(急造庫)의 구조

(9) 이 조작을 10~20시간 반복한다(이 공정을 종료한 절 Bushi[절(節)]를 Arabushi(荒節) 또는 괴절(塊節)이라 한다.

(10) Arabushi(荒節)의 표면에 부착된 타르부분을 떨어뜨리고 표면을 매끄럽게 한다. 이 작업을 깎기라고 하고, 깎기 후의 Bushi[절(節)]를 Hadakabushi(裸節)라 한다.

(11) Hadakabushi(裸節)을 2~3일간 일건 후 나무통에 담고 곰팡이 접종실(실온 약 20℃, 습도 85~88%에 넣어 10~15일간 방치한다.

(12) 곰팡이[일번(一番) 곰팡이]가 생육한 Bushi[절(節)]를 꺼내고 일건 후 곰팡이를 떨어낸다.

(13) 다시 상기와 같이 곰팡이 접종실에 넣어 15~20일 후 꺼내고 일번 곰팡이와 마찬가지로 태양 건조하여 곰팡이를 떨어낸다.

(14) 보통의 곰팡이 접종조작을 4회 정도 행하여 제품으로 한다. 이 Bushi[절(節)]를 Honkarebushi(本枯節)이라 한다.

[Katsuobushi의 품질과 성분]

품질이 좋음 Bushi[절(節)]는 전반적으로 둥글고 무게가 있으며, 산호색을 하고 있고 Bushi[절(節)] 끼리를 두들기면 금속성의 소리가 남다. 표 7-43에는 Katsuobushi의 상등제품과 하등제품의 분석 예를 나타내었다. 수분은 13~16%로 일반 상등제품은 지방이 적고 inosinic acid가 많은 경향이나 inosinic acid에 대하여는 시료의 개체차에 의한 가능성도 생각된다.

지방이 많은 Bushi[절(節)]는 유절(油節, Aburabushi)이라 부르고, 표피가 검고 두들기면 둑 소리가 난다. Katsuobushi의 유리 아미노산은 histamine(3～4% 건물 당)이 압도적으로 많고, 다음이 lysine, alanine이 많이 존재한다. Inosinic acid는 0.3～0.9%(건물 당)이다.

Katsuobushi의 지미 성분에 대한 분석결과를 기초로 하여 amino acid와 inosinic acid로 된 합성 엑기스를 조정하여 Katsuobushi 국물의 지미 성분을 추구한 결과에 의하면 지미에는 amino acid 만으로는 거의 정미효과가 없고, inosinic acid의 감칠맛이 아미노산의 존재에 의하여 증강되는 것과 또 유리 아미노산의 80%를 차지하는 histamine에는 지미 증강효과가 없고 아마도 inosinic acid와 glutamic acid의 상승효과가 중심적인 역할을 하는 것으로 생각된다.

Katsuobushi의 향기성분은 여러 종류의 물질로 구성되어 있으므로 아주 복잡하다. 지금까지 320종류의 성분이 동정되어 있고 그 내용은 탄화수소류 37종, 알코올류 27종, aldehyde류 36종, ketone류 49종, ester류 5종, phenol류 27종, ether류 21종, 산류 27종, lactone류 11종, furan류 18종, 총 질소화합물 38종, 황화합물 4종, thiazole 5종이다. 이들 중 Katsuobushi의 방향으로 특히 중요한 성분으로는 Nishihori(西堀) 등은 2, 6-dimethoxyphenol 유도체, 그리고 Kim 등은 1, 2-dimethoxy-4-methyl benzene, *cis*, *cis*-1, 5, 8-undecatriene-3-ol 그리고 cyclotene을 열거하였다.

Hirayama(平山) 등은 *cis*-4-heptenal을, Adachi 등은 2, 5-octadiene-3-ol, 3-methyl-2-cyclopentenone, 2, 3-dimethyl-2-cyclopentenone, 2-methyl-2-butene-4-olide, 3-methyl-2-butene-4-triolide, 2, 6-dimethoxy-4-ethylphenol, 2-undecan-one 등을 특수 성분이라고 하였다.

표 7-43. Katsuobushi의 성분

	상등품	하등품
수분(%)	14.2～16.2	13.5～16.1
조지방(%)	3.87～4.46	6.87～11.05
아미노태 질소(mg /100 g)	390～495	332～493
Histidine(mg /100 g)	2080～2989	1430～3405
Inosinic acid(mg /100 g)	274～493	61～171

[Katsuobushi 제조공정 중의 성분 변화]

표 7-44 제조공정 중의 성분, 질소성분을 나타내면 다음과 같다. 수분은 최초 74%인 것이 건조에 의하여 35%까지 저하되고 또한 곰팡이 접종 중에도 감소하여 최종 제품에는 15%로 된다. 엑기스 질소는 자숙 중에 약 17%가 유출에 의하여 유실되고 배건, 곰팡이 접종 중에 가장 큰 변화는 보이지 않는다.

한편 아미노태 질소도 배건 중에 거의 변화되지 않았으나 곰팡이 접종 초기에는 감소되는 것 같다. 그러나 표 7-45에 나타낸 것과 같이 원료 육과 Honkarebushi (本枯節)의 유리 아미노산의 조성에는 큰 차이가 보이지 않고 또한 곰팡이 접종공정에는 정미에 관계하는 특정의 아미노산을 증가시켜 향미를 개선하는 효과는 그만큼 없는 것 같다. 또한 Katsuobushi의 정미에 중요한 inosinic acid는 Katsuobushi 제조 중에 점차 감소되지만 배건 중에 그 감소가 현저하고 곰팡이 접종 중의 변화는 그만큼 크지 않다. Katsuobushi의 향기 성분의 형성에는 훈연(燻煙) 공정이 중요하다고 생각된다.

Nishihori 등은 Katsuobushi의 방향 phenol 성분은 생가다랭이에 의존하지 않으며 훈연처리에 의하여 생성하고, 그 시간과 더불어 저비점에서 고비점 phenol의 순서로 출현되고, 훈연 배건 후기에는 거의 완성품과 마찬가지의 phenol 향기 성분으로 되어 곰팡이 접종처리에 의하여 크게 변화가 없다고 설명하였다(그림 7-33). 또한 비 carbonyl 중성 부위에 대하여는 생가다랭이 중에는 10성분 이상이 인정된다. 훈연처리에 의한 영향은 적고, 곰팡이 접종 중에 중, 고비점이 약간의 성분 수의 증가가 있다고 설명하였다.

표 7-44. Katsuobushi 제조공정 중의 수분과 질소화합물의 변화

시 료	수 분 (%)	건 물 당(%)				
		총 질소 (a)	엑기스 (b)	b/a×100	아미노태 질소 (c)	c/b×100
생가다랭이	74.3	14.47(100)	2.859((100)	19.8	0.984(100)	34.4
자숙육	69.1	13,67(94.5)	2.388(83.5)	17.5	0.723(73.5)	30.3
나절(裸節)	63.4	13.65(94.3)	2.378(82.2)	17.4	0.713(72.5)	30.0
황절(荒節)	35.2	13.78(95.2)	2.344(82.0)	17.0	0.702(71.3)	29.3
4번 곰팡이 접종 후	20.0	14.91(103.0)	2.565(89.7)	17.2	0.613)62.3)	62.3
Katsuobushi*	15.1	14.21(98.2)	2.219(77.6)	1・5.6	0.604(61.4)	27.2

* 10번 곰팡이 접종 후의 제품

표 7-45. Katsuobushi 제조공정 중의 유리 아미노산량의 변화

Amino acid	생가다랭이 고기	자숙 육	황절(荒節)	4번 곰팡이 접종 후	Katsuobushi
Taurine	564	437	515	-	359
Aspartic acid	-	-	-	-	9
Threonine	27	13	17	-	18
Serine	35	13	17	-	17
Glutamic acid	82	29	54	-	43
Proline	45	29	30	-	14
Glycine	47	26	46	-	27
Alanine	144	84	91	-	52
Cystine	-	-	-	-	-
Valine	66	23	39	-	21
Methionine	35	19	17	-	11
Isoleucine	51`	23	35	-	15
Leucine	78	36	45	-	29
Tyrosine	8	5	6	-	4
Phenylalanine	23	199	20	-	18
Tryptophhan	-	-	-	-	-
Histidine	5018	4060	3938	3100	3031
Lysine	261	97	123	-	88
Arginine	-	-	-	-	-
Ammonia	171	143	130	-	154

* 10번 곰팡이 접종 후의 제품, **- : 검출되지 않음

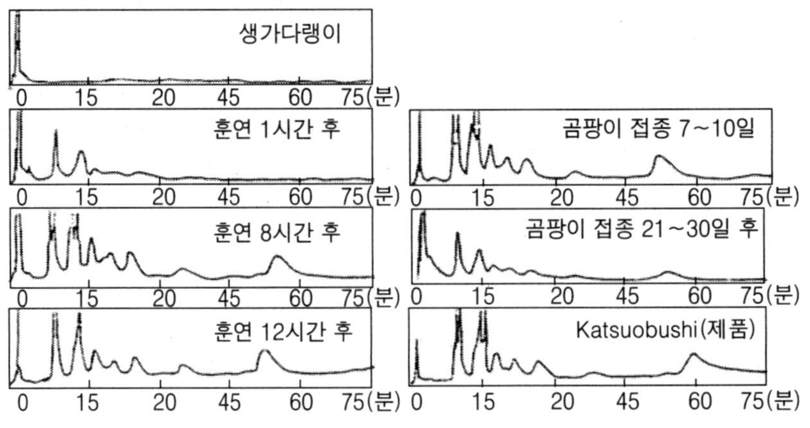

그림 7-33. Kstsuobushi 제조과정에서의 phenol 성분의 변화

표 7-46. 곰팡이 접종공정 중의 향기 성분의 변화(mg /100 g)

화 합 물	곰팡이 접종 전	1번 곰팡이 후	2번 곰팡이 후	3번 곰팡이 후	최종제품 (Katsuo bushi)
Alcohol류					
1-Penten-3-ol	15.6	5.7	10.7	13.4	16.3
cis-2-Penten-1-ol	14.0	5.0	9.7	12.8	26.0
n-Hexanol	1.0	211	0.9	1.7	7.8
1-Octen-3-ol	6.5	12.8	7.5	8.5	15.2
cis, *cis*-2,5-Octadiene-1-ol	64.0	1110	16.0	15.5	110.0
cis, *cis*-1, 5, 8-undecatriene-3-ol	14.9	14.6	22.5	11.3	32.0
Phenol류					
Phenol, o-cresol	286.0	186.0	223.0	134.0	242.0
m, *p*-Cresol	208.0	107.0	136.0	123.0	186.0
2, 4-Dimethylphenol	262.0	139.0	141.0	164.0	320.0
2, 6-Dimethoxyphenol	277.0	124.0	149.0	184.0	276.0
2, 6-Dimethoxy-4-methylphenol	120.0	-	50.0	78.0	133.0
2, 6-Dimethoxy-4-ethylphenol	74.7	63.5	91.9	48.1	70.0
Guaiacol	95.2	62.8	77.0	60.2	71.8
4-Methylguaiacol	89.0	49.7	57.7	34.7	53.8
1, 2-Dimethoxybenzene	30.8	22.2	20.6	20.5	23.9
1, 2-Dimethoxy-4-methylbenzene	9.2	25.4	24.8	39.0	44.5
1, 2-Dimethoxy-4-ethylbenzene	-	21.7	22.1	34.3	39.2

Katsuobushi는 곰팡이 접종에 의하여 상품의 방향에 의한다고 하나 Kim 등은 곰팡이 접종공정 중의 향기 성분을 검토한 결과에 의하면 곰팡이 접종에 의하여 향기 물질의 종류에는 큰 차이는 없고 향기의 차이는 조성비에 의한 것 같다(표 7-46). 각 성분 중 alcohol류는 특유 향기의 하나인 *cis, cis*-1, 5, 8-undecatriene-3-ol 등의 불포화 중급 alcohol이 증가, phenol류는 연기 성분의 4-methylguaiacol과 ethnyl-guaiacol이 곰팡이 접종에 의하여 methyl화하여 1, 2-dimethoxy-4-methylbenzene과 1, 2-dimethoxy-4-ethylbenzene이 증가한다.

[Katsuobushi의 곰팡이 접종의 효과]

지금까지 Katsuobushi에서 분리된 균종은 *Aspergillus glaucus. A. repens. A.*

uber, A. schielei. A. mellens, A. ochraceus, A. sydowi, A. oryzae, A. silfureus, Penicillium glaucums 등 여러 종류이나 우량한 곰팡이라면 *Aspergillus glaucus* group에 속하고, 지방질 분해작용은 강하고 단백질 분해작용이 약하고, 보다 좋은 향기를 생성하는 것이 좋다. 이에 대하여 불량 곰팡이라고 하는 균종은 단백질의 분해력이 강하고 악취의 원인인 암모니아 등을 생성하는 것이다.

Katsuobushi 곰팡이는 Katsuobushi의 표면에 있지만 그 균사는 Katsuobushi의 안쪽 깊이 침투하고 있다. 이 사실이 곰팡이의 접종을 생각하면 중요하다고 생각된다. Katsuobushi에 있어서 발육상태를 관찰한 결과에 의하면 한 예를 그림 7-34에 나타내었다. 곰팡이 균사는 Katsuobushi의 표층부위에서 약 50～500 ㎛ 정도의 범위 내에 국재하여 있고 또한 곰팡이의 포자는 표층부위 외측에 두께 약 20～120 ㎛ 정도의 층을 형성하여 밀착하고 있다.

균사와 포자는 언제나 Katsuobushi 내부의 근육조직에는 존재하지 않는 것을 알았다. 따라서 아래에서 설명하는 곰팡이 접종의 효과는 주로 Katsuobushi의 표면에서 인정되는 효과로서 생각하는 것이 타당하다고 생각된다. Katsuobushi 내부의 수분 등의 표층으로 확산하는 것에 의한 영향이나, 역으로 곰팡이의 효소가 내부에 침투함으로써 생기는 효과도 고려할 필요가 있다.

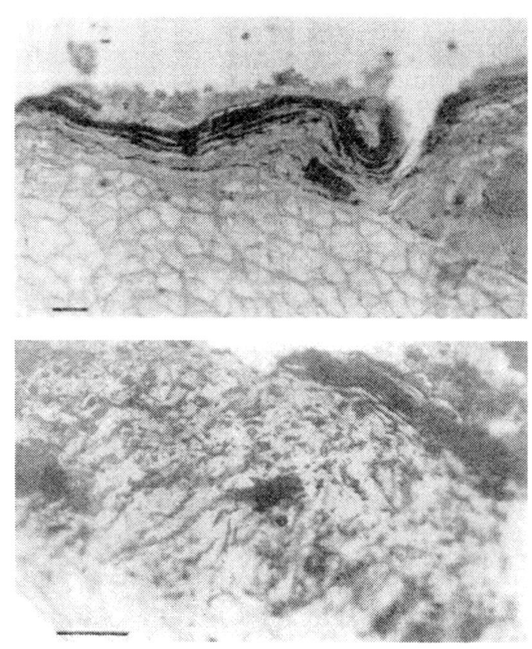

그림 7-34. Katsuobushi에 있어서 곰팡이 발육 상태

곰팡이 접종에 의한 효과로서 수분과 지방질이 감소하는 것은 옛날부터 알았다(표 7-47). Katsuobushi 중의 지방질은 훈연에 의하여 산화되기 어렵지만 일부는 서서히 산화되어 향기의 저하의 원인이 되기 쉽다. 곰팡이의 접종은 그 품질 저하의 원인으로 되는 지질을 감소시킨다는 의미로 효과가 있다.

Katsubushi의 유지 성분은 앞에서 설명한 것과 같이 곰팡이 접종 중 일부는 alcohol류로 변환시켜 특유 향미를 형성한다. 따라서 원료의 지질함량이 지나치게 낮으면 향미 부족한 Katsuobushi가 된다고 한다. 보통 지방질 함량은 2～3%가 적당하다고 한다. 향기 형성 면에서 곰팡이의 접종효과로서는 유지성분에서 alcohol류의 생성과 더불어 phenol류의 methyl화가 중요하다고 생각된다.

Toi 등은 *Aspergillus*속에 의한 phenol류의 변화를 조사하여 guaiacol, cresol 그리고 2, 6-dimethoxyphenol로 methyl화가 일어나 다른 phenol류는 분해되는 것을 확인하였다(표 7-48). 이와 같은 변화에 의하여 훈연 냄새가 순하게 되는 것으로 생각된다.

곰팡이 접종의 효과는 향기 부여만이 아니고 악취의 제거에서도 중요하다. 예를 들면 곰팡이 접종 중에 trimethylamine과 같은 악취 성분이 점차 감소되는 것으로 알려져 있으나 *Penicillium*이나 *Aspergillus*속의 곰팡이 중에는 trimethylamine을 소비하는 균주가 존재하는 사실에서 이들 감소에는 이들의 곰팡이가 관여하고 있을 것이다.

한편 Katsuobushi의 정미에 대한 곰팡이 접종의 효과에 대한 것은 앞에서 설명한 것과 같이 곰팡이 접중으로 inosinic acid의 변화가 많아지는 것과 또한 곰팡이 접종에 의하여 아미노산의 조성에 변화가 인정되지 않는다는 것에서 정미 성분의

표 7-47. 각종 Katsuobushi 곰팡이 접종한 경우의 지방질 함량의 변화

균 주 명	수분(%)		지방(무수물 중)(%)	
	곰팡이 접종 전	곰팡이 접종 후	곰팡이 접종 전	곰팡이 접종 후
Asp. schellei	21.3	14.4	18.3	7.5
Asp. ruber	21.1	1.42	18.0	6.1
Asp. repens	23.3	14.8	19.3	4.4
상기 혼합	23.6	14.6	19.1	6.0
Asp. ochraceus	23.1	13.6	17.7	7.7
Asp. sydowi	24.0	14.7	19.4	16.1
Asp. sartory	24.0	14.0	18.4	12.5
무접종	24.0	14.0	18.4	18.5

표 7-48. *Aspergillus repens*에 의한 phenol류의 분해와 o-methyl화

화 합 물	① 수 량(mg /50 ㎖)		증식의 정도
	불 변	Methyl화	
Cresol	3.86	0.24	+++
Guaiacol	2.92	0.59	+++
2, 6-Dimethoxyphenol	1.22	1.29	+++
2, 4-Dimethoxyphenol	4.64	0.00	+
3, 4-Dimethoxyphenol	4.59	0.00	+
3, 5-Dimethoxyphenol	4.28	0.00	+
o-Cresol	4.15	0.00	++
m-Cresol	3.02	0.00	++
p-Cresol	trace	0.00	+++
Phenol	trace	0.00	+++

각 화합물 5.00 mg /50 ㎖를 함유한 배지에서 25℃, 20일간 배양.

생성에 대한 곰팡이 접종의 효과는 특히 없는 것 같다.

이 외에 곰팡이 접종의 효과로서는 우량한 곰팡이의 증식에 의하여 불량 곰팡이의 증식을 억제하는 것과 곰팡이의 색이 Bushi[절(節)]의 건조 정도의 목표가 되는 것과 지방질의 분해에 의하여 국물의 혼탁이 방지되는 것 등이 있다고 한다.

[Katsuobushi의 변질]

Katsuobushi에 일어나는 악변(惡變)의 하나는 변색현상이다. 이것은 Katsuobushi의 육색(肉色) 저장 중에 회백색이 되므로 표면에 특히 껍질 외측에의 표면에 발생하고 점차 절(節, Bushi)의 내부로 진행한다. 백색 발생부분의 육질은 치밀성을 잃고 허물러 짐으로 대패로 깎으면 분말로 되기 쉽다.

백색 발생의 원인은 Bushi[절(節)] 표면의 지방질의 자동산화에 의하여 과산화물이 생성되고, 이것이 점차로 내부의 myoglobulin과 접촉하여 그 porphyrin환 개열하기 때문으로 생각된다. 백색 발생부분은 여러 지방질의 Katsuobushi 제조한 Bushi[절(節)]에서 많이 발생되고, 정상인 Bushi[절(節)]와 지방질의 차이를 조사한 결과에 의하면 총 질소 함량은 전자에서는 3.0～5.6%, 후자에서는 8.5～11.5%이다.

부 록

〈부록 1〉 한국의 주요 발효식품 / 375

〈부록 2〉 중국의 주요 발효식품 / 385

〈부록 3〉 일본의 주요 발효식품 / 407

〈부록 1〉 한국의 주요 발효식품

우리나라의 중요 발효식품은 『식품공전』[식품의약품 안전청(2011년)], 『축산물의 가공기준 및 성분규격』[국립수의과학학원(2011년), 『산업규격』 등에 수록되어 있다. 『축산물의 가공기준 및 성분규격』상의 발효식품(유발효식품, 발효유)은 아래와 같다.

1. 한국의 발효유류(축산물 발효식품)

1) 정 의

발효유류라 함은 원유 또는 유가공품을 유산균, 효모로 발효시킨 것이다. 이에 다른 식품 또는 식품첨가물 등을 위생적으로 첨가한 것을 말한다.

2) 축산물가공품의 유형

(1) 발효유: 원유 또는 유가공품을 발효시킨 것이다. 이에 다른 식품 또는 식품첨가물 등을 위생적으로 첨가한 것으로 무지유고형분 3% 이상의 것을 말한다.

(2) 농후발효유: 원유 또는 유가공품을 발효시킨 것이나, 이에 다른 식품 또는 식품첨가물 등을 위생적으로 첨가한 것으로 호상 또는 액상으로 한 무지유고형분 8% 이상의 것을 말한다.

(3) 크림 발효유: 원유 또는 유가공품을 발효시킨 것이나, 이에 다른 식품 또는 식품첨가물 등을 위생적으로 첨가한 것으로 무지고형분 3% 이상, 유지방 8% 이상의 것을 말한다.

(4) 농후크림 발효유: 원유 또는 유가공품을 발효시킨 것이나, 이에 다른 식품 또는 식품첨가물 등을 위생적으로 첨가한 것으로 무지유고형분 8% 이상, 유지방 8% 이상의 것을 말한다.

(5) 발효 버터유: 버터유를 발효시킨 것으로 무지고형분 8% 이상의 것을 말한다.

(6) 발효유 분말: 원유 또는 유가공품을 발효시킨 것이나, 이에 다른 식품 또는 식품첨가물 등을 위생적으로 첨가한 것으로 분말화한 유고형물 85% 이상의 것을

말한다.

3) 성분규격

표 1-1. 성분규격

	발효유	농후발효유	크림발효유	농후 크림발효유	발효버터유	발효유 분말
성 상	고유의 색택과 향미를 가진 액상으로서 이미, 이취가 없어야 한다.	고유의 색택과 향미를 가진 호상 또는 액상으로서 이미, 이취가 없어야 한다.	고유의 색택과 향미를 가진 액상으로서 이미, 이취가 없어야 한다.	고유의 색택과 향미를 가진 액상으로서 이미, 이취가 없어야 한다.	고유의 색택과 향미를 가진 액상으로서 이미, 이취가 없어야 한다.	고유의 색택과 향미를 가진 액상으로서 이미, 이취가 없어야 한다.
수분(%) 유고형분(%)	- -	- -	- -	- -	- -	5.0 이상 85 이상
무지유 고형분(%) 유지방(%)	3.0 이상 -	8.0 이상	3.0 이상 8.0 이상	8.0 이상 8.0 이상	8.0 이상 1.5 이하	- -
유산균 수 또는 효모 수	1 mℓ당 10,000,000 이상	1 mℓ당 10,000,000 이상	1 mℓ당 10,000,000 이상 (단 냉동제품은 10,000,000 이상)	1 mℓ당 10,000,000 이상	1 mℓ당 10,000,000 이상 (단 냉동제품은 10,000,000 이상)	1 mℓ당 10,000,000 이상
대장균 군	n=5, c=2 m=0 M=10	n=5, c=2 m=0 M=10	n=5, c=2 m=0 M=10	n=5, c=2 m=0 M=10	n=5, c=2 m=0 M=10	n=5, c=2 m=0 M=10

『식품공전』상의 발효식품(유발효식품, 발효음료)은 다음과 같다.

2. 한국의 발효음료류(축산물 발효식품)

1) 정 의

유가공품 또는 식물성 원료를 유산균, 효모 등 미생물로 발효시켜 가공한 것

2) 식품유형

(1) 유산균 음료: 유가공품 또는 식물성 원료를 유산균으로 발효시켜 가공(살균을 포함한다)한 것
(2) 효모 음료: 유가공품 또는 식물성 원료를 유산균으로 발효시켜 가공(살균을 포함한다)한 것
(3) 기타 발효 음료: 유가공품 또는 식물성 원료를 유산균으로 발효시켜 가공(살균을 포함한다)한 것

3) 규 격

(1) 유산균 수 또는 효모 수: 1 mℓ당 1,000,000 이상(유산균 효모음료에 한하며, 살균제품은 제외한다.
(2) 세균 수: 1 mℓ당 100 이하(살균제품에 한한다)
(3) 대장균: 음성이어야 한다.
(4) 보존료: 정한 규정 외는 사용해서는 안 된다(식품공전, 2011년, 참조).

3. 한국의 장류(두류 발효식품)

1) 정 의

동·식물성 원료에 누룩균 등을 배양하거나 메주 등을 주원료로 하여 식염 등을 섞어 발효·숙성시킨 것을 제조·가공한 것으로 메주, 한식간장, 양조간장, 산 분해간장, 효소분해간장, 혼합간장, 한식된장, 된장, 조미된장, 고추장, 조미고추장, 춘장, 청국장, 합장 등을 말한다.

2) 식품유형

(1) 메주
① 한식메주: 대두를 원료로 하여 찌거나 삶아 성형하여 발효시킨 것
② 개량메주: 대두를 주원료로 하여 원료를 찌거나 삶은 후 선별된 종균을 이용하여 발효시킨 것

(2) 한식간장
① 재래 한식간장: 한식메주를 주원료로 하여 식염수 등을 섞어 발효·숙성시킨 후 그 여액을 가공한 것
② 개량 한식간장: 개량메주를 주원료로 하여 식염수 등을 섞어 발효·숙성시킨 후에 그 여액을 가공한 것
(3) 양조간장: 대두, 탈지대두 또는 곡류 등에 누룩균 등을 배양하여 식염수 등을 섞어 발효·숙성시킨 후에 그 여액을 가공한 것
(4) 산 분해간장: 단백질을 함유한 원료를 산으로 가수분해 한 후 그 여액을 가공한 것.
(5) 효소분해간장: 단백질을 함유한 원료를 효소로 가수분해 후 그 여액을 가공한 것
(6) 혼합간장: 한식간장 또는 양조간장에 산 분해간장 또는 효소 분해간장을 혼합하여 가공한 것이나 산 분해간장 원액에 단백질 또는 이에 원액에 양조간장 원액이나 산 분해간장 원액 등을 혼합하여 가공한 것
(7) 한식된장: 한식메주에 식염수를 가하여 발효 후 여액을 분리한 것
(8) 된장: 대두, 쌀, 밀 또는 탈지대두 등을 주원료로 하여 누룩균 등을 배양한 후 식염을 혼합하여 발효·숙성시킨 것 또는 메주를 식염수에 담가 발효하고 여액을 분리하여 가공한 것
(9) 조미된장: 된장(90% 이상)을 주원료로 하여 식품 또는 식품첨가물을 가한 것
(10) 고추장: 두류 또는 곡류 등을 주원료로 하여 누룩균 등을 배양한 후 고춧가루(6%)와 식염 등을 가하여 발효·숙성하거나 숙성 후 고춧가루(6% 이상), 식염 등을 가한 것
(11) 조미고추장: 고추장(90% 이상)을 주원료로 하여 식품 또는 식품첨가물을 가한 것
(12) 춘장: 대두, 쌀, 밀 또는 탈지대두 등을 주원료로 하여 누룩균 등을 배양한 후 식염, 캐러멜 색소 등을 가한 것
(13) 청국장: 대두를 주원료로 하여 바실러스(*Bacullus*)속 균으로 발효시켜 제조한 것이거나 이를 고춧가루, 마늘 등으로 조미한 것으로 페이스트, 환, 분말한 것
(14) 혼합간장: 간장된장, 고추장, 춘장 또는 청국장 등을 주원료로 하거나 이에 식품 또는 식품첨가물을 혼합하여 제조·가공한 것(장류 50% 이상)
(15) 기타 간장: 식품 유형 (2)~(11)에 해당하지 아니하는 간장, 된장, 고추장을 말한다.

3) 규 격

(1) 총 질소(w/v%) : 0.8 이상(간장에 한하며, 한식간장은 0.7 이상)
(2) 타르색소: 검출되어서 안 된다.
(3) 총 아플라톡신(μg / kg) 15 이하(B_1, B_2 및 G_2의 합으로서 단 B_1은 10 μg / kg 이하이어야 하며, 메주에 한한다)
(4) 대장균 군: 음성[혼합장(살균제품)에 한한다]
(5) 보존료: 정한 규정 외는 사용해서는 안 된다(식품공전, 2011년, 참조).

4. 한국의 식초(발효조미료)

1) 정 의

곡류, 과실류, 주류 등을 주원료로 하여 발효시켜 제조하거나 이에 곡물 당화액, 과실 착즙액 등을 혼합·숙성하여 만든 발효식초와 빙초산 또는 초산을 먹는 물로 희석하여 만든 합성식초를 말한다.

2) 식품유형

(1) 발효식초: 과실 술덧(주료), 과실 착즙액, 곡물주, 곡물 당화액, 주정 또는 당류 등을 원료로 하여 초산 발효한 액과 이에 과실 착즙액 또는 곡물 당화액을 혼합·숙성한 것. 이 중 감을 초산 발효한 액을 감식초라 한다.
(2) 합성식초 : 빙초산 또는 초산을 먹는 물로 희석하여 만든 액
(3) 기타 식초 : 식품 유형 (1)~(2)에 정하여지지 아니한 식초

3) 규 격

(1) 초산(총산으로서, w/v%) : 4.0~29.0(다만 감식초는 2.6%)
(2) 타르색소: 검출되어서는 안 된다.
(3) 보존료: 정한 규정 외는 사용해서는 안 된다(식품공전, 2011년, 참조).

5. 한국의 김치류(채소 발효식품)

1) 정 의

배추 등의 채소류를 주원료로 하여 절임, 양념 혼합공정을 거쳐 그대로 또는 발효시켜 가공한 것으로 김칫속 배추김치 등을 말한다.

2) 식품유형

(1) 김칫속 : 식물성 원료에 고춧가루, 당류, 식염 등을 가하여 혼합한 것으로 채소류 등에 첨가 혼합하여 김치를 만드는 데 사용되는 것
(2) 배추김치 : 배추를 주원료로 하여 절임, 양념 혼합과정을 등을 거쳐 그대로 또는 발효시킨 것이거나 이를 가공한 것
(3) 기타 김치 : 채소를 주원료로 하여 절임, 양념 혼합과정 등을 거쳐 그대로 또는 발효시킨 것이거나 이를 가공한 것으로 배추김치 이외의 것

3) 규 격

(1) 납(mg/kg) : 0.3 이하
(2) 카드뮴(mg/kg) : 0.2 이하
(3) 타르색소 : 검출되어서는 안 된다.
(4) 보존료 : 검출되어서는 안 된다.
(5) 대장균 군 : 음성이어야 한다(살균포장에 한한다).

6. 한국의 젓갈류(수산물 발효식품)

1) 정 의

어류, 갑각류, 연체동물, 극피동물 등의 전체 또는 일부분을 주원료로 하여 이에 소금을 가하여 발효·숙성한 것 또는 이를 분리한 여액에 다른 식품 또는 식품첨가물을 가하여 가공한 젓갈, 양념젓갈액젓, 조미액젓, 식해를 말한다.

2) 식품유형

(1) 젓갈 : 어류, 갑각류, 연체동물, 극피동물 등의 전체 또는 일부분을 주원료(생물로 기준할 때 60% 이상이어야 한다)로 하여 식염을 가하여 발효·숙성시킨 것
(2) 양념젓갈 : 젓갈에 고춧가루, 조미료 등 양념을 첨가한 것
(3) 액젓 : 젓갈을 여과·분리한 액
(4) 조미액젓 : 액젓을 희석하여 염수나 조미료 등을 첨가한 것
(5) 식해류 : 어류, 갑각류, 연체동물, 극피동물 등의 전체 또는 일부분을 주원료(생물로 기준할 때 60% 이상)로 하여 이에 식염 및 곡류 등을 가하여 발효·숙성시킨 것

3) 규 격

(1) 총 질소(%) : 액젓 1.0 이상(다만 곤쟁이 액젓은 0.8 이상)
(2) 대장균 군 : 음성이어야 한다(다만 액젓, 조미액에 한한다)
(3) 타르색소 : 검출되어서는 안 된다.
(4) 보존료(g/kg) : 정한 규정 외는 사용해서는 안 된다(식품공전, 2011년, 참조).
(5) 대장균 : 음성이어야 한다(다만 액젓, 조미액젓은 제외한다).

7. 한국의 주류 발효식품

곡류, 서류, 과일류, 및 전분질 원료 등을 주원료로 하여 발효 등 제조·가공한 양조주, 증류주 등 주세법에서 규정한 주류를 말한다.

7.1 탁 주

1) 정 의

전분질 원료와 국을 주원료로 하여 발효시킨 술덧(주료)을 혼탁하게 제성한 것

2) 규 격

(1) 에탄올(v/v%) : 주세법의 규정에 의한다.
(2) 총산(w/v%) : 0.5 이하(호박산으로서)
(3) 메탄올(mg/mℓ) : 0.5 이하
(4) 진균 수 : 음성이어야 한다(다만 살균제품에 한한다).
(5) 보존료 : 검출되어서는 안 된다.

7.2 약 주

1) 정 의

전분질 원료와 국을 주원료로 하여 발효시킨 술덧(주료)을 여과하여 제성한 것

2) 규 격

(1) 에탄올(v/v%) : 주세법의 규정에 의한다.
(2) 총산(w/v%) : 0.7 이하(호박산으로서)
(3) 메탄올(mg/mℓ) : 0.5 이하

(4) 진균 수: 음성이어야 한다(다만 살균제품에 한한다).
(5) 보존료: 검출되어서는 안 된다.

7.3 청 주

1) 정 의

전분질 원료와 국을 주원료로 하여 발효시킨 술덧(주료)을 여과하여 제성한 것 또는 발효 제성과정에 주류 등을 첨가한 것

2) 규 격

(1) 에탄올(v/v%): 주세법의 규정에 의한다.
(2) 총산(w/v%): 0.3 이하(호박산으로서)
(3) 메탄올(mg/mℓ): 0.5 이하

7.4 맥 주

1) 정 의

맥아 또는 맥아와 전분질 원료, 홉 등을 주원료로 하여 발효시켜 제성한 것

2) 규 격

(1) 에탄올(v/v%): 주세법의 규정에 의한다.
(2) 메탄올(mg/mℓ): 0.5 이하

7.5 과실주

1) 정 의

과실 또는 과즙을 주원료로 하여 발효시킨 술덧(주료) 등 여과 제성한 것 또는 발효과정에 과실, 당질 또는 주류 등을 첨가한 것

2) 규 격

(1) 에탄올(v/v%): 주세법의 규정에 의한다.
(2) 메탄올(mg/mℓ) 1.0 이하
(3) 보존료: 정한 규정 외는 사용해서는 안 된다(식품공전, 2011년, 참조).
(4) 납(mg/kg): 0.2 이하(다만, 포도주에 따라 시험한다)

7.6 소 주

1) 정 의

전분질 원료, 국을 원료로 하여 발효시켜 증류 제성한 것 또는 주정을 물로 희석하거나 이에 주류나 곡물 주정을 첨가한 것

2) 규 격

(1) 에탄올(v/v%) : 주세법의 규정에 의한다.
(2) 메탄올(mg/mℓ) : 0.5 이하
(3) 알데히드(mg/100 mℓ) 70.0 이하

7.7 위스키

1) 정 의

발아된 곡류 또는 이에 곡류를 넣어 발효시킨 술덧(주료)을 증류하여 나무통에 넣어 저장한 것이거나 또는 이에 주류 등을 첨가한 것

2) 규 격

(1) 에탄올(v/v%) : 주세법의 규정에 의한다.
(2) 메탄올(mg/mℓ) : 0.5 이하
(3) 알데히드(mg/100 mℓ) 70.0 이하

7.8 브랜디

1) 정 의

과실(과즙 포함) 또는 이에 당질을 넣어 발효시킨 술덧(주료)이나 과실주(과실조박 포함)를 증류하여 나무통에 넣어 저장한 것 또는 이에 주류 등을 첨가한 것

2) 규 격

(1) 에탄올(v/v%) : 주세법의 규정에 의한다.
(2) 메탄올(mg/mℓ) : 1.0 이하
(3) 알데히드(mg/100 mℓ) : 70.0 이하

7.9 일반 증류주

1) 정 의

전분질 또는 당질을 주원료 하여 발효 증류한 것 또는 증류주를 혼합한 것으로 주정, 소주, 위스키, 브랜디 이외에 주로서 주세법에서 규정한 것

2) 규 격

(1) 에탄올(v/v%) : 주세법의 규정에 의한다.
(2) 메탄올(mg/mℓ) : 0.5 이하(다만, 용설란을 주원료로 한 제품에 한하여 1.0 이하)
(3) 알데히드(mg/100mℓ) : 70.0 이하

7.10 리쿠어

1) 정 의

전분질 또는 당질을 주원료로 하여 발효시켜 증류한 주류에 인삼, 과실(포도 등 발효시킬 수 있는 과실 제외) 등을 침출시킨 것이거나 발효 증류, 제성과정에 인삼, 과실(포도 등 발효시킬 수 있는 과실 제외)의 추출액을 첨가한 것 또는 주정, 소주, 일반 증류주의 발효, 증류, 제성과정에 주세법에서 정한 물료를 첨가한 것

2) 규 격

(1) 에탄올(v/v%) : 주세법의 규정에 의한다.
(2) 메탄올(mg/mℓ) : 1.0 이하

7.11 기타 주류

1) 정 의

따로 기준 및 규격이 제정되지 아니한 주류로서 주세법에서 규정한 것

2) 규 격

(1) 에탄올(v/v%) : 주세법의 규정에 의한다.
(2) 메탄올(mg/mℓ) : 주세법의 규정에 따른다.

〈부록 2〉 중국의 주요 발효식품

1. 중국의 발효조미료(조미료 발효식품)

중국에는 발효법으로 만든 조미료가 아주 많고 역사도 유구하다. 이들을 Tanaka 씨의 분류법에 따라 분류하면 아래와 같다. 그러나 이 책에서는 발효식품은 달리 분류하여 설명하였다.

1.1 장류(醬類)(두류 발효식품)

1) 곡장(穀醬)

곡물을 원료로 한 장(醬)

① 대장(大醬), 두장(豆醬), 황장(黃醬): 대두를 원료로 한 장(醬)

② 면장(麵醬), 첨면장(甛麵醬), 첨장(甛醬): 소맥을 원료로 한 감미된장(味噌)

③ 장유(醬油), 청장(淸醬): 대두를 원료로 한 장(醬)

④ 두판장(豆瓣醬), 두판신장(豆瓣辛醬): 잠두(蠶豆), 소맥분, 당신자(唐辛子)로 만든 장(醬)

2) 육장(肉醬)

염신류(塩辛類: 젓류)의 조미료

① 육장(肉醬): 고기의 젓

② 어장(魚醬), 어로(魚露): 생선·오징어의 젓, 어장유(魚醬油, 오징어 간장)

③ 하장(蝦醬), 하유(蝦油): 새우젓, 새우 페이스트, 새우장유, 새우소스

④ 해장(蟹醬): 게의 젓

⑤ 패장(貝醬),여유(蠣油): 모려(牡蠣)의 소스

3) 부유(腐乳), 두부유(豆腐乳)

두부를 원료로 한 발효조미료

4) 두시(豆豉), 염두시(塩豆豉), 수두시(水豆豉)

두(豆)를 사용한 발효조미료, 일본의 하마낫토(浜納豆), 다이토쿠지낫토(大德寺納豆) 등의 테라낫토(寺納豆)에 유사한 것

1.2 조류(糟類)

(1) 주박 그리고 주박 유사의 발효조미료
(2) 향조(香糟), 소조(紹糟), 주조(酒糟)

1.3 주류(酒類)(주류 발효식품)

(1) 양조주(釀造酒): 노주(老酒), 황주(黃酒), 나미주(糯米酒), 포도주(葡萄酒)
(2) 증류주(蒸溜酒): 백주(白酒), 백건아(白乾兒), 브랜디(brandy)

1.4 초류(醋類)(발효조미료)

(1) 흑초(黑醋): 고체・액체발효로 만든 흑초(黑醋)
(2) 훈초(薰醋): 고체 발효시킨 제미를 훈제하여 만든 흑초(黑醋)
(3) 백초(白醋): 무색 또는 담황색의 투명한 초(醋)

이들 발효조미료 중에서 중국요리를 조리할 때 중요한 역할을 차지하는 것은 전국적으로 보면 소흥주(紹興酒), 장유(醬油), 초(醋), 참면장(甛麵醬) 등이 있고, 남쪽에서 여유(蠣油 : 굴 기름), 어로(魚露), 두시(豆豉), 부유(腐乳) 등이 더해진다.

2. 중국의 두류 발효식품

두류 발효식품이란 두류(豆類)를 주요한 원료로 하여 미생물의 작용을 이용하여 각종 콩을 발효하여 만든 식품이다. 중국에는 두장(豆醬), 장유(醬油), 두시(豆豉), 부유(乳腐) 등 두류 발효식품은 아주 많은 식품이 있고, 각종 제조공정은 복잡하고 다종다양한 식품영역에 관여하여 색깔이 좋아 아름답고 기호성이 있는 식품이다.

2.1 두장(豆醬)

두장(豆醬)이란 일반적으로 대두(大豆), 잠두(蠶豆), 소맥 분말을 주요 원료로 하여 양조한 일종의 반유동 상태의 조미료이다. 중국에는 『일곱 집의 문을 열면 연

료, 쌀, 기름, 소금, 장, 식초, 차가 있다』라는 속담이 있다. 장은 여러 종류가 있고 그 주된 것으로는 두장(豆醬) 그리고 면장(麵醬 : 소맥장)이 있다. 또 이들의 주원료에서 만든 것으로 다시 각종 부원료를 가하여 재가공한 많은 종류가 있다. 각 원료에 따라 독특한 기술로 독특한 풍미가 있는 식품을 제조하고 있다. 장은 4종류로 대별하고 있으나 이것을 표 2-1에 나타내었다.

중국에서는 두장의 생산이 성행하고, 각 지방의 식습관에 차이가 있으며, 각지의 풍미가 다른 특색이 있는 유명한 장류의 식품시장이 있다. 각 지방 특색의 장류 중에서 1984년도 중화인민공화국 상업부(일본의 경제상업통상성에 상당) 주최의 품평회에서 20점의 우수제품이 선정되어 이 중에서도 새우들이, 참깨들이, 땅콩들이 장이나 불고기의 양념(돈육, 계육, 우육을 기한 장)이 있다.

이 외에 잠두나 고추들이 장, 참깨들이 고추장이 중국 경공업부와 농업부 주최의 품평회에서 우수제품으로 선정되었다.

표 2-1. 장의 종류와 명산제품의 명칭

종 류	원 료	기 술	양조품의 별명칭
면장(麵醬)	소맥분말(麵粉)	전통기술(天然麵醬) 신기술(효소법 면장)	첨면장(甛麵醬) 첨장(甛醬)
두장(豆醬)	대두(脫脂大豆)	전통기술(天然豆醬) 신기술 (효소법 豆醬)	황장(黃醬), 대장(大醬), 두장(豆醬), 두판장(豆辦醬)
잠두장(蠶豆醬)	잠두(蠶豆)	전통기술 신기술	잠두장(蠶豆醬) 잠두랄장(蠶豆剌醬) 두판장(豆辦醬)
복제장(複制醬)	면장(麵醬), 두장(豆醬), 잠두장(蠶豆醬)을 혼합한 조미료(풍미 조미료)	배합기술	랄두장(辣豆醬), 지마랄장(芝麻辣醬) 사차장(沙茶醬) 주후{柱侯); 패주장(貝柱醬)] 금구(金鉤), 두판장(豆辦醬), 해미선장(海味鮮醬)

2.2 장유(醬油)

장유의 원천은 장(醬)으로 양조의 원료나 양조기술의 대부분은 같은 것이 이용되고 있다. 장유는 현재 지방에 따라 청장(淸醬), 추장(抽醬)이나 시유(豉油)의 별명이 있다. 장유는 대두, 탈지대두나 소맥분 혹은 밀기울, 식염, 물을 원료로 하여 미생물에 의한 양조공정을 거쳐 일종의 지미 액체 조미료로 이들은 식품으로서 좋아하는 색, 향, 맛을 가지고 있다.

중국에서는 대부분의 지방에서 장유를 사용하는 습관이 있고, 각 지방에서 사용되는 장유의 맛은 다르고 장유의 종류도 같은 것이 없다. 그러나 현재 중국의 장유에는 품질기준이 제정되어 천연발효와 인공에 의한 고염(高塩) 액체 발효기술, 고체 발효기술, 저염(低塩) 고체 발효기술 그리고 무염(無塩) 고체 발효기술이 채용되고 있다. 이들은 소위 양조장유로 그 장유의 색탁이 농후하고 담색이 있으며, 본색 장유(Koikuchi ; 濃口)와 담색 장유(Usukuchi ; 淡口)로 나눈다.

현재에도 중국 각지에서는 전통이 있는 유명한 장유가 천연 쇄로(晒露 : silo) 발효[옥외에서 천일(天日)이나 야로(夜露)에 바래면서 발효시킨다], 즉 전통적인 기술(老法)로 만들어 특산품으로 판매하고 있다. 이들 공정으로 만들어진 장유에는 양조기술에 따라 저명한 호남상담용패(湖南湘潭龍牌) 장유, 절강단산(浙江丹山)의 낙수유(洛泗油), 광동의 생추왕(生推王), 복건하문(福建厦門)의 수선화패(水仙花牌) 장유, 운남타순(雲南妥甸) 장유 등이 있다.

또 액체 발효기술 혹은 고체·액체 발효기술로 만든 장유는 색은 비교적 진하고 발효한 좋은 향으로 광택이 있고, 국가의 우수한 패를 수상한 북경금사(北京金獅), 상해해구(上海海鷗), 석가압진극(石家庄珍極), 강소항순(江蘇恒順), 광동치미재(廣東致美齋), 광동해천(廣東海天) 장유가 있다. 저염(低塩) 고체 발효기술은 최근 중국 전국으로 넓혀져 국가가 추진하고 있는 장유 양조법의 일종으로 전국에서 생산 그리고 소비되는 장유의 대부분이 이 기술로 만들어지는 장유이다.

표 2-2. 장유의 종류와 별명

종 류	발효기술의 종류	양조품의 다른 명칭
본색 장유(本色醬油)	천연양조기술, 고염 액체 발효기술로 양조된 중급, 고급 장유	생추(生抽), 모유(母油), 관두시유(琯頭豉油)
담색 장유(淡色醬油)	신기술로 양조된 고급, 중급 장유와 보통 장유	노추(老抽), 쇄유(晒油), 투유(套油)

이 중에서 최우수의 장유로서 호남성 상덕(湖南省 常德)의 덕산교패(德山橋牌) 장유가 있다. 또한 중국 장유시장에서 언제나 보이는 일종의 풍미 조미료는 품질이 좋은 양조장유를 기초로 하여 풍미재료 그리고 각종 조미료를 가한 장유이다. 예를 들면 하자(虾籽) 장유 ; 작은 새우장, 마고(磨菇) 장유 ; 버섯장유, 특선유(特鮮油) ; 맛내기 장유 등이 사람들에게 환영받고 있다.

2.3 두시(豆豉)

두시(豆豉)는 일종의 고전적인 전통발효로 만든 콩 제품으로 지미(旨味)가 있고, 영양이 풍부하여 사람들이 좋아하는 조미식품이다. 더욱이 두시를 먹으면 식욕이 증진하여 한방약으로서 한기를 없애고 감기를 구축하여 여러 질병에 대하여 치료효과를 올릴 수 있다고 한다.

두시는 대두 장유의 원천으로 양호하게 발효된 두시에 물을 가하고 가용성 성분을 추출하여 이 흑색의 즙액을 두즙(豆汁), 시유(豉油) 혹은 청장(清醬)이라 부른다. 현재에도 두즙(豆汁)이 두법시유(頭法豉油) 또는 두법장유(頭法醬油), 음유(蔭油) 혹은 오두장유(烏豆醬油)라 하여 중국 동남의 해안 연안 일대(복건, 광동, 절강성) 그리고 대만에서는 의연하게 소비되고 있다. 이 두시의 종류는 아주 많고 일반적으로 원료의 색으로 구별하고 있다.

흑두(黑豆) 두시로서는 강서두시(江西豆豉,) 유양두시(瀏陽豆豉), 동천두시(潼川豆豉)가 있고, 대두(大豆) 두시로서는 강동양강(廣東陽江)두시, 강소(江蘇)나 상해(上海) 일대에서 생산되는 두시 등이 있다. 또 두시제품의 맛에서 분류하여 소금을 가한 엄제(腌製 : 염지) 제품은 염미(塩味)가 진하고 함두시(鹹豆豉)라고 하며, 대부분의 두시가 여기에 속한다. 염지(塩漬)하지 않는 무염의 것을 담두시(淡豆豉)라 한다. 염미가 비교적 묽은 유양두시(瀏陽豆豉)가 있다. 이 두시 중에 수분함량이 높고 낮은 것이 있어 간두시(干豆豉 ; 건조두시)와 수두시(水豆豉)의 2종류로 나눈다.

간두시(干豆豉)는 중국의 남방에서 생산되어 두립이 남아 있고 푹신푹신하여 부드럽고 기름이 매끄럽고 윤기가 있으며, 여기에는 호남(湖南) 두시와 사천(四川) 두시가 있다. 물 두시는 비교적 수분함량이 많고 두립(豆粒)이 연하며 실을 내고, 북방에서 많이 만드는 산동(山東) 두시가 있다. 또 양자의 중간 수분함량의 습두시(濕豆豉)가 있다. 제국 시에 관여하는 미생물은 같지 않다.

털곰팡이형 두시로서는 사천(四川)의 동천(潼川), 영천(永川) 두시가 있다. 국균형(麴菌型) 두시로서는 강동양강(江東陽江) 두시, 상해(上海), 무한(武韓) 등에서 생산되는 두시가 있다. 세균형(細菌型) 두시로서는 임기(臨沂) 두시와 운남(雲南), 귀주(貴州), 사천(四川) 일대의 민간 가정에서 만드는 두시가 있다. 또 첨가한 원료명의 이름을 붙인 두시가 있고 강시(薑豉), 초시(椒豉), 가시(茄豉), 과시(果豉), 향유시(香油豉) 등으로 이들은 임기(臨沂)의 팔보(八寶) 두시 개봉서과(開封西瓜) 두시 호남랄(湖南辣) 두시가 있다. 두시는 오래 됨에 따라 중국요리 중의 저명한 천채(川菜 ; 사천요리)와 상채(湘菜 : 호남요리)에 반드시 조미식품으로 사용되고 있다. 광동사람은 각종 채소나 생선을 조리할 때 맛을 내기 위하여 두시를 사용하는 것을 즐겨하고 있다.

두시의 생산지는 중국의 고대문화와 같고, 최초의 발상지는 황하유역 일대에서 유역의 협서(陜西), 포주(蒲州)에서는 고대부터 사용하여 왔다. 그 후 강서(江西), 산동(山東), 호남(湖南) 등 생산지로 전해져 현재에 이르고 사천(四川), 절강(浙江), 호북(湖北), 복건(福建), 광동(廣東) 등의 성에서 생산되고 있다. 강서(江西)의 태화(泰和) 두시와 호남유양(湖南瀏陽) 두시는 오래 전부터 명성이 높고 사천동천(四川潼川) 두시는 독특한 풍미를 갖추고, 산동임기(山東臨沂) 두시는 독자의 길을 개척하여 두시의 특색을 갖추고 하남개봉서과(河南開封西瓜) 두시는 특색이 있고 또 한나라 황제에 헌상한 금상화를 첨가하였다. 이들은 중국두시로서 국내외에 유명하다.

2.4 부유(腐乳, Soyean cheese, Chinese cheese)

부유(腐乳) 또는 유부(乳腐), 숙부(菽腐) 혹은 장두부(醬豆腐)라 부르고 중국 독자의 민족색이 있는 발효식품이다. 중국 부유의 생산지는 전국 각지로 넓혀져 있고 독특한 풍미가 있으며, 섬세하고 연하고 영양이 풍부하여 식욕을 증진시키는 식품이다. 각지의 부유는 맛이 한결같지 않고 제조법도 각각 달라 여러 종류가 있으며, 부유라 하여도 같은 것은 아니다.

가공공정 중 두부 괴(塊)에 미생물을 번식시키지 않는 즉 전 발효를 하지 않는 엄제[腌製 : 곰팡이 부유, 염지부유(塩漬腐乳)와 미생물을 사용하는 발매부유(發霉腐乳)로 대별한다]가 있다. 발매부유는 사용하는 미생물에 따라 세균형 부유와 곰팡이형 부유로 나눈다. 생산되는 색과 풍미에 따라 홍부유(紅腐乳), 백부유(白腐乳), 청부유(青腐乳), 장부유(醬腐乳) 그리고 각종 화색부유(花色腐乳 : 여러 종류의 첨가물을 혼합한 부유)가 있다.

제품의 크기의 규격에 따라 태방(太方)부유, 중방(中方)부유, 정방부유(丁方)부유와 기방(棋方)부유가 있다. 부유의 생산을 가장 빨리 시작한 것은 중국 남쪽의 강소소주(江蘇蘇州), 절간소흥(浙江紹興), 광서계림(廣西桂林) 그리고 광동성(廣東省)의 일부 지역이다. 중국의 절간소흥(浙江紹興), 항주(杭州), 광서계림(廣西桂林), 상해봉현(上海奉賢), 강소무석(江蘇無錫), 상주(常州), 사찬오통교(四川五通橋)의 부유가 가장 명성을 떨치고 있다.

3. 중국의 채소 발효식품(침채류)

중국은 중부에서 북부에 걸쳐 넓은 평야가 계속되며, 기후도 한난의 차가 격심하고 혹한기나 천변지이(天變地異)가 갖추어져 식료품의 저장은 생존을 위하여 중요한 일과로 되어 특히 황하에서 시작되어 북부에 이르는 지역에서는 가을 채소를 침채류로 하여 겨울철을 대비하는 연중행사로 되어 있다. 내륙에서는 암염이 채굴되어 산동성의 요동지방은 옛날부터 암염의 산지로 유명하다.

침채류의 제조법을 기록한 최초의 문헌은 북위(北魏)의 산동 고평원(山東 高平原)의 대수(大守)였던 가사협(賈思勰)의 유명한 농업기술서인 『제민요술(齊民要術)』이 있다. 이 책에서는 소금 절임(塩漬), 간장절임, 된장절임, 초절임(醋漬), 고지절임(麴漬) 같은 것이 기록되어 있는 것으로 보아 이것이 중국 침채류의 근원일 것이다.

3.1 중국 침채류의 역사

중국의 침채류의 역사를 증명하는 옛날 기록에 다음의 것이 있다. 한대(漢代)의 유희(劉熙)편의 『석명(釋名)』에 나오는 저(菹)라는 글자는 침채류 : 지물(漬物)을 나타내는 글자이고, 동한(東漢)의 허진(許眞) 사서(辭書) 『설문해자(說文解字)』에는 저(菹)를 초채(醋菜)로 하였다. 초채는 현대의 산채(山菜)에 해당된다.

『시경(詩經)』은 기원전 10세기에서 기원전 6세기경의 생활 시(詩)이지만 그 중 소아(小雅) 중의 신남산(信南山) 시에 '밭에 무가 있고, 밭두렁에는 오이(瓜)가 있고 그 껍질을 벗겨내고 저(菹)를 담아 신에 제공한다.'라는 기사가 있다. 같은 시의 최식(崔寔 : 126～168년)의 『세시기(歲時記)』 사민월령(四民月令)의 9월에는 규저(葵菹), 건조(乾菹)를 만든다고 하였다.

이와 같이 중국의 침채류는 기록에 남은 것만으로도 2,500년 전부터 만들고 있었다는 것을 알 수 있으나 이들 책에는 침채류의 구체적인 담그는 방법은 전혀 기록되어 있지 않다. 그러나 이 시기의 침채류는 저장목적이 단순한 염지(塩漬)인 것으로 생각된다.

침채류를 담그는 방법을 구체적으로 설명한 것은 앞에서 설명한 『제민요술(齊民要術)』이다. 이 책에서는 아욱, 순무, 갓, 오이, 죽순, 삼백초, 무, 생강, 배, 목이, 상치, 고사리, 마름풀 등을 주원료로 하여 소금절임(塩漬), 술 절임(酒漬), 식초절임(醋漬), 국절임(麴漬) 제조법을 상세히 설명하고 있다.

이와 같이 중국에는 옛날부터 침채류가 있었으나 제2차 세계대전 이후 중국에서 발행된 중국요리책에는 침치류를 담그는 방법은 거의 나오지 않았다. 이와 같이 중국 내에서도 침채류 관련 서적은 적으며, 1970년 까지 발간된 침채류 책도 1960년대의 『민간엄채(民間腌菜) 건채제조법(乾菜製造法)』이라는 책뿐이다.

1988년대가 되어 다음과 같은 침채류 책이 나왔다. 『엄채질량여위생(腌菜質量與衛生)』이라는 책은 1988년 발행된 213쪽의 것이다. 침채류의 구체적인 담그는 방법은 없고 침채류의 기초 이론과 위생관계만을 기술한 책이다. 그리고 『중국장채(中國醬菜)』는 1987년에 발행된 책으로 원료, 조미료, 담금층의 장류에 대하여 상세히 설명하고 있다. 이 책에서는 다음과 같이 분류별로 합계 312종의 침채류의 구체적인 담금방법이 기술되어 있다.

1) 염엄지류(塩腌漬類 : 염지류) : 51종

2) 장채류(醬菜類)

(1) 장채류(醬菜類 : 된장절임류) : 61종
(2) 장유포제품(醬油泡製品 : 간장절임류) : 43종

3) 잡채류(雜菜類, 雜部)

(1) 신하제품(辛蝦製品 : 겨자새우절임류) : 55종
(2) 하유제품(蝦油製品 : 하유절임류) : 12종
(3) 당초제품(糖醋製品 : 감미식초절임류) : 35종
(4) 오향제품(五香製品 : 오향료절임류) : 17종

4) 포채류(泡菜類 : 조미액절임)

『운남장채(雲南醬菜)』(1982년 발행)에는 운남 특산의 침채류 41종이 수록되어 있다. 함(鹹)·엄(醃)·엄(腌)은 중국어 사전에는 침채류의 총칭으로서 함채(鹹菜)로 쓰이고 있으나 중국에서 함채(鹹菜)라는 경우는 단순한 염지(塩漬)의 것을 말한다. 그러나 각종 침채류의 총칭으로서 침채류라고 말할 때는 의미가 뚜렷한 엄채(醃菜)로 쓰는 것이 좋다고 한다.

엄(醃)은 본래 야채류의 침채류에 쓰인 글자이고, 엄(腌)은 생선, 고기 등 동물성 식품의 염지에 사용된 글자였으나 현대 중국의 음식물관계 서적에는 엄(腌)의 글자를 많이 쓰고 있다. 사서(辭書) 『사해(辭海)』에는 엄(腌)은 이체자라고 하고 있다.

3.2 중국 침채류의 특징

중국 침채류는 일본이나 한국의 침채류에 비하여 다음과 같은 특징이 있다.

(1) 소금 사용량이 많다.

(2) 소금을 전혀 쓰지 않는 침채류도 있다. 북쪽에서 담그는 산채(山菜)나 포채(泡菜 : 피오차이)는 소금을 전혀 쓰지 않거나 쓴다 하여도 아주 소량이다.

(3) 쌀겨를 쓰지 않는다. 옛날에는 쌀겨를 사용한 것이『제민요술』에서 볼 수 있으나 현재는 쌀겨류를 사용한 침채류는 없다.

(4) 향신료를 많이 쓰고 맛은 농후하다. 이론에서 보통 침채류에는 소금 이외에 고추 정도가 사용되지만 중국에서는 소위 오향 이외에 어즙(魚汁)이나 하즙(蝦汁)까지 사용한다. 따라서 맛은 농후하다.

(5) 일반적으로 강하게 눌린 침채류는 적다. 누름돌도 일본보다 가볍게 눌릴 정도이고, 강한 누름돌은 하지 않는다.

(6) 산미가 강한 침채류가 많다.

(7) 테스처는 중요시 하지 않는다.

(8) 사용법이 다종다양하다. 일본에서는 침채류를 그대로 먹는 것이 보통이지만 중국에서는 생각 이외로 볶거나 지지거나 또는 만두에 이용하는 것이 많다.

3.3 중국 침채류의 분류

일본 침채류는 절임층(漬層)이나 조미액에 따라 쌀겨절임(糠漬), 간장절임(醬油漬)으로 분류되고 있으며 최근 중국에서는 된장절임, 간장절임(찌앙차임 : 醬菜), 소금절임(塩漬), 시엔차이(醎菜), 감미초절임(탕추쯔차이 : 糖醋漬菜), 반건성 침채류(재료를 건조하여 담은 것), 유산발효 침채류로 분류하고 있다. 대표적인 것만을 대별하면 표 2-3과 같다.

한편, 중국식품공업발전간사(中國食品工業發展簡史)에 기록된 중국의 침채류는 표 2-4와 같다.

표 2-3. 중국 침채류의 분류

종 류	침채류의 이름	내용 · 특징 · 이용법
된장 · 간장절임	찌앙꾸아(醬瓜 : 장과)	오이의 된장절임. 짜고 맵다. 그대로 먹거나 고기와 같이 볶아서 먹는다.
	찌앙빠오꾸아 (醬包瓜 : 장포과)	오이의 인롱(印籠)절임. 양단을 끊고 종자를 제거하고 그 안에 밤, 호도, 땅콩을 채운다.
	찌앙빠바오차이 (醬八寶菜 : 장팔보채)	무, 오이, 가지, 연근의 세절한 간장절임 한 것
	찌앙후앙꾸아 (醬黃瓜: 장황과)	오이의 된장 절임. 생강과 같이 볶아서 먹는다.
	티엔진차이 (甛錦菜 : 첨금채)	감미가 든 세절 간장절임. 일본의 Fukujintsuke와 같은 것
	시앙차이씬(香菜心 : 향채심)	채소의 줄기 심의 간장절임. 덱스쳐가 좋다.
	바오타차이(寶搭菜 : 보탑채)	두루미 냉이의 간장절임. 텍스쳐가 좋다.
	라차이(辣菜 : 랄채)	세절여지 무의 고추된장절임. 그대로 먹거나 또는 볶아서 먹는다.
소금절임	시엔따티우차이(鹹大頭菜)	순무(大頭菜) 줄기의 소금절임. 그대로 또는 볶아서 먹는다. 북경 함대두채(鹹大頭菜)가 유명하다.
	뚜웅차이(冬菜 : 동채)	배추를 세절하고 마늘에 소금절이 한 것 천진(天津) 지방이 명산. 수프나 볶음요리에 넣는다.
	시엔라바이차이 (鹹辣白菜 : 함랄백채)	산동채(山東菜), 배추의 겉절임, 북방에 많음.
	메이수이찌앙 (梅水薑 : 매수강)	생강의 매실초절임. 광동지방의 명산. 볶음요리에 넣는다.

(계속)

종 류	침채류의 이름	내용・특징・이용법
감미초절임	탕추라복 (糖醋蘿蔔 : 당초라복)	무의 감미초절임
	추찌앙(醋薑 : 초강)	생강의 감미 절임. 광동지방이 명산
	탕추쑤안(糖醋蒜 : 당초산)	마늘의 감초절임. 감미가 강하다. 그대로 또는 볶음요리에 넣는다.
	추씨에티우(醋茉頭 : 초비두)	염교의 감미초절임
반건성 침채류	짜차이(搾菜 : 작채)	개채(芥菜)의 비대한 경류부(莖瘤部)를 소금과 향신료로 담그고 발효한 것 그대로 또는 볶음요리, 삶은 요리 수프, 탕면 등의 요리에 널리 쓰인다. 사천 짜차이가 유명하다.
	로포깐(蘿蔔乾 : 라포건)	무의 저농도의 소금절임을 건조하여 팔각이나 계피 등으로 담근 것 볶음요리나 계란볶음에 넣는다.
유산발효 침채류	차오차이(泡菜 : 포채)	각종 채소의 유산 발효식품. 특수한 파오차이(苞菜) 항아리를 사용한다. 추운 계절의 것. 사천 파오차이가 유명하다.
	쑤안차이(酸菜 : 산채)	배추 등의 채소를 묽은 소금절임 후 유산발효한 것. 산미가 강하다. 북경지방에서는 소금을 전혀 가하지 않은 것도 있다. 육류와 같이 먹거나 볶아서 먹는다. 무한(武漢) 초(醋)배추, 호주함(湖州鹹) 산채(酸菜)가 유명하다. 동북의 겨울철 중요한 침채류이다.
	쑤안후왕꾸와 (酸黃瓜 : 산황과)	오이의 발효피클. 작은 오이를 셀러리, 클로브, 딜 등의 향신료와 함께 묽은 소금물에 띄어서 담근 것. 10～20일 이내 먹는다.
	추티엔람(醋甘藍 : 초감람)	양배추, 데친 마늘을 고추, 겨자가루, 식초, 소금으로 담근 것. 며칠 안에 먹는다.
	쑤안쑤운(酸筍 : 산순)	죽순의 소금절임을 유산발효 한 것. 그대로 먹지만 요리나 수프에 사용한다. 광동 쑤안쑤운(酸荀)이 유명하다.

표 2-4. 중국의 침채류 일람표

종 별	유 형	산품 명칭
엄채(腌菜)	염제품(塩製品)	함대두채(鹹大頭菜), 함청과(鹹青瓜), 함황과(鹹黃瓜), 함몽복(鹹夢卜), 함개채(鹹芥菜), 함태연채(鹹苔蓮菜), 함설리소(鹹雪里蘇), 함향춘(鹹香椿), 함랄초(鹹辣椒), 함두각(鹹頭角), 함구화(鹹韭花), 함산(鹹酸), 함비두(鹹芣頭), 채각(菜角), 랄장(辣醬)
	장유제품(醬油製品)	장유청초(醬油青椒), 장유몽복(醬油夢卜), 장유황과(醬油黃瓜), 오지채(五指菜), 대두채(大頭菜), 색두채(色豆菜), 장유십금채(醬油什錦菜), 장유팔보채(醬油八寶菜), 장유백근(醬油白根), 장유산태(醬油蒜苔), 장유향인(醬油杏仁), 장유화채(醬油花菜).
	하유제품(蝦油製品)	하유황과(蝦油黃瓜), 하유채두(蝦油菜頭), 하유소채(蝦油小菜), 하유근초(蝦油芹草), 하유몽복(蝦油夢卜), 하유편두(蝦油扁豆), 금주하유소채(錦州蝦油小菜), 하유홍두(蝦油虹豆), 하유채두(蝦油菜豆).
	반간채(半干菜)	운남대두채(云南大頭菜), 개봉대두채(開封大頭菜), 황채(黃菜), 오향대두채(五香大頭菜), 초산몽복간(肖山夢卜干), 귀주도채(貴州道菜), 불수몽복간(佛手夢卜干), 자향대두채(紫香大頭菜), 오향채피(五香菜皮), 난화몽복(蘭花夢卜), 금화몽복사(金花夢卜絲), 영수채(靈水菜).
장채(醬菜)		장황과(醬黃瓜), 장포과(醬包瓜), 장몽복(醬夢卜), 장강(醬姜), 장개(醬芥), 장남과(醬南瓜), 장동과(醬冬瓜), 장팔보(醬八寶), 장흑채(醬黑菜), 장유과(醬乳瓜), 장비람(醬芣藍), 장감로(醬甘露), 장우편(醬藕片), 장십향(醬什香), 장포초(醬包椒), 장삼양(醬三樣), 장산묘(醬蒜苗), 운남대두채(云南大頭菜), 존우대두채(尊又大頭菜), 장배과(醬培瓜), 장수정우(醬水晶藕), 장춘과(醬椿瓜), 장지환(醬地環), 장가보(醬茄脯), 북경팔보과(北京八寶瓜)
기 타	발효제품	사천착채(四川搾菜), 절강착채(浙江搾菜), 천진동채(天津冬菜), 복건령수몽복(福建靈水夢卜), 귀주백화곤(貴州百花串), 경동채(京東菜), 호북산첨유두(湖北酸甛藟豆), 산황과(酸黃瓜), 사천포채(四川苞菜), 배동채(排冬菜), 복건영순(福建靈荀), 무한산백채(武漢酸白菜), 귀주독(貴州獨), 산염산채(山塩酸菜), 포두각(泡豆角), 산감람(酸甘藍), 산채(酸菜), 산죽순(山竹筍), 산향가(酸香茄).

(계속)

종 별	유 형	산품 명칭
기 타	첨산제품 甛酸製品)	당산(糖蒜), 당초산(糖蒜醋), 당유두(糖藠豆), 당초유두(糖醋槼豆), 당강아(糖薑芽), 당초산태(糖醋蒜苔), 초산태(醋蒜苔), 북경당초몽복(北京糖醋夢卜), 진강당초몽복(鎭江糖醋夢卜), 당소강(糖蘇姜), 당초석화(糖醋石花), 당과앙(糖瓜秧), 당초호몽복(糖醋胡夢卜), 당차과(糖茶瓜), 당초과조(糖醋瓜條), 당유과(糖乳瓜), 초개조(醋芥條), 당초번가(糖醋番茄), 밀산미(密蒜米), 채산태(菜蒜苔), 당산(糖蒜), 조강(糟薑), 조가(糟茄), 조강몽복(槽糠夢卜), 조과(糟瓜), 조죽순(糟竹筍).

이상 중국 김치류를 전부 설명하기는 어려우므로 대표적인 침채류로 찌앙차이(醬菜), 짜차이(搾菜), 파오차이(苞菜)만을 간단히 설명한다.

1) 찌앙차이(醬菜)

일본의 간장, 된장절임에 속하는 김치류이다. 찌앙(醬)은 수분이 많은 찐득한 된장 덧으로 그 중에 담아 만든 것이다. 원료 채소로는 오이, 무, 당근, 차이씬(菜芯), 죽순, 연근, 두루미 냉이 등으로 이것을 혼합하거나 세절하여 담그기도 한다. 염분을 낮춘 것이 아니므로 상당히 짠 것이 많다. 된장은 일반 농가에서 가정용으로 만들었으나 최근에는 장원(醬園)이라고 하는 장류공장에서 된장, 간장이 영업용으로 만들고 있다.

찌안차이(醬菜)의 제법은 먼저 원료 채소를 소금으로 미리 하지(下漬)하여 채소의 수분을 빼고 이것을 된장 덧에 본지(本漬)하여 마무리한다. 특히 수분이 많은 채소(오이)는 하지를 2회 한다. 먼저 6～8% 소금으로 대충 절이고 나서 4～5일 후에 이것을 소쿠리에 건져 국물을 버리고 새로이 5～10%의 소금으로 다시 담근다. 이렇게 소금절인 채소 10에 된장 층 5～7 비율로 담근다. 소형의 것이나 세절한 것은 주머니에 넣어 된장 층에 넣기도 한다.

상해(上海), 금강(錦江), 양주(楊州) 등의 강소성이나 북경, 천진(天津) 등의 오랜 도시에는 큰 침채류 공장[장원(醬園)]이 있고, 각종 찌앙차이(醬菜)가 만들어지고 있다. 또 간장, 초, 술과 침채류를 제조하는 종합적인 식품공장도 있다.

2) 짜차이(搾菜)

세계적으로 유명한 중국의 대표적인 침채류이며 수출품으로 되어 있다. 개채(芥

菜, 갓)의 일종이다. 짜차이(搾菜)의 역사는 오래 되지 않고 100년 정도 전 사천성(四川省)의 한 농부가 처음 만든 것으로 처음은 목재의 도구로서 착즙 탈수한 것이라는 뜻에서 이 이름이 나왔다. 짜차이(搾菜)는 사천의 중경(重慶) 근처가 원산이며 8월, 9월에 종자를 뿌려 1월에서 3월에 거쳐 수확하고 경류(莖瘤) 부분을 작은 칼로 끊어 단단한 부분을 제거하고 나서 2~4개 조각으로 하여 1~2일간 천일건조하여 6~7%의 소금으로 담근다. 7~10일 후에 소금을 5~6%, 다시 6~7일 후에 3~4%의 소금으로 절어 최후의 바꿔 절이기를 하여 본지(本漬)를 한다.

본지에는 고춧가루 등을 가하여 높이 80 cm 정도의 항아리 독에 담근다. 항아리의 주둥이를 대발로 덮고 노끈으로 묶어 밀봉하고 나서 나무 재나 볏짚을 편 위에서 거꾸로 세워서 숙성시킨다. 이와 같이 6~9개월 지나면 숙성도 끝나고 풍미도 생긴다. 도시에서는 대부분 침채류 공장에서 만든 것을 필요한 양만큼 구입하여 먹으나 농촌에서는 직접 만들고 있다.

짜차이(搾菜)는 각종의 중국요리에 넣고 있으나 특히 사천성 요리에서는 없어서는 안 되는 필수품이다. 각종 향신료를 넣어 발효하며 마무리 하므로 특유의 풍미와 줄기 특유의 충실한 육질과 조직이 특징이다. 대만에서도 묘표(苗票) 근처의 농협공장에서 제조하고 있다.

3) 파오차이(苞菜)

사천(四川) 파오차이(苞菜) 또는 쓰벤스이(製鉢水)라고 불리울 만큼 원래 사천지방의 침채류이었으나 손쉽게 담글 수 있으므로 각지의 가정에서 담그고 있고, 북경의 거리에도 전용의 특수한 파오파이(苞菜) 병조림을 산더미 같이 쌓아 놓고 팔고 있는 것을 볼 수 있다. 이 항아리는 진흙 항아리인 것도 있으며 도자기인 것도 있으나 가정에서는 2 ℓ 들이 정도의 것을 사용하고, 또 요리점에서는 30 ℓ 들이의 큰 항아리가 사용된다.

이 파오차이(苞菜) 항아리 특징은 상당히 오래 전부터 고안된 것이다. 뚜껑을 덮을 주둥이의 부분이 폭이 넓은 홈으로 되어 있어 이 홈에 물을 채우면 뚜껑의 가장자리가 그 홈 안으로 들어가므로 병 내에는 물에 의하여 밀봉하게 된다. 이 항아리로 담그면 발효된 가스는 물을 통하여 배기되지만 외부의 공기는 안으로 들어갈 수 없고, 항아리 안은 무산소적으로 되어 유해한 산막효모나 부패세균의 증식을 막을 수 있다. 그래서 유산균이 아주 왕성하게 번식하여 양호한 풍미로 맛이 들게 되고 또한 오랜 보존이 가능하다.

절임 용액의 제법은 염분 약 8% 염수에 고추, 산수유, 팔각 등을 가하고 설탕과 고량주로 조미한 액을 항아리의 약 6분 정도 되게 넣는다. 대부분의 채소가 사용가능하지만 무, 당근, 오이류, 배추 등의 채소와 연근, 양배추, 꽃양배추, 잡콩, 지두, 죽순 등 여러 종류의 것을 고루고루 섞어 담는다. 가지는 색이 국물로 나와 침채류를 해를 주므로 사용하지 않는다. 채소는 먹기 좋게 한입에 들어갈 수 있는 크기로 절단하고 수분이 많은 것은 소금으로 하지(下漬)하거나 건조하여 담근다. 수일 안에 발효가 끝나서 먹을 수 있게 된다.

파오차이(苞菜)는 가정용 절임류의 대표적인 것이고, 항아리 속에 발효가 된 침채류가 들어 있으므로 그 중에서 적당한 채소를 넣어 알맞은 맛이 있을 때에 꺼내고 다시 새로운 채소를 담글 수가 있다. 따라서 새로운 계절의 채소를 담금으로서 1년 중 파오차이(苞菜)를 먹을 수가 있다.

4. 중국의 수산물 발효식품

중국에서 수산물의 발효식품도 2000년 이상의 역사가 있다. 중국의 전통적인 수산 발효식품은 해산 어패류를 원료로 하여 만든 것이나 현재로는 담수어도 사용되고 있다. 어장(魚醬)은 젓이고, 어장유(魚醬油)는 발효가 상당히 진행된 액체 조미료이다. 수산발효식품은 중국어로 어로(魚露)라고 부르는 어장유(魚醬油)를 위시하여 하장(蝦醬), 하유(蝦油), 해장(蟹醬), 여유(蠣油), 해담장(海膽醬) 등의 많은 종류가 있다.

수산식품의 경우 예를 들면 하장(蝦醬)은 새우젓, 새우 페이스트이고 하유(蝦油)는 발효를 다시 진행시킨 거의 액체로 된 새우간장이다. 어로(魚露)는 주로 광동성(廣東省), 복건성(福建省)의 연안지대가 주산지이고 강소성(江蘇省), 절강성(浙江省)에서도 만들고 있다.

중국에서 어간유(魚醬油)의 역사는 아주 오래 되고, 현재 태국의 Nam-pla, 베트남의 Nuoc-mam, 필리핀의 Patis 등 동남아시아 여러 나라의 중요한 발효조미료로 되어 있는 어장유(魚醬油)는 19세기 초기에 중국에서 전해진 것이고, 또 200년의 역사밖에 안 되는 비교적 새로운 조미료이다. 중국의 어로(魚露)의 원료는 어떤 종류의 생선도 좋다. 대량으로 어획되어 가격이 싼 전갱이, 멸치(정어리) 등이 주로 사용된다.

신선한 생선에는 생선 중량의 25~30% 양, 선도가 약간 저하된 생선에는 30~50% 양의 식염을 가하여 항아리나 혹은 탱크에 넣고 상무부에 소금을 뿌리고 큰 광주리에 넣은 나음 누름돌을 얹는다. 발효된 생선이 액화하면 누름돌은 액체 안으로 가라앉는다. 발효기간 중에 햇볕이 닿으면 온도가 오른다. 혹은 인공적으로 온도를 35～40℃로 보온하는 수도 있다. 약 1년간으로 발효가 완료된다. 염지된 생선의 분해 액을 취하여 자비, 이물을 제거하여 18～22보메로 조정하고 15～30일간 일광과 밤이슬을 바래면 어로의 제품이 된다. 고형분은 물로 끓여 즙을 짜내고 저급의 어로제품이나 묽은 액에 사용한다. 중국 어로의 제조방법은 동남아시아에서 만들고 있는 어장유(魚醬油)와 기본적으로 거의 동등하다.

5. 중국의 주류 발효식품

5.1 중국술의 역사

술은 당분에 효모가 작용하여 만들어진 것으로 당분, 전분 등의 원료와 효모가 있으면 사람의 손을 거치지 아니하고도 자연적으로 술 같은 것이 된다. 잘 익은 나무의 열매에 천연의 효모가 가해지면 술 같은 것이 됨으로 술은 인류 이전부터 있었다고 생각하고 있다. 한국, 일본 그리고 중국에도 전설 되어온 원숭이가 술은 만들었다는 원주전설(猿酒傳說)도 이러한 사실에서 온 것이다. 술이 인류보다 먼저 있었다고 생각되므로 술의 기원은 어느 나라에서도 전설로 다루고 있다.

중국의 주조전설로 유명한 것은 두강(杜康)과 의적(儀狄)이 있다. 의적(儀狄)은 하(夏)시대의 우(禹)나라 사람이고, 두강(杜康)은 신농(神農)시대의 요리사라고도 하고 주(周)시대의 사람이라고도 한다. 의적(儀狄)의 술이라는 사실이 최초로 발견된 책은 『전국책(戰國策)』이며, 이 책은 전한(前漢)의 유향(劉向, BC 7～6년경)이 저술한 것이고, 의적(儀狄)의 시대에서 1500년인 후의 책이다. 두강(杜康)의 술 제조에 관해서는 송(宋)시대의 『사물기원(事物起源)』이라는 책에 두강이 술을 창제하였다는 것은 『박물지(博物志)』 진시대의 장화(張華)에 나와 있으나 언제 시대의 사람인가는 전혀 알 수 없다.

두강(杜康)에 대하여는 의적(儀狄) 그 이상은 불명확하지만 술의 이명(異名)을 두강(杜康)이라 하기도 하고, 두강은 유(酉, 닭)의 날에 죽었으므로 유(酉, 닭)의 날에 술을 담그지 않는다는 이야기가 있다. 일본에서 술 만드는 직업인을 두씨(杜氏)라고 하는 것도 두강에서 유래한 것이라고 한다.

중국에 술이 옛날부터 있었다는 것은 고대국가 하(夏)의 최후 왕인 걸(桀)과 이어 은(殷)의 최후 왕인 주(紂)도 술과 여자로 나라를 망하게 하였다고 한다. 전설의 시대를 떠나 제조법을 기록한 최고의 고서는 300년경에 저술한 『남방초목상(南方草木狀)』에는 초국(草麴)에 의한 술 제조법이 있고, 540년경 산동성에서 저술한 중국이 세계적으로 과시하는 농서(農書) 『제민요술(齊民要術)』에는 보다 구체적으로 서술되어 있다. 『제민요술』보다 560년 정도 후인 1117년에 나온 『북산주경(北山酒經)』은 중국에서 최초로 아주 잘 기술된 술의 전문서이고, 이 책에는 『제민요술』에 없는 술의 살균법도 기술되어 있다.

『제민요술』이란 책은 중국 후위(後魏, 北魏)시대의 사람인 가사협(賈思勰)이 편찬한 농서(農書)이다. 이 책은 아마도 530~550년에 간행된 것으로 추정되고 있으나 편자인 가사협이 대수(大守)로 부임하여 임지의 사람들에게 농업기술과 농가생활 경영에 관한 실제적인 지식과 기술을 알리고자 편찬한 농가생활의 백과사전 격인 책이다. 이 책의 내용은 그 이후 중국에서는 수(隨), 당(唐), 송(宋), 명(明), 청(靑) 등 역대를 이어 주요 문헌으로 존중되고 있다. 특히 농산가공, 저장, 조리 등의 방법까지 설명하고 있다.

내용으로 보아도 오늘날의 농업이나 가공의 기본이 거의 이루어져 있으며 질서정연하게 설명되어 있다. 이 책의 내용 중 술의 항목을 보면, 신국(神麴)이 6종목, 신국(散麴)으로 빚은 술이 2종목, 백료국(白醪麴)이 2종목, 분국(笨麴)이 2종목, 분국(笨麴)으로 빚은 술이 26종목, 법주(法酒)가 9종목으로 구성되어 있어 얼마나 구체적임을 알 수 있다.

그리고 『거가필용(居家必用』)이란 책은 원(元)시대(13세기경 말경)에 지은이는 알 수 없으나 몽고풍이 깃들어 있는 일대 가정백과사전으로 갑집(甲集)에서 계집(癸集)까지 10권으로 이루어져 있다. 기집(己集)의 전부와 경지(庚集)의 3/4 정도가 조리에 관한 것으로 조선시대(1715년) 『산림경제』에 절대적인 영향을 주었다. 특히 경집(庚集)에는 주국류(酒麴類)가 19조목이 있고, 구황품(救荒品)으로 송순주(松笋酒), 적선소주(謫仙燒酒)도 설명되어 있다.

5.2 중국술의 특징

(1) 원료가 다양하다.

한국의 양조주(청주) 원료는 멥쌀이지만, 중국의 양조주[황주(黃酒), 노주(老酒)] 원료는 남쪽에서는 찹쌀[나미(糯米)], 고구마[감서(甘薯)] 등이고, 북쪽에서는 쌀을 사용하지만 속(粟 : 조), 서(黍 : 수수), 고량(高粱 : 수수), 옥미(玉米 : 옥수수), 맥(麥 : 보리), 두(豆 : 콩) 등으로 폭이 넓다.

(2) 발효균이 다르다.

중국술이나 한국 술은 다 같이 곰팡이를 이용하여 술을 제조하는 곰팡이의 종류가 다르다. 한국 술에 사용하는 곰팡이는 국 곰팡이(고지곰팡이, *Aspergillus*)를 사용하지만, 중국술은 거미줄곰팡이(*Rhizopus*), 털곰팡이(*Mucor*) 붉은 빵 곰팡이(*Monascus*) 등을 사용한다. 고지곰팡이(*Aspergillus*)는 전분을 당화하는 작용만 있으므로 술이 되기 위해서는 효모를 가하지 않으면 안 되나 *Rhizopus*속은 전분을 당화하면서 알코올도 생성하므로 *Rhizopus*만으로 만들 수가 있다. 현재는 효모를 가하여 주정발효를 촉진한다. 중국 남부에 많은 술 양조에는 *Rhizopus*만으로 만드는 달고도 주정분이 있는 반액상(半液狀) 식품이 있다. 사천지방에서는 요조(醪糟)라고 한다.

(3) 국 모양이 다르다.

한국 술은 쌀 알맹이가 흩어져 있는 산국[散麴(麯)]이나 중국의 술에 쓰이는 국은 고형으로 소위 병국([餠麴(麯)]이다.

(4) 풀, 대나무 잎 등의 식물을 가한다.

한국 술의 원료는 쌀이 주이지만, 중국술은 주원료인 쌀, 조, 수수 등 이외에 10여 종 이상의 식물을 가하여 미묘한 맛을 내고 있다.

(5) 약주의 종류가 다양하다.

호골주(虎骨酒), 합개주(蛤蚧酒), 삼사주(三蛇酒, 3종의 뱀을 넣은 술), 행인주(行人酒), 인삼주(人蔘酒) 등 약용주가 아주 많다.

(6) 붉은 색의 술이 있다.

홍국[紅麴(麯)]을 사용하여 만든 홍색의 술인 홍주(紅酒)가 있다.

(7) 주정음료가 있다.

한국이나 일본에 없는 주정음료인 주양(酒釀), 사천지방에서는 요조(醪糟)라는 것이 있다.

(8) 증류주의 알코올 농도가 높다.

증류주(소주류)의 알코올 도수가 높다. 분주(汾酒), 대국주[大麴(麯)酒], 모태주(茅台酒) 등의 주정분은 60% 전후로서 한국 소주의 2배이다.

(9) 수조의 원료가 다양하다.

고량(高粱 : 수수), 속(粟 : 조), 서(黍 : 수수), 전분박, 사탕수수 박, 고구마류 등

으로 다양하다

5.3 중국술의 분류

중국의 술은 원료 면으로 보아도 쌀, 옥수수, 조, 옥수수, 콩 등의 곡류 등에서 과실류에 이르기까지 다종다양하고, 양조법도 한국보다 다양하여 국(麴, 麯)의 종류도 많다. 그 뿐만 아니라 한국과 비교할 수 없는 각종의 맛내는 술(味付酒)과 약용주(藥用酒)가 있어 아주 복잡하다. 일반적인 분류법으로서는 생산방법에 의한 것과 상품 유통상의 분류 등이 있다. 생산방법에 따라 분류하면 아래의 4가지로 분류한다.

(1) 양조주(釀造酒)

재료를 발효하여 양조하는 술로 황주(黃酒), 노주(老酒), 비주(啤酒), 과실주(果實酒) 등이 여기에 해당되는 술이다

(2) 증류주(蒸溜酒)

발효 양조된 술을 증류하여 얻은 술로 백주(白酒), 위스키, 브랜디류가 여기에 해당되는 술이다.

(3) 가공주(加工酒)

양조주나 증류주에 과실, 꽃, 짐승 뼈, 뱀 등의 약재를 가하여 만든 술이다

(4) 배제주(配製酒)

양조주와 증류주를 원료로 하여 여기에 조미료, 향신료를 가하여 만든 술로서 생산과정에 배합공정이 있는 것이다. 합성주라고 부른다.

한편 이상의 분류에 대하여 홍광주(洪光住) 씨는 다음과 같이 분류하고 있다.

5.4 홍광주(洪光住) 씨에 의한 중국술의 분류

현대 중국 주류의 분류방법은 원료별, 제조별의 분류 등이 있으나 일정하지 않고 현재 중국에서 가장 일반적인 방법은 아래와 같다.

1) 황주류(黃酒類)

원료에 국을 가하여 발효하여 만든 술로 증류하지 않은 술로 알코올 도수는 낮다.

오래 된 것이 좋아서 노주(老酒)라고도 한다. 주원료는 남쪽에서는 찹쌀, 북쪽에서는 수수, 조 등이다. 유명한 술로는 절강성(浙江省)의 소흥주(紹興酒), 복건성의 홍국주(紅麴酒), 산동성의 즉묵노주(卽墨老酒) 등이 있다.

2) 증류주, 백주(白酒)

원료에 *Rhizopus*균을 가하여 당화 발효한 술덧을 증류하여 만든 소주, 백주(白酒) 따위로 알코올 도수는 한국의 소주(20～30%)보다 상당히 높아 보통 50～65%이다. 원료의 폭이 아주 넓으므로 곡물 이외에 제당 잔사(殘渣), 서류(薯類)도 이용한다. 사천성(四川省)의 오량액(五粮液), 산서성(山西省)의 분주(汾酒), 귀주성(貴州省)의 모태주(茅台酒), 협서성(陝西省)의 서봉주(西鳳酒) 등이 유명하다.

3) 과실주(果實酒)

포도, 사과 등의 과일을 발효한 증류하지 않는 술로 알코올 도수가 낮다. 유명한 술로는 산동의 연태(煙台) 포도주, 요령심양 산사주(遼寧瀋陽山查酒), 복건의 장주여지주(漳州荔枝酒) 등이 있다.

4) 비주류(啤酒類)

산동의 청도비주(青島郫酒), 북경 비주, 상해 비주 등이 있다.

5) 배제주류(配製酒類)

황주, 증류주를 기본으로 하여 여러 종류의 보조 재료를 사용한 술로서 보통으로 사용되는 보조 재료는 동식물 약제, 건조 혹은 선과, 건조 혹은 선화초(鮮花草)의 3종이다. 북경 계화진주(北京桂花陳酒), 복건 장주여지주(福建漳州荔枝酒), 광주 오가피주(廣州五加皮酒), 북경 호골주(北京虎骨酒), 동북 녹용주(東北鹿茸酒) 등이 유명한 술이다.

한편, 상품 유통상의 분류에서는 보통 백주, 황주, 배제주와 약주, 비주, 포도주와 같은 과실주 등으로 나눈다.

6. 중국의 식초 발효식품

중국의 조미료 중에서 식초는 아주 중요한 위치를 차지하고 있으며, 중국의 식탁에는 간장은 없어도 검정색의 식초는 놓여 있다. 교자(餃子), 포자(布子), 소매(燒賣), 춘권(春卷) 등을 먹는 데는 식초가 없어서는 안 된다. 해파리, 야채, 버섯 등의 여러 가지 무침의 조미에는 식초가 사용되고 초돈(醋豚), 감초(甘醋)와 갈분을 간 맞추어 끓여 생선에 끼얹은 요리나 산신탕(酸辛湯), 스완탕 등의 수프의 조미 등에 널리 사용되고 있다.

중국의 식초 사용은 풍미를 좋게 하고 생선의 냄새를 제거하고 식품의 보존성을 높이기 위해서 사용한다. 한편 약식동원의 사상으로 동맥경화 방지와 혈압 하강과 감기 예방효과를 기대하면서 건강을 위하여 매일 조금씩 마시는 사람이 많고 청량음료의 원료로서도 사용되고 있다.

중국의 식초 양조는 2000년 이상의 유구한 역사가 있고, 중국 전통의 식초는 간장과 같이 색을 띤 흑초가 주류이다. 중국어로 초를 식초(食醋 : 시- 쓰-)로 쓴다. 제법도 일본의 식초와는 큰 차이가 있고, 대부분은 고체발효(固體醱酵)로 만들고 있다. 식초는 중국의 전 지역에서 만들고 있으며 종류도 아주 많다. 그 중에서 유명한 제품으로서는 산성성(山西省)의 산서노진초(山西老陳醋), 강소성(江蘇省)의 진강향초(鎮江香醋), 절강성(浙江省)의 절강민괴미초(浙江玫瑰米醋), 복건성(福建省)의 복건홍국초(福建紅麯(麹)醋), 복건영춘노초(福建永春老醋) 등이 있다.

6.1 중국 식초의 특징

중국 식초는 아래와 같은 특징이 있다.

(1) 다양한 원료가 사용된다.

(2) 농후, 점중(粘重)으로 흑색, 흑자색, 홍갈색 등의 간장과 같이 진한 색의 제품이 많다. 진한 색은 원료, 부원료의 여러 가지 성분이 제조·숙성의 과정에서 추출되어 혼합되고 숙성과 자연농축의 과정에서 Maillard 반응에 의하여 갈변 등의 화학반응에 기인되는 것이다. 또 지방에 따라 제조과정에서 초덧을 훈제하는 제법도 있고, 이것으로 착색되기도 한다.

(3) 지방에 따라 식초의 특징이 많이 달라지고, 원료나 제조법이 크게 달라진다. 일반적으로 향이 높고, 풍미가 우수한 것이 많다.

(4) 보건효과, 약용효과를 언급한 것이 많으며 음용하는 수도 많다. 제조과정에서 단백질의 분해·생성이 일어나고, 초산 이외의 생리활성 성분을 많이 함유하고 있다.

6.2 중국 식초의 제조법

중국에서의 식초 제조법은 고체발효(固體醱酵)와 액체발효(液體醱酵)로 나눈다. 산서노진초(山西老陳醋), 진강향초(鎮江香醋), 사천부초(四川麸醋), 북경훈초(北

京薰醋) 등은 모두 고체발효로 제조되고 중국 식초의 대부분을 차지한다. 복건홍국노초(福建紅麯(麴)老醋), 절강민괴미초(浙江玫瑰米醋), 동북주정초(東北酒精醋) 등은 액체발효로 제조되나 중국에서 액체발효는 소수이다.

식초의 본고장 산서성에서도 가정에서 소규모로 만든 식초는 옥외의 항아리 중에서 곡류의 죽과 대국(大麴)을 넣고 전분의 당화와 알코올발효, 초산발효를 동시 병행적으로 행하는 액체발효에 의하여 반년 이상의 오랜 시간을 거쳐 만든다. 이렇게 만든 새로운 신초(新醋)를 다시 2～3년간 숙성시켜 자연 농축하여 진초(鎭醋)가 만들어진다.

식초의 제조공정은 크게 3단계로 나누어진다. 제1단계는 *Rhizopus*속, *Aspergillus*속 등이 생산하는 amylase에 의하여 녹말원료를 포도당으로 당화하는 공정, 제2단계는 효모에 의하여 포도당을 ethanol로 변하는 알코올발효, 제3단계는 초산균이 의하여 ethanol을 초로 만드는 초산발효이다. 이 발효 술덧을 추출하여 제조된 신초(新醋)를 다시 숙성을 거쳐 진초(鎭醋)제품으로 한다.

〈부록 3〉 일본의 주요 발효식품

1. 일본의 두류 발효식품(정동효 : 『대두 발효식품』에서 정리)

일본의 두류 발효식품으로 대표적인 것은 장유(醬油 : Shoyu : 한국의 간장에 해당됨)와 미증(味噌 : Miso : 한국의 된장에 해당됨)의 두 가지가 있다. 일본 JAS 규격상 장유(醬油 : Shoyu : 한국의 간장)의 종류와 정의는 표 3-1과 같다. 그리고 일본 미증(味噌 : Miso : 한국의 된장)의 분류는 보통 Miso(된장)와 조미 Miso(된장)로 나눈다. 여기에서는 보통 Miso(된장)에 관하여 설명한다.

보통 Miso(된장)는 원료에 따라 쌀된장, 보리된장, 콩된장으로 세분한다. 그리고 된장을 제조하기 전에 국의 원료로 사용되는 것이 무엇인가에 따라서 명칭이 주어진다. 예를 들면 쌀된장은 쌀, 대두, 소금을 대표적인 원료로 하지만 쌀 국을 원료로 사용하므로 쌀된장이라 한다. 마찬가지로 보리된장은 보리 국을 원료로 사용한다.

현재 판매되는 된장은 품명을 표시하게 되어 있다. 여기에서 품명이란 앞에서 말한 세 종류의 된장 이외에 혼합(조합) 된장이 포함된다. 혼합(조합) 된장은 두 종류 이상의 된장을 조합한 것으로 쌀, 보리, 콩을 옥수수나 탈지대두로 대체하여 제조한 된장이 포함된다. 공장에서 생산되는 된장의 비율은 쌀된장 80%, 보리된장 12%, 그리고 콩된장과 조합된장을 합한 것이 8%이다.

쌀된장, 보리된장과 콩된장은 다시 원료배합과 제품의 색깔, 단맛과 짠맛의 정도, 생산지에 따라 세분되며 각 형태에 따라 입(粒, unchoppered)과 으깬 것(漉, choppered)으로 나뉘어진다. 이들 된장은 다시 영양 강화 된장이나 자염된장과 같이 성분이나 용도에 따라 나뉘어진다. 또 감미된장(甘味味噌 : Amakuchi Miso : 달콤한 맛이 나는 된장), 신미된장(辛味味噌 : Karakuchi Miso : Salty한 맛이 나는 된장), 된장의 색상에 따라 남색계, 적색계 그리고 형태에 따라 입사(초퍼하지 않은 것) 된장, 마쇄(chopper한 것) 된장으로 나눈다.

표 3-1. 일본 장유(간장)의 종류와 구격

용 어	정 의
Shoyu(간장)	다음에 기재한 것(여기에 식염, 당류, 알코올, 화학조미료, 합성보존료 등을 가한 것을 포함한다)을 뜻한다. 1) 대두 또는 대두와 보리, 쌀 등의 곡류를 증자하거나 다른 방법으로 처리하여 국균을 배양한 것(이것을 간장고지라 한다.) 또는 쌀이나 증미에 국균으로 당화시킨 것에 식염수 또는 생간장을 가한 간장 덧을 발효, 숙성시켜 얻은 맑은 액체 조미료를 말한다(제조공정에 있어서 cellulase 등의 효소를 보조적으로 사용한 것도 포함한다. 이하 『본 양조 방식에 의한 것』이라 한다). 2) 간장 덧이나 생간장에 아미노산액(대두 등의 식물성 단백질을 산으로 처리하여 얻은 것) 또는 효소처리액(대두 등의 식물성 단백질을 가수분해에 의하여 처리한 것)을 가하여 발효, 숙성시켜 얻은 맑은 액체 조미료를 말한다(이하 『신식 방식에 의한 것』이라고 한다). 3) 1 또는 2에 아미노산 액을 가한 것(이하 『아미노산 혼합방식에 의한 것』이라 한다). 1 또는 2에 효소처리액을 가한 것(이하 『효소처리 혼합방식에 의한 것)과 1 또는 2에 아미노산액과 효소처리액을 가한 것이 있으며, 아미노산의 질소량이 효소처리액의 질소량 보다 많은 것(이하 『아미노산액・효소처리액 혼합방식에 의한 것), 그리고 아미노산액의 질소량이 효소처리액의 질소량 보다 적은 것(이하 『효소처리액・아미노산액 혼합방식』에 의한 것)이다.
Koikuchi(濃口) Shoyu(간장)	간장 중 대두에 거의 같은 양의 보리를 가한 것을 간장 고지의 원료로 한 것이다.
Usukuchi(淡口) Shoyu(간장)	간장 중 대두에 거의 같은 양의 보리를 가한 것을 간장 고지의 원료로 하는 동시에 간장 덧으로서 증미 또는 증미를 국균에 의하여 당화시킨 것을 가한 것 또는 가하지 않는 것을 사용한 것으로 제조공정에 있어서 색의 농화를 억제한 것이다.
Tamari(溜) Shoyu(간장)	간장 중 대두 또는 대두에 소량의 보리를 가한 것을 간장 고지의 원료로 한 것이다.
Saishikomi(再仕込) Shoyu(간장)	간장 중 대두에 거의 같은 양의 보리를 가한 것을 가장 고지의 원료로 하는 동시에 간장 덧은 식염수 대신 생간장을 가한 것을 사용한 것이다.
Shiro(白) Shoyu(간장)	간장 중 소량의 대두에 보리를 가한 것을 간장 고지의 원료로 하고 동시에 제조공정에 있어서 색택의 농화를 강하게 억제한 것.
생간장	발효하거나 숙성시킨 간장 덧을 압착하여 얻은 상태 그대로의 액체이다.

일본 된장의 JAS 규격상의 된장의 정의는 아래와 같다.

1) 된 장

대두 또는 대두와 쌀보리 등의 곡류를 증자한 것에 쌀, 보리 등으로 국균을 배양한 것을 가한 것. 또는 대두를 증자하여 국균을 배양한 것에 증자한 쌀, 보리 등의 곡류를 가하여 만든 것에 식염을 혼합하여 발효시키거나 숙성시킨 반고체상의 것을 말한다.

2) 쌀된장

대두(탈지가공대두를 제외 것)를 증자한 것에 쌀을 증자하여 국균을 배양한 것(미국, 쌀 고지)을 가한 후 식염을 혼합하여 이것을 발효시킨 반고체상의 것을 말한다.

3) 보리된장

대두를 증자한 것에 대맥 또는 나맥을 증자하여 국균을 배양한 것(맥국, 보리고지)을 넣고 식염을 혼합한 후 이것을 발효시키거나 숙성시킨 반고체상의 것으로 말한다.

4) 콩된장

대두를 증자하여 국균을 배양한 것(豆麴, 콩고지)에 식염을 혼합하여 이것을 발효시키거나 숙성시킨 반고체상의 것을 말한다.

5) 조합된장

쌀된장과 콩된장, 쌀된장과 보리된장 등에 원료가 다른 된장을 혼합한 것 이외에 다음 것을 포함시켰다. 쌀 고지(미국)와 보리고지(맥국)를 혼합한 국을 사용한 것, 대두, 쌀, 대맥, 나맥 이외에 사용된 원료를 표시항목의 원재료 란에 기입한 것 등 쌀된장, 보리된장, 콩된장 이외의 된장을 말한다. 다만 콩된장에 사용된 소량의 향전(香煎 : 볶은 밀가루)을 사용하여도 콩된장으로 정의한다.

6) 영양 강화된장

영양 개선 법을 기초하여 칼슘, 비타민 A, B_1, B_2를 강화시킨 된장을 말한다. 후생성의 허가를 얻어 제소 판매할 수 있으며, 상품에는 「특수영양식품」이라는 마크를 표시한다.

7) 감염된장

특별 용도식품의 규격으로서 같은 종류의 식품보다 나트륨을 50% 이하 함유하는 된장을 말한다.

2. 일본의 채소 발효식품[침채류 : 지물(漬物) : Tsukemono, 김치]

2.1 쓰케모노(지물)의 정의

일본 쓰케모노의 정의는 후생성의 위생기범(衞生基範)에서 다음과 같이 정의하고 있다. 『보통 부식으로 그대로 섭취하든 이미 제조된 식품으로 채소, 과실, 버섯, 해조 등을 주원료로 하여 소금, 간장, 된장, 박(주박, 미린 박, 기타의 재료에 절인 것(절임)을 말한다.』

쓰케모노는 주로 채소, 과실, 버섯, 해조 등을 원료로 한 것으로 생선이나 축육류를 소금이나 된장, 박절임한 것과는 분명히 구별하고 있다. 분류는 일반적으로 절임에 사용되는 조미액이나 담금 층(漬床)에 따라 나누어진다. 즉 간장이나 초를 주로 하나 조미액에 절인 것을 간장절임(醬油漬), 초절임(酢漬)이고, 쌀겨나 된장, 주박, 미국(米麴 : 쌀 고지) 등의 담금층에 절임한 것은 쌀겨절임(糠漬), 된장절임(味噌漬), 박절임(粕漬), 고지절임(麴漬)이 된다.

Hukushintsuke(福神漬)와 같이 간장을 주로 한 국물(漬液)에 절인 것은 조미가 강하나 간장조림이 된다.

2.2 쓰케모노(지물)의 종류

1) 쓰케모노의 분류는 다음의 구분으로 분류한다.

① 조미의 종류에 따라 : 쓰케모노의 이름은 생략.
② 채소의 이름에 따라 : 쓰케모노의 이름은 생략.
③ 미생물의 이름에 따라 : 쓰케모노의 이름은 생략.
④ 지방 명에 따라 : 쓰케모노의 이름은 생략.
⑤ 기 타

2) 위생법에서는 담금층[지층(漬層)]이나 국물[지액(漬液)] 등에 따라 10종류로 대분류하고 있다.

(1) 쓰케모노의 대분류

① 소금절임(塩漬)

매간(梅干 : Umeboshi), 백채지(白菜漬 : Hakusaitsuke), 고채지(高菜漬 : Takanatsuke), 광도채지(廣島菜漬 : Hiroshimanatsuke) 야택채지(野澤菜漬 : Nozawanatsuke), 일야지(一夜漬 : Ichiyatsuke)

② 간장절인(醬油漬)

복신지(福神漬 : Hukushintsuke), 할간지(割干漬 : Hariboshitsuke), 산채장유지(山菜醬油漬 : Sansaishoyutsuke), 자엽지(紫葉漬 : Shibatsuke)

③ 된장절임(味噌漬)

산채미증지(山菜味噌漬 : Sansaimisotsuke), 대근미증지(大根味噌漬 : Daikonmisotsuke), 산우방미증지(山牛蒡味噌漬 : Yamagobomisotsuke)

④ 박지(粕漬 : Kasutsuke)

나량지(奈良漬 : Naratsuke), 산해지(山海漬 : Sankaitsuke), 와사비지(山葵漬 : Wasabitsuke), 셀러리박지(셀러리粕漬 : 셀러리 kasutsuke)

⑤ 고지절임(麴漬)

벳타라지(벳타라漬 : Bettaratsuke), 삼오팔지(三五八漬 : Sangohachitsuke), 소가자국지(小茄子麴漬 : Konasukojitsuke)

⑥ 초절임(醋漬 : Sutsuke)

천매지(千枚漬 : Senmaitsuke), 양경지(良京漬 : Rakkyotsuke), 매초지(梅醋漬 : Umesutsuke), 생강지(生薑漬 : Shogatsuke)

⑦ 쌀겨절임(糠漬)

타쿠앙지(澤庵漬 : Takuantsuke), 강미쟁지(糠味噌漬 : Nukamisotsuke)

⑧ 개자절임(芥子漬)

가자신자지(茄子芥子漬 : Nasukarashitsuke)

⑨ 덧 절임(醪漬)

소가자료지(小茄子醪漬 : Konasumoromitsuke), 오이요지(오이 醪漬 : Kurimoromotsuke) 등

⑩ 기타 지물(漬物)

스구키지(酸茎漬 : Sugukitsuke), 적가브지(赤蕪漬 : Akakabutsuke)

(2) 지역특산의 쓰케모노의 분류

전국을 9지역으로 나누어 그 지방의 저명 쓰케모노.

(3) 숙성 미생물에 의한 쓰케모노의 분류

미생물과 효소에 관여 여부에 따른 분류.

2.3 쓰케모노의 JAS규격

현재 13종이 규격화되어 있고 앞으로 늘어날 것이다.

① Takuantsuke ② 농산물 간장절임
③ Hukushintsuke ④ Haratsuke
⑤ 농산물 초절임 ⑥ Rakkyo 초절임
⑦ 생강절임 ⑧ 농산물 소금절임류
⑨ 매실절임 ⑩ Umeboshi
⑪ 조미 매실절임 ⑫ 조미 Umeboshi
⑬ 농산물 된장절임류 ⑭ 기타

2.4 쓰케모노의 특성

일본 지물제조학(漬物製造學) 오가와(小川), 코린(光琳)에는 26종의 쓰케모노의 제조법과 기초이론을 잘 설명하고 있다. 내용은 생략한다.

3. 일본의 수산물 발효식품

3.1 수산물 발효식품

수산분야에서 발효식품이라는 말은 그렇게 일반적이 아니나 여기에서는 어패류를 원료로 하여 미생물의 작용과 자기소화효소를 이용하여 만든 식품을 수산물발효식품(水産物醱酵食品)이라고 한다. 수산발효식품은 제조법과 미생물의 관여하는 방법에 따라 다음의 세 가지 방법으로 나눈다.

1) 염장형(鹽藏形) 발효식품

어패류를 소금절이(염지)하여 만든 발효식품에는 젓갈(鹽辛), Shottsuru, Kusaya 등이 있다. 이 중에서 Kusaya는 제품이 아니고 침지에 사용된 염수(Kusaya 국물)가 발효산물이라는 점이 특이하다. 표 3-2에 염장형 발효식품의 대표적인 것으로 Kusaya, Shottsuru, 젓갈(鹽辛 : Shiokara)에 대한 특징을 나타내었다.

2) 지물형(漬物型) 발효식품

어패류는 대부분은 염장한 후 쌀밥이나 겨 등에 담가서 그 자연발효에 의하여 생긴 유산 등에 의하여 산미를 부여함과 동시에 보존성을 부여한 것으로 Nare-zushi[Hunazushi(붕어 Sushi)], Sabanarezushi(고등어 Narezushi), Hadahadazushi (도루묵 Sushi) 등]나 생선의 쌀겨 담금 등이 해당된다(표 3-3).

고기와 식염 이외 쌀밥, 쌀겨 등의 탄수화물을 이용하여 유산발효를 주체로 하는 혐기성(무산소성) 대사를 이용하여 만든 식품이다.

표 3-2. 염장형 발효식품의 특징

	식염농도	효소작용의 기여	미생물작용의 기여	성숙기간
Kusaya	△(3~10%)	△	◎	◎(100년 이상)
Shiokara	○(10~20%)	◎	○	△(2~3주간)
Shottsuru,	◎(25%이상)	◎	△	○(1년 이상)

◎ : 대(大), ○ : 중(中),△ : 소(小), * : 전통적 제법에 의한 것

표 3-3. 지물형 발효식품의 특징

	염지기간	쌀밥(겨) 담금기간	국의 첨가	숙성 정도
Huanzushi	◎3개월~1년 이상	◎(3개월~1년 이상	△	◎
Sabanarezushi	○1년 이상	○(5~20일)	△	○
Hadahadazushi	△(0 또는2~3일)	○(2~3주간)	◎	○
복어알 겨절임	◎(2년 이상)	◎(1년 이상)	○	○
멸치 겨절임	○(7~10일)	◎(6개월~1년 이상)	○	○

◎ : 대(大), ○ : 중(中), △ : 소(小)

3) 기타 발효식품

Katsuobushi 등은 상기의 어느 것에서도 속하지 않은 수산발효식품이다. Katsuobushi는 일반적으로 발효식품으로 보기는 어려우나 미생물 이용식품이라는 의미에서 여기에 분류된다.

3.2 Izushi(飯鮨)

Narezushi[숙지(熟鮨), 순지(馴鮨), 숙자(熟鮓), 순자(馴鮓)]의 별명이다. Sushi(壽司, 壽志)의 기원은 오래 되었고, 옛날 것은 현재의 Sushi와 다르다. 염장된 어육을 밥에 절여 자연 발효시킨 소위 Izushi(飯鮨, Narezushi)를 Sushi로 지칭하였다. 원료 어(魚)는 선도가 좋은 것이면 어느 것이나 좋으나 은어, 붕어, 고등어, 도루묵 등이 일반적이다. 이들의 Sushi는 농어촌이나 지방도시의 가정에서 전통적으로 만들어진 것이 주체이고, 따라서 현재에서는 상품으로서의 Sushi류는 어느 것이나 소규모의 업자에 의하여 생산되는데 지나지 않는다.

명산 제품은 Akita(秋田)의 Hadahadazushi(도루묵 Sushi), Hokkaido(北海道)의 Izushi(飯鮨) 등이 있다. 제법의 개요는 어육을 소금절이 하여 밥을 채우고 이것을 소금빼기를 한 다음 밥, 고지(麴), 야채 등 각종의 배합재료와 함께 단단히 담그고 숙성한 것이다.

숙성기간은 계절과 배합재료에 따라 다르고, 일반적으로 Hokkaido(北海島)에서는 11월 중에 담아 1월용으로 한다. 최근에는 수요가 많아져 종래의 방법보다 조기숙성으로 개량되어 실온을 25~27℃로 보존하여 10~14일간 정도 숙성하는 방법이 사용된다. Izushi의 발효는 주로 유산균에 의하지만 이들의 제품에는 보툴리누스 E형 균에 의한 중독이 간혹 발생하므로 엄중한 위생관리가 필요하다

3.3 정어리 쌀겨 절임

겨울철 어획된 신선도가 좋은 정어리를 사용한다. 머리, 내장을 제거하고 맑은 물로 씻어 내고 피 빼기를 완전히 한다. 물 빼기 후 식염을 약 25% 혼합하고 통에 담그고 2~3일 후에 꺼내어 수세 후 천일 건조(1일)하고 쌀겨 20%, 고지(麴) 10%를 혼합한 것을 통에 생선과 서로 펼쳐 늘어 세워 담그고 뚜껑을 하여 원료의 1/2 중량의 누름돌을 하여 5~6일 후에 다시 포화의 식염수를 통에 붓고 누름돌을 배로 늘려 약 4개월간 숙성한다. 먹는 방법은 생 그대로 맛이 있으나 삼배초(三杯醋)로도 좋다. Hokuriku(北陸) 지방의 제품이 명산이다

Kansai(關西)에서 생산되는 일종의 Hayazushi(早鮓)이다. Oshizushi(押鮓)는

Keicho(慶長)의 말기부터 만들어져 왔고 Nigirizushi(握鮓)가 발견되기 전 Edo(江戶)시대(1600~1867년)에서는 단지 Sushi(壽司, 壽志)라고 하면 이것을 지칭하였다. Kyoto(경도) 지방이 근원이었으므로 Nigirizushi(握鮓)가 유행되고 나서 Edo(江戶)에서는 Osaka(大阪) Sushi라고 부르고 있었다.

이 Sushi는 Narezushi(熟鮨)와 같이 생선을 밥에 담그고 자연발효, 숙성과 오래 시간을 걸리지 않고 소금으로 절인 생어(生魚) 또는 건어를 밥에 얹거나 혹은 정형의 고기에 밥을 채우고 혹은 밥과 고기를 조릿대의 잎으로 싼 것 등을 이 상자에 담고 누름돌을 한다. 보통은 4~5일 후 식용으로 하거나 단기간으로 마무리하는 경우에는 미리 밥에 식초를 섞어서 조미한 것을 사용한다.

3.4 Katsuobushi

가다랭이를 3매 묶어 자숙, 건조, 곰팡이 접종을 하여 그 사이의 천일 건조를 포함하여 10분간 건조하였으나 일본 고유의 수산조미료 Enbo(延寶) 연간(약 300전) 기주(紀州)의 어사가 Tosa(土佐)의 Tosagama(宇佐浦)에서 건조를 행하여 건제품으로 한 것이 Katsuobushi의 기원이라 한다.

가다랭이는 봄에서 가을에 걸쳐 일본 근해를 북상하므로 연안 각지에서 제조되지만 Kagoshima(鹿兒島), Kochi(高知), Shizuoka(靜岡) 등이 주산지로 륭마절(隆摩節), Tosabushi(土佐節), Izubushi(伊豆節)의 이름으로 부르고 있다. 제법의 개요는 머리 부분과 내장을 빼고 3매를 묶어 좌우 양측의 2편에서 구절(龜節, Kamebushi), 3 kg 이상의 대형 생선에서는 다시 등배를 나누고 등육을 Obushi(雄節), 복육을 Mebushi(雌節)라 한다.

이들은 Kamebushi(龜節)에 대하여 Honbushi(本節)라고 한다. 고기 살은 바구니에 넣어 자숙, 일번화(一番火)라 칭하는 건조처리를 행한다(Namaribushi, 裸節). 다음에 가다랭이의 부서진 고기 살은 수정(修整)하고 이번화(二番火), 이하의 건조를 반복하여 Arabushi(荒節) 또는 Kaibushi(傀節)로 한다. Arabushi를 Hadakabushi(裸節)로 하고 상자에 채워 곰팡이 접종을 보통 1번 곰팡이에서 4번 접종까지 행한다. Honkareushi(本枯節)를 하여 출하한다.

가다랭이의 지방질 함량은 1% 이내의 것이 원료로서 최적이고 4~7월에 어획된 것은 지방질 함량이 적어. 우수한 절[(節, Bushi), Harubushi(春節)]가 되나, 8~10월경의 것(Akibushi, 秋節)은 지방질이 많으므로 품질이 떨어진다. 생산 비율은 16~18% 정도이고 Katsuobushi의 정미 성분은 주로 inosinic acid이며, 이것은 histidine 등의 유리 아미노산이 상승적으로 강화된다고 한다. 향기성분으로서는 2-

methoxy-4-methylphenol, guaiacol, isoaldehyde, isoamyl 등이 보고되어 있다. Honkarebushi(本枯節)은 1～2년 저장에 견딜 수 있으나 너무 장기간 하면 기름탄 내가 난다고 한다.

3.5 Kusaya

적신어(赤身魚)를 염장하고 남은 소금국물을 발효시켜 그 국물을 사용하여 염장한 고기를 건조한 제품을 말한다. 일반적으로 건조한 제품을 Kusaya의 간물, 발효 국물을 Kusaya 국물이라 한다. Kusaya의 간물에 사용되는 어종으로서는 비어, 갈고등어, 상어, 꽁치 등이고 선도가 좋고 지방질이 적은 것이 좋으며, 비어나 갈고등어가 상급 제품이라고 한다. Kusaya에 사용되는 고기의 간물(干物)은 현재에는 Nishima(新島)가 주산지이다. 제법은 고기의 배를 따고 다시 냉장을 제거하고 수세한다. 물은 우물물을 사용한다. 물 빼기 후에 9～10시간 Kusaya 국물에 담가 염지(鹽漬)하고 물을 빼고 3회 건조하고 상자에 넣어 출하한다. Kusaya 국물의 염분 농도는 8～12 Be로 시기와 원료에 따라 변한다. 생산수율은 30～40%이다

3.6 젓갈(鹽辛)

어패류의 내장을 통에 모으고 때로는 근육 편을 가하는 수도 있으나 식염을 20～30%를 가하여 소금절이 하여 원료의 효소작용으로 발효한 염장 발효식품으로 최근에는 식염을 묽게 하여 오래 발효하지 않고 병조림한 제품이 시판되고 있다. 대표적인 제품으로서는 가다랭이, 오징어, 섬게, 대구 알, 우렁쉥이 등의 젓갈 외에 젓갈이 있다.

3.7 Shottsuru

Akida(秋田)의 명산으로 도루묵을 원료로 하는 수도 있으나 정어리를 원료로 하는 수도 있다. 제법은 먼저 생선의 머리, 내장, 꼬리를 제거하고 수세, 물 빼기를 하여 원료, 식염, 고지(麴)를 10 : 3 : 2의 비율로 통에 담근다. 압력을 가하여 1년간 압력을 가하지 않고 때때로 교반하면서 1～2년간 방치하여 천으로 여과하고 국물은 자비하여 포말을 제거하고 이것을 사용한다. 소위 어간장의 일종이다.

3.8 Sushi(壽司, 壽志)

Nigirishizushi(握鮓), Sarashizushi, Narezushi(馴鮨, 馴鮓), Izushi(飯鮨), Oshizushi(押鮓), Hayazushi(早鮓) 등이 이 종류 식품의 총칭이 되고 있다. 원래의 의미는 어육을 염장하여 수분의 일부를 제거한 다음 밥과 서로 겹쳐 쌓아 자연 발효시킨 Narezushi를 가리키는 말이다.

Narezushi는 밥이 충분히 발효된 곳에서 생선을 꺼내어 풍미가 증가한 고기를 주로 식용하지만 이 방법은 발효할 때까지 시간이 걸리므로 미리부터 조미된 원료를 사용하여 제법을 간소화하여 단시간으로 마무리하는 것이 Oshizushi(押鮓)나 Hayazush(早鮓)이다. 이 Sushi는 위에서 설명한 Sushi와는 달리 밥을 주로 하여 식용으로 하는 것이 특징이다. 또한 특히 원료어의 형태를 남겨두게 가공한 것을 Sugatazushi(姿鮓)라고 부르는 수가 있다.

Eto(江戶)시대(1600~1867년) 전의 Nigirizushi(押鮓)도 현재에도 사용되고 있으나 옛날에는 초절임이나 간장절임으로 사용한 것이다. 잿방어, 넙치, 오징어, 새조개 등은 감미식초 절임 하여 가볍게 씻고 적패(赤貝)는 반드시 생초로 씻었다. 초나 간장으로 조미하는 것은 맛을 좋아하는 이유도 있으나 살균효과도 내고 원료의 선도 혹은 보지상태가 현재와 같은 cold chain의 완비, 수송력의 신속에 비하여 떨어진 옛날에는 생것에 대한 주의 면에서 필연적으로 생겨난 생활의 지혜라 할 수 있다.

3.9 Narezushi(馴鮨, 馴鮓)

어육을 발효시킨 일종의 침채류의 총칭이다. Izushi(飯鮨)라고 한다. 그 기원은 중국이라고 하나 불교 전래 이후 일본에서 만들었다고 한다.

제조법의 개요는 신선한 고기의 비늘, 지느러미, 내장을 제거하고 잘 씻고, 소금절이를 한다. 이것을 밥 중에 묻어 대나무 껍질, 조릿대 잎 등을 얹어 통에 재워 누름돌을 얹는다. 수 10일 간혹 수개월이 되어 밥이 충분히 발효되었을 때 생선을 꺼내고 밥보다 생선을 주로 하여 식탁에 낸다. 즉 현재의 Nigiri(주먹밥) Sushi와는 완전히 다른 것으로 일종의 침채류이고, 식품의 보존이다. Sushi라고는 가장 원시적인 제법이다.

일본 각지에서는 대표적인 생선은 Narezushi의 원료로 되고 각기 특색이 있는 식품으로서 유명하다. 그 대표적인 것은 Biyako(琵琶湖)의 Hunazushi, Yoshino-zawa(吉野川)의 은어로 만든 Tsuribezushi(釣馴鮨), 북극지방의 Nishinzushi(청어 Sushi), Kaga(加賀) 지방의 장어로 손으로 만든 Ujimaruzushi, Akida(秋田)의 Hadahadazushi(도루묵 Sushi) 등이다. 최근에는 원료를 미리 조미하여 제법을 간략화 한 것이 많다.

3.10 Hayazushi(早鮓)

Narezushi(熟鮨, 熟鮓, 馴鮓, 馴鮨)에 대한 말이다. 1,600년대의 초에 이르러 Narezushi에서 Oshizushi(押鮓) 혹은 Hayazushi(早鮓) 형태로 되었다고 한다. 옛날에는 자가 제조가 많았고, 소금절이한 고기를 포(苞)에 넣어 불에 구우면서 누름돌을 하거나 주(柱)에 휘둘려 숙성시키므로 Ichiyazushi(一夜壽司)라고도 하였다. 현재에는 소금절이한 고기를 밥에 얹어 누름돌을 하거나 다시 단기간으로 마무리하는 경우는 미리 밥에 초를 혼합하여 조미한 것을 사용한다.

3.11 복어 쌀겨 절임

Kyobo(享保) 12년(1728년) 상당히 오래 전부터 Ishgawa(石川)현에서 주로 생산되었고 한다. 어체(魚體) 중의 육조(肉條)만을 사용하기 때문에 복어 근(筋)이라 한다. 복어 근(건조 복어)은 어체를 3매를 묶어서 염건(鹽乾)한 것으로 현 밖에서 입하하고 있다.

제조법은 내장, 표피를 제거하고 3매를 묶어 맑은 물에서 2~3시간 물 바래기로 충분히 씻는다. 물 빼기를 하고 통에 늘어놓고 식염 35%를 뿌려 잘 혼합하고 다른 통에 늘어 세워 12~14시간 소금절이를 하여 국물은 빼고 건조한다. 원료에 대하여 40%의 쌀겨와 24%의 고지(麴)를 섞어주면서 담그고 중간 뚜껑 위에 10~12 kg의 누름돌을 얹어 소금국물 약 70%를 하루에 2~3회 나누어 가하고, 국물이 원료의 위에 이르면 정지한다. 그대로 1년 2개월~1년 3개월 숙성시킨 다음 판매한다.

3.12 Hunazushi(붕어 Sushi)

옛날부터 Biyako(琵琶湖)의 붕어를 사용하여 만들어온 Narezushi(熟鮨, 熟鮓, 馴鮓, 馴鮨)이다. 제조법은 다음과 같다. 4~6월경에 어획된 산란 전의 암컷 붕어(붕어는 수컷이 작다)가 좋다. 먼저 비늘은 제거하고 배를 따지 않고 입에서 아가미와 내장을 꺼낸다. 식염을 충분히 섞으면서 통에다 누름돌을 얹어 약 1개월간 방치한다. 다음에 쌀밥을 살을 데게 하여 방치하고 붕어의 복강 내에 채운다. 다시 통 중에 밥과 붕어를 교호하게 펴서 늘어놓고 Hontsuke(本漬)를 하고 누름돌을 한다.

담근 뒷날부터 발효하나 발효가 진행하면 누름돌을 추가한다. 약 10일간으로 발효가 완료되게 하나 2~4개월로 숙성하면 맛이 좋아진다. 또한 난소도 다갈색으로 풍미를 좋게 한다. Hontsuke(本漬) 후 80일 경과 후에 쌀겨 박을 분석한 결과 대부분의 산은 불휘발산이고 그 주체는 lactic acid라고 하였다.

표 3-4. 일본의 주요 수산발효식품

구 분	품목(주요 산지)
건조품	Kusaya(이즈제도)
젓(塩辛 : Shiokara)	오징어젓(홋카이도, 아오모리, 이와테, 미야기, 도야마) 가다랭이젓(고치) 섬게젓(야마구치) 해삼창자젓(이시가와) 은어의 창자젓(기후, 야마구치, 오이타, 미야자키, 도쿠시마, 구마모토)
어간장(魚醬油 : 어장유)	Shottsuru(아키다), Ishiru(이시가와)
Sushi	Hunazushi(붕어스시. 시가) Sabanarezushi(고등어스시. 와카야마) Hadahadazushi(고루목스시. 아키다) Izushi(홋카이도) Ayuzushi(은어스시. 도야마, 기후, 시가, 가가와) Koizushi(잉어스시. 각 현) Dauzushi(도미스시, 각 현) Sakezushi(연어스시. 각 현) Borazushi(숭어스시. 규슈) Unagizushi(장어스시. 각 현) Konopshirozushi(전어스시. 와카야마 Sanmazushi(꽁치스시. 와카야마) Tara의 곤포스시(아오모리) Shirauosushi(뱅어스시. 세도나이) Hotkezushi(쥐노래미스시. 홋카이도) Ikazushi(오징어스시. 홋카이도) Aji의 Izushi(전갱이의 Izushi. 이시가와) Iwashizushi(정아리스시. 치바)
고지절임 (麴漬 : 국지)	은어의 고지절임(시가) 고등어의 국절임(각 현) 청어의 국절임(홋카이도) 아귀의 국절임(이시카와) 삼치의 국절임(아오모리) 문어의 국절임(각 현) 오징어의 국절임(홋카이도) 새우의 국절임(오카야마 도미의 국절임(각 현) 청어알의 국절임(홋카이도)

(계속)

구 분	품목(주요 산지)
겨절임 (糠漬 : 강지)	복어의 겨절임(이시가와) 멸치의 겨절임(이시카, 교토) 청어의 겨절임(이시가와, 홋카이도)
Bushi (節 : 절)	Katsuobushi(시스오카, 가고시마, 미야자키, 고치, 치바, 미에) Sababushi(시스오카, 가고시마, 쿠마모도, 에히메)

4. 일본의 주류 발효식품

4.1 일본 술의 기본적인 분류

주류는 일본의 전통주인 청주(淸酒), 소주(燒酎), 미림(味醂), 매실주(梅實酒)를 위시하여 외래주인 위스키(whisky), 브랜디(brandy), 와인(wine), 맥주(beer), 소흥주(紹興酒), 백주(白酒)가 있다. 표 3-5에 이들 주류를 분류하였다. 또 주류는

표 3-5. 술의 분류

원료		양 조	증 류
과 실	포 도	포도주(wine)	Brandy
	사 과	사과주(cider)	Calvados
	버 찌		Kieschwasser
	플 럼		Thripowasser
곡 류	쌀	청주, 황주(黃酒)	소주(燒酎)
	보 리	맥주(beer)	Whisky
	옥수수		Bourbon, gin, vodka
	고 량		백주(백주)
기 타	사탕수수		Rum, 소주(燒酎)
	고구마		Aquavit, 소주(燒酎)
	용설란		Tequila
	벌 꿀	Mead	
	흑 당		소주(燒酎)
	우 유	Kefir, koumis	

제조방법에 따라 양조주(釀造酒) 증류주(蒸溜酒), 혼성주(混成酒)의 세 타입으로 분류한다. 이 세 제조법의 개요를 표 3-6에 나타내었다. 그리고 세금의 대상이 되

표 3-6. 포도주, 맥주, 청주의 원료 및 양조의 특징(괄호 내는 부원료)

	포도주	맥 주	청 주
원 료	포도(자당, 포도당, 과당)	맥아, 홉(전분질)	쌀(알코올, 유당, 당 등)
관여 미생물	효모(유산균)	효모	국균, 효모(유산균)
당화효소원		맥아(麥芽)	국균(麴菌)
발효형식	단발효 개방(SO_2)	단행복발효 개방 → 밀폐	병행복발효 개방
제조공정	생략	생략	생략

표 3-7. 주류의 종류・품목과 제조법

주류의 종류	품 목	제조법
청주(淸酒)		양조주(병행복발효)
합성청주		혼성주
소주(燒酒)	소주 갑류	증류주
	소주 을류	
미 린		혼성주
맥주(麥酒)		양조주(단행복발효)
과실주(果實酒)	과실주	양조주(단발효)
	감미과실주	
위스키류	위스키	증류주
	브랜디	
스피릿츠류	스피릿츠	증류주
	원료용 알코올	
리큐르류		혼성주
잡주(雜酒)	발포주	
	분말주	
	기타 잡주	
계 10종류	계 11품목	

표 3-8. 일본 주세법에 있어서 일본 주류의 제조방법에 따른 주류의 정의와 분류

구 분		제조방법의 개요	주요 주류
양 조 주	단발효주	당분을 함유하는 물질을 발효시킨 것 (발효과정으로 당분을 보충하는 경우도 있다.)	과실주
	단행당화발효주 (당화와 발효가 단계적으로 나누어져 있다)	당화의 조작을 거쳐 물질을 발효시킨 것	맥주 발포주
	병행당화발효주 (당화와 발효의 양 작용이 동시에 진행한다)	당화하려는 물질의 당화와발효를 병행시킨 것	청주 탁주
증 류 주		양조주, 기타의 알코올 함유물을 증류시킨 것.	소주 위스키 스피리트
재제주(혼성주)		양조주, 증류주 등을 기초로 하여 향미료, 착색제 등을 가한 것	합성청주 미 린 감미과실주 리쿠어

고 있으므로 주세법에 따라서 10종목 11품목으로 분류된다. 그 개요를 표 3-7에 나타내었고, 일본 주세법에 있어서 주류의 정의와 분류는 표 3-8과 같다.

주류(정의) : 알코올 분 1도 이상의 음료를 말한다(주세법 제2조).
주류의 종류는 주세법 제3조에 의한다.

4.2 일본 술의 제조방법에 의한 분류

1) 양조주

술의 기본이 되는 것으로 곡물, 과즙, 당질원료를 발효시켜 알코올을 생성하여 모든 술을 만드는 스타터가 된다. 술의 역사에서 보면 가장 오래부터 사람이 마신 것이 양조주로 발효된 상태 그대로를 마시므로 발효주라는 별명이 있다. 양조주는 당화·발효형식에 따라 단발효법(單醱酵法), 단행복발효법(單行複醱酵法), 병행복발효법(並行複醱酵法)의 세 가지 방법이 있다.

주류의 양조방법의 분류에서 당질원료를 효모로 발효시켜 주류를 만드는 경우 알

코올발효가 단독으로 이루어짐으로 단발효(單醱酵)라고 한다. 이것에 대하여 전분원료를 효소로 분해시켜 당분으로 하고 여기에 효모를 증식시켜 알코올발효를 행하는 양조법은 당화작용과 알코올발효를 각각 단독으로 행하는 것이므로 단행복발효(單行複醱酵)라고 한다.

청주 양조에 있어서 주모의 육성은 전기에서 당화를 진행시키고 후기에서 효모의 증식발효를 꾀하므로 단행복발효(單行複醱酵)라고 한다. 한편 청주 양조공정에서 당화작용과 알코올발효가 동시에 이루어짐으로 병행복발효(並行複醱酵)라고 하며, 청주료(淸酒醪)는 병행복발효에 해당된다.

2) 증류주

양조주를 증류기에 넣고 가열・휘발성분을 포집하고 새로운 술을 만드는 것이 증류주이다. 증류주는 알코올 분이 높고 엑기스 분을 함유하지 않는다. 소주(燒酎), 위스키, 브랜디 등이 여기에 해당된다.

3) 혼성주

혼성주는 양조주나 증류주에 초근목피(草根木皮)나 과실, 설탕으로 담그고 그 성분을 침출시켜서 만든 것으로 주로 리쿠어(liquor)라고 부른다. 일본에서는 매실이, 중국에서는 약초나 동물로 담근 약주(藥酒)가, 그리고 구미에는 오렌지로 담근 오렌지 큐라소(orenge curacao)가 있다.

4.3 주세법에 의한 분류

주세는 나라의 큰 자원이고 제조 그리고 판매에 상세한 규정이 정해져 있다. 주세법에서 『주류(酒類)』란 알코올 분 1도 이상을 함유하는 음료로 그 전부에 주세가 부과되고 주류를 10종류 11품목으로 분류한다.

5. 일본의 초산 발효식품

일본 식초의 JAS규격에서는『식초는 양조초와 합성초로 대별하고 양조초 ① 곡류 또는 과실을 원료로 한 초덧 또는 이들에 알코올 혹은 당류를 가한 것에 초산발효를 시킨 액체 조미료, ② 알코올 또는 여기에 곡물을 당화한 것 또는 과실을 가한 것을 초산 발효한 액체 조미료, ③, ①과 ②를 혼합한 것, ④, ①, ② 또는 ③에 당류, 조미료(빙초산 그리고 초산은 제외), 화학조미료, 식염 등(향신료 제외)을 가

표 3-9. 일본농림규격의 식초의 분류와 규격

분 류			주원료의 사용량	산 도	무염가용성 고형분
양조초	곡물초	곡물초	곡물의 사용량이 1 ℓ 중 40 g 이상의 것	4.2% 이상	1.3~8.0%이상
		쌀초	곡물초로서 쌀 사용량이 1 ℓ 중 40 g 이상의 것	4.2% 이상	1.3~8.0% (0~9.8%)*1
	과실초	과실초	과실의 착즙의 사용량이 1 ℓ 중 300 g 이상의 것	4.5% 이상	1.2~5.0%
		사과초	과실초로서 사과의 착즙의 사용량이 1 ℓ 중 300 g 이상의 것	4.5% 이상	1.2~5.0%*2
		포도초	과실초로서 포도의 착즙의 사용량이 1 ℓ 중 3000 g 이상의 것	4.5% 이상	1.2~5.0%*2
	양조초	양조초	곡물초, 과실초 이외의 양조초	4.0% 이상	1.2~4.0%
합성초	합성초		양조초의 사용비율이 60% 이상의 것(업무용은 40% 이상)	4.0% 이상	1.2~2.5%

*1 당류, 아미노산 그리고 원재료의 항에 규정하는 식품첨가물을 사용하지 않는 쌀초에 적용.
*2 과실초로 원재료로서 종류의 과실만을 사용한 것은 적용하지 않는다.

한 것으로 불휘발산, 총 당 또는 총 질소 함유량이 각각 1.0%, 10% 또는 0.2% 미만의 것』으로 정의되어 있다. 그리고 『각각 초산발효를 한 액체 조미료에 빙초산 또는 초산을 사용하지 않은 것』으로 되어 있다.

양조초로서의 원료는 곡물・과실・알코올・당류로 초산발효가 필수이고, 합성초가 혼재하지 않을 것으로 되어 있다. 양조초를 다시 곡물초, 과실초 그리고 쌀초, 사과초, 포도초로 세분하고, 표 3-9에 나타낸 원료 사용량과 산도, 무염가용성 고형분을 규제하고 있다. 원재료의 사용량의 표시는 많은 순으로 레이블에 표시하기로 되어 있다.

6. 일본의 축산물 발효식품

일본의 발효유류는 젖 등의 성령에서 규정되어 있다. 즉 이 령에서는 『발효유(발효유)』 그리고 발효유를 가공한 『유산균음료』에 관하여는 다음과 같이 정의되고 있다.

표 3-10. 『발효유(醱酵乳)』와 『유산균음료(乳酸菌飮料)』의 각 성분 규격

발효유	무지유고형	8.0% 이상
	유산균수 또는 효모 수(1mℓ당)	10,000,000 이상
	대장균군	음 성
유산균 음료	(무지유고형 3% 이상)	
	유산균수 또는 효모 수(1 mℓ당)	10,000,000 이상
	대장균군	음성

제2조에서는 『발효유(醱酵乳)』란 젖(乳) 또는 이것과 동등 이상의 무지유 고형분을 함유한 젖 등을 유산균 또는 효모로 발효시켜 호상 또는 액상으로 한 것 또는 이것을 동결한 것을 말한다. 그리고 이 성령에서 『유산균음료(乳酸菌飮料)』란 젖 등을 유산균 또는 효모로 발효시킨 것을 가공하고 또는 주요 원료로 한 음료(발효유 제외)를 말한다.

부록표

〈부록표 1〉 세계의 저명한 발효식품 / 429

〈 부록표 1 〉 세계의 저명한 발효식품

표 1-1. 어류-곡물 젓산발효식품(젓산발효 생선식품)
(Acid-Fermented Fish. Rice and Related Products)

발효식품명	주 원 료	관여 미생물	용 도	지 역	정 의
Sikhae	Sea water fish cooked millet, salt	*L. mesenteroides* *L. plantarum*	Side dish	Korea	Fermented fish-rice
Narezushi	Sea water fish cooked millet, salt	*L. mesenteroides* *L. plantarum*	Side dish	Japan	Fermented fish-rice
Burong-isda	Fresh fish, rice, salt	*L. brevis* *Streptococcus* sp.	Side dish condiment	Philippines	Fermented fish-rice
Pla-ra	Fresh water fish, salt, roasted rice	*Pediococcus* sp.	Side dish	Thailand	Fermented fish-rice
Balao-balao (Eurong Hipon Tagbieao)	Shrimp, rice, salt	*L. mesenteroides* *P. cerevisiae*	Condiment	Philippines	Fermented fish-rice
Kung-chom	Shrimp, salt, sweetened rice	*P. cerevisiae*	Side dish	Thailand	Fermented fish-rice

표 1-2. 어류 발효식품(발효생선식품 : 젓갈)
(Fermented Fish Paste and Relateds Products)

발효식품명	주 원 료	관여 미생물	용 도	지 역	정 의
Balao-balao (Burong Hipon, Tagbilao)	Shrimp, rice, salt. Shrimps 17%, cooked rice 83%, salt 20% of shrimps and 3% of shrimps and cooked rice	*Leuconostoc mesenteroides, Lactobacillus plantarum, L.: brevis, Streptococcus faecalis, Pediococcus cerevisiae*	Condiment	Philippines	Fermented rice Shrimp
Burong Bangus	Milkfish, rice, salt, vinegar	*Leuconostoc mesenteroides, Lactobacillus plantarum, L. confusus*	Staple food	Philippines	Fermented milkfish
Burong Isda	Fish, rice, salt. Fish 33.45%, cooked rice 65.22%, salt 1.33%, Angkak(red rice for colouring	*Leuconostoc mesenteroides, Pediococcus cereviseae, Lactobacillus plantarum, Streptococcus faecalis, Micrococcus* sp.	Condiment	Philippines	Fermented fish
Hoi-malaeng pu-dong	Mussel(Mytilus smaragdinus), salt. Mussel 90%, salt 10%	*Pediococcus halophillus, Staphylococcus* sp., *S. aureus, S . epidermidis*	Side dish, snack	Thailand	Fermented mussel
Ika-Shiokara	Squid, salt Squid meat 80～90%, salt 8～15%, squid liver 2～10%	*Micrococcus* sp., *Staphylococcus* sp., *Debaryomyces* sp.	Side dish	Japan	Fermented squid
Jaadi	Fish, salt	N.I.A	Staple and snack	Sri Lanka	Salted fish

(계속)

발효식품명	주원료	관여 미생물	용도	지역	정의
Kung chom	Shrimp(Macrobrachium lanchesteri), salt, garlic, rice	*Pediococcus halophilus*, *Staphylococcus* sp., *S.aureus*, *S. epidermidis.*	Staple food, side dish	Thailand	Fermented shrimp
Kusaya	Horse mackerel(Decapterus muroadsi Temmincek et Schlegel). Horse mackerel 70%, salt 30%	*Corynebacterium kusaya*, *Spirillum* sp., *Clostridium bifermentans*, *Penicillium* sp.	Staple food, Snack	Japan	Fermented dried fish
Myulchijeot	Small sardine(*Engranlis japonica*). Small sardine 100%, salt 20%	*Pediococcus* sp., *Saccharomyces* sp.	Staple food	Korea	Fermented small sardine
Pla-chao (Fla-khaomak)	Fresh water fish, salt, Khaomak. Fish 37.5%, salt 12.5%, Khaomak 50%	*Pediococcus cerevisiae*, *Staphylococcus* sp., *Bacillus* sp., *Micrococcus* sp.	Side dish	Thailand	Thai Sweetened Fish
Pla-chom (Pla-khoa-kour)	Fresh water or marine anchovy. Fish 56%, salt 5.6%, boiled rice 16.4%, garlic 5.6%, roasted rice flour(sometimes rice bran) 16.4%3	*Pediococcus cerevisiae*, *Lactobacillus brevis*, *Bacillus* sp.	Snack, side dish	Thailand	Fermented fish, Thai Anchovy
Pla-paeng-daeng	Different kinds of marine fish, Red Mold Rice(Ang-kak). Fish 75%, salt 25%, boiled rice and Ang-kak-a small amount	*Pediococcus* sp., *P. halophilus*, *Staphylococcus aureus*, *S. epidermidis.*	Snack, side dish	Thailand	Red fermented fish

(계속)

발효식품명	주 원 료	관여 미생물	용 도	지 역	정 의
Pla ra (Pla-dag, Pla-ha, Ra)	Different varieties of fresh water-, brackish water-,and marine fish	*Pediococcus* sp., *P. halophilus, Staphylococcus* sp., *S. epidermidis, Micrococcus* sp., *Bacillus subtilis, B. licheniformis*	Snack, side dish	Thailand	Fermented fish
Pla-som (Pla-khao-sug)	Different kinds of marine fish. Cleaned fish 71.6%, salt 14.2%, boiled rice 7.1%, garlic 7.1%	*Pediococcus cerevisiae, Lactobacillus brevis, Staphylococcus* sp., *Bacillus* sp.	Snack, side dish	Thailand	Fermented fish
Saeoo Jeats (Jeotkals)	Shrimp(Acetes chinensis). Shrimp 100%, salt 20%	*Halobacterium* sp., *Pediococcus* sp.	Staple food	Korea	Fermented shrimp
Som-fug (Som-dog, Pla-fu, Pla-mug, Fug-som)	Different kinds of fresh. Fish 69%, salt 10.2%, boiled rice 3.8%, garlic 6.9%	*Pediococcus cerevisiae, Lactobacillus brevis, Staphylococcus* sp., *Bacillus* sp.	Snack	Thailand	Thai fermented fish
Tai-pla	Bowels of various fresh water-, Brackish water, and marine fishes Fish bowels 75%, salt 25%	*Prediococcus* sp., *P. halophilus, Staphylococcus aureus, S. epidermidis*	Snack, side dish	Thailand	Fermented fish bowels

표 1-3. 어류 발효식품(어장)
(Fermented Fish Sause and Related Products)

발효식품명	주 원 료	관여 미생물	용 도	지 역	정 의
Bagoong Alamang (Bagoong Isda, Bagoong)	Fish/shrimp, salt. Fish/shrimp 75～87.5% salt 12.5～25%	*Bacillus* sp., *Pediococcus* sp.	Condiment	Philippines	Fish/shrimp paste
Belacan (Blacan)	Various species of shrimp(Acetes) shrimp, salt	N.I.A, enzymatic autolysis	Condiment	Malaysia	Shrimp paste
Budu	Various brackish water and marine fishes Fish 67.5%, salt 22.5% brown sugar / raw sugar 10%	*Pediococcus halophilus*, *Staphylococcus aureus*, *S. epidermidis*, *Bacillus subtilis*, *B. laterosporus*, *Proteus* sp., *Micrococcus* sp., *Sarcina* sp., *Corynebacterium* sp.	Condiment	Thailand	Muslim sause, fish sause
Nampla (Nampla-dee, Nampla-sod)	Stolephorus sp. Ristrelliger sp. Cirrhinus sp.. Various kinds of fresh water-, brackish water-, and marine fish. Fish 75%, salt 25%	*Micrococcus* sp., *Pediococcus* sp., *Staphylococcus* sp., *Streptococcus* sp., *Sarcina* sp., *Bacillus* sp., *Lactobacillus* sp., *Corynebacterium* sp., *Pseudomonas* sp., *Halococcus* sp., *Halobacterium* sp.	Condiment	Thailand	Fish sause

(계속)

발효식품명	주 원 료	관여 미생물	용 도	지 역	정 의
Patis (Petes)	*Stolephorus* sp., *Clupea* sp., *Decapterus* sp., *Leionathus* sp.. Fish 70～80%, salt 20～30% Food colour-optional	*Pediococcus halophilus*, *Micrococcus* sp., *Halobacterium* sp., *Halococcus* sp., *Bacillus* sp.	Condiment	Philippines (Indonesia)	Fish sauce
Shottsuru	Anchovy, opossum shrimp, salt. *Astroscopus japonicus*(sandfish) Anchovy 70%, opossum shrimp 14%, salt 15～20%	*Halobacterium* sp., *Aerococcus viridans* (*Pediococcus homari*), halotolerant yeasts and halophilic yeasts	Condiment	Japan	Fish sauce

표 1-4. 배양스타터(발효 조성제)
(Cultured Starter)

발효식품명	주 원 료	관여 미생물	용 도	지 역	정 의
Budod	Rice, starter. Rice 99%, starter 1%	*Endomycopsis fibuligera*, *Aspergillus* sp., *Rhodotorula* sp., unidentified	Starter Beverage, snack	Philippine	Basi 제조용 건조, 강력 1차 starter
Binubudan (Binuburan, Purad)	Milled rice + Budod	*Debarymyces hansenii*, *Candida parapsilosis*, *Trichosporon fennicum*	Starter	Philippines	Basi 제조용 강력, 활성 2차 starter
Samac	Sugar cane	Yeast, bacteria, mold	Starter	Philippines	Basi 제조용 스타터
Binokhok	Roast rice		Starter	Philippines	Starter
Look-pang	Rice flour, spices. Look-pang Khao-mak(Look-pang for Khao-mak preparation); rice flour-more than 95%, spices; dry powder of Kha(*Alpinia siamensis*) root. Cha-em(*Albzia myriophylla*), and Allium sativum-less than 5%. Look pang, Lac(Look-pang for alcohol fermentation); rice flour-more than 95%, spices;	*Rhizopus* sp., *Mucor* sp., *Chlamydomucor* sp., *Penicillum* sp., *Aspergillus* sp., *A. niger*, *A. flavus*, *Endomycopsis* sp., *Hansenula* sp., *Saccharomyces* sp.	Starter for fermentation	Thailand	Starter, cake

(계속)

발효식품명	주 원 료	관여 미생물	용 도	지 역	정 의
Look-pang (계속)	*Allium sativum*, *Zingiber officinale*, *Alpinia siamensis*, *Myriopteron extensum*, Prik-thai(*Piper nigrum*). Dee-ploe(Piper chaba). Allium ascalonicum-less than 5%. Other Look-pangs ; rice flour-more than 95%, spices; Look-chang (*Diospiros packmanni*). Look kravan(*Amomum xanthiodes*), Kan-plu(*Eugenia caryophyllata*). Thien-kao(*Lawsonia alba*), Medpuk-shee(*Coriandrum sativum*), Poeu-kuk(*Illicium cerum*)-less than 5%	*Rhizopus* sp., *Mucor* sp., *Chlamydomucor* sp., *Penicillum* sp., *Aspergillus* sp., *A. niger*, *A. flavus*, *Endomycopsis* sp., *Hansenula* sp., *Saccharomyces* sp.	Starter for fermentation	Thailand	Starter, cake
Meju	Soybean. Soybean 100%	*Aspergillus oryzae*, *Bacillus subtilis*	Starter	Korea	Fermented soybean starter
Murcha	Rice or wheat, wild plants. Rice or wheat 90%, wild plants 3~5%	*Saccharomyces cerevisiae*, *Rhizopus* sp., *Endomycopsis fibuligera*, *Pediococcus pentosaceus*, *Lactobacillus plantarum*	Starter	Nepal, India, Bhutani	Starter

(계속)

발효식품명	주 원 료	관여 미생물	용 도	지 역	정 의
Nuruk (Kokja)	Wheat. Wheat 60～70%, water 30～40%	*Aspergillus oryzae*, *Candida* sp., *Aspergillus niger*, *Rhizopus* sp., *Penicillum* sp., *Mucor* sp., *Hansenula anomala*, *Leuconostoc mesenteroides*, *Bacillus subtilis* and others	Starter for brewing	Korea	Starter for Takju brewing starter
Ragi	Rice flour, spices(garlic–*Allium sativum*; laos–*Alpinia galanga* root: white pepper–*Piper nigrum*; red *chillies–Cinnamomum* burmani; black pepper–*Piper retrofractumadas* –*Foeniculum vulgare*; *sugarcane–Saccharum officinarum*; lemon–*Citrus aurantiacum* var. *fusca* juice; coconut–*Cocos nucifera* juice) Rice flour 50～100%, spices–less than 1 to 50%	*Amylomyces* sp., *Mucor* sp., *Rhizopus* sp., *Endomycopsis* sp., *Saccharomyces* sp., *Candida* sp., *Pediococcus* sp., *Bacillus* sp.	As a starter for Tape making	Indonesia	Starter, inoculum (곡자, Brem 제조용 starter)
Nata de Coco, Nata ng Niyog, Nata de Pina	Coconut water, sugar, starter Coconut water 100%, sugar 10% to the coconut water, dihydrogen ammonium phosphate or sulphate 0.5%, glacial acetic acid 0.1～0.8%, starter 10%	*Acetobacter xylinum*	Snack	Philippines	Nata

표 1-5. 치즈발효식품(발효치즈식품 : 치즈)
(Fermented Cheese and Related Products)

발효식품명	주 원 료	관여 미생물	용 도	지 역	정 의
Camembert cheese	Whole milk(bovine). milk, rennet, NaCl, $CaCl_2$, mould	*Streptococcus lactis*, *S. cremoris* *Penicillum camemberti*	Snack food	Australia	Cheese(soft, ripened)
Cheddar cheese, Cheese colby, Monteray, skim stirred curd	Whole milk(bovine). milk, Starter, rennet, NaCl, $CaCl_2$, mould	*Streptococcus latis* *Streptococcus cremoris*	Staple food and snack	Australia	Cheese (hard, no gas holes)
Cottage cheese, cream	Whole or skim milk(bovine). Milk, starter, rennet, stabilizer, NaCl, food acid(optional), caseinate	*Streptococcus lactis*, *S. cremoris* *Leuconostoc cremoris*	Snack food	Australia	Cheese-fresh
Cottage cheese	Milk, starter. Milk(non-fat dry milk 12%, water 88%) 100%, *Streptococcus lactis* starter 5% to total milk, heavy cream 1.5%, salt 1.3%, $CaCl_2$ 40.02%	*Streptococcus lactis*	Snack, condiment	Philippines	Cottage cheese
Gouda, Edam	Whole milk(bovine). Milk, starter, rennet, NaCl, $CaCl_2$ and $NaNO_3$	*Steptococcus lactis*, *S. lactis* var. *hollandicus*, *S. lactis* var. *diacetylactis*, *Leuconostoc cremoris*	Snack food	Australia	Cheese (hard, gas holes)

(계속)

발효식품명	주 원 료	관여 미생물	용 도	지 역	정 의
Kesong Puti, Keso, Kesiyo	Carabao's(buttalo) milk or cow-carabao's milk mixture, salt, Abomasal extracts coagulant, starter. Carabao's milk or cow-carabao's milk(1 : 3 v/v) mixture 89～96%, salt 2.0～3.5%, abomasal extract 0.4～0.6%, starter 5～10%	Mainly lactic acid bacteria, some lactobacilli, micrococci, yeast and others normally present in the raw milk or that get into the milk during manufacture	Snack	Philippines	White cheese, white soft cheese, soft cheese
Mozzarella, Pizza	Part-skim milk(bovine). Part-skimmilk, starter, $CaCl_2$, rennet, NaCl	*Streptococcus thermophilus*, *Lactobacillus bulgaricus*	Staple food and snack	Australia	Cheese-soft, unripened
Romano, Pecorino, Parmesan	Part-skim milk(bovine). Milk, starter, rennet, lipase, $CaCl_2$, NaCl	*Streptococcus thermophillus*, *Lactobacillus bulgaricus*, *L. lactis*, *L. helveticus*, *L. casei*, *L. plantarum*, *L. acidophilus*	Snack food	Australia	Cheese (very hard)
Swiss Emmenthaler, St. Clare	Whole milk(bovine). Milk, starter, rennet, $CaCl_2$, NaCl	*Streptococcus thermophillus*, *Lactobacillus bulgaricus*, *Propionibacterium shermani*	Snack food	Australia	Cheese hard with gas holes
Tahuri	Soybean milk. Soybean 100%, calcium salt or lactic acid starter	Lactic acid bacteria	Side dish, staple food	Philippines	Tofu, soybean curd

표 1-6. 육류 발효식품(발효 육류식품 : 소시지)
(Fermented Meat and Related Products)

발효식품명	주 원 료	관여 미생물	용 도	생산국	정 의
Longanisa	Pork lean, pork backfat.. Ground pork lean 70%, cubed or ground pork backfat 30%, salt 2% to total pork, refined sugar 2%, soysauce 2%, vinegar 2%, anisado wine 2%, ground black pepper 0.6%, chopped garlic 0.6%, potassium nitrate 0.05%, phosphate blend 0.15%	Mixture of lactic acid bacteria naturally present in raw meat	Side dish	Philippines	Semi-fermented pork sausage
Tapa	Lean beef, salt, sugar. Slice of lean beef(0.125 inch thick) 96%, salt 2.3%, sugar 0.8%, potassium nitrate 0.05%, ground black pepper 0.2%	N.I.A	Side dish	Philippines	Semi-fermented thinly sliced beef
Tocino	Pork, salt, sugar. Pork 76.6～94.5%, salt 2～6%, sugar 3～16%, potassium nitrate 0.05%, food colour(red and orange) 1.25%, MSG 0.10%	*Pediococcus cerevisiae*, *Lactobacillus brevis*, *Leuconostoc mesenteriodes*	Staple food, side dish	Philippines	Fermented cured pork

(계속)

발효식품명	주 원 료	관여 미생물	용 도	생산국	정 의
Nham (Musom)	Pork meat, pork skin, salt, rice garlic. Pork meat 80%, pork skin(25 × 0.5 mm pieces) 12%, salt 6%, garlic 1%, rice 1%	*Pediococcus* sp., *P. cerevisiae*, *Lactobacillus plantarum*, *L. brevis*	Staple food, side dish	Thailand	Fermented pork
Salami (commonusage)	Beef, pork, pork back-fat. Meat 95%, salt 3～4%, pepper 0.3%, spices, sodium nitrite 12.5 mg /100 g	*Lactobacillus plantarum*, *Pediococcus cerevisiae*, *Micrococcus* sp.	Staple and snack food	Australia	Fermented sausages
Sai-Krok-prieo	Pork, rice, garlic, salt	*L. plantarun* *L. salivarius* *P. pentosacuns*		Europe Thailand	Fermented sausage
Nem-chua	Pork, salt, cooked rice	*Pediocuccus* sp. *Lactobacillus* sp.		Vietnam	Fermented sausage

표 1-7. 우유 산발효식품(산발효 우유식품)
(Acid-Fermented Milk and Related Products)

발효식품명	주 원 료	관여 미생물	용 도	지 역	정 의
Arera (Butter milk)	Cheese curd	젖산균	Beverage	Ethiopia	Acid-fermented butter milk
Buttermilk		*L. bulgaricus*	Beverage	Bulgaria	Acid-fermented butter milk
Curd	Milk(cow or buffalo). Milk concentrate 100% Lactobacilli-Streptococci culture	*Lactobacillus*, *Streptococcus*	Snack food	Sri Lanka	Yoghurt
Ergo (Yogurt)	Milk	젖산균	Beverage	Ethiopia	Acid-fermented milk
Dadhi (Dadi)	Cow-milk, buffalo milk, sugar. Cow-milk 95～100%	*Lactobacillus* sp., *Streptococcus* sp.	Snack food	Bangladesh	Yoghurt Acid-fermented milk
Dahi	Milk. Milk 100%, starter culture	*Lactobacilli* (mixed culture)	Side dish/snack	Indonesia	Yoghurt

(계속)

발효식품명	주 원 료	관여 미생물	용 도	지 역	정 의
Jalebi	Wheat flour, dahi	*L. fermentum*, *L. buchneri*, *S. lactis*, *S. faecalis*, *Sacch. cerevisiae*	Beverage	India	Acid-fermented milk, wheat mix fermentation
Kefir	Goat, sheep, cow	*Torulopes holmii*, *Sacch. delbruechii*, *L. brevis*	Beverage	Russia	Alcoholic fermented milk
Kishk	Milk wheat	*L. plantarum*, *L. brevis*	Beverage	Egypt	Fermented milk-wheat mix
Kushuk	Milk wheat	*L. plantarum*, *L. brevis*	Beverage	Iraq	Fermented milk-wheat mix
Koumiss	Milk	*L. bulgaricus*, Torula yeast	Beverage	Russia	Milk wine, Acid-fermented milk

(계속)

발효식품명	주 원 료	관여 미생물	용 도	지 역	정 의
Liban-Argeel	Sheep, goat milk, cow, buffalo		Beverage	Iraq	Acid-fermented milk
Laban Rayeb	Milk	*Lact. casei,* *St. lactis,* *S. hefir*	Beverage	Egypt	Acid-fermented milk
Laban zeer	Milk	*L. casei,* *L. plantarum,* *L. brevis,* Yeast	Beverage	Egypt	Acid-fermented milk
Rabdi	Maize flow, butter milk	*Micrococcus acidilactici*	Beverage	India	Acid-fermented milk
Sour milk Kerbah	Milk	*S. lactis,* *S. hefir,* *S. cotrouorus,* *L. casei, L. brevis,* *L. plantarum*	Beverage	Egypt	Acid-fermented milk

(계속)

발효식품명	주 원 료	관여 미생물	용 도	지 역	정 의
Sua Chua	Dried skim milk of fresh milk. Milk 100%, starter, sugar, flavourings agent	*Lactobacillus bulgaricus* and *Streptococcus thermophilius*	Beverage	Vietnam	Acid-fermented milk
Teiru (Taire)	Cow milk		Beverage	Malaysian	Acid-fermented milk
Trahanas	Milk(cow or sheep), wheat	*St., thermophilus, Lac. bulgaricus*	Beverage	Greek	Acid-fermented milk
Yoghurt	Whole, skim of fortified milk(bovine). Milk, starter, stabilizers, fruit and flavours	*Streptococcus thermphilus, Lactobacillus bulgaricus, L. acidophilus* (optional) *Lac. bulgaricus*	Beverage	Australia	Acid-fermented milk
Dadih (Dadiah)	Buffalo milk Buffalo milk 100%	N.I.A	Snack food	Pakistan	Fermented buffalo milk
Lasi (Lassi)	Dahi(yoghurt). Dahi, water, salt of sugar	N.I.A	Beverage	Pakistan	Butter milk

표 1-8. 채소 산발효식품(산발효 채소식품)
(Acid-Fermented Vegetable)

발효식품명	주 원 료	관여 미생물	용 도	지 역	정 의
Baechoo-Kimchi	Cabbage, green onion, hot pepper, ginger	*Leuconostoc mesenteroides*, *Lactobacilli*(*L. brevis*, *L. plantarum*), *Pediococcus halophilus*	Side dish	Korea	Fermented vegetable
Tongbaechu-Kimchi Dongchimi	Radish, salt, water. Radish, brine(3% salt), minor ingredients	*Leuconostoc mesenteroides*, *Lactobacilli brevis*, *L. plantarum*, *Pediococcus cerevisiae*	Side dish	Korea	Fermented radish
Dua Muoi	Field cabbage(Brassica campestris), onion, salt. Field cabbage 95%, onion 5%, salt 7% of total vegetable	*Leuconostoc mesenteroides*, *Lactobacillus plantarum*, *L. pentoaceticus*, *L. brevis*, *Bacillus brassicae fermentati*	Side dish	Vietnam	Salted field cabbage
Gundruk	Green vegetable(mustard leaves, cabbage, cauliflower). Mustard leaves, cabbage, cauli-flower vegetables	*Leuconostoc* sp. *Streptococcus* sp. *Lactobacillus plantarum*, *Lactobacillus brevis*	Appetizer and staple food	Nepal	Fermented vegetable

(계속)

발효식품명	주원료	관여 미생물	용도	지역	정의
Hum-choy	Gai-choy (엽채류)	*Pediococcus*, *Streptococcus*	Side dish	Chinese	Chinese sauerkraut
Kakdugi	Radish, garlic, green onion, hot pepper, ginger, salt. Radish 90%, garlic 2.0%, green onion 2.0%, hot pepper 2.0%, ginger 0.5%, salt 2.5～3.0%	*Leuconostoc mesenteroides*, *Lactobacilli brevis*, *L. plantarum*, *Pediococcus cerevisiae*	Side dish	Korea	Fermented radishes
Kimchi	Korean cabbage, radish, various vegetables, salt	*L. mesenteroides*, *L. brevis*, *L. plantarum*, *Pediococcus cerevisiae*	Salad side dish	Korea	Fermented vegetable
Nam-mai-dong	Bamboo sprout	*L. mesenteroides*, *P. cerevisiae*, *L. plantarum*, *L. brevis*, *L. fermentum*, *L. buchneri*	Side dish	Thailand	Fermented bamboo sprout

(계속)

발효식품명	주 원 료	관여 미생물	용 도	지 역	정 의
Oiji	Cucumber, salt, water. Cucumber 100%, salt	*Leuconostoc mesenteroides,* *Lactobacilli brevis,* *L. plantarum,* *Pediococcus cerevisiae*	Side dish	Korea	Fermented cucumber
Pak-sian-dong	Gynandropsis pentaphylla	*Leuc. mesenteroides,* *Pediococcus cerevisiae,* *L. platarum,* *L. fermentum,* *L. buchneri*	Side dish	Thailand	엽채류의 일반적인 피클
Sauerkraut	Cabbage, salt	*L. mesenteroides,* *L. brevis,* *L. plantarum*	Salad, side dish	Germany	Fermented cabbage
Sayur, Asin	Green cabbage(Brassica juncea var. *rugosa*), salt, coconut water or liquid residue of rice cooking Green cabbage 95～97.5%, salt 2.5～5.0%, coconut water or liquid residue of rice cooking 1L(enough to immerse the cabbage)	*Leuconostoc mesenteroides,* *Lactobacillus cucumeries* (*L. plantarum*), *L. pentoaceticus*(*L. brevis*) : total bacterial count-around 1 miillion cells/mL.	Side dish	Indonisia	Fermented green cabbage

(계속)

발효식품명	주 원 료	관여 미생물	용 도	지 역	정 의
Pak-gaad-dong	Leaf mustard (*Brassica juncea*), salt, boiled rice. Leaf mustard 90%, salt 80%, boiled rice 2%	*Lactobacillus plantarum*, *L. brevis*, *Pediococcus cerevisiae*	Staple food, side dish	Thailand	Leaf mustard pickle
Takuanzuke	Japanese radish, *Rhaphanus sativus* *L.* var. *longipinnatus* L., H. Bailey. Japanese radish 90%, salt 5.4%, sugar 3.6%, seasoning 0.9%, Shochu (Japanese spirit) 0.4%	*Lactobacillus plantarum* and other *Lactobacillus* sp., *Leuconostoc msenteroides*, *Streptococcus* sp., *Pediococcus* sp., *Lactobacillus brevis*, and yeasts.	Staple food	Japan	Pickle radish
Takanazuke	Broad leaved mustard, *Brassing juncea* Czern. et Coss var. integlifolia. Broad leaved mustard 80～85%, red pepper 0.5%, salt 15～20%, turmeric 1～2%	*Pediococcus halophilus*, *Lactobacillus plantarum*, *L. brevis*	Staple food, snack	Japan	Vegetable pickle Takuanzuke
Hcm-dong	Red onion	Sauerkraut와 같다. *Leuconostoc*, *Lactobacillus*	Side dish	Thailand	Fermented red onion

표 1-9. 과실 산발효식품(산발효 과실식품)
(Acid-Fermented Fruits and Related Products)

발효식품명	주 원 료	관여 미생물	용 도	지 역	정 의
Atchara	Green unripe papaya, onions, red pepper, garlic, ginger, salt. Green unripe papaya-major component, other ingredients-minors component	*Leuconostoc mesenteroides*, *Lactobacillus brevis*, *L. plantarum*, *Streptococcus faecalis*, *Pediococcus cerevisiae*	Condiment	Philippines	Unripe papaya pickle
Burong Mangga	Green unripe mango(pico variety), salt. Mango 100%, salt 10% of the mango, 1% $CaCl_2$ solutions	N.I.A	Condiment	Philippines	Pickled green mango
Burong Prutas	Fruits, salt, sugar. Fruits 100%, salt 2.25~2.50% of the fruit, sugar 1%	*Lactobacillus brevis*, *L.. plantarum*, *Leuconostoc mesenteroides*	Condiment	Philippines	Pickled fruits
Ca Muoi	Round aubergine(Solanaceae), galanga. Round aubergine 97%, galanga 3%, salt 15% of the mixture	Mainly lactobacilli	Snack, side dish	Vietnam	Fermented fruit
Lund dehi	Lime, salt	N.I.A	Condiments	Sri Lanka	Lime pickle
Tempoyak	Durian fruit	Yeast, *Bacillus*, *Acetobacter*, *Lactobacilli*		Malysian	Fermented Durian fruit

표 1-10. 열대 발효초산(열대 발효초 : Tropical vinegar)
(Tropical Fermented Vinegar and Related Products)

발효식품명	주 원 료	관여 미생물	용 도	지 역	정 의
Cuka Aren	Sap from flower stalk of Aren(Arenga pinnata). Aren sap 100%	*Acetobacter* sp.	Condiment	Indonesia	Vinegar
Cuka Nipah	Sap from the inflorescence stalk of Nipa fruiticans. Sap 100%	*Acetobacter* sp.	Condiment	Malaysia	Vinegar
Sirca	Gur of molasses or fruits or grains. Gur or molasses or fruits or grains 100%	*Saccharomyces cerevisiae* and *Acetobacter* sp.	Condiment	Pakistan	Vinegar
Sirka	Fruit juices or sugar cane juices. Fruit juice extracts or cane juices	Naturally occuring *Acetobacters* and alcohol-producing yeasts	Appetizer or preservation of food items	Bangladesh	Vinegar
Suka(Sukang Puti, Suya, Sukang Hoko)	Coconut water or fruits or sugar or palm sap or rice washings. Coconut water (or fruits or 15% sugar solution or palm sap or rice washings)100%, starter	*Saccharomyces cerevisiae*, *Acetobacter rancens*	Condiment, starter	Philippins	Vinegar

(계속)

발효식품명	주 원 료	관여 미생물	용 도	지 역	정 의
Natade coco	Coconut water, coconut skim milk	*A. acetic*, *A. xylinum* *A. aceti* subsp. *xylinum* *Leu. mesenteroides*	Snack	Philiippines	Film
Nata de pina	Pineapple. pineapple triming	*A. aceti* subsp. *xylinum* *Leu. mesenteroides* *A. xylinum* *A. aceti*	Snack	Philippines	Film

표 1-11. 알코올 발효음료(발효 알코올음료)
(Fermented Alcoholic Beverages)

발효식품명	주 원 료	관여 미생물	용 도	지 역	정 의
Brem Bali	Glutinous rice(black or white variety). Ragi. and sometimes leaves of Katuk or kayu manis (Sauropus androgynus Merr.). In ease white variety is used a colouring agent is added to the final product. Glutinous rice(more than 95%), other ingredients(less than 5%)	*Mucor* (*M. indicus*). *Candida* (*C. parapsilosis*)	Beverage (6~14%)	Indonesia	Brem wine
Bupju	Rice, glutinous rice, water. Rice 25%, glutinous rice 11%, water 60%, ground Nuruk 2%, rice Koji 2%	Mainly *Saccharomyces* sp.	Beveage (16%)	Korea	Alcholic beverage
Ciu	Molasses, water. Tape Ketan/Tape Ketela, Ragi Molasses 80%, water 20%, other ingredients	N.I.A	Beverage (40~60%)	Indonesia	Alcoholic liquor
Sake	Polished rice(Japan variety) alcohol, glucose. Polished rice, alcohol, glucose	*Aspergillus oryzae*, Saccharomyces cerevisiae, (*Lactobacillus sake*, *Leuconostoc mesenteroides* var. *sake*)	Beverage (16%)	Japan	Rice wine

(계속)

발효식품명	주 원 료	관여 미생물	용 도	지 역	정 의
Fruit wine	Various kinds of fresh (e.g.pineapple, banana, cashew, guava), sugar Fresh fruit 100%, sugar and starter -small quantity	Yeasts	Beverage (12%)	Philippines	Fruit wine
Koha(Durham Light, Morton Estate de Redciffe Estates, Coopers Creek)	Kiwifruits Juice. Kiwifruit juice 50%, sucrose, pectinase enzymes, sulphur dioxide	*Sacharomyces cerevisiae* R92.	As a light table wine	New Zealand	Kiwiftuit wine
Lambanog (Tuba)	Coconut sap. Coconut sap 100%	Yeasts and bacteria	Beverage (8%)	Philippines	Coconut toddy
Mirin	Polished rice(waxy rice), alcoho.l Polished rice, alcohol	*Aspergillus oryzae*	Beverage (14%) (조미료)	Japan	Mirin
Roselle wine	Roselle fruit, water, sugar. Roselle fruit 50%, water 50%, sugar 16%, to the total, urea 0.1%, to the total, sodium metabisulfite 100 ppm, starter yeasts 50 mL/L	*Saccharomyces ellipsoideus* var. Montrachet	Beverage	Philippines	Roselle wine

(계속)

발효식품명	주 원 료	관여 미생물	용 도	지 역	정 의
Shochu	Polished rice, sweet potato, barley, millet, corn, vary according to type	*Asp. awamorii, Asp. kawachii, Sacch. cerevisiae*	Beverage (25%)	Japan	Whit liquor
Tak ju	Rice or barley, wheat flour, sweet potato, Nuruk. Rice(polished) 95～98%, Nuruk 2～5%	*Saccharomyces cerevisiae*, *Hansenula anomala*, *Bacillus* sp., *Lactobacillus* sp. and others	Beverage (8%)	Korea	Alcohol beverage
Toddy and Arrakku	Palm sap(from coconut, palmyrah or Caryota palm), containing 16～20% sucose. Palm sap	Mainly *Saccaromyces cerevisiae*	Beverage Toddy is distilled to produce a palm brandy called Arrack (RAA : Arrakku) (7～8%)	Sri Lanka	Palm wine
Tuak (Arak)	Sap from cuts of the inflorescence peduncle of Aren(Arenga pinnata), coconut(Cocos nucifera), or Siwalan(Borassus flabellifer). Palm sap 100%	N.I.A	Beverage (8%)	Indonesia	Palm wine

표 1-12. 곡물(쌀)·서류(카사바)·코코넛 발효식품
(Acid-Fermented Cereal Gruels)

발효식품명	주 원 료	관여 미생물	용 도	지 역	정 의
Brem Brem cake Brem solid Brem madium Brem wonogiri	Wine variety of glutinous rice, Ragi. Glutinous-rice more than 99%, Ragi less than 1%	N.I.A.	Snack	Indonesia	Fermented cooked glutinous rice
Khamak (Kao-mak)	Glutinous rice, Look-pang (starter). Glutinous rice 99.9%, Lookpang 0.1% or less	*Rhizopus* sp., *Mucor* sp., *Penicillum* sp., *Aspergillus* sp., *Endomycopsis* sp., *Hansenula* sp., *Saccharomyces* sp.	Snack	Thailand	Fermented cooked glutinous rice
Tapai Pulut	Glutinous rice, Ragi. Glutinous rice 99.9%, Ragi 1%	*Chlamydomucor* sp., *Endomycopsis* sp., *Hansenula* sp.	Snack	Malaysia	Fermented cooked glutinous rice
Tapai Ubi	Cassava, Ragi. Cassava 99%, Ragi 1%	*Chlamydomucor* sp., *Endomycopsis* sp., and other yeasts	Snack	Malaysia	Fermented cooked cassava
Tape Ketan	White or black variety glutinous rice, Ragi. Glutinous rice more than 99%, Ragi less than 1%	*Rhizopus* sp., *Chlamydomucor* sp., *Candida* sp., *Endomycopsis* sp., *Saccharomycess* sp.	Snack	Indonesia	Fermented cooked glutinous rice

(계속)

발효식품명	주 원 료	관여 미생물	용 도	지 역	정 의
Iape Ketela, (Tape Singkong, Peuyeum)	Cassava, Ragi. Cassava-more than 99%, Ragi less than 1%	*Rhizopus* sp., *Chlamydomucor* sp, *Candida* sp., *Saccharomyces* sp., *Endomycopsis* sp,	Snack	Indonesia	Fermented cooked cassava
Dage	Coconut press cake, Ragi Dage (old Dage.) Coconut press cake more than 99%, Ragi Dage less than %	*Rhizopus* sp.	Slide dish	Indonesia	Fermented coconut press cake

표 1-13. 곡물(쌀 · 옥수수 · 밀 · 수수 · 귀리) · 서류(카사바) 젖산발효식품
(Acid-Leveaned Bread and Pancakes)

발효식품명	주 원 료	관여 미생물	용 도	지 역	정 의
Dosa(Dosai) (Puda)	Rice, blackgram Dhal or other dehusked pulses. Rice 85%, black gam Dhal or dehusked pulses 15%	Mixed multifermentation where yeasts and bacteria particpate	Consumed immediately after preparation	India	Acid fermented pancake
Idli	Rice, Blackgram Dhal(phaseolus mungo)... Rice 66%, Blackgram Dhal 33%	*Leuconostoc mesenteroides*, wild yeasts	Snack and staple food	India	Fermented cereal-pulse steamd pudding
Nan	Whole wheat flour or maida(fine wheat flour) 100%, yeast	*Saccharomyces cerevisiae*	Staple food	Pakistan	Leavended Bread
Brem	Glutinous rice 99%. Raggi les than 1%	Yeast, *Lactobacillus* sp	Snack	Indonesia	Brem cake solid brem
Dhokla	Bengal gram and rice or wheat	*Leu. mesenteroides*	Breakfast or snack food	India	
Enjera(Injera)	Tef flour, starter, maige, sorghum, millet, barley	*Asp.*, *Pen.*, *Rhodotorula*, *Candida*.	Slide dish	Ethiopa	Acid fermented pancake
Gari	Cassava(Manihot utilissima) root	*Leuconostoc*, yeast, *Alcaligenes*, *Corynebacterium*, *Lactobacillus*	Meal	Nigeria	Fermented cassava driedmeal

(계속)

발효식품명	주원료	관여 미생물	용도	지역	정의
Hopper (Appa)	Rice or wheat flour, coconut	*S. cerevisiae* Acid-formig bacteria	Breakfast or snack food	Sri Lankan	쌀, 밀가루, 코코넛, 쌀 발효 반죽
Kenkey (Akasa, Koko, Barku, Abele, Akple, Kpekple)	Maize	*Asp. Rhizopus, Penicillium, Leuconostoc,, Saccharomyces, Lactobacillus*	Meal	Ghana	Sour maize dough
Kisra	Sorghum grains	*Lactobacillus* sp,. *Acetobacter*, Lactic acid bacteria, yeast	Slide dish	Sudane	Sorghum flour로 만든 발효 빵
Mahewu (Magou)	Corn flour	*Lac. delbruechii*	Drink	S. Africa	Mazie gruel, sour drink, clear drink
Ogi (Sour Porridge)	Maize, millet or sorghum	*Cephalosporium,* *Rhizopus,* *Aspergillus,,* *Penicillium,* Yeast *L. brevis,* *L. plantarum,* *Streptococcus lactis*	Breakfast	Nigeria	Lactaid bacteria femented corn gruel

(계속)

발효식품명	주 원 료	관여 미생물	용 도	지 역	정 의
Pozol	Maize, banana leaf, corn	*Geotrichum candidum* *Trichosporon cutaneum* *Cladosporium*, *Cladosporioides*	Meal	Mexico	Mazie dough(반죽 산발효) 바나나 잎으로 싸서 만든다.
Puto	Millet rice, polished rice, riceflour, Puto starter	*L. mesteroides* *S. faeacalis* *P. cerevisiae* Yeast	Side dish	Philippin	Fermented pancake
Uji (Sour porridge)	Maize(Sorghum, millet)	Yeast Bacteria Mold Lactobacilli	Breakfast lunch/Kenyan)	Kenyan	Lactaid bacteria femented creal gruel
Hulumur	Red sorghum	(*L. mesenteroides*, *L. plantarum*) *Lactobacillus* sp.	Sour drink	Sudan	Clear drink
Busaa	Rice, millet	*Lactobacillus* sp.	Beverage	Nigeria Kenya	Alcoholic beverage

(계속)

발효식품명	주 원 료	관여 미생물	용 도	지 역	정 의
Mungbean starch	Mungbean	*L. mesenteroides*	Noodle	Thailand	Fermented noodle
Khanomjeen	Rice	*Lactobacillus* sp.	Noodle	Thailand	Fermented noodle
Me	Rice	Lactic acid bacteria	Sour food ingredient	Vietnam	

표 1-14. 대두발효식품(발효대두식품)
(Fermented Soybean and Related Products)

발효식품명	주 원 료	관여 미생물	용 도	지 역	정 의
Dage	Coconut pres cake(99%). Ragi Coconut press cake more than 99%, Ragi, Dage less than 1%	*Rhizopus* sp.	Side dish	Indonesia	Fermented coconut press cake
Oncon Hitam	Peanut press cake, solid residue of tapioca, coconut press cake, solid residue of soybean curd(Tahu), starter. Peanut press cake 40～90%, solid residue of tapioca 10%, coconut press cake 40～60%, solid residue of soybean curd(Tahu), 5%, starter 0.1%	*Mucor* sp., *Rhizopus* sp.	Side dish snack	Indonesia	Fermented peanut press cake
Oncom Merah	Peanut press cake, solid residue of soybean curd(Tahu), solid residue of tapioca, bulgur, starter. Peanut press cake 60～90%, solid residue of soybean curd or bulgur 5～10%, solid residue of tapioca 10～20%, starter 0.1%	*Neurospora* sp.	Side dish	Indonesia	Orange fermented peanut press cake

(계속)

발효식품명	주 원 료	관여 미생물	용 도	지 역	정 의
Oncom Merah Bogor	Solid residue of soybean curd(Tahu), solid residue of tapioca, starter. Solid residue of soybean curd(Tahu) 90%, solid residue of tapioca 10%	*Neurospora* sp.	Side dish	Indonesia	Orange fermented solid residue of soybean curd(Tahu)
Tempe	Soybeans, starter. Soybeans 99%, starter 1%	*Rhizopus oligosporus*, *R. arrhizusr*, *R. stolonifer*	Cake used as snack side dish	Malaysia	Fermented soya bean
Tempe	Soybeans. Soybeans 100%	*Rhizopus oligosporus*			
Tempe Benguk	Velvet bean(*Mucuna pruriens*) seeds, Ragi Tempe(old Tempe). Velvet bean seeds 99.9%, Ragi Tempe 0.1%	*Rhizopus* sp., *R. oligosporus*, *R. arrhizus*			
Ugba	African oil bean	*Leuconoxtoc mesenteroides*, *Bacillus* sp. *Micrococcus* sp.	Condiment	West and central Africa	Fermented African oil bean paste

(계속)

발효식품명	주 원 료	관여 미생물	용 도	지 역	정 의
Tempe Gembus	Solid residue of soybean curd/Tahu, solid residue of tapioca, Ragi Tempe(old Tempe). Solid residue of soybean curd 90%, solid residue of tapioca 9.9%, Ragi, Tempe 0.1%	*Rhizopus* sp., *R. oryzae*, *R. oligosporus*			
Tempe Kecipir	Winged bean(Psophocarpus tetragonolobus) seed. Ragi, Tempe(old Tempe). Winged bean seeds 99.9%, Ragi, Tempe 0.1%	*Rhizopus oryzae*, *R. arrhizus*, *R. oligosporus*, *R. achlamydosporus*	Slide dish	Idonesia	Fermented Winged bean seeds
Tempe Kedelai	Soybean, tapioca flour, maize grits, young papaya fruit, cassava, coconut press cake, starter(Ragi, Tempe or previous batch Tempe). Soybean 60～100%, additive 0～40%, starter 0.1% Tempe, Kedelai (100% soybean)	*Rhizopus* sp., *R. oryzae*, *R. oligosporus*,	Side dish	Indonesia	Fermented soybean

(계속)

발효식품명	주 원 료	관여 미생물	용 도	지 역	정 의
Tempe Kedelai (계속)	a. Tempe, Kedelai(Soybean 80～90%, coconut press cake 10～20%) b. Tempe, Kedelai(Soybean 60～90%, young papaya fruit 10～40%) c. Tempe, Kedelai(Soybean 70～90%, cassava 10～30%)	*Rhizopus* sp., *R. oryzae*, *R. oligosporus*.	Side dish	Indonesia	Fermented soybean
Tempe Koro Pedang	Jack bean(*Canavalia ensiformis*) seeds, Ragi, Tempe(old Tempe). Tack bean seeds 99.9%, Ragi, Tempe 0.1%	*Rhizopus oryzae*, *R. arrhizus*, *R. achlamydosporus*	Side dish	Indonesia	Fermented Jack bean seeds
Tempe Lamtoro	Wied Tamarind(*Leucaena leucocephala*) seeds, tapioca floir(occasionally), Ragi, Tempe(old Tempe). Wild tamarid seed-more than 99%, tapioca flour-less than 1%, Ragi, Tempe 0.1%	*Rhizopus* sp. *Rhizopus oryzae*	Side dish	Indonesia	Fermented wild. Tamarind seeds
Nan	Whole wheat flour or maida(fine wheat flour) 100%, yeast.	Yeast *Saccharomyces cerevisiae*	Staple food	Pakistan	Leavened bread

(계속)

발효식품명	주 원 료	관여 미생물	용 도	지 역	정 의
Hishiho-Miso	Soybean, barley or wheat, salt, Tane-koji, vegetables(egg plant, ginger, lotus root), Mizuame (dextrose syrup), sugar and Shoyu(Japanese soy sauce). Soybean 4, barey or wheat 60, salt 17	*Aspergillus oryzae*, *Pediococcus halophilus*, *Saccharomyces rouxii*, *Streptococcus* sp.	Staple food	Japan	Sweet processed Miso
Kome Ama-Miso	Rice, soybean, salt, Tane-koji. Rice 22, soybean 10, salt 2.6, Tane-koji	*Aspergillus oryzae*, *Streptococcus* sp., *Pediococcus* sp., *Saccharomyces rouxii*	Staple, condiment	Japan	Sweet rice Miso
Kome Kara-Miso	Rice, soybean, salt, Tane-koji. Rice 6～10%, soybean 10, salt 4.3, Tane-koji	*Aspergillus oryzae*, *Saccharomyces rouxii*, *Pediococcus halophilus*, *Torulopsis versatilis*, *T. echellsi*, *Bacillus* sp.	Staple food, condiment	Japan	Salt rice Miso
Mame-Miso	Cereal, soybean(pulse), salt. Soybean 100%, salt 22, barly and Tane-koji	*Aspergillus oryzae*, *A. sojae*, *Streptococcus faecalis*, *Torulopsis veratilis*, *Bacillus* sp.	Condiment	Japan	Soybean Miso

(계속)

발효식품명	주 원 료	관여 미생물	용 도	지 역	정 의
Miso	Rice, soybean, barley, salt. Rice and soybean 80%, barley 20%, salt	*Aspergillus oryzae*	Condiment	Philippines	Soybean paste
Mugi Miso	Barley, soybean, salt, Tane-koji. Barley 50, soybean 50, salt 23, Tane koji	*Aspergillus oryzae*, *Saccharomyces roucii*, *Pediococcus halophilus*, *Streptococcus faecalis*, *Torulopsis versatilis*, *T. echellsii*, *Bacillus* sp.	Staple food condiment	Japan	Barley Miso
Taɔ-chiew (Miso)	Soybean, rice, salt, starter. Aspergillus oryzae in the form of koji. Soybean, salt, boiled rice, starter(*Aspergillus oryzae* in the form of koji)	Yeasts from Koji : *Trichosporon*, *Candida* sp., *Endomycopsis* sp., *Pichia* sp., *Rhodotorula* sp. Yeasts from fermentation. *Saccharomyces rouxii*, *Torulopsis* sp.	Side dish, cooking ingredient	Thailamd	Soybean paste
Hama-Natto	Soybean, wheat, ginger root, sansho seed(Japanes pepper), salt. Soybean 85%, wheat 8～9%, ginger root 1～2%, sansho seed 0.5%, salt 4～5%	*Aspergillus oryzae*, *A. sojae*, *Pediococcus halophilus*, *Saccharomyces rouxii*	Staple food snack	Japan	Soybean Natto

(계속)

발효식품명	주 원 료	관여 미생물	용 도	지 역	정 의
Natto	Soybeans 100%	*Bacillus natto*	Cake as a meat substitute	Japan	Soybean Natto
Itohiki Natto	Soybean 100%. Soybean, Natto starter(*Bacillus natto*)	*Bacillus natto*(*B. subtilis* in Bergeys manual)	Side dish	Japan	Fermented soybean with Bacillus natto
Thua-nao	Soybean 100%	*Bacillus subtilis* Bacterial count	Side dish, condiment	Thailand	Soybean paste, soybean Natto
Meju Doenjang	Soybean, salt and water. Soybean Meju 17%, salt 17%, water 66%	*Aspergillus oryzae*, *Bacillus subtilis*, *B. pumilus*, *Sarcina maxima*, *Saccharomyces rouxii*	Condiment	Korea	Fermented soybean (Meju) paste
Kochujang	Rice and/or barley, ground Meju, red pepper powder, salt, water. Rice and/or barley 37%, ground Meju 8%, red pepper powder 12%	*Aspergillus oryzae*, *Saccharomyces rouxii*, *Torulopsis versatillis*	Condiment	Korea	Fermented cereal and soybean (Meju) paste

(계속)

발효식품명	주원료	관여 미생물	용도	지역	정의
Tao-si	Soybeans/black beans, wheat flour, salt	*Aspergillus oryzae* and other microorganisms	Condiment	Phillipines	Fermented soybean / black gruel
Tauco Cair	Soybean, rice flour, salt, palm/brown sugar. Soybean 50%, salt 20%, palm/brown sugar 20～30%, rice flour 1%	*Rhizopus oryzae*, *R. ologosporus*, *Aspergillus oryzae*	Condiment	Indonesia	Fermented soybean gruel
Tauco Padat	Soybean(black variety), tapioca flour, salt, palm/brown sugar. Soybean 50%, tapioca flour 1～5%, salt 15～20%, palm/brown sugar 25～30%	*Rhizopus* sp.	Condiment	Indonesia	Fermented soybean
Tao-si, Tou-shin, Tao-tjo Tausi	Soybean, salt, rice bran, wheat flour. Soybean 66.7%, wheat flour 33.3%, brine(17% salt solution), small amount of ginger	*Aspergillus oryzae*	Condiment	Phillipines	Fermented soybean curd, black beans, fermented salted beans

(계속)

발효식품명	주 원 료	관여 미생물	용 도	지 역	정 의
Tuong	Rice, maize or cassava, soybean, salt. Rice or maize or cassava 50%, soybean 20%, salt 15%, water 15%	*Aspergillus oryzae*, *Saccharomyces rouxii*, *Pediococcus halophilus*	Condiment	Vietnam	Fermented soybean paste
Ce-lew	Soybean koji(alkaline protease and neutral protease). Soybean, corn flour, rice flour, salt, water, koji	*Pediococcus halopholus*, *Bacillus* sp., *Aspergillus oryzae*, *A. flavus* var. *columnaris*	Condiment medicine	Thailland	Soysauce, soya sauce
Kanjang	Soybean, Meju, salt and water. Soybean Meju 17%, salt 17%, water 66%.	*Aspergillus oryzae*, *Bacillus subtilis*, *B. pumillus*, *B. citreus*, *Sarcina mazima*, *Saccharomyces rouzxii*	Condiment	Korea	Soybean sauce
Kecap Asin	Soybean, salt, wheat flour, spices(coriander seed, aniseed, cinnamon). Soybean 27.5% wheat flour 5.5%, brine (20% salt) 66%, spices-small quantity.	N.I.A	Condiment	Indonesia	Soy sauce

(계속)

발효식품명	주 원 료	관여 미생물	용 도	지 역	정 의
Kecap Manis	Soybean brown sugar, salt, wheat or rice flour, spices(seasame seed, garlic, ginger root, aniseed, coriander seed, cinnamon, pikkak). Soybean 12.5～25.0% w/v, brine(25.0～30.0% salt) 25.0～50.0 v/v, brown sugar solution(55.0～60.0% brown sugar) 37.5～50.0% v/v, wheat rice flour and spices-small quantity.	*Rhizopus oligosporus*, *R. oryzae*, *Aspergillus oryzae*	Condiment	Indonesia	Sweet soy sauce
Kicap (Kacang Soya, Tau yu)	Soybean, wheat flour, salt, sugar, caramel. Soybean, wheat flour, salt, caramel, inoculum. Optional : preservative(benzoic acid), saccharine, molasses.	Solid state fermentation : *Aspergillus oryzae* brine fermentation : *Pediococcus halophilus*, *P. sojae*, *Bacillus* sp., *B. licheniformis*, *Pichia* sp., *Candidia* sp.	Condiment	Malaysia	Soy sauce

(계속)

발효식품명	주 원 료	관여 미생물	용 도	지 역	정 의
Koikuchi Shoyu	Defatted soybean-flake, wheat, brine, Tane-koji. Defatted soybean-flake 3,300 kg, wheat 3,375 kg, brine 22.5% 1200 ℓ	*Aspergillus sojae* or *A. oryzae*, *Saccharomyces rouxii*, *Torulopsis versatilis*, *T. echellsii*, *Pediococcus halophilus*, *Saccharomyces halomembransis*, *Streptococcus faecalis*, *Bacillus* sp.	Condiment	Japan	Shoyu common Shoyu soy sauce
Saishikomi Shoyu	Defatted soybean, wheat, raw Shoyu, Tane-koji. Defatty soybean 3,300 kg, wheat 337 kg, raw Shoyu 13.100 ℓ , Tane-koji	*Aspergillus sojae* or *A. oryzae* *Saccharomyces rouxii*, *Torulopsis versatilis*, *T. echellsii*, *Pediococcus halophilus*, *Saccharomyces halomembransis*, *Streptococcus faecalis*, *Bacillus* sp.	Condiment	Japan	Refermented Shoyu
Soy sauce (Shoyu)	Defatted soybean 3300 kg, wheat 33.7 kg, raw Shoyu 13,100 ℓ , Tane-koji	*Aspergillus oryzae*, *Saccharomyces rouxii*, *Pediococcus halophilus*, *Lactobacillus delbrueckii*	Seasoning	Japan, China, Taiwan, U.S.	Soy sauce (shoyu)

(계속)

발효식품명	주 원 료	관여 미생물	용 도	지 역	정 의
Shiro Shoyu	Soybean, wheat, brine,Tane-koji. Soybean 1500 kg ,wheat 8500 kg, 18% brine 22,000 ℓ ,Tane-koji	*Aspergillus oryzae*, *Pediococcus halophilus*, *Saccharomyces rouxii*	Condiment	Japan	Light colour Shoyu
Soya sauce	Soybean, wheat flour. Soybean, wheat flour, brine	*Aspergillus oryzae*, *Saccharomyces* sp. *Lactobacillus* sp.	Condiment	Singapore	Soya sauce
Dcsa	Rice, Blackgram Dhal (*Phaselus mango*). Rice 66%, Blackgram Dhal 33%.	*Leuconostoc mesenteroides* *Lactobacillus delbrueckii* *Lactobacillus fermenti* *Streptococcus faecalis* *Bacillus* sp. Yeast	Breakfast or snack food	India	Fermented fan cake
Idli	Rice Blackgram Dhal or other dehusked pulses. Rice 85%, Blackgram Dhal or dehusked pulses 15%.	*Leuconostoc mesenteroides*, *Lactobacillus fermenti*, *Lactobacillus delbrueckii*, *Lactobacillus lactis*, *Streoticoccus lactis*, *Pediococcus cerevisiae*, *Streptococcus faecalis*, *Bacillus* sp. Yeast	Breakfast food (snack and staple food)	India, (Sri lanka)	Fermented cereal-pulse steamed pudding

(계속)

발효식품명	주 원 료	관여 미생물	용 도	지 역	정 의
Tamari Shoyu	Defatted soybean, salt, water. Defatted soybean 1,000 kg, salt 440 kg water 1,700 ℓ, Tane- koji, wheat.	*Aspergillus sojae* or *A. oryzae*, *Saccharomyces rouxii*, *Torulopsis versaltilis* or *T. echellsii*, *Pediococcus halophilus*, *Saccharomyces rouxii* var. *halomembrainsis*, *Streptococcus faecalis*, *Bacillus* sp.	Condiment	Japan	Soybean rich Shoyu
Toyo	Soybean, salt, brown sugar, wheat starter. Soybean 66～90%, wheat flour 10～34%, 15～20% salt solution, starter.	*Aspergillus oryzae*, *Hansenula anomala*, *H. subpelliculosa*, *Lactobacillus delbrueckii*	Condiment	Philiphines	Red Mungbean sauce, Cowpea Sauce
Usukuchi Shoyu	Soybean, wheat, Tane-koji. Amasake(sweeted rice paste with rice-koji). Soybean 3300 kg, wheat 3375 kg, and brine 22.5% 12,000 ℓ, Tane-koji and Amasake.	*Aspergillus oryzae*, *Saccharomyces rouxii*, *Torulopsis versatilis*, *T. echellsii*, *Pediococcus halophilus*, *Saccharomyces halomembransis*, *Strepyococcus faecalis*, *Bacillus* sp.	Condiment	Japan	Soy sauce (light colour). light colour shoyu

(계속)

발효식품명	주 원 료	관여 미생물	용 도	지 역	정 의
Dawadawa (Iru)	Locust beans	*Bacillus pumilus* *Bacillus licheniformis* *Bacillus subtilis* *Bacillus* sp.	Supplement to soups and stews condi-ment	West and central Africa	Fermented Locust beans paste
Dhokla	Bengal gram and rice or wheat.	*Leuconostoc mesenteriodes* *Lactobacillus fermenti* *Streptococcus faecalis*	Breakfast or snack food	India (North India)	Fermented Bengal gram gruels
Kenima	Soybean	Acid-producing bacteria	Snack food or condident	Nepal, Sikkim, Darjeeling districts of India	Fermented soybean
Ketjap	Black soybean	*Aspergillus oryzae*	Seasoning	Indonesia	Fermented soybean sauce
Meitauza	Soybean press cake	*Mucor meitauza*, *Actinomucor elegans*	Snack food	China, Taiwan	Fermented okara paste
Papadam, papad	Gram black	*Saccharomyces* sp.	Candiment seasoning	India, Pakistan	

(계속)

발효식품명	주 원 료	관여 미생물	용 도	지 역	정 의
Khaman	Gram bengal	*Leudonostoc mesentercides*, *Lactobacillus fermenti*, *Lactobacillus lactis*, *Pediococcus acidilactici*, *Bacillus* sp.	Break fast or snack food	India (North india)	Fermented Bengal beans gruels
Sufu (Chinese soybean cheese)	Soybeans	*Actinomucor elenans*, *Mucor silvatixus* *Mucor* sp.	Cheese	China, Taiwan	Soybean cheese
Tai-Tio	Soybeans and roasted wheat, meal or glutinous rice	*Aspergillus oryzae*	Comdiment	East Indians	
Waries	Gram black or Gram Bengal	*Saccharomyces cerevisiae*, *Candida krusei*, Acid-producing bacteria	Comdiment	India, Pakistan	Fermented black gram paste

〈부록표 2〉 세계의 저명한 주류

	제 법	종 류	주산지	주원료	제조법 · 특징	주세법상의 표시
양조주	과실이나 곡류를 효모로 발효시켜 만든 술	포도주	구미 등 세계 각지	포 도	껍질과 씨까지 함께 발효시킨 것을 『적포도주』, 과즙만을 짜서 발효시킨 것을 『백포도주』, 발효 도중에 껍질이나 씨를 제거한 것이 『로즈와인』	과실주
		맥 주	세계 각지	맥아 · 홉	발아시킨 대맥을 분쇄하고 50~70℃의 온수와 함께 혼합하여 단 맥아즙을 만들어 자비한 후 효모를 가하여 5~10℃의 상태에서 10일 정도 발효시켜 젊은 맥주가 단들어진다. 이 young beer를 0~2℃에서 1~3개월 숙성시켜 효모 등을 여과하여 일반적인 맥주를 만든다. Lager beer는 본래 이러한 저장맥주를 가리키는 말이나 일본에서 열처리하지 않는 생맥주에 대하여 출하 시에 가열살균 한 맥주를 lager beer라고 한다.	맥 주
		일본주	일 본	쌀 · 국	찐쌀에 국과 물을 가하여 발효시키고 이 술덧을 짜고 다시 여과하여 만든 술	청 주
		노 주	중 국	찹쌀 · 국	제조방법은 일본 술과 같다. 원료로 찹쌀과 맥국을 사용한다. 향을 내기 위하여 약초를 가한다. 장기간 숙성시킨 것도 많다.	기타 잡주

(계속)

	제 법	종 류	주산지	주원료	제조법 · 특징
증류주	발효로 만든 술을 증류하여 알코올 농도를 높인 술. 증류란 양조주를 가열하여 증발되는 알코올을 냉각시켜 액체로 한다. 증류의 회수가 많아지면 알코올 도수도 높아진다.	브랜디	프랑스 등 세계 각지	포도 등의 과실	◆ 코냑(Cognac) : 프랑스 서남부의 코냑지방에서 제조된 브랜디(brandy). 생산지, 원료, 품종, 증류법 등 엄한 규제가 있다. 오래된 원주와 젊은 원주를 블렌드 하여 제품화 하고 있으나 제일 젊은 원주의 숙성 연수가 2년 이상이면 ★★★(three star), 4년 이상이면 V. S. O. P, 6년 이상이 되면 Napoleon 또는 X. O, EXTRA로 표시한다. ◆ 아르마냑(Armagnac) : 프랑스 서남부, 가스코뉴 지방의 아르마냑 지구에서 만든 브랜디. 원료포도는 코냑과 마찬가지로 산테미용(Saint-Emillon)종이 주이지만 코냑에 비하여 상쾌하거나 신선한 맛이 특징이다. 숙성된 레이블 표시는 블렌드 된 젊은 원주가 숙성 1년 이상은 ★★★(three star), 4년 이상은 V. O 또는 V. S. O. P, 5년 이상이 되면 Napoleon, EXTRA, X. O의 표시를 한다. ◆ French brandy : 코냑, 아르마냑 이외의 프랑스에서 생산된 브랜디. Napoleon이나 V. S. O. P 등의 레이블 표시에 대하여 코냑과 같이 저장연수의 통일 기준은 없다. 이외 AR방법에서 정해진 12지구의 유명 AOC 와인 산지의 남는 포도주로 만든 브랜디는 여러 가지로 표시한다.

(계속)

	제 법	종 류	주산 지	주원료	제조법・특징
증류주	발효로 만든 술을 증류하여 알코올 농도를 높인 술. 증류란 양조주를 가열하여 증발되는 알코올을 냉각시켜 액체로 한다. 증류의 회수가 많아지면 알코올 도수도 높아진다.	위스키	영국 등 세계 각지	대맥, 라이맥, 옥수수 등	◆ Malt Scotch whisky : Scotch whisky는 영국의 스코틀랜드이서 증류・숙성된 위스키. 그 원주가 malt whisky로 이탄의 훈향을 부여한 대맥 맥아만을 원료로 하여 당화・발효시켜 단식증류기로 2회 증류한 후 오크(떡갈나무) 통에서 3년 이상 숙성하여 만든 술이다. 위스키 본래의 smoke flavor와 향이 풍부하고 감칠맛이 난다. 단일의 증류소에서 만든 single malt, 복수의 malt를 블렌드 한 pure malt가 있다. ◆ Blended Scotch whisky : 개성이 강한 복수의 Scotch whisky를 블렌드 하여 순한 grain whisky를 블렌드하고 다시 저장한 위스키. ◆ Irish whisky : 아일랜드 섬에서 만든 위스키. 대맥 맥아, 대맥, 라이 맥, 소맥 등을 원료로 하여 발효한 술덧을 단식 증류기에서 3회 증류하여 숙성시킨 술 ◆ Bourbon whisky : 원료로 옥수수를 51% 이상을 사용하여 새로 만든 white oak 통의 내측을 태운 통에서 숙성시킨 미국의 대표적인 위스키. 옥수수, 라이 맥, 대맥 맥아 등을 연속식 증류기에서 알코올 분 50도 이상, 80도 이하로 증류한 다음 저장하여 만든 술이다. 2년 이상 저장한 것은 straight Bourbon whisky라고 한다.

(계속)

	제 법	종 류	주산지	주원료	제조법 · 특징	주세법상의 표시
증류주		보드카	러시아, 동구, 북구	대맥, 소백, 옥수수 등	원료를 발효, 증류하여 알코올 도수가 85도 이상의 강한 술을 만들고 물로 묽게 하여 여과 한 술	Spirit
		럼	서인도 제도 등	사탕수수를 착즙 후의 당밀	당밀을 발효하여 만든 술. 숙성한 것과 하지 않는 것이 있다. 나라에 따라서 술의 타입이 다르다.	Spirit
		테킬라	멕시코	용설란	용설란으로 만든 멕시코 특산의 증류주. Agave aster tequila라는 특산 품종의 직경 70～80 cm나 되는 기부의 부분을 사용한다. 증류는 단식증류기로 2회 행하고 통에서 숙성하지 않는 white tequila는 예리한 맛이 특징이다. Oak통에서 2개월 이상 숙성한 것은 테킬라 레보서트라고 하며, 엷은 황색이고 통의 향이 있다. 1년 이상 숙성한 테킬라 아네보는 통의 향이 강하고 브랜디에 가까운 풍미가 있다.	
		아쿠아비트 (Aquavit)	북 구	감 자	감자를 주원료로 하는 북구 제국 특산의 증류주. 원료 감자는 당화효소 또는 맥아로 당화하여 발효시켜 연속증류기로 증류한다. 여기에 물을 가하여 도수를 조정하여 caraway 등의 약초 · 향초를 가하여 다시 한 번 더 증류하면 aquavit로 된다. 어원은 증류주를 의미하는 라티어의 aqua-vitae(생명의 물)가 변화된 것이다.	

(계속)

	제 법	종 류	주산지	주원료	제조법 · 특징	주세법상의 표시
증류주		진	영국, 네덜란드	라이 맥, 옥수수 등	원료를 발효시킨 후 감귤계의 과피나 향신료를 가하여 증류한 술	Spirit
		소 주	일 본	쌀, 보리, 감자, 메밀 등	소주 갑류는 당밀이나 감자, 고구마 등을 원료르 하여 발효를 행하고 연속식 증류기로 증류한 술. 증류액은 85~97도가 되나 제품의 엑기스 분은 2% 이하. 알코올 도수는 36도 미만으로 가수 조정한다. 원료에 의한 차이만큼 주질에 영향이 되지 않으므로 라이트한 풍미가 된다. 스트레이트로 즐기거나 칵테일류의 베이스로도 이용된다. 소주 을류(본격소주)는 쌀 원료에 흑국균이나 백국균, 소주효모를 사용하여 청주와 같은 순서로 제1차 술덧을 만든다. 여기에 곡류나 고구마류를 증자하여 혼합하여 알코올 발효시킨 제2차 술덧을 단식증류기로 증류한 술. 알코올 도수는 45도 이하. 2차 발효에 사용하는 원료의 차이에서 보리소주, 고구마 소주, 쌀 소주, 메밀 소두, 흑설탕 소주 등으로 분류된다. 기타 흑국균에 의한 미국만을 사용한 오키나와의 포성이나 주박을 원료로 한 박취(粕取) 소주가 있다.	소주 갑류, 소주 을류
		백 주	중 국	수수, 피, 조 등의 잡곡	수수 등의 잡곡에 국을 가하여 발효 · 증류한 술. 사용한 잡곡이나 국의 종류는 여러 가지이다. 증류별도 다종다양하다.	기타 잡주

(계속)

	제 법	종 류	주산지	주원료	제조법 · 특징	주세법상의 표시
혼성주	양조주나 증류에 향이나 맛을 부여한 술. 향을 내는 재료를 술에 담그는 방법과 에센스를 가하는 방법 등이 있다.	혼성포도주	이태리 등	포도주 + 약초 등	포도주에 향을 부여한 술. 약초 등을 가하여 만든 Vermouth가 유명하다.	감미과실주
		리쿠어 (Liquor)	세계 각국	증류주나 양조주에 향료를 가한다.	주로 증류주를 베이스로 하고 과피, 약초, 종자 등을 가한 술. 감미의 것이 많고 칵테일로 사용하는 것이 일반적이다.	리쿠어
		약 주	중 국	백주 + 약초나 동물	백주에 약초나 향을 가한 술. 살모사, 도마뱀, 반지 뱀 등을 가한 것도 있다.	기타 잡주

찾 아 보 기

ㅇ

ㅈ

ㅊ

Index

T

W

발효식품대전(大全)

2012년 6월 1일 초판 인쇄
2012년 6월 5일 초판 발행

편 자 : 정동효
펴낸이 : 천승배
펴낸곳 : 도서출판 유한문화사

주소 : (157-801) 서울시 강서구 가양동 146-63
전화 : 2668-2055~6
팩스 : 2668-2565
http://www.yuhansa.com
E-mail : yuhansa@paran.com
등록 : 제 5-31호. 1979. 3. 6.

값 35,000 원

ISBN : 978-89-7722-570-1 93590